EUL VERLAG

Reihe: Rechnungslegung und Wirtschaftsprüfung · Band 41

Herausgegeben von Prof. (em.) Dr. Dr. h. c. Jörg Baetge, Münster, Prof. Dr. Hans-Jürgen Kirsch, Münster, und Prof. Dr. Stefan Thiele, Wuppertal

Dr. Yasmine Bassen

Internationale Rechnungslegung von Nonprofit-Organisationen

Mit einem Geleitwort von Prof. Dr. Hans-Jürgen Kirsch, Westfälische Wilhelms-Universität Münster

EUL VERLAG

Bibliografische Information der Deutschen Nationalbibliothek

Die Deutsche Nationalbibliothek verzeichnet diese Publikation in der Deutschen Nationalbibliografie; detaillierte bibliografische Daten sind im Internet über <http://dnb.d-nb.de> abrufbar.

Dissertation, Westfälische Wilhelms-Universität Münster, 2012

D 6

ISBN 978-3-8441-0167-6
1. Auflage Juli 2012

JOSEF EUL VERLAG GmbH
Brandsberg 6
53797 Lohmar
Tel.: 0 22 05 / 90 10 6-6
Fax: 0 22 05 / 90 10 6-88
E-Mail: info@eul-verlag.de
http://www.eul-verlag.de

Bei der Herstellung unserer Bücher möchten wir die Umwelt schonen. Dieses Buch ist daher auf säurefreiem, 100% chlorfrei gebleichtem, alterungsbeständigem Papier nach DIN 6738 gedruckt.

Geleitwort

Nonprofit-Organisationen (NPOs) haben ein anderes Zwecksystem und eine andere Finanzierung als gewinnorientierte Unternehmen. Für gewinnorientierte Unternehmen bestehen internationale Rechnungslegungsstandards, die IFRS. Wollen indes NPOs nach internationalen Normen Rechnung legen, so können sie nicht auf eigens für ihre Organisationsart entwickelte Rechnungslegungsstandards zurückgreifen. Aus diesem Grund und vor dem Hintergrund der Phase G des Conceptual-Framework-Projektes des IASB, das sich mit der Anwendung des entwickelten Konzeptes durch NPOs beschäftigt, untersucht die Verfasserin, ob und wie konkret NPOs die IFRS anwenden können.

Im **ersten Kapitel** der Arbeit wird neben der Problemstellung auch der Gang der Untersuchung erläutert. Die in der Arbeit zu untersuchenden Sachverhalte werden hier bereits systematisiert vorgestellt.

Im **zweiten Kapitel** der Arbeit werden die Grundlagen zu NPOs gelegt. Zum einen wird eine Definition von NPOs erarbeitet. Zum anderen erläutert die Verfasserin das wesentliche Charakteristikum von NPOs, die Finanzierung. In diesem Zusammenhang geht sie auf die verschiedenen Finanzierungsformen sowie die rechtlichen Grundlagen zu Zuwendungen ohne Gegenleistungen in Deutschland ein. Abschließend wird der Untersuchungsgegenstand für die Arbeit eingegrenzt.

Im folgenden **Kapitel 3** legt die Verfasserin die Grundlagen für eine IFRS-Anwendung durch NPOs. Dazu geht sie in einem ersten Schritt auf die Adressaten und Zwecke eines IFRS-Abschlusses ein. In einem zweiten Schritt werden die Adressaten eines IFRS-Abschlusses konkret für NPOs bestimmt. Des Weiteren erläutert die Verfasserin die Informationsbedürfnisse der Adressaten eines IFRS-Abschlusses von NPOs, die die Zwecke eines IFRS-Abschlusses konkretisieren. Als Basis für die spätere Analyse geht sie im Weiteren zum einen auf die Grundlagen zu Ansatz und Bewertung von Abschlussposten nach IFRS ein. Zum anderen stellt die Verfasserin vor, wie die nach IFRS anzuwendenden Rechnungslegungsmethoden auszuwählen bzw. zu entwickeln sind und überträgt diese Vorgehensweise auf den für NPOs charakteristischen Sachverhalt „Zuwendung ohne Gegenleistung". Die Verfasserin kommt auf Basis dieser Untersuchung zu dem Schluss, dass die einzelnen IFRS-Normen durchaus anwendbar sein können und daher detailliert untersucht werden sollten. Dafür werden sehr anschaulich mögliche Problembereiche identifiziert, die bei einer konkreten IFRS-Anwendung auftreten können.

In **Kapitel 4** untersucht die Verfasserin dann auf konzeptioneller Ebene, wie die zentrale Sachverhaltsgruppe von NPOs, die „Zuwendungen ohne Gegenleistungen", vor dem Hintergrund der allgemeinen Kriterien zu Ansatz, Bewertung und Ertragsrealisation der IFRS bilanziert werden sollten. Den „Zuwendungen ohne Gegenleistungen" ist besonders, dass aus ihnen Verpflichtungen resultieren. Die Verfasserin analysiert umfassend, welche Arten von Verpflichtungen hier entstehen können. Im Ergebnis wird festgestellt, dass aus einer „Zuwendung ohne Gegenleistung" stets eine Verpflichtung zur Mittelverwendung oder eine Verpflichtung für eine Rückgabe an den Zuwender zusammen mit dem Ansatz der Zuwendung zu passivieren ist. Diese Erkenntnis führt dazu, dass der Zugang einer „Zuwendung ohne Gegenleistung“ stets erfolgsneutral (und zwar zum Fair Value) erfasst werden sollte, um entscheidungsnützliche Informationen für die Adressaten bereitzustellen. Konsequenz des erfolgsneutralen Zugangs ist ein erfolgswirksamer Verbrauch und eine erfolgsneutrale Auflösung der besonderen Rückstellungen im Zusammenhang mit „Zuwendungen ohne Gegenleistungen“. Die Verfasserin entwickelt auf dieser Basis ein in sich konsistentes Konzept der Bilanzierung von „Zuwendungen ohne Gegenleistungen“. Auf dieser Basis diskutiert sie die Ertragsrealisation in Verbindung mit gebundenen Zuwendungen, der Folgebewertung der Aktiva, Verpflichtungen aus der Mittelverwendung sowie der Ertragsrealisation abhängig von den verschiedenen Betätigungsbereichen einer NPO.

Kapitel 5 bildet schließlich den Kern der Untersuchung einer konkreten Anwendung der IFRS-Normen durch NPOs. Die zuvor vorgestellten Sachverhalte werden in diesem Kapitel detailliert analysiert. Es wird untersucht, inwiefern sich die IFRS ausdrücklich auf den jeweiligen, zu bilanzierenden Sachverhalt beziehen. Erst wenn dieser Bezug nicht hergestellt werden kann, greift die Verfasserin auf das in Kapitel 4 entwickelte Konzept zurück. Dadurch soll eine mit dem Conceptual Framework konforme Bilanzierung sichergestellt werden.

Für die unterschiedlichen Zuwendungsarten und -modalitäten ergeben sich unterschiedliche Ergebnisse einer konkreten IFRS-Anwendung und des Einbezugs einer Bilanzierung auf Basis der allgemeinen Kriterien. Die Zuwendung von Zahlungsmitteln ohne Verwendungsbeschränkungen und ohne Bedingungen kann weitestgehend mithilfe bestehender, konkreter IFRS-Normen abgebildet werden. Der Zugang der Zuwendung bzw. der Verbrauch der Rückstellung sollten dabei erfolgsneutral bzw. erfolgswirksam erfasst werden. Wird unter den gleichen Voraussetzungen eine Immobilie zugewendet, so sollte diese zum Fair Value zugehen und Wertänderungen erfolgswirksam erfasst werden. Werden Zahlungsmittel unbedingt zugesagt, so sollte nicht nur ihr Zugang, sondern auch die Aufzinsung und die anderen Wertänderungen in den Folgeperioden erfolgsneutral erfasst werden. Die Zusage einer materiellen Zuwendung sollte analog zur Zusage von Zahlungsmitteln bilanziert werden. Werden Zahlungsmittel aufschiebend bedingt zugesagt, so sollten diese, im Gegensatz zu den Vorschriften des IFRS 9, erst ab einem wahrscheinlichen Nutzenzufluss im Abschluss der NPO erfasst werden. Materielle aufschiebend bedingte Zusagen sollten, ebenso wie unbedingte, in Analogie zu den finanziellen Zusagen bilanziert werden. Verfügungen von Todes wegen sind solange nicht anzusetzen, wie aus ihnen noch keine gegenwärtigen Rechte resultieren. Werden bedinge Zuwendungen bereits vor Bedingungseintritt zugewendet oder Zuwendungen unter Auflagen gestellt, so hat dies im Wesentlichen Auswirkungen auf die Art der auszuweisenden Verpflichtung. Im Fall von Rückforderungsmöglichkeiten der Zuwendung führen diese erst dann zu passivierungspflichtigen Rückstellungen bzw. Verbindlichkeiten, wenn eine Rückgabe wahrscheinlich wird. In solchen Fällen ist dann für den Wert der entsprechenden Rückstellung von Bedeutung, zu welchem Wert die Zuwendung zurückzugewähren ist.

Finanziert sich die NPO nicht nur über Einnahmen im ideellen Bereich, sondern auch über Erträge aus einer Vermögensverwaltung oder dem wirtschaftlichen Bereich, so kommt die Verfasserin zu dem Ergebnis, dass die Geschäftsvorfälle in solchen Bereichen wie bei gewinnorientierten Unternehmen bilanziert werden sollten. Allerdings sollten die Verpflichtungen für die Mittel, die in den nicht ideellen Bereichen gebunden sind, gesondert von denen, die für die direkte Mittelverwendung zur Verfügung stehen, ausgewiesen werden. Die entsprechenden Rückstellungen sollten an den Wert der gebundenen Mittel angepasst werden. Zusammenfassend konnte keiner der durch die Verfasserin untersuchten Sachverhalte vollständig durch bestehende IFRS-Normen abgebildet werden.

Schließlich diskutiert die Verfasserin in **Kapitel 6** die allgemeinen Vorschriften zur Darstellung des Abschlusses für die analysierten Sachverhalte und rundet damit ihre Untersuchung ab. Dadurch, dass die Bezeichnungen der Posten und Berichtsinstrumente in den IFRS nicht streng geregelt sind, können Bilanz, Gesamtergebnisrechnung und Anhang vergleichsweise leicht auf die NPO-Spezifika angepasst werden. Die Verfasserin weist allerdings zutreffend darauf hin, dass die Anhangangaben aufgrund der erforderlichen ausführlichen Erläuterung der angewandten Rechnungslegungsmethoden sowie der besonderen Posten durchaus umfangreich ausfallen können.

In **Kapitel 7** werden die verschiedenen Ergebnisse der Arbeit zusammengefasst und anschließend in ihrer Gesamtheit beurteilt. Das wichtigste Ergebnis der Arbeit ist, dass NPOs durchaus einen IFRS-konformen Abschluss aufstellen können. Für verschiedene NPO-spezifische Sachverhalte werden geeignete Lösungsmöglichkeiten entwickelt. Dabei weist die Verfasserin auch auf den aus der Komplexität der IFRS resultierenden erheblichen Aufwand hin und arbeitet auch heraus, dass IFRS-Abschlüsse von NPOs nur schwer mit den Abschlüssen von gewinnorientierten Unternehmen vergleichbar sind (was aber in erster Linie durch die Sachverhaltsebene verursacht ist und z.B. auch für HGB-Abschlüsse gilt). Die Arbeit schließt mit einem Ausblick auf einen Beitrag zur Phase G des Conceptual-Framework-Projektes des IASB und deutet weiteren Diskussions- und Forschungsbedarf an.

Insgesamt gelingt es der Verfasserin sehr anschaulich, die Anforderungen der IFRS-Rechnungslegung auf die speziellen Sachverhalte von NPOs zu übertragen. Der entwickelte Ansatz der Auslegung zeichnet dabei auch allgemein einen gelungenen Weg, die für gewinnorientierte Unternehmen entwickelten IFRS auf andere Sachverhalte zu übertragen. Insofern eignet sich die gezeigte Argumentationslinie nicht nur für NPOs, sondern auch für andere, nicht in den IFRS geregelte Sachverhalte. Ich bin daher sicher, dass die Arbeit nicht nur für NPOs, die ihren Abschluss nach den IFRS aufstellen wollen, ausgesprochen hilfreich ist. Darüber hinaus werden die Überlegungen der Verfasserin auch wichtige Impulse für die Auslegung der IFRS und das Standardsetting insgesamt geben können.

Münster, im Juni 2012

Prof. Dr. Hans-Jürgen Kirsch

Vorwort der Verfasserin

Die vorliegende Arbeit entstand während meiner Tätigkeit als wissenschaftliche Mitarbeiterin am Institut für Rechnungslegung und Wirtschaftsprüfung (IRW) der Westfälischen Wilhelms-Universität Münster unter der Leitung von Prof. Dr. Hans-Jürgen Kirsch und meiner Tätigkeit als fachliche Mitarbeiterin bei der KPMG AG Wirtschaftsprüfungsgesellschaft zunächst in Frankfurt und anschließend in Mainz. Sie wurde von der Wirtschaftswissenschaftlichen Fakultät in Münster im Sommer 2012 als Dissertation angenommen.

An dieser Stelle möchte ich mich bei all jenen bedanken, die mich bei der Anfertigung dieser Arbeit auf vielfältige Weise unterstützt haben. Im Besonderen gilt dies für meinen verehrten akademischen Lehrer und Doktorvater, Herrn Prof. Dr. Hans-Jürgen Kirsch. Ihm danke ich sowohl für die ständige Diskussionsbereitschaft als auch für die wertvollen fachlichen Hinweise, die erheblich zum Gelingen dieser Arbeit beigetragen haben. Ebenfalls danke ich Fr. WP Stb Susanne Zeidler und der KPMG AG Wirtschaftsprüfungsgesellschaft für die wertvolle Praxiserfahrung, die von wesentlicher Bedeutung für die Arbeit war. Weiterhin gilt der Dank Herrn Prof. Dr. Peter Kajüter für die Übernahme des Zweitgutachtens und Herrn Prof. Dr. Heinz Lothar Grob für seine Mitwirkung in der Promotionskommission. Großer Dank gilt auch Herrn Prof. Dr. Dr. h. c. Jörg Baetge und den Mitarbeitern seines Forschungsteams für die Anregungen in zahlreichen Doktorandenseminaren.

Des Weiteren ist es mir ein besonderes Anliegen, all meinen (ehemaligen) Kollegen am IRW sowie meinen Freunden zu danken, die mir in der Zeit der Anfertigung meiner Arbeit eine große Hilfe waren. Vor allem namentlich erwähnen möchte ich an dieser Stelle Frau Dr. Corinna Ewelt-Knauer, Herrn Dr. Tim Hoffmann, Frau Dr. Kathrin Köhling und Herrn Dr. Alexander Olbrich. Ebenfalls danke ich Herrn Dr. Christian Weber, Herrn Dr. Daniel Siegel, Herrn Dipl.-Kfm. Dominik Dettenrieder und Frau Dipl.-Kffr. Simone Mörchen.

Darüber hinaus danke ich meiner Familie herzlich für ihren Zuspruch und ihre Unterstützung auf meinem bisherigen Lebensweg. Ein ebenso herzlicher Dank gilt hierfür den Eltern meines Partners. Meiner Schwester möchte ich auch für ihre stete Diskussionsbereitschaft während der Anfertigung dieser Arbeit danken. Der größte Dank gilt meinem Partner Philip und dieser lässt sich an dieser Stelle nicht in Worte fassen. Ihnen allen möchte ich diese Arbeit widmen.

Münster, im Juni 2012 Yasmine Bassen

Inhaltsübersicht

Inhaltsverzeichnis

Abbildungsverzeichnis

Tabellenverzeichnis

Abkürzungsverzeichnis

A

a. A.	anderer Auffassung
Abs.	Absatz
Abschn.	Abschnitt
AG	Application Guidance (i. V. m. IFRS-Fundstellen)
A-IFRS	Australian International Financial Reporting Standards
AktG	Aktiengesetz
AO	Abgabenordnung
Aufl.	Auflage

B

BB	Betriebs-Berater (Zeitschrift)
BC	Basis for Conclusions (i. V. m. IFRS-Fundstellen)
BC	Zeitschrift für Bilanzierung, Rechnungswesen und Controlling
Bd.	Band
Begr.	Begründer
BFuP	Betriebswirtschaftliche Forschung und Praxis (Zeitschrift)
BGB	Bürgerliches Gesetzbuch
BGH	Bundesgerichtshof
BGBl.	Bundesgesetzblatt
BilMoG	Bilanzrechtsmodernisierungsgesetz
BiRiLiG	Bilanzrichtlinien-Gesetz
BRZ	Zeitschrift für Bilanzierung und Rechnungswesen
bspw.	beispielsweise
BWL	Betriebswirtschaftslehre
bzgl.	bezüglich
bzw.	beziehungsweise

C

CF	Conceptual Framework (i. V. m. IFRS-Fundstellen)
c. p.	ceteris paribus (unter sonst gleichen Bedingungen)
CT	Connecticut (Bundesstaat der USA)

D

DB	Der Betrieb (Zeitschrift)
DCF	Discounted Cashflow

d. h.	das heißt
DP	Discussion Paper (i. V. m. IFRS-Fundstellen)
DRSC	Deutsches Rechnungslegungs Standards Committee
DStR	Deutsches Steuerrecht (Zeitschrift)
DStZ	Deutsche Steuerzeitung (Zeitschrift)
DZI	Deutsches Zentralinstitut für soziale Fragen

E

ED	Exposure Draft (i. V. m. IFRS-Fundstellen)
EPRA	European Public Real Estate Association
ErbStG	Erbschaftsteuer- und Schenkungsteuergesetz
EStG	Einkommensteuergesetz
etc.	et cetera
e. V.	eingetragener Verein

F

f.	folgende
FASB	Financial Accounting Standards Board
ff.	folgende (Jahre)
FN	Fachnachrichten
Fn.	Fußnote

G

GAAP	Generally Accepted Accounting Principles
GE	Geldeinheit(en)
GewStG	Gewerbesteuergesetz
ggf.	gegebenenfalls
gGmbH	gemeinnützige Gesellschaft mit beschränkter Haftung
GINGO	Government Run/Inspired Non-Governmental Organization
GmbH	Gesellschaft mit beschränkter Haftung
GoB	Grundsätze ordnungsgemäßer Buchführung
GONGO	Government Organized Non-Governmental Organization
GrStG	Grundsteuergesetz

H

HB	Handbuch
Hervorh. d. Verf.	Hervorhebung des Verfassers
HFA	Hauptfachausschuss des Instituts der Wirtschaftsprüfer in Deutschland e. V.

HGB	Handelsgesetzbuch
h. M.	herrschende(n/r) Meinung
Hrsg.	Herausgeber
hrsg. v.	herausgegeben von

I

IAS	International Accounting Standard(s)
IASB	International Accounting Standards Board
IASC	International Accounting Standards Committee
ICNPO	International Classification of Nonprofit Organizations
i. d. R.	in der Regel
IDW	Institut der Wirtschaftsprüfer in Deutschland e. V.
IDW FN	IDW Fachnachrichten (Zeitschrift)
IE	Illustrative Examples (i. V. m. IFRS-Fundstellen)
IFRIC	International Financial Reporting Interpretations Committee
IFRS	International Financial Reporting Standard(s)
IG	Implementation Guidance (i. V. m. IFRS-Fundstellen)
i. H. v.	in Höhe von
IL	Illinois (Bundesstaat der USA)
IN	Introduction (i. V. m. IFRS-Fundstellen)
inkl.	inklusive
IPSAS	International Public Sector Accounting Standard(s)
IPSASB	International Public Sector Accounting Standards Board
IRZ	Zeitschrift für Internationale Rechnungslegung
ISIC	International Standard Industrial Classification
i. S. d.	im Sinne des/der
i. S. e.	im Sinne einer/eines
i. S. v.	im Sinne von
i. V. m.	in Verbindung mit

K

KHFA	Krankenhausfachausschuss des Instituts der Wirtschaftsprüfer in Deutschland e. V.
KoR	Zeitschrift für internationale und kapitalmarktorientierte Rechnungslegung
KStG	Köperschaftssteuergesetz

M

MA	Massachusetts (Bundesstaat der USA)
MD	Maryland (Bundesstaat der USA)

MSF	Médecins Sans Frontières (Ärzte ohne Grenzen)
m. w. N.	mit weiteren Nachweisen

N

NfPO	Not-for-Profit-Organisation
NGO	Nongovernmental-Organisation
NJ	Neue Justiz (Zeitschrift)
NJ	New Jersey (Bundesstaat der USA)
NJW	Neue Juristische Wochenschrift
NKF	Neues kommunales Finanzmanagement
No.	Number
NPO	Nonprofit-Organisation
Nr.	Nummer
NWB	Neue Wirtschafts-Briefe (Zeitschrift)

O

OB	Objective (i. V. m. IFRS-Fundstellen)
OLG	Oberlandesgericht

P

p. a.	per annum (pro Jahr)
PC	Personal Computer
PiR	Praxis der internationalen Rechnungslegung (Zeitschrift)
PublG	Gesetz über die Rechnungslegung von bestimmten Unternehmen und Konzernen (Publizitätsgesetz)

Q

QC	Qualitative Characteristic (i. V. m. IFRS-Fundstellen)
QUANGO	Quasi Non-Governmental Organization

R

rev.	revised
RGBl.	Reichsgesetzblatt
RIC	Rechnungslegungs Interpretations Committee
RIC	Stellungnahme des Rechnungslegungs Interpretations Committee
Rn.	Randnummer
RS	Stellungnahme zur Rechnungslegung

S

S.	Seite
SIC	Standing Interpretations Committee
SFAC	Statement of Financial Accounting Concepts
SFAS	Statement of Financial Accounting Standards
SME	Small and Medium-sized Entities
sog.	sogenannt
StuB	Steuern und Bilanzen (Zeitschrift)

T

TransPuG	Transparenz- und Publizitätsgesetz
Tz.	Textziffer

U

u. a.	unter anderem
u. ä.	und ähnlich(e)
USA	United States of America
US-GAAP	United States Generally Accepted Accounting Principles
UStG	Umsatzsteuergesetz
u. U.	unter Umständen

V

v.	von
vgl.	vergleiche
vs.	versus

W

WiSt	Wirtschaftswissenschaftliches Studium (Zeitschrift)
WPg	Die Wirtschaftsprüfung (Zeitschrift)

Z

z. B.	zum Beispiel
ZfB	Zeitschrift für Betriebswirtschaft
ZfbF	Zeitschrift für betriebswirtschaftliche Forschung
z. T.	zum Teil

1 Problemstellung und Gang der Untersuchung

11 Problemstellung

Nonprofit-Organisationen (NPOs) haben, im Gegensatz zu klassischen, gewinnorientierten Unternehmen, Zwecke wie Umweltschutz oder Hilfe für bedürftige Menschen. NPOs, wie Greenpeace, Ärzte ohne Grenzen oder UNICEF, können weltweit bekannt sein. Sie können nicht nur weltweit aufgrund ihrer Hilfsaktionen aktiv sein, sondern auch international finanzielle Unterstützung für ihre Zwecke einwerben. Bei der Suche nach finanzieller Unterstützung hat in den letzten Jahren die Konkurrenz um Mittel unter den NPOs zugenommen. Wie auch bei gewinnorientierten Unternehmen führt Konkurrenz dazu, dass die betroffenen Organisationen professioneller werden.[1] Bei NPOs schlägt sich dies u. a. durch veröffentlichte Informationen über die Organisationstätigkeiten nieder. Durch bereitzustellende finanzielle Informationen steigt so auch für NPOs die Bedeutung von veröffentlichten Einzel- und Konzernabschlüssen nach nationalen, aber auch internationalen Rechnungslegungsstandards.[2]

In Deutschland sind NPOs vielfältigen nationalen Rechnungslegungsvorschriften unterworfen.[3] NPOs können jedoch auch selbst ein Interesse daran haben nach internationalen Standards Rechnung zu legen, um z. B. ihren weltweit verteilten, internationalen Spendern und Leistungsempfängern oder aber auch ihrer international verbundenen Organisation gerecht zu werden. Auf internationaler Ebene bestehen derzeit allerdings weder verpflichtend noch freiwillig anzuwendende spezifische Rechnungslegungsstandards für NPOs. So gibt es keinen internationalen Standardsetter, ähnlich dem *International Accounting Standards Board* (IASB) oder dem *International Public Sector Accounting Standards Board* (IPSASB)[4], der sich explizit auf die Rechnungslegung von NPOs bezieht.

Einige nationale Standardsetter, wie z. B. in Kanada, machen sich Gedanken über die Möglichkeiten einer IFRS-Anwendung durch NPOs.[5] Auch der IASB plant sich mit dem Thema der Rech-

---

1 Vgl. HORAK, C./MATUL, C./SCHEUCH, F., Ziele und Strategien von NPOs, S. 1; STÖTZER, S., Stakeholder Performance Reporting, S. 68-76.

2 Vgl. LUTTER, M., Rechnungslegung und Publizität, S. 490.

3 Im Wesentlichen richtet sich die Rechnungslegung nach der Rechtsform. Vgl. ausführlich zu den Rechnungslegungsvorschriften in Deutschland, Großbritannien und den USA LÖWE, M., Rechnungslegung von NPOs, S. 108-204. Für mehr Nachweise siehe auch Fn. 24-27.

4 Die *International Public Sector Accounting Standards* (IPSAS) behandeln die internationale Rechnungslegung für die öffentliche Hand. Vgl. IPSASB, Preface to IPSAS, Tz. 12.

5 In Kanada können Not-for-Profit-Organisationen (NfPOs) wahlweise Canadian GAAP für NfPOs oder IFRS für Geschäftsjahre, die ab dem 01.01.2012 beginnen, anwenden. Vgl. THE CANADIAN INSTITUTE OF CHARTERED ACCOUNTANTS, Joint Not-for-Profit Task Force. Die A-IFRS (Australian International Financial Reporting Standards) sind z. B. auch auf Not-for-Profit-Organisationen anzuwenden, die "general purpose financial reports" in Australien erstellen. Aufgrund von zusätzlichen Sonderregelungen für solche Organisationen innerhalb der A-IFRS, kann nicht in jedem Fall von einer vollständigen IFRS-Anwendung ausgegangen werden. Vgl. DELOITTE TOUCHE TOHMATSU, A-IFRS vs IFRS, S. 1.

nungslegung von NPOs auseinanderzusetzen. Im Rahmen des Conceptual-Framework-Projektes soll in Phase G (letzte Phase) eine mögliche Anwendung der im Rahmen dieses Projektes entwickelten Konzepte auf NPOs des privaten Sektors untersucht werden.[6]

Wenn private NPOs in Europa nach *internationalen* Normen ihren Abschluss aufstellen wollen, greifen sie vielfach, wie Ärzte ohne Grenzen oder Plan International, auf die *International Financial Reporting Standards* (IFRS) des IASB zurück.[7] Die IFRS wurden jedoch für gewinnorientierte Unternehmen konzipiert, schließen aber die IFRS-Anwendung durch NPOs nicht aus: „*IFRSs are designed to apply to the general purpose financial statements and other financial reporting of all profit-oriented entities. [...] Although IFRSs are not designed to apply to not-for-profit activities in the private sector, [...] entities with such activities may find them appropriate*" (Preface IFRS.9). Den Geschäftsvorfällen von gewinnorientierten Unternehmen liegen wirtschaftliche Beziehungen nach dem Leistungs-Gegenleistungsprinzip zugrunde. NPOs verfolgen hingegen Zwecke wie Umweltschutz oder Hilfe für bedürftige Menschen und finanzieren sich u. a. über Spenden. Diese Unterschiede zwischen gewinnorientierten Unternehmen und NPOs können u. U. Probleme bei der Übertragbarkeit der in erster Linie für gewinnorientierte Unternehmen entwickelten Bilanzierungsregelungen, wie z. B. der IFRS, auf NPOs bereiten. Dies wird z. B. auch deutlich in den jährlichen Berichten von Ärzte ohne Grenzen International, in denen folgende Anmerkung zu den angewendeten Rechnungslegungsmethoden steht: „*accounting policies are in compliance with* ***most*** [Hervorh. d. Verf.] *of the recognition and measurement requirements of the IFRS as adopted by the International Accounting Standards Board (IASB)*"[8].[9] Die unvollständige IFRS-Anwendung könnte allerdings auch darauf beruhen, dass es sich nicht um tatsächliche Anwendungsprobleme handelt, sondern eine vollständige IFRS-Anwendung zu aufwendig ist und daher nur auf eine für die jeweilige NPO adäquate Auswahl an IFRS-Normen zurückgegriffen wird.

Vor dem Hintergrund der genannten Überlegungen soll in dieser Arbeit untersucht werden, *ob* und *wie konkret* vor allem international agierende NPOs, die auf freiwilliger Basis Informationen nach IFRS bereitstellen wollen, die IFRS anwenden können.[10] Des Weiteren gibt die Arbeit, mit Aus-

---

6 Vgl. IASB/FASB, Conceptual Framework Phase G.

7 Vgl. für IFRS z. B. Ärzte ohne Grenzen International: MSF, Financial Report 2010; PLAN INTERNATIONAL, Worldwide Annual Review and Combined Financial Statements 2011. Vgl. für IFRS for SMEs z. B. GREENPEACE, Annual Report 2010.

8 MSF, Financial Report 2010, S. 17.

9 In den durch NPOs aufgestellten, an IFRS angelehnten Abschlüssen sind sowohl der Umfang bzw. die Zahl als auch die „Auswahl" der angewendeten einzelnen IFRS-Normen unterschiedlich. Ein Beispiel aus dem Auditors Report an das Board von MSF International ist: „In our opinion the accompanying international combined financial statements are prepared, in all material aspects, in accordance with the accounting policies described in Note 1". MSF, Financial Report 2010, S. 8. Note 1 beschreibt die "Significant Accounting Policies". MSF, Financial Report 2010, S. 17.

10 Auch die internationale Rechnungslegung von gewinnorientierten Unternehmen war zunächst freiwillig initiiert. Vgl. KIRSCH, H.-J., Objektivierung, S. 363; KIRSCH, H.-J., BiRiLiG zu TransPuG, S. 746-747.

blick auf die Phase G des Conceptual-Framework-Projektes des IASB, einen Einblick in mögliche Problembereiche und Lösungsmöglichkeiten einer IFRS-Anwendung durch NPOs.

12 Gang der Untersuchung

Die folgende Untersuchung ist in sieben Kapitel gegliedert. In **Kapitel 2** werden die Grundlagen zu NPOs erläutert. Zunächst wird eine Definition des Begriffs der „NPO" für die Arbeit entwickelt. Des Weiteren wird für die zu untersuchende IFRS-Anwendung durch NPOs ihre besondere Finanzierung vorgestellt. Aufgrund der Vielfalt an unterschiedlichen Arten von NPOs wird abschließend der Untersuchungsgegenstand für die vorliegende Arbeit eingegrenzt.

In **Kapitel 3** werden *zum einen* die Grundlagen zur externen Rechnungslegung nach IFRS erläutert. Aufbauend auf den allgemein in den IFRS beschriebenen Adressaten und Zwecken werden die konkreten Adressaten eines IFRS-Abschlusses durch NPOs erarbeitet. Die Informationsbedürfnisse der Adressaten konkretisieren die Zwecke der Rechnungslegung. Daher werden diese Bedürfnisse der Adressaten bezogen auf eine IFRS-Rechnungslegung bestimmt. Außerdem werden weitere Grundlagen bzgl. des Ansatzes und der Bewertung von Abschlussposten nach IFRS als Basis für die folgenden Analysen gelegt. *Zum anderen* werden die anzuwendenden Rechnungslegungsmethoden nach IFRS durch NPOs vorgestellt. Für die Analyse einer IFRS-Anwendung durch NPOs werden als wesentlicher, für die Bilanzierung relevanter und von gewinnorientierten Unternehmen abgrenzender Sachverhalt „Zuwendungen ohne (direkte) Gegenleistungen", wie Spenden, herangezogen. Daher wird dazu zunächst analysiert, ob die Bilanzierung des Sachverhaltes „Zuwendung ohne Gegenleistung" vollständig durch einen IFRS-Standard geregelt ist. Auf dem Ergebnis aufbauend wird anschließend geprüft, inwiefern (umfassende) Analogien zu ähnlichen Sachverhalten gezogen werden können bzw. sollten. Auf Basis der Ergebnisse dieser Abschnitte des Kapitels 3 werden anschließend Kategorien möglicher Problembereiche, die bei einer IFRS-Anwendung durch NPOs auftreten können, gebildet.

Damit solche Problembereiche konsistent gelöst werden können, werden in **Kapitel 4** die konzeptionellen Besonderheiten einer IFRS-Anwendung durch NPOs erarbeitet. Vor dem Hintergrund der allgemeinen Kriterien der IFRS für Ansatz, Bewertung und Ertragsrealisation wird eine konzeptionelle Bilanzierung für Zuwendungen ohne Gegenleistungen als Kern der Besonderheiten entwickelt. Das in Kapitel 4 entwickelte Konzept kann anschließend bei einer Anwendung der konkreten IFRS-Normen herangezogen werden und zu entscheidungsnützlichen Bilanzierungslösungen beitragen.

In **Kapitel 5** werden die konkreten IFRS-Normen im Detail sowie das in Kapitel 4 entwickelte Konzept auf beispielhafte Sachverhalte angewendet. Die zu untersuchenden Sachverhalte sind verschiedene Variationen von Zuwendungen ohne Gegenleistungen, durch die sich NPOs auszeichnen. Zuwendungen ohne Gegenleistungen können in unterschiedliche Zuwendungsarten unterteilt werden sowie unter unterschiedlichen Zuwendungsmodalitäten anfallen. Die in der Arbeit untersuchten, beispielhaften Sachverhalte werden in Abbildung 1-1 systematisiert und im Folgenden erläutert. Für die ausgewählten Sachverhalte werden zunächst die für die Bilanzierung anzuwendenden Standards ermittelt. Darauf folgend wird untersucht, wie die Vermögenswerte und Schulden nach den entsprechenden Standards abzubilden sind. Anschließend wird die sich daraus ergebende Ertragsrealisation im Zusammenhang mit der Abbildung in der Bilanz analysiert.

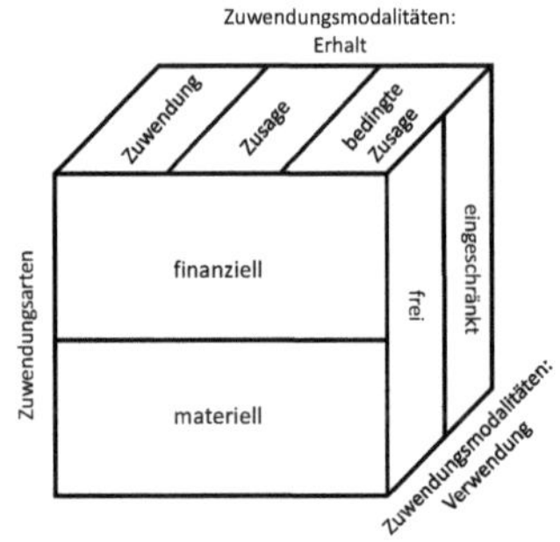

Abbildung 1-1: Zuwendungsarten und -modalitäten

Zum einen bestehen unterschiedliche *Zuwendungsarten* (*Abschnitt 512*). In der Arbeit werden die Zuwendung einer finanziellen sowie einer materiellen Ressource analysiert. Zum anderen können die Zuwendungen unter verschiedenen Modalitäten anfallen (*Abschnitt 513*). Sie können neben einer sofortigen Zuwendung auch für die Zukunft bzw. unter Bedingungen zugesagt werden (*Zuwendungsmodalitäten: Erhalt*). Darüber hinaus kann die Verwendung der erhaltenen Zuwendungen vor allem durch Auflagen eingeschränkt sein (*Zuwendungsmodalitäten: Verwendung*).

Neben solchen Zuwendungsmodalitäten können für Zuwendungen ohne Gegenleistungen unterschiedliche Rückforderungsmöglichkeiten der Zuwender bestehen (*Abschnitt 514*). Anschließend wird die bis dahin erarbeitete Bilanzierung mit der Bilanzierung von Zuwendungen der öffentlichen Hand verglichen (*Abschnitt 515*).

NPOs können sich allerdings nicht nur über Zuwendungen ohne Gegenleistungen finanzieren, sondern auch über Erträge im Rahmen einer Vermögensverwaltung oder eines wirtschaftlichen Betriebs. Wie die Finanzierung über solche Betätigungsbereiche einer NPO mit der Bilanzierung von Zuwendungen ohne Gegenleistungen zu bilanzieren ist, wird in *Abschnitt 52* untersucht. Zusammenfassend werden in *Kapitel 5* die IFRS detailliert bzgl. einer Anwendung auf NPO-spezifische Sachverhalte, unter Einbezug der Lösungsmöglichkeiten des Kapitels 4, analysiert.

Anschließend wird in **Kapitel 6** untersucht, wie sich die zuvor in Kapitel 5 analysierten Sachverhalte auf die Berichtsinstrumente eines IFRS-Abschlusses auswirken. Dazu werden konkret die Anwendung der IFRS-Vorschriften für den Ausweis sowie für die Darstellung des Abschlusses durch NPOs untersucht.

In **Kapitel 7** werden die Analyseergebnisse der verschiedenen Bereiche der Arbeit zusammengefasst und abschließend beurteilt. Ein Ausblick schließt die Arbeit ab.

2 Grundlagen zu Nonprofit-Organisationen

21 Begriff der Nonprofit-Organisation (NPO)

211. Überblick

Nonprofit-Organisationen (NPOs) haben andere Zwecke als gewinnorientierte Unternehmen und sind daher von ihnen zu unterscheiden. Worin konkret der Unterschied liegt und wie sie von klassischen, gewinnorientierten Unternehmen abzugrenzen sind, wird im Folgenden untersucht.

Die betriebswirtschaftliche Forschung ist auf dem Gebiet der NPOs verhältnismäßig neu und der Begriff der Nonprofit-Organisation (NPO) im deutschsprachigen Raum noch nicht etabliert.[11] NPOs sind definitorisch nicht eindeutig und überschneidungsfrei zu anderen Organisationsgruppen abgegrenzt.[12] Weitere Begriffe für NPOs sind u. a. Not-for-Profit- (NfPO), Nongovernmental- (NGO), Nonbusiness-Organisa-tionen[13], Voluntary Organization oder Charity.[14] Die Heterogenität der existierenden NPOs macht eine eindeutige Definition nicht leicht. Eine Definition muss für ihre spezifische Anwendung geeignet und eindeutig sein.[15] Es sollen daher im Folgenden zunächst die typischen Merkmale von NPOs und ihre Ausprägungen[16] herausgearbeitet werden, um daran anschließend den Begriff der NPO für die vorliegende Arbeit zu definieren. Hierzu werden der Begriff der Organisation, die Organisationsziele, die Einordnung zwischen Markt und Staat sowie das Ausschüttungsverhalten an Eigenkapitalgeber analysiert.

212. Begriff der Organisation im Kontext von NPOs

Organisationen sind Institutionen und damit formale Systeme, die explizit gegründet und geplant sind, um eigens formulierte Ziele oder Aufgaben in arbeitsteiliger Weise dauerhaft zu erfüllen.[17] Der Begriff der **Organisation** umfasst daher sowohl erwerbswirtschaftlich als auch nicht erwerbswirtschaftlich orientierte Organisationen. Die erwerbswirtschaftlich orientierten Organisationen sind Unternehmen.[18] Eine Organisation muss ein gewisses Maß an **Formalität** bzw. Institutionalisierung aufweisen,[19] um sie von Aktivitäten, die sich lediglich auf einzelne Ereignisse beziehen,

---

11 Vgl. ANHEIER, H. K./PRILLER, E./SEIBEL, W./ZIMMER, A., Nonprofit Sektor, S. 18.

12 Vgl. LÖWE, M., Rechnungslegung von NPOs, S. 12. Vgl. auch LUMPLECKER/MARIK/SCHMID für die Zusammenfassung einer Tagung zum NPO-Sektor im deutschsprachigen Raum, die wesentlich durch Diskussionen zur Abgrenzung des NPO-Begriffs geprägt war, LUMPLECKER, E./MARIK, M./SCHMID, C., Zusammenfassung der Diskussion, S. 163.

13 Vgl. FASB, SFAC 4.

14 Vgl. m. w. N. LINDENMAYER, P., Nichtregierungsorganisationen, S. 16-17; SIEBART, P., Corporate Governance, S. 44; TAKE, I., NGOs im Wandel, S. 39.

15 Die Einschränkung, dass es stets schwierig einzuordnende Grenzfälle gibt, ist allerdings jeder Definition immanent. Vgl. BADELT, C./MEYER, M./SIMSA, R., NPO-Forschung, S. 7.

16 Ausprägungen beschreiben Formen, in denen das Merkmal auftreten kann. Vgl. KNOBLICH, H., Typologische Methode, S. 143.

17 Vgl. KIESER, A./WALGENBACH, P., Organisation, S. 6.

18 Vgl. KIESER, A./KUBICEK, H., Organisation, S. 3.

19 Vgl. BADELT, C./MEYER, M./SIMSA, R., NPO-Forschung, S. 7.

abgrenzen.[20] Hierunter sind z. B. formalisierte Entscheidungsbefugnisse wie in einer Satzung zu fassen.[21] NPOs sind daher als formale Organisationen zu definieren.

Organisationen können freiwillig oder obligatorisch sein. Die **Freiwilligkeit** einer Organisation kann sowohl die freiwillige Mitgliedschaft als auch die freiwillige Zuwendung von Ressourcen umfassen.[22] Des Weiteren kann eine Organisation selbst- oder fremdbestimmt sein. **Selbstbestimmtheit** bezieht sich auf freie Entscheidungen bzgl. strategischer Aspekte und der Geschäftsführung ohne Interventionen staatlicher aber auch privatwirtschaftlicher Akteure.[23] Zusammenfassend sind NPOs als formale Organisation zu definieren, die selbstbestimmt und freiwillig sind.

Typische rechtliche Organisationsformen von NPOs in Deutschland sind Vereine[24], Stiftungen[25] und inzwischen auch vermehrt gemeinnützige Kapitalgesellschaften, wie z. B. gemeinnützige GmbHs (gGmbH)[26].[27] Welche formalen, selbstbestimmten und freiwilligen Organisationen definitorisch unter NPOs fallen, wird im Folgenden weiter eingegrenzt.

213. Organisationsziele von NPOs

Die Tätigkeiten einer NPO maßgeblich bestimmend und daher das oberste Organisationsziel von NPOs ist ein Sachziel. Teilweise wird hierfür auch der Begriff Mission verwendet.[28] Da die Mission (z. B. Hilfe für bedürftige Menschen) häufig nur schwer zu operationalisieren ist, wird sie durch ein Bündel weiterer *Formal-* und *Sachziele* konkretisiert.[29]

---

20 Vgl. LINDENMAYER, P., Nichtregierungsorganisationen, S. 28.

21 Vgl. SCHWARZ, P., Management in NPOs, S. 23.

22 Vgl. SIMSA, R., Gesellschaftliche Funktionen von Nonprofit-Organisationen, S. 81; ANHEIER, H. K./TOEPLER, S., Definition der NPO. Krankenkassen werden z. B. keine Ressourcen freiwillig übereignet. Vgl. LINDENMAYER, P., Nichtregierungsorganisationen, S. 27-28.

23 Vgl. LINDENMAYER, P., Nichtregierungsorganisationen, S. 28.

24 Vgl. beispielsweise ausführlicher zum Verein VAN RANDENBORGH, L., in: HB Gemeinnützigkeit, 3. Aufl., § 2. Siehe zur Rechnungslegung von Vereinen in Deutschland HFA DES IDW, IDW RS HFA 14.

25 Vgl. beispielsweise ausführlicher zur Stiftung SCHAUHOFF, S., in: HB Gemeinnützigkeit, 3. Aufl., § 3. Siehe u. a. zur Rechnungslegung von Stiftungen in Deutschland HFA DES IDW, IDW RS HFA 5; KOSS, C., Rechnungslegung der Stiftung.

26 Vgl. beispielsweise ausführlicher zur gGmbH VAN RANDENBORGH, L., in: HB Gemeinnützigkeit, 3. Aufl., § 4; WEIDMANN, C./KOHLHEPP, R., gGmbH.

27 Siehe zur Rechnungslegung von Spenden sammelnden Organisationen nach HGB in Deutschland HFA DES IDW, IDW RS HFA 21. Auch Genossenschaften können gemeinnützig sein, allerdings liegt i. d. R. eine Mitgliederorientierung vor und daher sollen sie aus dem Betrachtungsfeld ausgeschlossen werden. Siehe dazu auch Abschn. 23 und 24.

28 Vgl. HORAK, C., Controlling in NPOs, S. 166; HORAK, C./MATUL, C./SCHEUCH, F., Ziele und Strategien von NPOs, S. 179.

29 Vgl. DOLL, R.-P., Finanzierung von NPOs, S. 13; WÖHE, G./DÖRING, U., Einführung in die BWL, S. 76; HORAK, C./MATUL, C./SCHEUCH, F., Ziele und Strategien von NPOs, S. 179. Die Unterteilung in Sach- und Formalziele ist auf KOSIOL zurückzuführen. Vgl. KOSIOL, E., Die Unternehmung, S. 223. EICHHORN unterscheidet bei Sachzielen die eigentlichen Sachziele in Form der Mission einer NPO (humanitär, gesellschaftlich, ökologisch) und die wirtschaftlichen Sachziele in Form von Kundenorientierung, Leistungsfähigkeit, Wettbewerbsfähigkeit. Vgl. EICHHORN, P., Konstitutive Merkmale, S. 46-47. HORAK sieht bei NPOs eine qualitative Formalzieldomi-

Die **Sachziele** definieren das Leistungsprogramm einer NPO.[30] Die Sachziele von NPOs können unterschiedlicher Natur sein und in unterschiedliche Bereiche unterteilt werden, wie in Tabelle 2-1 zu sehen ist. Die Ausprägungen der Ziele können ebenfalls in ihrer Konkretisierung variieren (z. B. Hilfe Bedürftiger vs. Hilfe für hungernde Kinder in Südafrika).

Internationale Klassifizierung von NPOs
Kulturelles, Sport, Freizeit
Bildung, Forschung
Wirtschafts-, Berufsverbände, Gewerkschaften
Soziale Dienste
Umwelt
Gesundheit
Entwicklung, Wohnungswesen
Stiftungs-, Spendenwesen, Ehrenamtlichkeit
Rechtswesen, Interessenvertretung, Politik
Religion
Internationale Aktivitäten
Sonstiges

Tabelle 2-1: International Classification of Nonprofit Organizations (ICNPO)[31]

Formalziele spiegeln die monetären Ziele der Organisation wider. Bei den Formalzielen von gewinnorientierten Unternehmen handelt es sich üblicherweise um Gewinn und Rendite, aber auch Zahlungsfähigkeit, Kostendeckung, Kapitalerhaltung und Wirtschaftlichkeit sind darunter zu fassen.[32] Bei gewinnorientierten Unternehmen stehen die Formalziele im Vordergrund und die Sachziele dienen dazu, die Formalziele zu erreichen.[33] Bei NPOs sind hingegen einige Formalziele (wie Wirtschaftlichkeit) Nebenbedingung, um die Sachziele zu erreichen.[34]

nanz. Vgl. HORAK, C., Controlling in NPOs, S. 21-22. LOESCH ordnet Formalziele wiederum anders ins Zielsystem ein, vgl. LOESCH, A. v., Ziele und die Erfolge von Unternehmen, S. 213. Es besteht allerdings Einigkeit über das Gemeinte, dass bei NPOs etwas anderes als der Gewinn das primäre und oberste Ziel der Organisation ist.

30 Vgl. KOSIOL, E., Die Unternehmung, S. 223; WÖHE, G./DÖRING, U., Einführung in die BWL, S. 73.

31 Vgl. LINDENMAYER für eine Übersetzung von SALAMON LINDENMAYER, P., Nichtregierungsorganisationen, S. 33; SALAMON, L. M./ANHEIER, H. K., ICNPO, S. 13-24. In der ICNPO wird der gesamte NPO-Sektor nach wirtschaftlichen Tätigkeiten unterteilt. Die Aufteilung basiert auf dem *International Standard Industrial Classification* (ISCI)-System der United Nations, das die gesamte Wirtschaft bezogen auf ihre wirtschaftliche Tätigkeit einteilt. SALAMON, L. M./ANHEIER, H. K., ICNPO, S. 13. Kritisch bezogen auf die Kategorien vgl. VON HIPPEL, T., Grundprobleme von NPOs, S. 1.

32 Vgl. KOSIOL, E., Die Unternehmung, S. 223; WÖHE, G./DÖRING, U., Einführung in die BWL, S. 73.

33 Zum Beispiel das Sachziel Beschleunigung der Produktionszeiten dient dem Formalziel Gewinnmaximierung bzw. Kostenminimierung. Vgl. KOSIOL, E., Die Unternehmung, S. 224; WÖHE, G./DÖRING, U., Einführung in die BWL, S. 73.

34 Vgl. EICHHORN, P., Konstitutive Merkmale, S. 47.

Nicht alle Definitionen sehen als wesentliches Abgrenzungsmerkmal zu gewinnorientierten Unternehmen die Sachzieldominanz.[35] Alternativ wird die **Nicht-Gewinnorientierung** als wesentliches Abgrenzungsmerkmal gewählt.[36] Beim Merkmal der Nicht-Gewinnorientierung ist zum einen unklar, ob sich „kein" Gewinn auf einzelne Perioden oder die Totalperiode der Organisation bezieht. Zum anderen wäre die absolute Verneinung einer Gewinnorientierung nicht sachgerecht, da einzelne Bereiche der Organisation Gewinne zur Quersubventionierung anderer Bereiche erwirtschaften können (Beispiel: Ein wirtschaftlicher Geschäftsbetrieb erwirtschaftet Gewinne, um Mittel für den ideellen Bereich zu vermehren.).[37] Wirtschaftlichkeit ist ein wichtiger Aspekt für NPOs,[38] allerdings ist er nicht Bestandteil der übergeordneten Ziele. Vielmehr sind Wirtschaftlichkeit und Kostendeckung Nebenbedingungen der Sachzielerreichung.[39] Die Sachzieldominanz ist daher das geeignetere Abgrenzungsmerkmal zu gewinnorientierten Unternehmen.[40]

Die Orientierung von Organisationen an Sachzielen als bestimmende Oberziele unterscheidet sich diametral zum Ziel der Gewinnmaximierung. Da die Organisationsziele die Tätigkeiten von Organisationen maßgeblich bestimmen, grenzt die **Sachzielorientierung** NPOs deutlich von anderen Organisationsformen ab. Bezogen auf die Begriffswahl für die Arbeit bedeutet dies auch, dass der Begriff Not-for-Profit-Organisation (nicht auf Gewinn ausgerichtet) treffender sachzielorientierte Organisationen beschreibt als der **Begriff Nonprofit-Organisation**, da Nonprofit die Assoziation „kein Gewinn" hervorrufen kann.[41] Jedoch ist der Begriff der Nonprofit-Organisation eingängiger und hat sich inzwischen auch als Kurzform (NPO)[42] in der relevanten deutschsprachigen Literatur,

---

35 Vgl. für eine Übersicht SCHULZE, M., Profit in der NPO, S. 50-52; LÖWE, M., Rechnungslegung von NPOs, S. 6; BURLA, S., Rationales Management, S. 75; EICHHORN, P., Konstitutive Merkmale, S. 45-47; HORAK, C./MATUL, C./SCHEUCH, F., Ziele und Strategien von NPOs, S. 182.

36 Vgl. für eine Übersicht SCHULZE, M., Profit in der NPO, S. 45-47.

37 Vgl. HORAK, C., Controlling in NPOs, S. 16. Für die verschiedenen Betätigungsbereiche einer NPO siehe Abschn. 222.5.

38 SCHULZE bezieht die Wirtschaftlichkeit als wichtigen Aspekt mit in ihre Definitionsfindung ein. Die Wirtschaftlichkeit resultiere aus dem Gewinnstreben und daher definieren sich NPOs als Organisationen, die neben dem Gewinnziel mindestens ein anderes Ziel, Sachziel oder nicht wirtschaftliches Ziel, verfolgen. Vgl. SCHULZE, M., Profit in der NPO, S. 214-224.

39 Vgl. LINDENMAYER, P., Nichtregierungsorganisationen, S. 56; KOSIOL, E., Die Unternehmung, S. 224 und 228. Für ein Beispiel, bei dem Wirtschaftlichkeit und Kostendeckung Nebenbedingungen der Oberziele bzw. der Mission sind, vgl. FLEßA, S., Betriebswirtschaftlehre, S. 12.

40 In Deutschland wird die Dominanz eines Sachziels bei NPOs durch die Gemeinnützigkeit nach der Abgabenordnung (AO) abgedeckt. Vgl. LINDENMAYER, P., Nichtregierungsorganisationen, S. 25.

41 Vgl. BADELT, C./MEYER, M./SIMSA, R., NPO-Forschung, S. 5; LINDENMAYER, P., Nichtregierungsorganisationen, S. 25. Der Begriff Not-for-Profit- oder Nonbusiness-Organisation spiegelt die in der amerikanischen Gesellschaft bedeutende Rolle der NPOs als Gegenpart zu den Unternehmen wider, wohingegen in Europa die Abgrenzung zum Staat eine wichtige Rolle spielt. Daher ist der Begriff Nongovernmental-Organisation (NGO) besonders europäisch geprägt durch. Vgl. BADELT, C./MEYER, M./SIMSA, R., NPO-Forschung, S. 5.

42 Beim Begriff Nonprofit handelt es sich um eine Abkürzung des Begriffs Not-for-profit. Vgl. VON HIPPEL, T., Grundprobleme von NPOs, S. 5; BADELT, C./MEYER, M./SIMSA, R., NPO-Forschung, S. 5.

trotz der genannten Einschränkungen, etabliert.[43] Daher wird der Begriff der NPO auch in der vorliegenden Arbeit verwendet.

214. Nonprofit-Sektor als dritter Sektor zwischen Markt und Staat

Nach dem sog. „Social Triangle" besteht die Gesellschaft aus drei Sphären: dem Staat, dem Markt und der Zivilgesellschaft (siehe Abbildung 2-1). Diese Sphären basieren auf unterschiedlicher Logik, Ratio sowie Ideologie.[44] Der **staatliche Sektor** stellt den rechtlichen Rahmen dar, der die Gesellschaft strukturiert. Der **Markt** produziert Wohlstand für die Gesellschaft innerhalb des staatlichen Rahmens. Die **Zivilgesellschaft** stellt die Summe der sozialen Verbindungen zwischen Bürgern dar, die außerhalb von Unternehmen und Politik die Gesellschaft strukturiert. In der Sphäre der Zivilgesellschaft sind z. B. Familien, Kirchen und NPOs angesiedelt.[45] Von den anderen Sektoren der öffentlichen Hand und der gewinnorientierten Privatwirtschaft (Profit) sind NPOs als dritter Sektor abzugrenzen.[46]

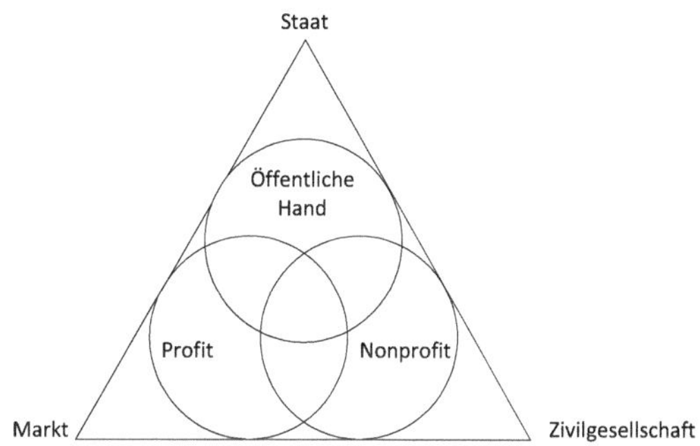

Abbildung 2-1: Social Triangle[47]

---

[43] Vgl. beispielsweise HORAK, C./MATUL, C./SCHEUCH, F., Ziele und Strategien von NPOs, vor allem S. 17; SCHULZE, M., Profit in der NPO; BADELT, C./MEYER, M./SIMSA, R., Handbuch der NPO; LÖWE, M., Rechnungslegung von NPOs.

[44] Vgl. VAN TULDER, R./VAN DER ZWART, A., International Business-Society Management, S. 8.

[45] Vgl. VAN TULDER, R./VAN DER ZWART, A., International Business-Society Management, S. 8-9.

[46] Vgl. SCHWARZ, P., Freiburger Management-Modell, S. 19-20. Abzugrenzen von der Verwendung hier, ist die Nutzung des Begriffs Dritter Sektor im volkswirtschaftlichen Sinne. Er meint dort Dienstleistungssektor. Vgl. HELMIG, B./MICHALSKI, S., Markt von NPOs, S. 310.

[47] In Anlehnung an VAN TULDER, R./VAN DER ZWART, A., International Business-Society Management, S. 12.

Für den „Dritten Sektor" gibt es mehrere Entstehungstheorien.[48] Eine häufig verwendete Theorie führt das Entstehen von NPOs auf das Versagen von Markt und Staat zurück.[49] Sowohl der Markt als auch der Staat würden demnach nicht in ausreichendem Maß bestimmte Leistungen bereitstellen.[50] Trotz möglicher Kritik[51] an dieser Theorie und einer Debatte um den richtigen Erklärungsansatz kann diese Entstehungstheorie dennoch dazu beitragen, den dritten Sektor gegenüber dem Markt und dem Staat abzugrenzen.[52] Überschneidungen zwischen den Sphären können z. B. Public Private Partnerships (Profit/Öffentliche Hand), Genossenschaften (Profit/Nonprofit) sowie Universitäten und Krankenhäuser (Nonprofit/Öffentliche Hand) sein (Abbildung 2-1).[53]

Wie auch im „Social Triangle" werden in der vorliegenden Arbeit Organisationen, die als Einheiten der öffentlichen Hand agieren,[54] nicht mit unter die Definition der zu untersuchenden privaten NPOs gefasst.[55] Zum einen sind dann, wenn eine Organisation anderen rechtlichen Rahmenbedingungen unterliegt als juristische Personen des Privatrechts, andere Anforderungen an die Rechnungslegung zu stellen. Auch durch die unterschiedlichen Finanzierungsmöglichkeiten, wie die Abgabenhoheit der öffentlichen Hand z. B. Steuern oder Beiträge zu erheben, ergeben sich Unterschiede, die sich auf die Rechnungslegung auswirken.[56] Nach dieser Abgrenzung fallen z. B. *öffentliche* Universitäten, Theater und Stadtwerke nicht in die Definition *privater* NPOs.

---

48 Vgl. dazu ausführlicher SCHAAD, M., Nonprofit-Organisationen in der ökonomischen Theorie; SIMSA, R., Gesellschaftliche Funktionen von Nonprofit-Organisationen, S. 9-134. Für Zusammenfassungen zu den verschiedenen Ansätzen vgl. BADELT, C., Zwischen Markt- und Staatsversagen, S. 104-107; HORAK, C., Controlling in NPOs, S. 63-75; WOLFBAUER, J. M., Strategische Rolle von Governance-Organen, S. 40-46.

49 Vgl. HORAK, C., Controlling in NPOs, S. 63; SCHNEIDER, W., Spendenmarkt, S. 623.

50 Vgl. SCHAAD, M., Nonprofit-Organisationen in der ökonomischen Theorie, S. 45.

51 SCHAAD und SIMSA erläutern detailliert und analysieren kritisch die ökonomischen Entstehungsansätze. Vgl. SCHAAD, M., Nonprofit-Organisationen in der ökonomischen Theorie; SIMSA, R., Gesellschaftliche Funktionen von Nonprofit-Organisationen, S. 9-134.

52 Vgl. SIEBART, P., Corporate Governance, S. 55.

53 Vgl. VAN TULDER, R./VAN DER ZWART, A., International Business-Society Management, S. 12.

54 Vgl. LINDENMAYER, P., Nichtregierungsorganisationen, S. 24. Mit dem Staatsapparat verbundene Organisationen sind GONGOs (Government Organized Non-Governmental Organizations) und GINGOs (Government Run/Inspired Non-Governmental Organizations). Vgl. TAKE, I., NGOs im Wandel, S. 39.

55 Indes ist anzumerken, dass es durchaus üblich ist, dass private Organisationen von der öffentlichen Hand unterstützt werden. Vgl. BADELT, C./MEYER, M./SIMSA, R., NPO-Forschung, S. 7. BADELT ordnet NPOs, die weitestgehend von der öffentlichen Hand finanziert werden, den privaten NPOs zu. Vgl. BADELT, C./MEYER, M./SIMSA, R., NPO-Forschung, S. 7. TAKE bezieht QUANGOs (Quasi Non-Governmental Organizations), Organisationen, die staatlich finanziert sind, aber autonom handeln, nicht in den Begriff Nongovernmental-Organisation mit ein. Vgl. TAKE, I., NGOs im Wandel, S. 39. Vgl. für eine Übersicht SCHWARZ, P., Management in NPOs, S. 18; SCHWARZ, P., Freiburger Management-Modell, S. 21. Bei solchen „halb-staatlichen" NPOs ist im Einzelfall das Ausmaß der staatlichen Kontrolle und/oder Finanzierung für die Zuordnung als private oder staatliche NPO entscheidend. Ein Beispiel für Zuordnungskriterien gibt BADELT. Vgl. BADELT, C./MEYER, M./SIMSA, R., NPO-Forschung, S. 9-10. Vgl. auch SCHWARZ, P., Freiburger Management-Modell, S. 21. Dabei ist die Zuordnung für typologische Zwecke von denen zur gesetzlichen Rechnungslegung zu unterscheiden. Vgl. ANHEIER, H. K./PRILLER, E./SEIBEL, W./ZIMMER, A., Nonprofit Sektor, S. 21 und 23-25.

56 Vgl. STOBER, R., Wirtschaftsverwaltungsrecht, S. 195.

215. Keine Ausschüttung an Eigenkapitalgeber

Ein weiteres Kriterium zur Abgrenzung von NPOs ist, dass Gewinne nicht an Eigenkapitalgeber außerhalb des NPO-Sektors ausgeschüttet werden (Non-Distribution Constraint[57] bzw. Nichtausschüttungsrestriktion[58]).[59] Dabei wird nicht auf die fehlende Gewinnerzielungsabsicht von Organisationen abgestellt, sondern auf die Verwendung ggf. erzielter Gewinne.[60] Es dürfen zwar Gewinne erzielt werden und diese dürfen auch ausgeschüttet werden, allerdings nur für Zwecke, die innerhalb des NPO-Sektors liegen. Dies ist vor allem bei NPOs, die ihre Tätigkeiten auf mehrere rechtliche Einheiten verteilen, von Bedeutung. Ein Beispiel sind z. B. eigene rechtliche Einheiten in verschiedenen Industrieländern, die nur für die Spendensammlung für eine übergeordnete „Mutterorganisation" zuständig sind. Diese übergeordnete Organisation erhält dann die Einnahmen von den Spenden sammelnden Einheiten und ist für die gesamte Mittelverwendung zuständig.

216. Definition von NPOs

Aus den bislang erläuterten Aspekten lässt sich eine Definition von NPOs für diese Arbeit ableiten. NPOs sollen hier verstanden werden als

- private, formale, freiwillige und selbstbestimmte Organisationen,
- die ein Sachziel als bestimmendes Oberziel verfolgen und
- einen eventuell erwirtschafteten Gewinn nicht an Eigenkapitalgeber außerhalb des NPO-Sektors ausschütten.

22 Finanzierung von NPOs

221. Finanzierungsformen

Ein wesentlicher Unterschied zwischen NPOs und gewinnorientierten Unternehmen ist, dass NPOs einen vielfältigeren Finanzierungsmix haben können. Die Finanzierung soll im Folgenden in Zu-

---

57 Dieser Begriff wurde von HANSMANN geprägt, meint allerdings die Nichtausschüttung an Eigenkapitalgeber ohne den Zusatz „außerhalb des NPO-Sektors". Vgl. HANSMANN, H. B., Nonprofit Enterprise, S. 835; WEISBROD, B. A., Nonprofit Economy, S. 14. ZIMMER/PRILLER/STRACHWITZ sprechen in diesem Zusammenhang vom „Nonprofit Constraint". Vgl. ZIMMER, A./PRILLER, E./STRACHWITZ, R. G., Fundraising, S. 85. In den USA werden NPOs über die Non Distribution Constraint von den gewinnorientierten Unternehmen abgegrenzt. Vgl. VON HIPPEL, T., Grundprobleme von NPOs, S. 6.

58 Vgl. DOLL, R.-P., Finanzierung von NPOs, S. 7.

59 Vgl. für Nicht-Ausschüttung an Eigenkapitalgeber außerhalb des NPO-Sektors DOLL, R.-P., Finanzierung von NPOs, S. 7.

60 Vgl. LÖWE, M., Rechnungslegung von NPOs, S. 16. In Deutschland gilt z. B. für steuerlich als gemeinnützig anerkannte Organisationen, dass bei Auflösung oder Aufhebung der Gesellschaft oder beim Wegfall des bisherigen Zwecks das Vermögen über die eingezahlten Kapitalanteile oder den Wert der geleisteten Sacheinlagen hinaus, nur für steuerbegünstigte (gemeinnützige) Zwecke verwendet werden darf (§ 55 Abs. 1 Nr. 4 AO). Gemeinnützig ist eine Körperschaft dann, „wenn ihre Tätigkeit darauf gerichtet ist, die Allgemeinheit auf materiellem, geistigem oder sittlichem Gebiet selbstlos zu fördern" (§ 52 Abs. 1 Satz 1 AO). Siehe ausführlicher dazu Abschn. 222.5.

wendungen mit und ohne Gegenleistungen sowie Zuwendungen der öffentlichen Hand unterteilt werden.[61]

Die **Zuwendungen mit Gegenleistungen** umfassen entgeltliche Verträge, die auf Leistung und Gegenleistung beruhen. Üblicherweise finanzieren sich gewinnorientierte Unternehmen über ihr Eigenkapital sowie Fremdkapital. Nicht alle NPOs haben hingegen durch ihre Rechtsform bedingt Mindesteigenkapitalvorschriften, wie z. B. Vereine.[62] Vereine finanzieren sich u. a. über Mitgliedsbeiträge. Echte Mitgliedschaften sind i. d. R. mit direkten Gegenleistungen für ihre Mitgliedschaft verbunden.[63] Im Rahmen der laufenden Tätigkeiten finanziert sich ein gewinnorientiertes Unternehmen wesentlich durch Gewinne. Es können auch bspw. Darlehen oder Lieferanten- oder Kontokorrentkredite zur Finanzierung herangezogen werden.[64] NPOs können sich ebenfalls wirtschaftlich betätigen, solange das Sachziel weiterhin bestimmend ist. Hierbei kann es sich z. B. um Sponsoring handeln. Die Zuwendung (Leistung) wird dann bspw. durch ein Unternehmen unter der Erwartung der vertraglich vereinbarten Gegenleistung gemacht, die die öffentliche Erwähnung der Sponsoringtätigkeit umfasst.[65] Auch Verkäufe oder Leistungsentgelte im Krankenhaus- oder Pflegebereich[66] können als Leistungs-Gegenleistungsbeziehungen zur Finanzierung beitragen. Liegt das erhaltene Entgelt unterhalb oder in Höhe der dafür angefallenen Kosten, kann es sich zwar um ein entgeltliches Geschäft handeln, aber auch um eine gleichzeitige Erfüllung der Zwecke der NPO, wie z. B. im steuerlichen Sinne bei einem Zweckbetrieb.[67] Im Rahmen von verwaltetem Vermögen können ebenfalls Kapitalerträge die Aufwendungen der Organisation tragen.[68]

Ebenfalls eine NPO finanzieren können **Zuwendungen der öffentlichen Hand**, z. B. durch den Bund oder die Europäische Kommission.[69] Auch Bußgelder, die einer NPO als Buße Dritter über

---

61 Ausführlicher zu Finanzierungsarten und zu den Interdependenzen der Finanzierung durch Umsätze (wirtschaftlicher Betrieb), Zweckbetriebe sowie durch Zuwendungen im ideellen Bereich vgl. WEISBROD, B. A., NPO as a Multiproduct Firm; SEGAL, L. M./WEISBROD, B. A., Interdependence of Commercial and Donative Revenues. Für die verschiedenen Betätigungsbereiche einer NPO siehe auch Abschn. 222.5.

62 Siehe ausführlich zur Rechtsform des Vereins VAN RANDENBORGH, L., in: HB Gemeinnützigkeit, 3. Aufl., § 2.

63 Vgl. WESTWOOD, M./MACKENZIE, A., Non-Reciprocal Transfers, Rn. 2.29; HAY, L. E., Accounting for Nonprofit Entities, S. 614 und 617; WILSON, E. R./KATTELUS, S. C., Accounting for Nonprofit Entities, S. 592; LITTICH, E., Finanzierung von NPOs, S. 329.

64 Allerdings ist die Kreditwürdigkeit von NPOs zum Teil aufgrund der volatilen Einnahmen und des niedrigen wertmäßigen Vermögens gering. Vgl. LITTICH, E., Finanzierung von NPOs, S. 323-333.

65 Vgl. LITTICH, E., Finanzierung von NPOs, S. 338; HAUNERT, F., Sponsoring, S. 447. Ausführlich zum Sponsoring vgl. BRUHN, M., Sponsoring.

66 Vgl. ENSTE, D., Wohlfahrtsverbände, S. 75-76 und 82-84.

67 „Ein Zweckbetrieb ist gegeben, wenn 1. der wirtschaftliche Geschäftsbetrieb in seiner Gesamtrichtung dazu dient, die steuerbegünstigten satzungsmäßigen Zwecke der Körperschaft zu verwirklichen, 2. die Zwecke nur durch einen solchen Geschäftsbetrieb erreicht werden können und 3. der wirtschaftliche Geschäftsbetrieb zu nicht begünstigten Betrieben derselben oder ähnlicher Art nicht in größerem Umfang in Wettbewerb tritt, als es bei Erfüllung der steuerbegünstigten Zwecke unvermeidbar ist.“ (§ 65 AO). Für die verschiedenen Betätigungsbereiche einer NPO siehe Abschn. 222.5.

68 Vgl. CARSTENSEN, C., Vermögensverwaltung, S. 73.

69 Vgl. BUSSE, J. S., Rechnungslegung spendensammelnder Organisationen, S. 62.

ein Straf-, Ermittlungs- oder Gnadenverfahren durch ein Gericht zugewiesen werden, können Einnahmen erzeugen.[70]

Charakteristisch für NPOs sind die privaten Zuwendungen ohne direkt verknüpfte bzw. adäquate Gegenleistungen (im Folgenden: **Zuwendungen ohne Gegenleistungen**).[71] Die Motive für solche Zuwendungen können altruistisch, persönlich/intrinsisch oder durch ein Interesse an Einfluss und Informationen getrieben sein.[72] Klassisches Beispiel hierfür sind *Spenden*, die finanzieller Natur sein können, aber auch Sachleistungen oder Dienstleistungen umfassen können (siehe Zuwendungsarten in Abbildung 2-2). Neben einmaligen Geldspenden können auch Beiträge, wie Fördermitgliedschaften,[73] *finanzielle* Zuwendungen sein. Fördermitgliedschaften sind nicht mit Stimmrechten verbunden, sondern eine Organisation wird rein finanziell unterstützt.[74] Als *Dienstleistung* kann z. B. ehrenamtliche Arbeit zugewendet werden. Auch sie ist dadurch gekennzeichnet, dass ihr i. d. R. keine Gegenleistung gegenübersteht.[75] Zuwendungen ohne Gegenleistungen können direkt geleistet werden (z. B. Barspende) oder als Versprechen (z. B. Zusage einer Spende) gestaltet sein (siehe Abbildung 2-2). Sie können zur Ausstattung einer Organisation bei ihrer Gründung oder als nachträgliche Zuwendung an eine bereits bestehende Organisation gewährt werden.[76] Weiterhin können die Zuwendungen ohne Gegenleistungen an Bedingungen und/oder Verwendungsbeschränkungen (z. B. Verwendung nur für bestimmte Zwecke) geknüpft sein (siehe Abbildung 2-2).

Wird in Deutschland eine Zuwendung unentgeltlich, d. h. ohne direkt verknüpfte und erwartete Gegenleistung, gemacht, sind die Vorgaben des BGB bzgl. Schenkungen einschlägig. Daher werden im Folgenden die rechtlichen Grundlagen zu Schenkungen nach deutschem Recht erläutert, da sie die Basis für die spätere Analyse bilden.

---

70 Vgl. ausführlicher zur Finanzierung von NPOs durch Bußgelder BILLETER, H./LIST-GESSLER, B., Bußgeldmarketing, S. 410. Den Gerichten, Staatsanwälten, Amtsanwälten oder Gnadenbeauftragten obliegt die Entscheidung, an wen die Bußgelder gehen. Aus ihnen resultieren im Regelfall keine Bedingungen oder Auflagen für die Verwendung. Vgl. BILLETER, H./LIST-GESSLER, B., Bußgeldmarketing, S. 412-413.

71 Siehe dazu rechtlich Abschn. 222.

72 Vgl. BADELT, C./HOLLERWEGER, E., Ehrenamtliche Arbeit, S. 514-516.

73 Vgl. LITTICH, E., Finanzierung von NPOs, S. 334.

74 Vgl. BUSSE, J. S., Rechnungslegung spendensammelnder Organisationen, S. 64-65.

75 Vgl. ausführlich zur Abgrenzung von ehrenamtlicher und entgeltlicher Arbeit BADELT, C./HOLLERWEGER, E., Ehrenamtliche Arbeit, S. 503-504.

76 Vgl. KOCH, J., in: Münchener Komm. BGB, Bd. 3, 6. Aufl., § 516, Rn. 99.

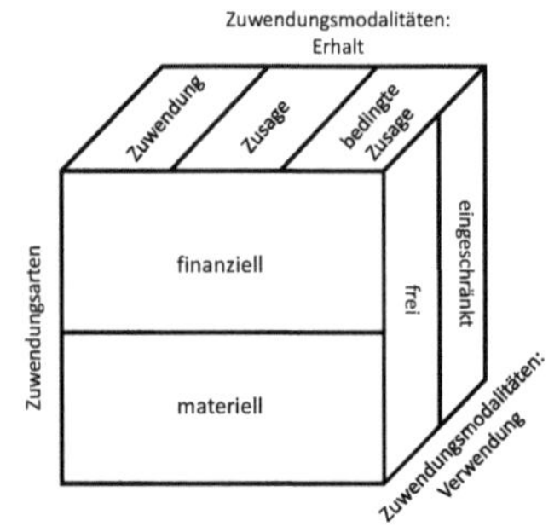

Abbildung 2-2: Zuwendungsarten und -modalitäten

222. Rechtliche Grundlagen von Zuwendungen ohne Gegenleistungen

222.1 Grundlagen zu Schenkungen

Zunächst werden die rechtlichen Grundlagen für Schenkungen unter Lebenden erläutert. Die Schenkungen unter Lebenden können verschiedenen Modalitäten unterliegen, auf die in den folgenden Abschnitten eingegangen wird. Diese Modalitäten können aus Auflagen auf Schenkungen (Verwendungsbeschränkungen) oder Bedingungen bestehen. Rechtsgeschäfte auf den Todesfall haben andere Rechtsfolgen als Schenkungen unter Lebenden und werden aus diesem Grund gesondert erläutert.

Eine Schenkung ist gemäß § 516 Abs. 1 BGB eine „Zuwendung, durch die jemand aus seinem Vermögen einen anderen bereichert, [...] wenn beide Teile darüber einig sind, dass die Zuwendung unentgeltlich erfolgt".[77] Merkmale, die eine Schenkung definieren, sind daher Einigung über die *Unentgeltlichkeit* der Schenkung sowie die *Bereicherung* des Beschenkten.[78]

Zur Abgrenzung der **Unentgeltlichkeit** ist zunächst die Entgeltlichkeit zu erläutern. Für eine *entgeltliche* Verknüpfung spricht ein rechtlicher Zusammenhang zwischen Leistung und Gegenleistung

---

[77] Besondere Schenkungsarten sind u. a. Schenkung unter Auflage (§ 525-527 BGB), Pflicht- und Anstandsschenkung (§ 534 BGB) sowie gemischte Schenkung. Vgl. GEHRLEIN, M., in: Bamberger/Roth BGB, 2. Aufl., § 516, Rn. 1. Bei einer gemischten Schenkung handelt es sich um eine Schenkung in Verbindung mit einem Austauschvertrag. Die Parteien sind sich einig, dass die Wertdifferenz zwischen Leistung und Gegenleistung (Missverhältnis) unentgeltlich zugewendet wird. Vgl. WIMMER-LEONHARDT, S., in: Staudingers BGB-Komm., Buch 2, § 516, Rn. 200.

[78] Vgl. HERRMANN, E., in: Erman u. a. BGB, 13. Aufl., § 516, Rn. 4-7; GEHRLEIN, M., in: Bamberger/Roth BGB, 2. Aufl., § 516, Rn. 2; DENDORFER, R., in: Dauner-Lieb/Langen BGB, 2. Aufl., § 516, Rn. 11-16.

(z. B. wird im Geschäft an der Kasse gezahlt (Leistung), um einen Kaufgegenstand zu erhalten).[79] Somit beschreiben die Gegenseitigkeit von Leistung und Gegenleistung sowie die direkte Beziehung der beiden einen entgeltlichen Vertrag.[80] Objektive *Unentgeltlichkeit* liegt hingegen dann vor, wenn die Zuwendung weder zur Erfüllung einer Leistungspflicht noch abhängig von einer Gegenleistung zugewendet wird.[81] Eine Zuwendung ist unentgeltlich, wenn es nicht das das Ziel ist, eine Gegenleistung – oder einen Anspruch auf eine Gegenleistung – als solches zu erlangen.[82] Werden beide Parteien begünstigt, steht dies allerdings einer Schenkung nicht generell entgegen,[83] solange der Beschenkte noch mindestens geringfügig bereichert werden soll.[84] Bei der Abgrenzung von Entgeltlichkeit und Unentgeltlichkeit ist von Bedeutung, ob die Leistung des Zuwendungsempfängers aus dem eigenen allgemeinen *Vermögen* (Entgeltlichkeit) oder „aus dem Wert und auf Grundlage des geschenkten Gegenstandes"[85] (Schenkung) erbracht werden soll.[86] Bei Leistungen des Zuwendungsempfängers kann es sich um Schenkungen unter Auflagen, Zweckschenkungen oder gemischte Schenkungen[87] handeln.[88]

Ein weiteres Merkmal einer Schenkung ist eine dauerhafte **Vermögensverschiebung** in der Form, dass der Schenker *entreichert* und der Beschenkte *bereichert* wird.[89] Eine Schenkung liegt daher dann nicht vor, wenn der Schenker lediglich eine Durchgangsstation ist. In einem solchen Fall wäre eine Organisation eine reine Durchgangsstation für Mittel und würde keinen Nutzen aus der Mittel-

79 Ein rein tatsächlicher Zusammenhang genügt nicht. Vgl. WIMMER-LEONHARDT, S., in: Staudingers BGB-Komm., Buch 2, § 516, Rn. 33.

80 Die Entgeltlichkeit von Verträgen kann verschiedene Formen annehmen. Bei einer *synallagmatischen* Verknüpfung besteht eine wechselseitige Zusage von Leistung und Gegenleistung. Auch wenn eine Gegenleistung zwar nicht vom Leistenden beansprucht werden kann, sie aber zur Bedingung der Leistung gemacht wird (*konditionale* Verknüpfung), liegt keine Schenkung vor. Eine Bedingung allein führt noch nicht dazu, dass eine konditionale Verknüpfung vorliegt. Vgl. KOLLHOSSER, H., in: Münchener Komm. BGB, Bd. 3, 4. Aufl., § 516, Rn. 18. Vielmehr muss die Leistung Wirksamkeitsvoraussetzung für die Gegenleistung sein. Konditionale Verknüpfungen sind in der Praxis dagegen selten. Vgl. auch für Beispiele WIMMER-LEONHARDT, S., in: Staudingers BGB-Komm., Buch 2, § 516, Rn. 33. Bildet die Gegenleistung die Geschäftsgrundlage und damit den Zweck für die eigene Leistung (*kausale* Verknüpfung), liegt ebenfalls keine Schenkung vor. Vgl. HERRMANN, E., in: Erman u. a. BGB, 13. Aufl., § 516, Rn. 8; GEHRLEIN, M., in: Bamberger/Roth BGB, 2. Aufl., § 516, Rn. 7; MÜHL, O./TEICHMANN, A., in: Soergel BGB, Bd. 4/1, 12. Aufl., § 516, Rn. 17. Vgl. für Beispiele WIMMER-LEONHARDT, S., in: Staudingers BGB-Komm., Buch 2, § 516, Rn. 33.

81 Vgl. HOPPENZ, R., in: Prütting u. a. BGB, 6. Aufl., § 516, Rn. 12.

82 Vgl. WIMMER-LEONHARDT, S., in: Staudingers BGB-Komm., Buch 2, § 516, Rn. 31.

83 Vgl. HOPPENZ, R., in: Prütting u. a. BGB, 6. Aufl., § 516, Rn. 12.

84 Vgl. MÜHL, O./TEICHMANN, A., in: Soergel BGB, Bd. 4/1, 12. Aufl., § 525, Rn. 2; KOCH, J., in: Münchener Komm. BGB, Bd. 3, 6. Aufl., § 525, Rn. 5.

85 MÜHL, O./TEICHMANN, A., in: Soergel BGB, Bd. 4/1, 12. Aufl., § 525, Rn. 1.

86 Vgl. MÜHL, O./TEICHMANN, A., in: Soergel BGB, Bd. 4/1, 12. Aufl., § 525, Rn. 9 und 17; m. w. N. WIMMER-LEONHARDT, S., in: Staudingers BGB-Komm., Buch 2, § 525, Rn. 8.

87 Zur Definition einer gemischten Schenkung siehe Fn. 77.

88 Vgl. HERRMANN, E., in: Erman u. a. BGB, 13. Aufl., § 516, Rn. 8. Siehe mehr dazu im nächsten Abschn. 222.2. Die Leistung unentgeltlicher Dienste ist keine Schenkung, da es an der Entreicherung des Schenkers fehlt. Vgl. GEHRLEIN, M., in: Bamberger/Roth BGB, 2. Aufl., § 516, Rn. 4; MÜHL, O./TEICHMANN, A., in: Soergel BGB, Bd. 4/1, 12. Aufl., § 516, Rn. 19.

89 Vgl. HERRMANN, E., in: Erman u. a. BGB, 13. Aufl., § 516, Rn. 4-6; GEHRLEIN, M., in: Bamberger/Roth BGB, 2. Aufl., § 516, Rn. 2; DENDORFER, R., in: Dauner-Lieb/Langen BGB, 2. Aufl., § 516, Rn. 11-16.

verwendung ziehen. Da es NPOs immanent ist, dass sie als oberstes Ziel ein Sachziel verfolgen, ist das Einsammeln von Mitteln sowie die Verwendung für gemeinnützige Zwecke gleichzeitig Zweckerfüllung für die NPOs. Sie ziehen daher Nutzen aus ihrer Organisationstätigkeit und werden dadurch im Sinne einer Schenkung bereichert. Wenn der Beschenkte eine juristische Person ist und die Verwendung Bestandteil des mildtätigen oder gemeinnützigen Zweckes ist, handelt es sich demnach um eine Schenkung.[90] Gemeinnützige Organisationen können daher Empfänger von Schenkungen sein.

Bei einer Schenkung handelt es sich um einen **Vertrag**.[91] Daher müssen zur Wirksamkeit ein Angebot und eine Annahme existieren.[92] Fallen Zuwendung und Einigung zusammen, handelt es sich um eine sog. Handschenkung (§ 516 Abs. 1 BGB),[93] wie z. B. bei einer Barspende an eine NPO. Die Schenkung ist dann sofort und formlos gültig.[94] Geht die Einigung der Zuwendung zeitlich voraus, ist ein solches sog. Schenkungsversprechen formbedürftig.[95] Es ist *notariell* zu beurkunden (§ 518 Abs. 1 Satz 1 BGB). Wird dieses Formerfordernis nicht eingehalten, so ist das Schenkungsversprechen nichtig,[96] wenngleich der Formmangel des Schenkungsversprechens durch den Vollzug der Schenkung geheilt werden kann (§ 518 Abs. 2 BGB).[97] Dies ist z. B. dann der Fall, wenn Zahlungsmittel versprochen werden, dies aber nicht notariell beurkundet wurde. Dann entsteht zunächst aus der Zusage kein Recht auf die Zahlungsmittel. Werden anschließend die versprochenen Zahlungsmittel dennoch überwiesen, so ist die Schenkung durch den Vollzug gültig. Das Formerfordernis der notariellen Beurkundung soll den Schenker besonders schützen (vor allem Übereilungsschutz, Warnungs- und Besinnungsfunktion).[98]

Rückforderungsmöglichkeiten u. ä. Rechte für Schenkungsversprechen und Schenkungen können sich über spezifische Regelungen für Schenkungen hinaus aus dem allgemeinen Privatrecht erge-

90 Vgl. WIMMER-LEONHARDT, S., in: Staudingers BGB-Komm., Buch 2, § 516, Rn. 28-29; HERRMANN, E., in: Erman u. a. BGB, 13. Aufl., § 516, Rn. 6. Im Gegensatz zum zweiseitigen Vertrag bei einer Schenkung ist die Stiftung (§ 80-88 BGB) allerdings ein einseitiges Rechtsgeschäft eigener Art. Vgl. DENDORFER, R., in: Dauner-Lieb/Langen BGB, 2. Aufl., § 516, Rn. 28; HERRMANN, E., in: Erman u. a. BGB, 13. Aufl., § 516, Rn. 13d. Die Anwendung des Schenkungsrechts auf (Zu-)Stiftungen ist strittig. Vgl. KOCH, J., in: Münchener Komm. BGB, Bd. 3, 6. Aufl., § 516, Rn. 100-101.

91 Vgl. GEHRLEIN, M., in: Bamberger/Roth BGB, 2. Aufl., § 516, Rn. 6.

92 Annahme ist auch konkludent möglich. Vgl. HERRMANN, E., in: Erman u. a. BGB, 13. Aufl., § 516, Rn. 7.

93 Vgl. GEHRLEIN, M., in: Bamberger/Roth BGB, 2. Aufl., § 516, Rn. 1.

94 Vgl. GEHRLEIN, M., in: Bamberger/Roth BGB, 2. Aufl., § 516, Rn. 1. Für einfache Schenkungen (keine Auflagen) kommt die Annahme des Vertrages zustande, ohne dass es einer expliziten Annahmeerklärung des Beschenkten bedarf, da ein solches Vorgehen bei Schenkungen nach der Verkehrssitte nicht zu erwarten ist. Vgl. KOCH, J., in: Münchener Komm. BGB, Bd. 3, 6. Aufl., § 516, Rn. 49.

95 Vgl. HOPPENZ, R., in: Prütting u. a. BGB, 6. Aufl., § 516, Rn. 1.

96 Vgl. WEIDENKAFF, W., in: Palandt, 71. Aufl., § 518, Rn. 7.

97 Vgl. HERRMANN, E., in: Erman u. a. BGB, 13. Aufl., § 518, Rn. 1. Eine Schenkung ist i. S. d. § 518 Abs. 2 BGB vollzogen, wenn der Schenker alles Erforderliche zum Erwerb der Schenkung durch den Beschenkten getan hat. Vgl. zum Vollzug einer Schenkung nach § 518 Abs. 2 BGB HERRMANN, E., Vollzug von Schenkungen, vor allem S. 54-55.

98 Vgl. HERRMANN, E., in: Erman u. a. BGB, 13. Aufl., § 518, Rn. 1; GEHRLEIN, M., in: Bamberger/Roth BGB, 2. Aufl., § 516, Rn. 1; WEIDENKAFF, W., in: Palandt, 71. Aufl., § 518, Rn. 1a.

ben. Anwendbar auf Schenkungen allgemein können u. a. – sofern einschlägig – die Kündigungs-, Rücktritts- und Widerrufsrechte aus dem Vertragsrecht, der Rückforderungsanspruch aus dem Bereicherungsrecht nach § 812 Abs. 1 Satz 1 1. Fall BGB sowie Schadensersatzansprüche aus dem Deliktsrecht sein.[99] Eine Schenkung kann wegen Verarmung des Schenkers (Notbedarf)[100] zurückgefordert bzw. nicht mehr durchsetzbar sein (§§ 528, 519 BGB) oder wegen Undank widerrufen werden (§§ 530-534 BGB).[101]

222.2 Schenkungen unter Auflagen

Schenkungen können unter Auflagen gemacht werden. Eine **Auflage** ist eine Leistung des Beschenkten,[102] wie z. B. der Bau einer Schule mit den zugewendeten Mitteln. Die Auflage ist keine Gegenleistung für die Schenkung, es fehlt an der direkten Beziehung der Leistungen.[103] Ob eine direkte Beziehung zwischen Leistung und Gegenleistung besteht, ist dabei von den Willensentscheidungen der Vertragsparteien abhängig.[104] Wie bereits erwähnt, steht eine Bereicherung beider Parteien durch Schenkung und Auflage dem Vorliegen einer Schenkung nicht entgegen, solange noch eine mindestens geringfügige Bereicherung – die auch immateriell sein kann – für den Beschenkten bestehen soll.[105] Reicht der Wert der Schenkung nicht, um die Auflage zu erfüllen, so hat der Beschenkte Rechte aus § 526 BGB auf Beseitigung des Mangels.[106] Des Weiteren bedeutet eine Leistung des Beschenkten i. S. e. Auflage, dass der Beschenkte zu mehr verpflichtet wird, als sich für ihn bereits aus gesetzlichen oder rechtsgeschäftlichen Einschränkungen aus dem der Schenkung zugrunde liegenden Vermögenswert selbst ableitet.[107] Daher ist z. B. die Schenkung eines Grund-

---

99 Vgl. BOLOU, W., Spendenwesen, S. 50-51 und ausführlicher S. 113-176.

100 Der Schenker muss dann außerstande sein, seinen Lebensunterhalt angemessen zu bestreiten oder seine gesetzlichen Unterhaltspflichten zu erfüllen (§ 528 Abs. 1 Satz 1 BGB). Vgl. ausführlicher zu Rückforderungsansprüchen aufgrund eines Notbedarfs (Verarmung des Schenkers) KOCH, J., in: Münchener Komm. BGB, Bd. 3, 6. Aufl., § 528.

101 Vgl. dazu ausführlicher bspw. KOCH, J., in: Münchener Komm. BGB, Bd. 3, 6. Aufl., § 528.

102 Vgl. HOPPENZ, R., in: Prütting u. a. BGB, 6. Aufl., § 525, Rn. 2; HERRMANN, E., in: Erman u. a. BGB, 13. Aufl., § 525, Rn. 2.

103 Vgl. HOPPENZ, R., in: Prütting u. a. BGB, 6. Aufl., § 525, Rn. 6. Bildet die Gegenleistung die Geschäftsgrundlage und damit den Zweck für die eigene Leistung (kausale Verknüpfung), liegt keine Unentgeltlichkeit und damit keine Schenkung vor. Vgl. GEHRLEIN, M., in: Bamberger/ Roth BGB, 2. Aufl., § 516, Rn. 7; HERRMANN, E., in: Erman u. a. BGB, 13. Aufl., § 516, Rn. 8; MÜHL, O./TEICHMANN, A., in: Soergel BGB, Bd. 4/1, 12. Aufl., § 516, Rn. 17. Vgl. für Beispiele WIMMER-LEONHARDT, S., in: Staudingers BGB-Komm., Buch 2, § 516, Rn. 33. Die Unterscheidung von kausaler Verknüpfung zur Zweckschenkung bzw. Schenkung unter Auflage liegt darin, dass bei der Schenkung eine weitere Leistung initiiert werden soll. Bei der kausalen Verknüpfung wird die Leistung als Gegenleistung für die eigene Leistung erwartet. Auch hier ist der Parteiwille für die Auslegung entscheidend. Vgl. KOLLHOSSER, H., in: Münchener Komm. BGB, Bd. 3, 4. Aufl., § 516, Rn. 19. Es ist allerdings die Entgeltlichkeit des Zivilrechts von der des Einkommenssteuerrechts zu unterscheiden. Vgl. dazu ausführlich KEMMER, M., Einkommensteuerliche Entgeltlichkeit.

104 Vgl. MÜHL, O./TEICHMANN, A., in: Soergel BGB, Bd. 4/1, 12. Aufl., § 516, Rn. 15.

105 Vgl. MÜHL, O./TEICHMANN, A., in: Soergel BGB, Bd. 4/1, 12. Aufl., § 525, Rn. 2; KOCH, J., in: Münchener Komm. BGB, Bd. 3, 6. Aufl., § 525, Rn. 5.

106 Vgl. MÜHL, O./TEICHMANN, A., in: Soergel BGB, Bd. 4/1, 12. Aufl., § 525, Rn. 2.

107 Vgl. HERRMANN, E., in: Erman u. a. BGB, 13. Aufl., § 525, Rn. 2.

stücks, an dem ein Dritter ein Nießbrauch hat, keine Schenkung unter Auflage.[108] Wenn allerdings erst der Beschenkte verpflichtet wird einem Dritten ein Nießbrauchrecht einzuräumen, handelt es sich um eine Schenkung unter Auflage.[109] Begünstigte der Auflage können neben dem Schenker auch der Beschenkte oder Dritte sein.[110] Die rechtliche Verpflichtung aus der Auflage besteht allerdings gegenüber dem Schenker.[111] Die Auflage ist demnach eine Beschränkung im Rahmen der Verwendung der Schenkung (siehe Abbildung 2-3).

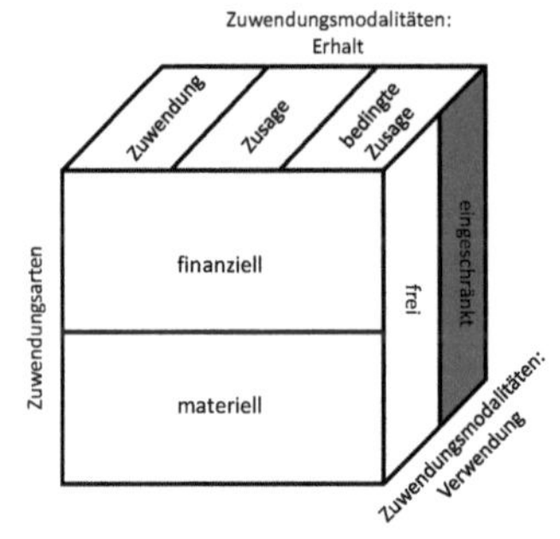

Abbildung 2-3: Schenkung unter Auflage

Die Schenkung unter Auflage kann als Schenkungsversprechen gestaltet oder eine Handschenkung sein.[112] Die Auflage auf eine Schenkung ist vertraglich zu vereinbaren und einklagbar (§ 525 Abs. 1 BGB).[113]

---

108 Vgl. KOCH, J., in: Münchener Komm. BGB, Bd. 3, 6. Aufl., § 525, Rn. 2; WIMMER-LEONHARDT, S., in: Staudingers BGB-Komm., Buch 2, § 525, Rn. 11.

109 Vgl. KOCH, J., in: Münchener Komm. BGB, Bd. 3, 6. Aufl., § 525, Rn. 2.

110 Vgl. HOPPENZ, R., in: Prütting u. a. BGB, 6. Aufl., § 525, Rn. 3; HERRMANN, E., in: Erman u. a. BGB, 13. Aufl., § 525, Rn. 2.

111 Vgl. HOPPENZ, R., in: Prütting u. a. BGB, 6. Aufl., § 525, Rn. 5. Die Verpflichtung kann ebenfalls gegenüber dem Rechtsfolger des Schenkers, nach dem Tod des Schenkers und bei öffentlichem Interesse (Gemeinwohl) gegenüber der nach Landesrecht zuständigen Behörde oder gegenüber einem Dritten, der durch die Schenkung begünstigt wird, bestehen. Vgl. HOPPENZ, R., in: Prütting u. a. BGB, 6. Aufl., § 525, Rn. 5.

112 Vgl. HERRMANN, E., in: Erman u. a. BGB, 13. Aufl., § 525, Rn. 2.

113 Vgl. HOPPENZ, R., in: Prütting u. a. BGB, 6. Aufl., § 525, Rn. 4. Da es sich bei der Auflage um eine vertragliche Nebenabrede der Schenkung handelt, unterliegt die Auflage bei einem Schenkungsversprechen auch der Formerfordernis des § 518 Abs. 1 Satz 1 BGB und damit einer notariellen Beurkundung. Vgl. für die h. M. HOPPENZ, R., in: Prütting u. a. BGB, 6. Aufl., § 525, Rn. 1; WIMMER-LEONHARDT, S., in: Staudingers BGB-Komm., Buch 2, § 518, Rn. 6; WEIDENKAFF, W., in: Palandt, 71. Aufl., § 525, Rn. 2. Die Nichtbeachtung des Formerfordernisses macht die Schenkung nichtig (§ 125 Satz 1 BGB). Vgl. WEIDENKAFF, W., in: Palandt, 71. Aufl., § 525, Rn. 2. Anderer Auffassung ist HERRMANN, die aus § 518 Abs. 1 Satz 1 BGB ableitet, dass nur die Erklärung des Schenkers der Formpflicht unterworfen wird. In den Text des zu beurkundenden Schenkungsversprechens seien die Pflichten des Schenkers aufzunehmen. Die Leistungen des Beschenkten seien nicht beurkundungspflichtig.

Die Schenkung unter Auflage ist von einer Zweckschenkung sowie von einer Hoffnungs- bzw. Wunschschenkung abzugrenzen. Bei der Schenkung unter **Auflage** hat der Zuwender ein hohes Interesse daran, dass die Auflage erfüllt wird.[114] Erst nach Leistung der Zuwendung kann der Schenker den Vollzug der Auflage verlangen (z. B. Auflage war der Bau einer Schule, die Durchführung des Baus kann dann eingeklagt werden).[115] Kann die Auflage nicht erfüllt werden, so kann neben dem Vollzug der Auflage (§ 525 Abs. 1 BGB) auch eine Rückforderung der Schenkung erreicht werden. Eine Herausgabe der Schenkung kann aufgrund einer nicht vollzogenen Auflage auf § 527 BGB basieren.[116]

Bei der **Zweckschenkung** ist die zur Zweckerreichung erforderliche Handlung *nicht* rechtlich einklagbar (z. B. kann hier die Durchführung des Baus nicht eingeklagt werden).[117] Wird bei der Zweckschenkung die vereinbarte Handlung nicht ausgeführt, so kann hier allerdings (nur) eine Rückforderung geltend gemacht werden. Dazu muss der Zweck zum Inhalt des Geschäfts oder zur Geschäftsgrundlage gemacht worden sein.[118]

Bei der **Hoffnungsschenkung** bzw. **Wunschschenkung** wird das Motiv, ein Rat, Wunsch oder eine Empfehlung bezogen auf die Schenkung durch den Schenker angegeben.[119] Die Unterscheidung zur Zweckschenkung liegt darin, dass bei der Hoffnungsschenkung der gewünschte Zweck nicht Bestandteil der Geschäftsgrundlage wird. Daraus ergibt sich, dass bei der Hoffnungsschenkung nicht

Daher gäbe die Beurkundung nicht immer über den vollständigen Vertragsinhalt Auskunft. Vgl. HERRMANN, E., in: Erman u. a. BGB, 13. Aufl., § 518, Rn. 3. In wieweit die Nichtigkeit der Auflage sich auch auf die Schenkung überträgt, bestimmt sich nach § 139 BGB. Die Nichtigkeit der Auflage bedeutet nicht in jedem Fall die Unwirksamkeit der gesamten Schenkung (§ 2195 BGB). Vgl. MÜHL, O./TEICHMANN, A., in: Soergel BGB, Bd. 4/1, 12. Aufl., § 525, Rn. 5; KOCH, J., in: Münchener Komm. BGB, Bd. 3, 6. Aufl., § 525, Rn. 3.

114 Vgl. WIMMER-LEONHARDT, S., in: Staudingers BGB-Komm., Buch 2, § 525, Rn. 17.

115 Vgl. HERRMANN, E., in: Erman u. a. BGB, 13. Aufl., § 525, Rn. 4; GEHRLEIN, M., in: Bamberger/Roth BGB, 2. Aufl., § 525, Rn. 5. Der Vollzugsanspruch des Schenkers ist aufschiebend bedingt (§ 158 Abs. 1 BGB) durch die eigene Leistung. Vgl. GEHRLEIN, M., in: Bamberger/Roth BGB, 2. Aufl., § 525, Rn. 5; KOCH, J., in: Münchener Komm. BGB, Bd. 3, 6. Aufl., § 525, Rn. 13 m. w. N.

116 Der Rückforderungsanspruch bezieht sich auf dasjenige, was zur Vollziehung der Auflage hätte verwendet werden müssen. Vgl. KOLLHOSSER, H., in: Münchener Komm. BGB, Bd. 3, 4. Aufl., § 516, Rn. 36.

117 Vgl. HOPPENZ, R., in: Prütting u. a. BGB, 6. Aufl., § 525, Rn. 17; GEHRLEIN, M., in: Bamberger/Roth BGB, 2. Aufl., § 525, Rn. 7; HERRMANN, E., in: Erman u. a. BGB, 13. Aufl., § 516, Rn. 17. Auf die Zweckschenkung sind nicht die §§ 525-527 BGB für Schenkungen unter Auflagen anzuwenden. Vgl. GEHRLEIN, M., in: Bamberger/Roth BGB, 2. Aufl., § 525, Rn. 7.

118 Vgl. DENDORFER, R., in: Dauner-Lieb/Langen BGB, 2. Aufl., § 525, Rn. 13; HERRMANN, E., in: Erman u. a. BGB, 13. Aufl., § 516, Rn. 17. Die Zuwendung kann zurückgefordert werden, wenn der Zweck der Schenkung verfehlt wird, aber zwischen den Parteien eine Übereinstimmung mit Blick auf den Zweck, trotz fehlendem expliziten Vertragsinhalt, bestanden hat (§ 812 Abs. 1 Satz 2 Fall 2 BGB). Vgl. HOPPENZ, R., in: Prütting u. a. BGB, 6. Aufl., § 525, Rn. 17; HERRMANN, E., in: Erman u. a. BGB, 13. Aufl., § 516, Rn. 17; DENDORFER, R., in: Dauner-Lieb/Langen BGB, 2. Aufl., § 525, Rn. 15; WIMMER-LEONHARDT, S., in: Staudingers BGB-Komm., Buch 2, § 525 Rn. 16; mit umfassenden Nachweisen KOCH, J., in: Münchener Komm. BGB, Bd. 3, 6. Aufl., § 525 Rn. 8. Teilweise kann eine Rückforderung auch aufgrund des Wegfalls der Geschäftsgrundlage geltend gemacht werden (§ 313 BGB). Vgl. m. w. N. KOCH, J., in: Münchener Komm. BGB, Bd. 3, 6. Aufl., § 525, Rn. 8.

119 Vgl. WIMMER-LEONHARDT, S., in: Staudingers BGB-Komm., Buch 2, § 525, Rn. 18; KOCH, J., in: Münchener Komm. BGB, Bd. 3, 6. Aufl., § 525, Rn. 8.

nur der Vollzug der zur Zweckerreichung erforderlichen Handlung nicht einklagbar ist, sondern auch keine Rückforderung basierend auf dem nicht erfüllten Wunsch geltend gemacht werden kann.[120]

222.3 Rechtsgeschäfte unter Bedingungen

Rechtsgeschäfte können unter Bedingungen vorgenommen werden.[121] Es liegen nur Bedingungen im Rechtssinne vor, wenn der Eintritt der Rechtsfolgen eines Rechtsgeschäfts von einem ungewissen *künftigen* Ereignis abhängig gemacht wird.[122] Grundsätzlich kommt als ungewisses **Ereignis** jedes künftige Ereignis in Betracht, solange nicht die Verbindlichkeit des Rechtsgeschäfts offenbleibt.[123] Das Ereignis kann vom Zufall, aber auch auf unterschiedliche Weise vom Willen der Vertragsparteien abhängen.[124]

---

120 Vgl. WIMMER-LEONHARDT, S., in: Staudingers BGB-Komm., Buch 2, § 525, Rn. 18; KOCH, J., in: Münchener Komm. BGB, Bd. 3, 6. Aufl., § 525, Rn. 8.

121 Vgl. zu Ausnahmen RÖVEKAMP, K., in: Bamberger/Roth BGB, 2. Aufl., § 158, Rn. 16-19. Ein Rechtsgeschäft kann (auch zusätzlich zu einer Bedingung) einer Befristung unterliegen. Dabei soll die Wirkung eines Rechtsgeschäfts erst ab oder nur bis zu einem künftigen ungewissen Zeitpunkt bestehen (§ 163 BGB). Vgl. BORK, R., in: Staudingers BGB-Komm., Buch 1, § 163, Rn. 1. Ist mit der Befristung ein Anfangstermin für die Wirkung des Rechtsgeschäfts bestimmt, so sind die Vorschriften für aufschiebende oder im Fall eines Endtermins, diejenigen für auflösende Bedingungen anzuwenden (§ 163 BGB). Ist der Eintritt eines künftigen Ereignisses gewiss, aber der Zeitpunkt ungewiss, handelt es sich nicht um eine Bedingung, sondern um eine Befristung. Bei einer Bedingung ist eher das „Ob" eines Ereignisses, bei einer Befristung eher das „Wann" eines Ereignisses fraglich. Vgl. RÖVEKAMP, K., in: Bamberger/Roth BGB, 2. Aufl., § 158, Rn. 5. Die Unterscheidung zwischen einer Befristung und einer Bedingung ist allerdings in der Praxis fließend und abhängig von der konkreten Auslegung des Rechtsgeschäfts. Vgl. BORK, R., in: Staudingers BGB-Komm., Buch 1, § 163, Rn. 4; RÖVEKAMP, K., in: Bamberger/Roth BGB, 2. Aufl., § 158, Rn. 5. Eine exakte Unterscheidung ist i. d. R. nicht erforderlich, da die Rechtswirkungen gleich sind. Vgl. RÖVEKAMP, K., in: Bamberger/Roth BGB, 2. Aufl., § 163, Vorwort, Rn. 7. Der Tod einer Person kann z. B. als Befristung eines Rechtsgeschäfts angesehen werden. Vgl. RÖVEKAMP, K., in: Bamberger/Roth BGB, 2. Aufl., § 163, Rn. 5.

122 Vgl. BORK, R., in: Staudingers BGB-Komm., Buch 1, § 158, Rn. 1; RÖVEKAMP, K., in: Bamberger/Roth BGB, 2. Aufl., § 158, Rn. 3. Bedingungen können in eigentliche und uneigentliche unterteilt werden. Vgl. ARMBRÜSTER, C., in: Erman u. a. BGB, 13. Aufl., Vor § 158, Rn. 3. Bei uneigentlichen Bedingungen liegt keine Bedingung im Rechtssinne vor. Es wird z. B. auf ein *vergangenes* Ereignis abgestellt. Die uneigentlichen Bedingungen sind, da sie sich nicht auf ein künftiges Ereignis beziehen, nicht von den Regelungen für Bedingungen in § 158 BGB erfasst. Vgl. ARMBRÜSTER, C., in: Erman u. a. BGB, 13. Aufl., Vor § 158, Rn. 3-11. Sie werden daher im Weiteren nicht betrachtet.

123 Vgl. RÖVEKAMP, K., in: Bamberger/Roth BGB, 2. Aufl., § 158, Rn. 12. Vgl. für die Diskussion, wann das Rechtsgeschäft offenbleibt, u. a. ARMBRÜSTER, C., in: Erman u. a. BGB, 13. Aufl., Vor § 158, Rn. 12-16; WOLF, M., in: Soergel BGB, Bd. 2, 13. Aufl., Vor § 158, Rn. 27-29. Wenn die Bedingung i. S. e. Leistung Wirksamkeitsvoraussetzung für die Gegenleistung ist, dann sind Leistung und Gegenleistung konditional verknüpft und das Rechtsgeschäft ist nicht unentgeltlich. Vgl. auch für Beispiele WIMMER-LEONHARDT, S., in: Staudingers BGB-Komm., Buch 2, § 516, Rn. 33.

124 Vgl. WOLF, M., in: Soergel BGB, Bd. 2, 13. Aufl., Vor § 158, Rn. 23. Bei *Potestativbedingungen* ist der Eintritt der Rechtswirkungen und daher der Bedingungseintritt an das Verhalten (Tun oder Unterlassen) einer Vertragspartei gebunden. Das Tun oder Unterlassen ist an das Belieben der entsprechenden Vertragspartei geknüpft, die Rechtswirkungen treten dagegen unabhängig vom Willen ein. (Ein Beispiel ist der Eigentumsvorbehalt. Vgl. WOLF, M., in: Soergel BGB, Bd. 2, 13. Aufl., Vor § 158, Rn. 23.) Das Verhalten eines Dritten qualifiziert nicht als Potestativbedingung, sondern es liegt eine Zufallsbedingung vor. Vgl. WOLF, M., in: Soergel BGB, Bd. 2, 13. Aufl., Vor § 158, Rn. 24. Bei den sog. *Wollensbedingungen* ist die Bedingung, dass eine der Vertragspar-

Rechtsgeschäfte können unter aufschiebende und auflösende Bedingungen gestellt werden. Bei Rechtsgeschäften unter **aufschiebenden Bedingungen** tritt die von der Bedingung abhängig gemachte Wirkung erst mit dem Bedingungseintritt ein (§ 158 Abs. 1 BGB). Zwischen Vornahme des Rechtsgeschäfts und Eintritt der aufschiebenden Bedingung hat eine Partei die Aussicht, ein Recht zu erwerben, zu verlieren oder von einer Belastung befreit zu werden.[125] Es handelt sich dann z. B. um ein bedingtes Schenkungsversprechen (siehe Abbildung 2-4).

Bei Rechtsgeschäften unter auflösenden Bedingungen endigt mit dem Bedingungseintritt die Wirkung des Rechtsgeschäfts und der frühere Rechtszustand tritt wieder ein (§ 158 Abs. 2 BGB). Der „Unterschied“ der zwei Bedingungsarten wird im Folgenden erläutert.

teien nach vollkommen freiem Willen (Willkür) das Rechtsgeschäft überhaupt erst gelten lässt. Vgl. ARMBRÜSTER, C., in: Erman u. a. BGB, 13. Aufl., Vor § 158, Rn. 12; WOLF, M., in: Soergel BGB, Bd. 2, 13. Aufl., Vor § 158, Rn. 25. Strittig ist, ob ein Rechtsgeschäft unter einer aufschiebenden Wollensbedingung geschlossen werden kann, da eigentlich die Verbindlichkeit des Rechtsgeschäfts offenbleibt. Vgl. für die Diskussion u. a. ARMBRÜSTER, C., in: Erman u. a. BGB, 13. Aufl., Vor § 158, Rn. 12-16; WOLF, M., in: Soergel BGB, Bd. 2, 13. Aufl., Vor § 158, Rn. 27-29. Es liegt i. d. R. zum Beispiel ein Vertragsangebot mit verlängerter Bindungswirkung vor, wenn nur eine Partei gebunden ist und die andere Partei sich ihre Entschließung vorbehält. Vgl. ELLENBERGER, J., in: Palandt, 71. Aufl., Einführung vor § 158, Rn. 10.

125 Vgl. BORK, R., in: Staudingers BGB-Komm., Buch 1, Vorbemerkungen zu §§ 158-163, Rn. 55. Die Aussicht ein Recht zu erwerben, zu verlieren oder von einer Belastung befreit zu werden kann als Anwartschaft bezeichnet werden. Ist die Rechtsposition vor Zwischenverfügungen i. S. d. § 161 Abs. 1 BGB gesichert, kann von einem Anwartschaftsrecht gesprochen werden. Vgl. BORK, R., in: Staudingers BGB-Komm., Buch 1, Vorbemerkungen zu §§ 158-163, Rn. 55. Ein Anwartschaftsrecht entsteht dann, „wenn von dem mehraktigen Entstehungstatbestand eines Rechtsgeschäfts bereits so viele Erfordernisse erfüllt sind, dass von einer gesicherten Rechtsposition des Erwerbers gesprochen werden kann, die der andere an der Entstehung des Rechts Beteiligte nicht mehr einseitig zu zerstören vermag“. RÖVEKAMP, K., in: Bamberger/ Roth BGB, 2. Aufl., § 158, Rn. 25. Das Anwartschaftsrecht ist übertragbar, vererblich und verpfändbar. Es ist als Vorstufe zum dinglichen Recht einzuordnen und ist ein „Erwerbsrecht eigener Art“. Daher können viele Vorschriften über das Eigentum auf das Anwartschaftsrecht analog angewendet werden. Vgl. RÖVEKAMP, K., in: Bamberger/Roth BGB, 2. Aufl., § 158, Rn. 25-26; BORK, R., in: Staudingers BGB-Komm., Buch 1, Vorbemerkungen zu §§ 158-163, Rn. 56. Der Begriff des Anwartschaftsrechts ist allerdings kein Begriff, aus dem sich Rechtsfolgen ableiten lassen, sondern vielmehr die deskriptive Bezeichnung für eine gefestigte Rechtsposition. Vgl. BORK, R., in: Staudingers BGB-Komm., Buch 1, Vorbemerkungen zu §§ 158-163, Rn. 57. Klassisches Beispiel ist der Eigentumsvorbehaltskauf: Der Verkäufer hat die Sache bereits unter der Bedingung der vollständigen Kaufpreiszahlung an den Käufer übergeben. Die Rechtsposition des Käufers ist gegen Zwischenverfügungen des Verkäufers gesichert und daher ist die Rechtsposition des Käufers als Anwartschaftsrecht zu beschreiben. Vgl. BORK, R., in: Staudingers BGB-Komm., Buch 1, Vorbemerkungen zu §§ 158-163, Rn. 58. Wenn der Beschenkte die Zuwendung bereits in seinem Vermögen hat, hat er kein Anwartschaftsrecht (mehr). Vgl. WEIDLICH, D., in: Palandt, 71. Aufl., § 2301, Rn. 9; LITZENBURGER, W., in: Bamberger/Roth BGB, 2. Aufl., § 2301, Rn. 11.

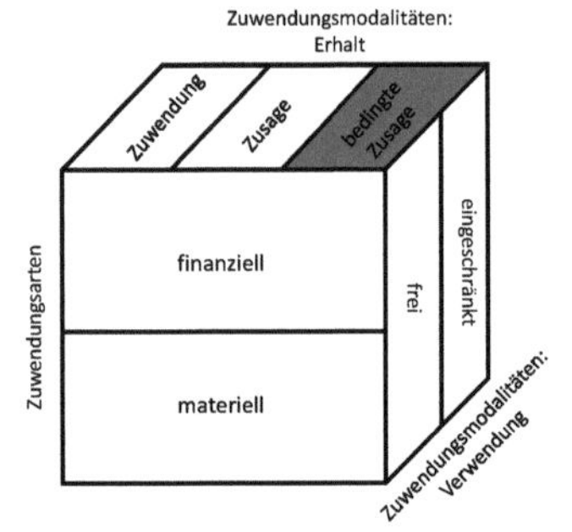

Abbildung 2-4: **Aufschiebend bedingtes Schenkungsversprechen**

Aufschiebend und auflösend bedingte Rechtsgeschäfte sind als rechtstechnische Mittel gestalterisch austauschbar.[126] Eine solche **Gestaltbarkeit** der Rechtsgeschäfte soll anhand von Abbildung 2-5 erläutert werden. Im Fall eines **aufschiebend** bedingten Rechtsgeschäfts (Fall 1) besteht ein Recht, das bei Bedingungseintritt zu einem Vollrecht wird (Alternative 1a) oder im negativen Fall erlischt (Alternative 1b). Ein Beispiel hierfür kann sein, dass bei Eintritt eines bestimmten Ereignisses der NPO Zahlungsmittel übergeben werden sollen (Alternative 1a), bei negativem Bedingungseintritt hingegen nicht (Alternative 1b). Die Zahlungsmittel können jedoch auch bereits vor dem Bedingungseintritt übergeben werden und sind dann im Fall eines negativen Bedingungseintritts zurückzugewähren (Alternative 1b). Im Fall eines **auflösend** bedingten Rechtsgeschäfts (Fall 2) ist das Rechtsgeschäft bis zum Bedingungseintritt wirksam. Dann verliert das Rechtsgeschäft bei Bedingungseintritt seine Gültigkeit (Alternative 2a) oder bleibt im Fall eines negativen Bedingungseintritts bestehen (Alternative 2b). Ein Beispiel hierfür kann sein, dass der NPO Zahlungsmittel übergeben werden und bei Bedingungseintritt die Zahlungsmittel zurückzugewähren sind (Alternative 2a).

Aufgrund einer solchen Gestaltbarkeit wird in dieser Arbeit im Wesentlichen auf aufschiebend bedingte Rechtsgeschäfte eingegangen.

Die Bedingung unterscheidet sich von der Auflage dadurch, dass durch die Nichterfüllung der Auflage die Wirksamkeit des Rechtsgeschäfts nicht erfasst wird. Die Auflage zwingt zur Erfüllung einer Leistung, berührt aber die Wirksamkeit des Rechtsgeschäfts nicht. Die Bedingung hingegen berührt die Wirksamkeit des Rechtsgeschäfts (z. B. Fall 1b in Abbildung 2 5), zwingt aber zu z. B. keiner Erfüllung einer Auflage. Auflage und Bedingung können rechtlich verknüpft werden.

---

126 Vgl. HOFFMANN, W.-D./LÜDENBACH, N., NWB-Kommentar, 3. Aufl., § 246, Rn. 47; ADLER, H./ DÜRING, W./SCHMALTZ, K., HGB, 6. Aufl., § 246, Rn. 55.

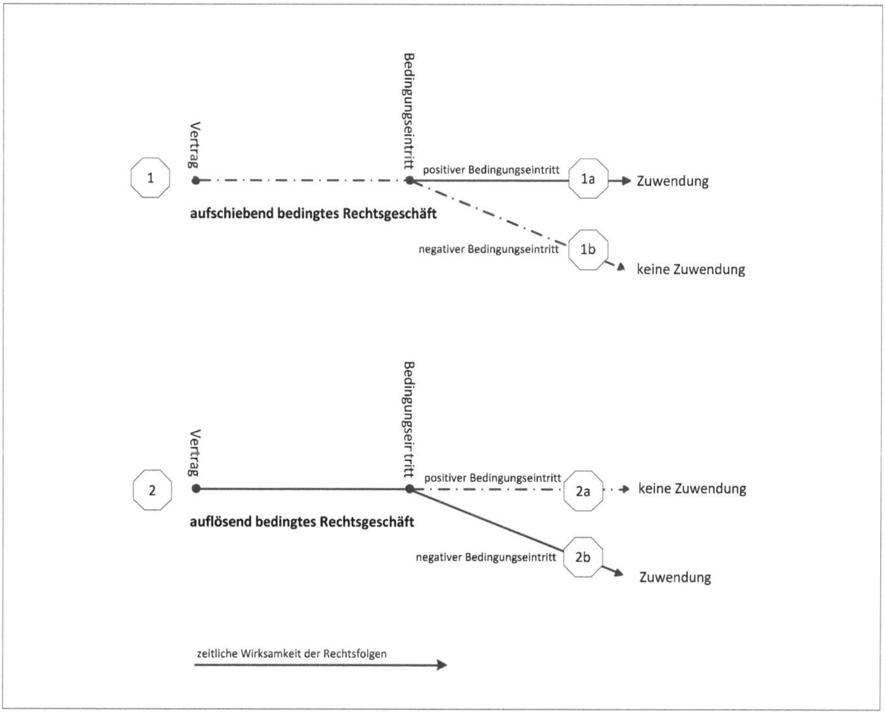

Abbildung 2-5: Aufschiebend und auflösend bedingte Rechtsgeschäfte

222.4 Rechtsgeschäfte auf den Todesfall

Eine besondere und neben den Schenkungen unter Lebenden gängige Form von Zuwendungszusagen an NPOs sind Zusagen, die sich auf den Todesfall des Zuwenders beziehen. Die Rechtsfolgen sind allerdings von Schenkungen unter Lebenden verschieden und daher soll hier der wesentliche Unterschied vorgestellt werden.

Schenkungsversprechen sind Rechtsgeschäfte unter Lebenden und fallen unter das Schenkungsrecht.[127] Aus dem Rechtsgeschäft entstehen dann *zu Lebzeiten* Rechte und Pflichten. Erbrechtliche **„Verfügungen von Todes wegen"** sind der Erbvertrag (§ 2276 BGB) und das Testament (§ 2247

[127] Vgl. FRANK, R./HELMS, T., Erbrecht, § 14, Rn. 3.

BGB). Aus solchen Rechtsgeschäften auf den Todesfall entstehen hingegen Rechte und Pflichten sowie die Wirksamkeit der Rechtsfolgen *erst mit dem Tod.*[128]

222.5 Gemeinnützigkeit und die Abgabenordnung in Deutschland

222.51 Auswirkungen der Gemeinnützigkeit

Nachdem Schenkungen und die verschiedenen Modalitäten unter denen sie zugewendet werden können erläutert wurden, soll nun vor allem auf rechtliche Grundlagen der Vereinnahmung von Schenkungen durch NPOs (Auswirkungen der Gemeinnützigkeit) sowie auf die Einordnung der Schenkungen in die Organisation (Finanzierungssphären einer NPO) eingegangen werden.

Von besonderer Bedeutung für gemeinnützige Organisationen in Deutschland ist die Abgabenordnung (AO).[129] Gemäß der Abgabenordnung sind ausschließlich und unmittelbar gemeinnützige Organisationen steuerbefreit. Gemäß § 51 Abs. 1 Satz 2 AO können nur Organisationen und Vermögensmassen i. S. d. Körperschaftssteuergesetzes (KStG) die steuerlichen Vorteile der Gemeinnützigkeit erhalten.[130] § 1 Abs. 1 KStG definiert abschließend, wer unter das KStG fällt. Rechtsfähige Vereine, Stiftungen und Kapitalgesellschaften gehören dazu.[131] Voraussetzung für diese Steuererleichterungen ist, dass per Satzung ausschließlich und unmittelbar gemeinnützige, mildtätige und/oder kirchliche Zwecke verfolgt werden.[132] Weitere Voraussetzung ist, dass sich die Organisationen während des laufenden Betriebs an einige Vorgaben halten, vor allem die **zeitnahe Mittel-**

---

[128] Vgl. FRANK, R./HELMS, T., Erbrecht, § 14, Rn. 8. Ein Erbvertrag ist formbedürftig und bedarf der notariellen Beurkundung unter Anwesenheit beider Parteien (§ 2276 BGB). Der Erbvertrag muss die Erklärung beider Parteien umfassen. Vgl. FRANK, R./HELMS, T., Erbrecht, § 14, Rn. 9. Ein Testament kann jederzeit einseitig widerrufen werden (§ 2253-2258 BGB) mit der Ausnahme eines gemeinschaftlichen Testaments (§ 2271 Abs. 1 Satz 2 BGB). Wesentliche Voraussetzung für die Gültigkeit eines Testaments ist eine eigenhändig geschriebene und unterschriebene Erklärung (§ 2247 BGB). Zu weiteren, detaillierteren Voraussetzungen vgl. WEIDLICH, D., in: Palandt, 71. Aufl., § 2247.

[129] Vgl. für eine Übersicht auch zu anderen einschlägigen Rechtsgebieten für NPOs BOLOU, W., Spendenwesen, S. 49-69.

[130] Die steuerlichen Vorteile liegen u. a. in der Befreiung von der Körperschaftssteuer nach § 5 Abs. 1 Nr. 9 KStG und Gewerbesteuer nach § 3 Nr. 6 GewStG. Wirtschaftliche Geschäftsbetriebe – ausgenommen Forstwirtschaft (und Landwirtschaft) – sind von der Steuerbefreiung ausgespart. Des Weiteren gilt ein ermäßigter Umsatzsteuersatz nach § 12 Abs. 2 Nr. 8 UStG und die Spender können gemeinnützige Zuwendungen nach § 10b Abs. 1 EStG vom Einkommen absetzen. Vgl. BOLOU, W., Spendenwesen, S. 57. Vgl. ausführlicher dazu SCHAUHOFF, S., in: HB Gemeinnützigkeit, 3. Aufl., Grundlegung, Rn. 35-39. Von der Grunderwerbsteuer sind gemeinnützige Körperschaften nicht grundsätzlich befreit, allgemeine Befreiungstatbestände können indes Bagatellfälle oder Erwerbe nach ErbStG sein. Vgl. RASCHE, R., in: HB Gemeinnützigkeit, 3. Aufl., § 13, Rn. 13-20. Bei der Kraftfahrzeugsteuer bestehen ebenfalls keine gemeinnützigkeitsspezifischen Befreiungen, allerdings können z. B. Katastrophenschutz sowie humanitäre Hilfsgütertransporte in das Ausland zu solchen Befreiungen führen. Vgl. RASCHE, R., in: HB Gemeinnützigkeit, 3. Aufl., § 13, Rn. 35-50. Eine gemeinnützige oder mildtätige Körperschaft ist gemäß § 3 Abs. 1 Satz 1 Nr. 3b GrStG von der Grundsteuer befreit, wenn der Grundbesitz einer gemeinnützigen oder mildtätigen Körperschaft ausschließlich zuzurechnen ist und der Grundbesitz unmittelbar für den steuerbegünstigten Zweck genutzt wird (§ 7 GrStG). Vgl. RASCHE, R., in: HB Gemeinnützigkeit, 3. Aufl., § 13, Rn. 66-97.

[131] Vgl. SCHAUHOFF, S., in: HB Gemeinnützigkeit, 3. Aufl., § 6, Rn. 1.

[132] Vgl. SCHAUHOFF, S., in: HB Gemeinnützigkeit, 3. Aufl., Grundlegung, Rn. 35.

verwendung für gemeinnützige Zwecke ist hier zu nennen.[133] Die zeitnahe Mittelverwendung bezieht sich nur auf bereits zugeflossenes Vermögen (§ 55 Abs. 1 Nr. 5 Satz 3 AO).[134] Gemäß § 55 Abs. 1 Nr. 5 AO sind die Mittel zeitnah, d. h. innerhalb des folgenden Kalender- bzw. Wirtschaftsjahres zu verwenden. Ausnahmen davon sind in § 58 Nr. 6-7 und Nr. 11-12 AO geregelt. So darf die gemeinnützige Organisation z. B. Rücklagen ansammeln.[135] Zudem brauchen Mittel, die mit langfristigen Auflagen oder als Eigenkapital zugewendet werden, nicht zeitnah verwendet zu werden.[136] Mittel können auch in langfristiges Vermögen investiert werden, in sog. nutzungsgebundenes Kapital (§ 55 Abs. 1 Nr. 5 Satz 2 AO). Wird z. B. ein Grundstück veräußert, so muss der Verkaufserlös dann zeitnah für gemeinnützige Zwecke verwendet werden.[137] Die zeitnahe Mittelverwendung ist bezogen auf das Gesamtvermögen zu prüfen, unabhängig vom Einsatz in bestimmten Betätigungsbereichen.[138]

Erfüllen die Tätigkeiten sowie die Satzung der Organisationen die Voraussetzungen der §§ 51-68 AO, so sind die Vorgaben der Abgabenordnung auf die NPO von Gesetzes wegen anzuwenden. Die steuerliche Freistellung ist kein Antragstatbestand und eine gemeinnützige Körperschaft kann, wenn die Tatbestände erfüllt sind, nicht auf die Befreiung verzichten.[139] Verstößt eine Körperschaft gegen diese Vorgaben, so kann es u. a. zu einer rückwirkenden Nachversteuerung führen.[140] Will eine NPO nicht der Abgabenordnung unterliegen, kann sie auch bewusst die formalen Anforderungen der Abgabenordnung nicht erfüllen, wie z. B. durch die Formulierung der Satzungszwecke.[141]

222.52 Finanzierungssphären einer gemeinnützigen Organisation

Fällt eine NPO unter die Abgabenordnung, so muss sie im Rahmen ihrer steuerbegünstigten Tätigkeiten zwar ausschließlich ihre satzungsgemäßen Zwecke verfolgen (§ 56 AO), aber die NPO kann durchaus auch nicht als gemeinnützig anerkannte Tätigkeiten ausüben. Die wirtschaftlichen Tätigkeiten müssen dann allerdings dem übergeordneten Zweck, der gemeinnützig ist, dienen. Dabei gilt auch für Erträge aus den wirtschaftlichen Tätigkeiten das Postulat der zeitnahen Mittelverwendung.[142] Die verschiedenen Bereiche der NPO werden gemeinnützigkeitsrechtlich sowie steuerrechtlich abhängig von den jeweiligen Tätigkeiten unterschiedlich behandelt. Als **Finanzierungs-**

---

[133] Vgl. SCHAUHOFF, S., in: HB Gemeinnützigkeit, 3. Aufl., Grundlegung, Rn. 42.

[134] Vgl. SCHAUHOFF, S., in: HB Gemeinnützigkeit, 3. Aufl., § 9, Rn. 73.

[135] Vgl. SCHAUHOFF, S., in: HB Gemeinnützigkeit, 3. Aufl., § 7, Rn. 4.

[136] Vgl. SCHAUHOFF, S., in: HB Gemeinnützigkeit, 3. Aufl., § 9, Rn. 71.

[137] Vgl. SCHAUHOFF, S., in: HB Gemeinnützigkeit, 3. Aufl., § 9, Rn. 83.

[138] Das vorhandene Vermögen ist nicht gegenständlich den verschiedenen Bereichen zuzuordnen. Vgl. SCHAUHOFF, S., in: HB Gemeinnützigkeit, 3. Aufl., § 7, Rn. 17. Die Form der Mittelverwendungsrechnung ist nicht vorgeschrieben. Vgl. SCHAUHOFF, S., in: HB Gemeinnützigkeit, 3. Aufl., § 9, Rn. 78.

[139] Vgl. BOTT, H., in: HB Gemeinnützigkeit, 3. Aufl., § 10, Rn. 1 und 6.

[140] Vgl. dazu ausführlich BOTT, H., in: HB Gemeinnützigkeit, 3. Aufl., § 10, Rn. 50-128. Außerdem haftet der Vorstand für eine zweckwidrige Mittelverwendung. Vgl. SCHAUHOFF, S., in: HB Gemeinnützigkeit, 3. Aufl., Grundlegung, Rn. 45.

[141] Vgl. auch ausführlicher BOTT, H., in: HB Gemeinnützigkeit, 3. Aufl., § 10, Rn. 130-132.

[142] Vgl. SCHAUHOFF, S., in: HB Gemeinnützigkeit, 3. Aufl., § 7, Rn. 2.

sphären der NPO werden der *ideelle Bereich*, die *Vermögensverwaltung*, der *wirtschaftliche Geschäftsbetrieb* sowie der (steuerbefreite wirtschaftliche) Zweckbetrieb unterschieden.

Im sog. **ideellen Bereich** resultieren die Einkünfte aus Spenden u. ä. Zuwendungen.[143]

Eine **Vermögensverwaltung** liegt gemäß § 14 Satz 3 AO i. d. R. vor, wenn Vermögen genutzt wird, z. B. Kapitalvermögen verzinslich angelegt oder unbewegliches Vermögen vermietet bzw. verpachtet wird. Es handelt sich im Gegensatz zum wirtschaftlichen Geschäftsbetrieb um eine Vermögensverwaltung, wenn bereits vorhandenes Vermögen dafür eingesetzt wird, Einnahmen zu erzielen.[144]

Ein **wirtschaftlicher Geschäftsbetrieb** ist eine selbstständige nachhaltige Tätigkeit, durch die Einnahmen oder andere wirtschaftliche Vorteile generiert werden, die über den Rahmen einer Vermögensverwaltung hinausgehen (§ 14 Satz 1 AO). Wird z. B. ein PC, der bisher nur im ideellen Bereich genutzt wurde, veräußert, so begründet dies keinen wirtschaftlichen Geschäftsbetrieb.[145] Ein Zweckbetrieb i. S. d. § 65 AO liegt vor, wenn ein wirtschaftlicher Geschäftsbetrieb dazu dient, die gemeinnützigen Zwecke der steuerbegünstigten Körperschaft zu verwirklichen. Zudem müssen die Zwecke nur durch einen solchen Geschäftsbetrieb erreicht werden können sowie dieser Betrieb nicht in größerem Umfang mit anderen nicht steuerbegünstigten ähnlichen Betrieben in Wettbewerb treten, als unbedingt erforderlich (§ 65 AO).[146]

Die erläuterten verschiedenen Bereiche haben nicht nur NPOs, die die Abgabenordnung anwenden, sondern sind allgemeine Finanzierungsbereiche von NPOs, die auch in der vorliegenden Arbeit betrachtet werden.

---

143 Die Einnahmen sind von den Ertragssteuern befreit sowie i. d. R. nicht umsatzsteuerpflichtig. Vgl. SCHAUHOFF, S., in: HB Gemeinnützigkeit, 3. Aufl., § 7, Rn. 18. Eine gemeinnützige NPO unterliegt, solange sie gemeinnützig bleibt, nicht der Schenkungssteuer. Verliert die NPO den Status der Gemeinnützigkeit, kann sie noch bis zu zehn Jahre im Nachhinein schenkungssteuerpflichtig werden. Vgl. SCHAUHOFF, S., in: HB Gemeinnützigkeit, 3. Aufl., § 7, Rn. 44.

144 Vgl. SCHAUHOFF, S., in: HB Gemeinnützigkeit, 3. Aufl., § 7, Rn. 18. Im Wesentlichen gleicht die Unterscheidung in der Abgabenordnung der Unterscheidung des Einkommenssteuerrechts von den Einkünften aus Kapitalvermögen oder Vermietung und Verpachtung zu den Einkünften aus Gewerbebetrieb. Vgl. SCHAUHOFF, S., in: HB Gemeinnützigkeit, 3. Aufl., § 7, Rn. 61. Einnahmen aus der Vermögensverwaltung sind von den Ertragssteuern befreit sowie zwar besteuerbar, aber i. d. R. von der Umsatzsteuer befreit. Vgl. SCHAUHOFF, S., in: HB Gemeinnützigkeit, 3. Aufl., § 7, Rn. 18. Einkünfte aus der Vermögensverwaltung bleiben aufgrund von § 5 Abs. 1 Nr. 9 KStG zusammen mit § 14 Satz 3 AO ebenso wie der Zweckbetrieb (§ 65 AO) steuerfrei. Vgl. SCHAUHOFF, S., in: HB Gemeinnützigkeit, 3. Aufl., § 7, Rn. 3.

145 Vgl. LINDEMANN, M., Tätigkeitsbereiche gemeinnütziger Körperschaften, S. 692. Die Einkünfte des wirtschaftlichen Geschäftsbetriebs sind ertragssteuer- sowie i. d. R. umsatzsteuerpflichtig. Vgl. SCHAUHOFF, S., in: HB Gemeinnützigkeit, 3. Aufl., § 7, Rn. 18. Es ist verboten auf Dauer einen Verlustbetrieb zu subventionieren. Vgl. dazu und zu Ausnahmen in diesem Zusammenhang SCHAUHOFF, S., in: HB Gemeinnützigkeit, 3. Aufl., § 7, Rn. 5 und 113.

146 Im Rahmen eines Zweckbetriebs ist die NPO erwerbstätig, aber nach § 65 AO von den Ertragssteuern befreit sowie i. d. R. ebenfalls von der Umsatzsteuer. Vgl. SCHAUHOFF, S., in: HB Gemeinnützigkeit, 3. Aufl., § 7, Rn. 3.

23 Leistungsempfänger und Art der Leistungen

Aus den unterschiedlichen Organisationszielen von NPOs leiten sich unterschiedliche Leistungsempfänger und Arten von Leistungen ab.

NPOs können nach Art ihrer Leistungsempfänger, d. h. an wen die Leistungen gewährt werden, unterschieden werden. Leistungen von NPOs können in Mitgliederorientierung oder Dritt- bzw. Fremdorientierung differenziert werden.[147] Im ersten Fall werden die Güter und/oder Dienstleistungen primär den Mitgliedern der Organisation zur Verfügung gestellt, wie z. B. bei Sportvereinen. Im zweiten Fall werden die Bedürfnisse Dritter befriedigt, wie z. B. Organisationen zur Unterstützung bedürftiger Menschen.[148] Die Fremdorientierung kann in Dritte (identifizierbar) oder die Allgemeinheit unterteilt werden.[149]

Ferner können Leistungen nach ihrer Art unterteilt werden. Die Differenzierung liegt hier im Umgang mit den erhaltenen Ressourcen durch die NPO. Die erhaltenen Zuwendungen können unverändert oder verändert weitergeleitet werden. Im *ersten Fall* kann eine Organisation für das Einwerben von Zuwendungen zuständig sein und diese Mittel dann an eine andere Organisation weiterleiten. Diese andere Organisation verwendet die Zuwendungen dann für ihre satzungsmäßigen Zwecke. Hier liegt die letztendliche Leistung, im Sinne einer Verwendung für das Sachziel, nicht bei der an erster Stelle einnehmenden Organisation selbst. Bei ihr ist vielmehr die (unveränderte und/oder teilweise) Weiterleitung der Mittel an eine andere Organisation die Leistung. Die Zuwendungen können auch direkt unverändert an Zuwendungsempfänger weitergeleitet werden, wie z. B. die Weitergabe gespendeter Kleidung an Bedürftige. Im *zweiten Fall* werden die Ressourcen verwertet, wie z. B., dass gespendete Kleidung durch die NPO verkauft wird. Die Leistungen der NPO können durch die Verwertung der erhaltenen Ressourcen anschließend finanziell oder materiell sein, aber auch Dienstleistungen (wie z. B. Rechtsberatung) umfassen.[150]

Weiterhin können die Leistungen unentgeltlich oder gegen ein Entgelt abgegeben werden. Das Entgelt kann unterhalb, in Höhe von oder oberhalb der Kosten der abgegebenen Leistungen liegen.[151] Ein Entgelt in Höhe der abgegebenen Leistung kann z. B. der Verkauf von Bibeln ohne Gewinnaufschlag sein, mit dem Ziel, den Glauben zu verbreiten. Liegt das Entgelt oberhalb der Kosten, handelt es sich i. d. R. um eine wirtschaftliche Betätigung der NPO.[152]

---

147 Vgl. für eine Übersicht SCHWARZ, P., Freiburger Management-Modell, S. 23.

148 Vgl. LINDENMAYER, P., Nichtregierungsorganisationen, S. 34.

149 Vgl. BURLA, S., Rationales Management, S. 78.

150 Vgl. BUSSE, J. S., Rechnungslegung spendensammelnder Organisationen, S. 56. LINDENMAYER unterscheidet bezogen auf den letzten Aspekt operative und „advocacy“ (Fürsprache, Verfechtung) NPOs. Operative NPOs stellen vor allem dort ein Angebot zur Verfügung, wo weder Markt noch Staat ein adäquates Angebot liefern. Vgl. LINDENMAYER, P., Nichtregierungsorganisationen, S. 39.

151 Vgl. BUSSE, J. S., Rechnungslegung spendensammelnder Organisationen, S. 56-57.

152 Allerdings kann auch die Finanzierung mit der Zweckerfüllung zusammenfallen, z. B. können Bibeln mit Gewinn verkauft und dabei gleichzeitig das Ziel „Verbreitung des Glaubens“ verfolgt werden.

24 Eingrenzung des Untersuchungsgegenstandes der Arbeit

NPOs sind wie gezeigt sehr vielschichtig. Im Rahmen der Arbeitsdefinition wurden die in die Untersuchung einzubeziehenden NPOs bereits auf private NPOs eingegrenzt.[153]

Der Untersuchungsgegenstand soll sich bezüglich der Finanzierung auf Organisationen beziehen, die den charakteristischen Sachverhalt, der NPOs von gewinnorientierten Unternehmen unterscheidet, haben. Unter solchen „Zuwendungen bzw. Zuwendungszusagen ohne Gegenleistungen an NPOs“ werden in der vorliegenden Arbeit private Schenkungen bzw. Schenkungsversprechen nach BGB, für die Spendenbescheinigungen ausgestellt werden können, gefasst.[154] Im Wesentlichen bezieht sich der Untersuchungsgegenstand daher auf Organisationen, die Spenden sammeln.

Des Weiteren sollen Branchen, die sehr spezielle Sachverhalte als charakteristische Merkmale haben, aus dem Untersuchungsgegenstand ausgeschlossen werden. Hierzu gehören der Health-Care-Sektor (Gesundheitswesen) mit Krankenhäusern, Pflegeeinrichtungen, etc., der (private) Bildungssektor sowie Parteien.[155]

[153] Siehe dazu Abschn. 216.

[154] Vgl. ausführlicher zur Steuerminderung für Spender SCHAUHOFF, S., in: HB Gemeinnützigkeit, 3. Aufl., § 11. Vgl. zur aktuellen Spendenbescheinigung FRITZ, T./WEISHEIT, M., Spendenbescheinigung.

[155] Vgl. z. B. Rechnungslegung von politischen Parteien in Deutschland HFA DES IDW, IDW RS HFA 12. Vgl. zur Rechnungslegung von Krankenhäusern in Deutschland HFA DES IDW, IDW RS KHFA 1.

3 Grundlagen für die IFRS-Anwendung durch NPOs

31 Grundlagen zur externen Rechnungslegung nach IFRS durch NPOs

311. Adressaten und Zwecke des IFRS-Abschlusses von NPOs

311.1 Adressaten und Zwecke des IFRS-Abschlusses

Die Bezeichnung IFRS umfasst die „International Financial Reporting Standards" (IFRS), „International Accountings Standards" (IAS), „Interpretationen des International Financial Reporting Interpretations Committee" (IFRIC) und Interpretationen des ehemaligen „Standing Interpretations Committee" (SIC) (IAS 1.7). Da die durch die EU gebilligten („endorsed")[156] IFRS in Deutschland *für NPOs* nicht verpflichtend anzuwenden sind, wird in der vorliegenden Arbeit auf die aktuellsten veröffentlichten Standards abgestellt.[157]

Die Gestaltung von Rechnungslegungsnormen ist von den Zwecken der Rechnungslegung abhängig.[158] Rechnungslegungszwecke beschreiben die Anforderungen an die Rechnungslegung durch die Empfänger bzw. die Aufgaben einer Rechnungslegung.[159] Für die IFRS werden daher zunächst allgemein die Empfänger bzw. Adressaten sowie die Zwecke erläutert. Im Anschluss werden diese dann konkret auf NPOs, die einen IFRS-Abschluss aufstellen, übertragen.

Gemäß IAS 1.7 soll ein IFRS-Abschluss Bedürfnissen der **Adressaten** gerecht werden, die einem Unternehmen nicht die Veröffentlichung von Berichten mit ihren spezifischen Informationsbedürfnissen vorschreiben können.[160] Da ein Abschluss nicht allen Abschlussadressaten gerecht werden kann, orientieren sich die IFRS primär an den **Kapitalgebern** (CF.OB2, CF.OB5). Es wird dann unterstellt, dass so auch die Informationsbedürfnisse der anderen Adressaten weitgehend erfüllt werden (CF.Introduction).[161] Bestehen unterschiedliche Informationsbedürfnisse der Adressaten-

156 Vgl. LÜDENBACH, N., in: Haufe IFRS, 10. Aufl., § 2, Rn. 7; PELLENS, B./FÜLBIER, R. U./GASSEN, J./SELLHORN, T., Internationale Rechnungslegung, S. 104-108.

157 Stand der Standards ist des Red Book 2012. Auch wenn der IASB noch keine verpflichtende Anwendung, z. B. von IFRS 9, vorsieht, so wird in dieser Arbeit bereits der jeweils aktuellste veröffentlichte Standard verwendet, da bei einer Entscheidung zur erstmaligen Anwendung der IFRS nicht auf in naher Zukunft nicht mehr gültige Standards abgestellt werden würde. Die bereits veröffentlichten Standards können stets früher als zum verpflichtenden Zeitpunkt angewendet werden. Dies ist dann anzugeben (z. B. IFRS 9.7.1.1).

158 Vgl. LEFFSON, U., GoB, S. 29.

159 Vgl. FEDERMANN, R., Bilanzierung, S. 59.

160 Die externe Rechnungslegung hat eine Informationsfunktion für die Adressaten der Rechnungslegung. Vgl. BALLWIESER, W., Informations-GoB, S. 115. Die externe Rechnungslegung soll als Instrument zur Erfüllung der Anforderungen der Adressaten von NPOs dienen. Die Anforderungen basieren auf der Prinzipal-Agenten-Theorie. Vgl. ausführlicher zur Anwendung der Prinzipal-Agenten-Theorie auf die externe Rechnungslegung allgemein EWERT, R., Agency-Probleme, und spezieller auf NPOs KOSS, C., Prinzipal-Agenten-Konflikte. Informationsasymmetrien zwischen dem Management und denjenigen, die der Organisation Ressourcen zur Verfügung stellen, gilt es zu überwinden. Vgl. LÖWE, M., Rechnungslegung von NPOs, S. 76-77. Die externe Rechnungslegung ist ein klassisches Instrument, um diesen Informationsasymmetrien zu begegnen. Vgl. LEFFSON, U., GoB, S. 67.

161 Vgl. BAETGE, J./KIRSCH, H.-J./THIELE, S., Bilanzen, S. 143.

gruppen, die Kapital geben, so sind diese innerhalb des IFRS-Normengefüges in der Form abzuwägen, dass in Summe die meisten Bedürfnisse befriedigt werden (CF.OB8).[162]

Zweck der IFRS ist es, den Adressaten des Abschlusses **entscheidungsnützliche Informationen** bezogen auf Ressourcenallokationsentscheidungen bereitzustellen (CF.OB2, IAS 1.9).[163] Dazu soll ein den tatsächlichen Verhältnissen entsprechendes Bild der Vermögens-, Finanz- und Ertragslage sowie der Cashflows des Unternehmens vermittelt werden (IAS 1.9, IAS 1.15). Das Oberziel der Vermittlung von entscheidungsnützlichen Informationen umfasst die gleichrangigen[164] Subziele Bewertungsnützlichkeit[165] und Rechenschaft[166] (CF.BC1.27).[167] Die Bewertungsnützlichkeit soll den Adressaten helfen die Höhe, den zeitlichen Verlauf sowie die Unsicherheit der künftigen Cashflows zu schätzen (CF.OB3).[168] Rechenschaft ist darüber abzulegen, wie effizient und effektiv das Management mit den anvertrauten Ressourcen umgegangen ist (CF.OB4). Die Leistungen des Managements sollen also beurteilt werden können.[169] Für den Rechenschaftszweck beziehen sich die nachgefragten Informationen auf Entscheidungen des Managements aus der Vergangenheit. Informationen über die Zukunft sind insofern von Bedeutung, als dass die Auswirkungen dieser vergangenen Entscheidungen auf die Zukunft auch zu beachten sind.[170] Für neue Kapitalzuwendungsentscheidungen, auf die sich primär die Bewertungsnützlichkeit bezieht, werden zwar auch Informationen aus der Vergangenheit benötigt, allerdings hauptsächlich als Indikator für künftige Entwicklungen.[171]

---

162 Vgl. BAETGE, J./KIRSCH, H.-J./THIELE, S., Bilanzen, S. 143.

163 Die Ressourcenallokationsentscheidungen umfassen Entscheidungen bzgl. des Kaufens, Verkaufens oder Haltens von Eigenkapital- oder Fremdkapitaltiteln sowie der Bereitstellung oder Begleichung von Krediten (CF.OB2). Somit handelt es sich im Vergleich zum vorangehenden Conceptual Framework von 1989 (F(1989)) mit einer allgemeinen Nützlichkeit von Informationen für wirtschaftliche Entscheidungen (F(1989).12) nun um eine Entscheidungsnützlichkeit bzgl. der Ressourcenallokation (CF.BC1.24-25). Vgl. PELGER, C., Conceptual Framework, S. 910. Vgl. ausführlicher zum Conceptual-Framework-Projekt OLBRICH, A., Fortgeführte Anschaffungskosten nach IFRS 9, S. 5-6.

164 Vgl. OLBRICH, A., Fortgeführte Anschaffungskosten nach IFRS 9, S. 8. Der IASB gibt in CF.BC1.27 an, dass Rechenschaft und Bewertungsnützlichkeit gleichrangig nebeneinander stehen. Vgl. PELGER, C., Conceptual Framework, S. 910.

165 Für den verwendeten Begriff der Bewertungsnützlichkeit vgl. PELGER, C., Entscheidungsnützlichkeit, S. 158-160. Vgl. allgemein für andere Begriffe in diesem Zusammenhang KOELEN, P., Investitionstheoretische Bewertungskalküle in den IFRS, S. 28. Vgl. für die anderen Begriffe wie z. B. „valuation usefulness“ GASSEN, J., Stewardship and Valuation Usefulness; „Informationsfunktion i. e. S.“ BUSSE COLBE, W. VON, Informationsinstrument, S. 13-14; PAARZ, M., Bankrechnungslegung nach IFRS, S. 10-11.

166 Der Begriff „stewardship“ bzw. Rechenschaft wird zwar im Conceptual Framework nicht explizit verwendet. Gemäß CF.BC1.28 wird der Begriff nicht verwendet, um Übersetzungsprobleme zu vermeiden. Inhaltlich ist jedoch weiterhin umschrieben, was bisher unter Rechenschaft verstanden wurde. Vgl. OLBRICH, A., Fortgeführte Anschaffungskosten nach IFRS 9, Fn. 44, S. 8; KÖHLING, K., Renditeimmobilien, S. 11, Fn. 87.

167 Vgl. KOELEN, P., Investitionstheoretische Bewertungskalküle in den IFRS, S. 29.

168 Vgl. KÖHLING, K., Renditeimmobilien, S. 11; PELGER, C., Entscheidungsnützlichkeit, S. 158-159.

169 Vgl. KÖHLING, K., Renditeimmobilien, S. 11. Ausführlicher zur Rechenschaftsfunktion von Abschlüssen vgl. COENENBERG, A. G./STRAUB, B., Rechenschaft, S. 17-20.

170 Vgl. COENENBERG, A. G./STRAUB, B., Rechenschaft, S. 22.

171 Vgl. COENENBERG, A. G./STRAUB, B., Rechenschaft, S. 22.

Damit ein IFRS-Abschluss entscheidungsnützliche Informationen bereitstellen kann, müssen die qualitativen Anforderungen *Relevanz* und *glaubwürdige Darstellung* (**Fundamentalgrundsätze**[172]) erfüllt sein (CF.QC4-QC5).[173] Informationen sind dann **relevant**, wenn sie wirtschaftliche Entscheidungen der Adressaten beeinflussen können (CF.QC6). Relevante Informationen können einen voraussagenden und/oder bestätigenden Wert haben (CF.QC10). Relevanz wird durch den Grundsatz der Wesentlichkeit (CF.QC11) ergänzt bzw. eingeschränkt. *Wesentlichkeit* liegt vor, wenn eine Information weggelassen oder unrichtig dargestellt wird und so Entscheidungen von Adressaten beeinflusst würden (CF.QC11). Dies ist unter Beachtung der Eigenschaften der Adressaten zu beurteilen (IAS 1.7). Dabei wird vorausgesetzt, dass die Adressaten die Bereitschaft haben, die vermittelten Informationen mit ausreichender Sorgfalt zu lesen und ein angemessenes Verständnis geschäftlicher und wirtschaftlicher Tätigkeiten sowie der Rechnungslegung haben (IAS 1.7, CF.QC32). Bei komplexen Sachverhalten kann zum Verständnis die Unterstützung eines Beraters erforderlich sein (CF.QC32).[174]

Gemäß CF.QC12 ist eine Information dann **glaubwürdig dargestellt**, wenn sie den ihr zugrunde liegenden Sachverhalt möglichst realitätsgetreu widerspiegelt.[175] Die glaubwürdige Darstellung wird durch die Subkriterien *Vollständigkeit*, *Neutralität* und *Fehlerfreiheit* konkretisiert (CF.QC12). Eine *vollständige* Darstellung umfasst alle benötigten Informationen, die für den Adressaten erforderlich sind, den dargestellten Sachverhalt zu verstehen (CF.QC13). Eine *neutrale* Darstellung bedeutet, dass keine Verzerrungen bzgl. der Auswahl oder Darstellung von finanziellen Informationen bestehen, die Adressaten bzgl. ihres Verhaltens lenken könnten (CF.QC14). *Fehlerfreiheit* setzt

[172] BAETGE, J./KIRSCH, H.-J./THIELE, S., Bilanzen, S. 145.

[173] Vgl. BAETGE, J./KIRSCH, H.-J./THIELE, S., Bilanzen, S. 145. CF.QC18 bietet eine Hilfestellung für die Anwendung der Fundamentalgrundsätze. Auf einen potenziell entscheidungsnützlichen Sachverhalt sind die Fundamentalgrundsätze wie folgt anzuwenden: (1.) Identifizierung derjenigen Informationen bezogen auf den Sachverhalt, die am *relevantesten* sind unter der Annahme, dass sie verfügbar wären und glaubwürdig dargestellt werden könnten. (2.) Ermittlung, ob die Informationen verfügbar und *glaubwürdig darstellbar* sind: Falls ja, dann sind die Fundamentalgrundsätze erfüllt; falls nein, so ist der Prozess mit den nächst relevantesten Informationen zu wiederholen.

[174] Vgl. ausführlicher zum Kriterium der Relevanz OLBRICH, A., Fortgeführte Anschaffungskosten nach IFRS 9, S. 9-11; BAETGE, J./KIRSCH, H.-J./THIELE, S., Bilanzen, S. 145-146.

[175] Der größte Teil der IFRS wurde auf Basis der qualitativen Anforderungen des Conceptual Framework von 1989 entwickelt, wie z. B. IAS 16 (Sachanlagen). Der IASB sah sich allerdings in dem alten Begriff der qualitativen Anforderung „Verlässlichkeit" missverstanden und die Bezeichnung „glaubwürdige Darstellung" soll nun im neuen Conceptual Framework (2010) besser beschreiben, was bereits früher mit Verlässlichkeit gemeint war (CF.BC3.20). Vgl. kritisch zu der Entwicklung KIRSCH, H., Conceptual Framework Phase A, S. 514. Infolge der Veränderung der qualitativen Anforderungen wurde das Ansatzkriterium „verlässliche Bewertbarkeit" mit der Beschreibung „Informationen sind verlässlich, wenn sie vollständig, neutral und frei von Fehler sind" (Fußnote zu CF.4.38 (b)) versehen. Diese Beschreibung entspricht den Kriterien, die die glaubwürdige Darstellung unterstützen sollen. Auch wenn es Veränderungen bzgl. der unter die glaubwürdige Darstellung bzw. Verlässlichkeit fallenden Kriterien gegeben hat, stellt der IASB damit klar, dass die noch in den alten Standards begrifflich bestehende Verlässlichkeit von nun an als glaubwürdige Darstellung für Auslegungsfragen zu interpretieren ist. Die Nachprüfbarkeit war z. B. vorher Bestandteil der Verlässlichkeit und ist nun nur noch als förderndes Kriterium vorgesehen. Vgl. ausführlich zur Diskussion dieser Veränderungen und für weitere Nachweise PELGER, C., Conceptual Framework, S. 915.

voraus, dass ein Sachverhalt klar dargestellt ist und der korrespondierende Prozess zur Ermittlung keine Fehler enthält.[176] Eine Schätzung ist fehlerfrei, wenn sie klar als Schätzung erkennbar ist, Art und Einschränkungen des Schätzprozesses offengelegt und keine Fehler in der Auswahl und Anwendung des Schätzprozesses gemacht wurden (CF.QC15).[177]

Vergleichbarkeit,[178] *Nachprüfbarkeit,*[179] *Zeitnähe* und *Verständlichkeit* fördern als **Ergänzungskriterien** die Entscheidungsnützlichkeit von relevanten und glaubwürdig dargestellten Informationen (CF.QC19). Die vier Ergänzungskriterien sollen bei der Wahl helfen, wie ein Sachverhalt abzubilden ist, wenn zwei mögliche Varianten gleich relevant und glaubwürdig dargestellt sind (CF.QC19). Die Ergänzungskriterien sind untereinander abzuwägen, jedoch nicht für die Entscheidung heranzuziehen, ob eine Information entscheidungsnützlich ist. Nicht relevante und nicht glaubwürdig dargestellte Informationen können durch die Maximierung der Ergänzungskriterien nicht entscheidungsnützlich werden (CF.QC33-QC34).[180]

Die qualitativen Anforderungen sind unter Beachtung der **Nebenbedingung** der *Kostenrestriktion* (Wirtschaftlichkeit) (CF.QC35-QC39) abzuwägen.[181] Dabei ist zu beachten, dass sich die Adressaten Informationen, die nicht bereitgestellt werden, unter Inkaufnahme zusätzlicher Kosten auf anderen Wegen besorgen müssen (CF.QC36).[182]

Basisannahme bei der Aufstellung eines IFRS-Abschlusses ist die Annahme der Unternehmensfortführung (CF.4.1, IAS 1.25).[183]

---

176 Vgl. PELGER, C., Conceptual Framework, S. 914.

177 Vgl. ausführlicher zum Kriterium der glaubwürdigen Darstellung OLBRICH, A., Fortgeführte Anschaffungskosten nach IFRS 9, S. 11-12; BAETGE, J./KIRSCH, H.-J./THIELE, S., Bilanzen, S. 146.

178 Ein Mittel zur Vergleichbarkeit ist die Stetigkeit (CF.QC21). Vgl. PELGER, C., Conceptual Framework, S. 914. Stetigkeit bedeutet gleiche Methoden für gleiche Posten zu verwenden (CF.QC21). Stetigkeit unterstützt das Ziel der Vergleichbarkeit, ist aber nicht mit ihr identisch (CF.QC21).

179 Nachprüfbar sind Informationen, wenn mehrere unabhängige und sachverständige Beobachter einen Konsens über die glaubwürdige Darstellung eines Sachverhaltes erreichen können (CF.QC26), dazu können Angaben bzgl. der zugrunde liegenden Annahmen, Methoden, etc. dienen (CF.QC28).

180 Vgl. ausführlicher zu den Ergänzungskriterien OLBRICH, A., Fortgeführte Anschaffungskosten nach IFRS 9, S. 12-14; BAETGE, J./KIRSCH, H.-J./THIELE, S., Bilanzen, S. 147-148.

181 Vgl. BALLWIESER, W., Informations-GoB, S. 117.

182 Vgl. BAETGE, J./KIRSCH, H.-J./THIELE, S., Bilanzen, S. 148; PELLENS, B./FÜLBIER, R. U./GASSEN, J./SELLHORN, T., Internationale Rechnungslegung, S. 127.

183 Vgl. BAETGE, J./KIRSCH, H.-J./THIELE, S., Bilanzen, S. 148. Die Basisannahme der Periodenabgrenzung (F(1989).22) wurde nicht explizit als Basisannahme in das neue Conceptual Framework (2010) übernommen (CF.BC.Table of Concordance). Es bleibt aber an anderer Stelle als eigener Abschnitt bestehen (CF.OB17-19). Weiterhin ist die Periodenabgrenzung an unveränderter Stelle in IAS 1.27 enthalten. Das Konzept der Periodenabgrenzung wird eingehalten, wenn die Definitionen und Erfassungskriterien des Conceptual Framework eingehalten werden (IAS 1.28).

311.2 Adressaten eines IFRS-Abschlusses von NPOs

Ein IFRS-Abschluss soll Bedürfnissen der **Kapitalgeber** gerecht werden, die auf eine externe Rechnungslegung angewiesen sind (IAS 1.7, CF.OB2, CF.OB5). Die Bedürfnisse der Adressaten sind der Maßstab für die zu erfüllenden Zwecke einer IFRS-Rechnungslegung.[184] Daher sollen im Folgenden die Kapitalgeber einer NPO als Adressaten im Sinne einer IFRS-Rechnungslegung ermittelt werden. Damit im Fall unterschiedlicher Informationsbedürfnisse der Adressaten diese abgewogen werden können (CF.OB8), werden im Anschluss die verschiedenen Kapitalgeber zu Interessengruppen zusammengefasst.

Ausgangspunkt, um die relevanten Kapitalgeber einer NPO zu ermitteln, ist die Grundgesamtheit der Interessenten an den Tätigkeiten einer NPO. Diese lässt sich auf Basis des Stakeholder-Konzeptes bestimmen.[185] Nach dem **Stakeholder-Konzept** berücksichtigt der Zweck einer Organisation neben dem Organisationsziel selbst auch die Erfüllung der Interessen der Stakeholder.[186] Stakeholder sind all diejenigen, die die Verfolgung der Organisationsziele beeinflussen können oder von ihnen beeinflusst werden.[187] Sie haben unterschiedliche Erwartungen und Ansprüche an die Organisation, die es zu koordinieren gilt.[188] Die Stakeholder können in Insider und Outsider unterteilt werden. *Insider* bezieht sich auf die Möglichkeit, den persönlichen Informationsbedarf durch direkten Zugang zu den Informationen innerhalb der Organisation zu decken. *Outsider* sind in diesem Sinne diejenigen, die i. S. d. CF.OB5 auf eine externe Rechnungslegung angewiesen sind. Aus diesem Grund wird im Folgenden nur auf die Outsider der Organisation eingegangen.[189]

Im Optimalfall würde eine NPO für ihren Abschluss die Informationsinteressen aller Stakeholder bestmöglich erfüllen. Da diese indes unterschiedliche Interessen haben, kann nicht die Bedürfnisbefriedigung aller gleichzeitig maximiert werden.[190] Für die Koordination der Bedürfnisse der Interessenten hilft es, die Stakeholder, deren Interessen primär erfüllt werden sollen, zu ermitteln und zu typisieren. JANISCH verwendet dazu die Kriterien *Wille zur Machtausübung* und *Machtbasis der Stakeholder bzw. Abhängigkeit der Organisation von ihnen*, um die Bedeutung von sozialen Gruppen für die Organisation zu bewerten.[191] Diese Kriterien sollen im Folgenden dazu verwendet wer-

---

184 Vgl. MOXTER, A., Fundamentalgrundsätze, S. 94.

185 Das Stakeholder-Konzept basiert auf der Koalitionstheorie. Gemäß dieser Theorie dient die Organisation der Realisierung der individuellen Interessen der Koalitionsteilnehmer (Instrumentalfunktion). Die Organisation bildet sich demnach aus einer Koalition verschiedener Anspruchsgruppen. Vgl. u. a. grundlegend zur Koalitionstheorie CYERT, R. M./MARCH, J. G., The Firm; STAEHLE, W. H., Unternehmung als Koalition.

186 Vgl. auch grundlegend zum Stakeholder-Konzept FREEMAN, R. E., Strategic Management.

187 Vgl. FREEMAN, R. E., Strategic Management, S. 46.

188 Vgl. FREEMAN, R. E., Strategic Management, S. 52. Ansprüche beschreiben dabei das Interesse an oder das Recht auf bestimmte Handlungen oder ein Unterlassen. Vgl. LÖWE, M., Rechnungslegung von NPOs, S. 73.

189 Vgl. im Ergebnis LEFFSON, U., GoB, S. 56 und 66.

190 Vgl. PAARZ, M., Bankrechnungslegung nach IFRS, S. 46.

191 Vgl. JANISCH, M., Das strategische Anspruchsgruppenmanagement, S. 126-129. BUSSE wendet das Konzept von JANISCH auf Spenden sammelnde Organisationen an. Vgl. BUSSE, J. S., Rechnungslegung spendensammelnder Organisationen, S. 89-93.

den, diejenigen Stakeholder-Gruppen zu ermitteln, die besondere Bedeutung für die Organisation haben. Sind die Machtbasis und der Wille zur Machtausübung beide hoch, ist die entsprechende Stakeholder-Gruppe von besonderer Bedeutung für die NPO.[192] Die konkreten Stakeholder hängen jedoch vom Einzelfall ab. Für die Analyse der Relevanz der einzelnen Stakeholder-Gruppen wird von typischen Fällen ausgegangen. Im Einzelfall kann jedoch die Machtbasis oder der Wille zur Ausübung der Macht anders gelagert sein.

Die Mittelbeschaffung einer NPO ist durch einen besonderen Finanzierungsmix geprägt.[193] Mittel können **ohne Gegenleistung** durch klassische Spender in Form von privaten Spenden oder Unternehmensspenden beschafft werden.[194] Die Zuwendungen können dabei materieller oder immaterieller Natur sein. Des Weiteren stellen auch ehrenamtliche Mitarbeiter Dienstleistungen zur Verfügung.[195] Fördermitglieder von Vereinen können ebenfalls Zuwendungen ohne Gegenleistungen bereitstellen. Bei einer Fördermitgliedschaft fehlen die entsprechenden Mitbestimmungsrechte, es handelt sich daher vielmehr um regelmäßige private Spender.[196] Im Rahmen der Mittelbeschaffung ist auch die Öffentlichkeit als potenzieller Mittelzuwender Interessent.[197] Diese Stakeholder können der NPO Ressourcen zur Verfügung stellen und haben als private Mittelzuwender keine anderen Wege zur Information. Wenden Individuen oder Institutionen einer NPO ohne Gegenleistung Ressourcen zu, so werden sie im Folgenden unter dem Begriff **Spender** zusammengefasst.[198] Diese Gruppe hat eine hohe Machtbasis, da sie die Finanzierung der Organisation beeinflussen kann. Aus diesem Grund ist die Organisation je stärker von ihnen abhängig, desto größer der Anteil privater Spender an ihrem Finanzierungsmix ist. Auch der Wille zur Machtausübung ist vorhanden. Wenn die Organisation die Mittel nicht entsprechend des Spenderwillens einsetzt, können z. T. bereits zugewendete Mittel zurückgefordert und/oder Mittelzuwendungen für die Zukunft eingestellt werden.[199]

Im Rahmen der Mittelbeschaffung durch **Gegenleistung** sind die Stakeholder vergleichbar mit denen gewinnorientierter Unternehmen. Bezogen auf organisationsexterne Stakeholder können Kreditgeber, Lieferanten und andere Geldgeber als Kapitalgeber Interesse an der NPO haben.[200] Stellen

---

192 Vgl. JANISCH, M., Das strategische Anspruchsgruppenmanagement, S. 128.

193 Siehe dazu Abschn. 221.

194 Vgl. BUSSE, J. S., Rechnungslegung spendensammelnder Organisationen, S. 87; STÖTZER, S., Stakeholder Performance Reporting, S. 157-163.

195 Vgl. BUSSE, J. S., Rechnungslegung spendensammelnder Organisationen, S. 86; STÖTZER, S., Stakeholder Performance Reporting, S. 152-157.

196 Vgl. HFA DES IDW, IDW RS HFA 21, Tz. 43.

197 Vgl. für die wesentlichen Stakeholder-Gruppen BUSSE, J. S., Rechnungslegung spendensammelnder Organisationen, S. 85-89; SIEGEL, T., Transparenzdefizite, S. 190-191; STÖTZER, S., Stakeholder Performance Reporting, S. 149-194.

198 Vgl. ähnlich auch LÖWE, M., Rechnungslegung von NPOs, S. 79-83; BUSSE, J. S., Rechnungslegung spendensammelnder Organisationen, S. 100.

199 Vgl. ähnlich BUSSE, J. S., Rechnungslegung spendensammelnder Organisationen, S. 91; LUTTER, M., Rechnungslegung und Publizität, S. 492. Siehe zu den rechtlichen Grundlagen Abschn. 222.

200 Vgl. STÖTZER, S., Stakeholder Performance Reporting, S. 166-170.

Stakeholder im Zuge der Mittelbeschaffung durch Gegenleistung einer Organisation zeitlich befristet Ressourcen zur Verfügung, so haben sie basierend auf den ihnen im Rahmen der Transaktion gewährten Rechten ein gewisses Machtpotenzial und ein mehr oder weniger stark ausgeprägtes Interesse, dieses in ihrem Sinne zu nutzen.[201] Sie werden im Folgenden als Gruppe der **Gläubiger** zusammengefasst. Sie sind allerdings keine wesentliche und typische Finanzierungsquelle von NPOs.[202] Organisationsintern bilden auch die hauptberuflichen Mitarbeiter, die keinen direkten Informationszugang haben, eine Stakeholder-Gruppe. Sie stellen der Organisation ihre Arbeitsleistung gegen Entgelt zur Verfügung.[203] Hauptberufliche Mitarbeiter haben zwar Macht, indem sie vor allem ihre spezifischen Fähigkeiten der Organisation zur Verfügung stellen.[204] Sie werden aber im Regelfall weniger Willen haben ihre Macht auszuüben, da sie auf ihren Arbeitsplatz zum Unterhalt ihres Lebens (mehr oder weniger stark) angewiesen sind.[205]

Mitglieder der Organisation können Eigenkapital und/oder regelmäßige Mitgliedsbeiträge bereitstellen und sind aufgrund ihres Kapitaleinsatzes an der NPO interessiert.[206] Sie haben aufgrund ihrer Zugehörigkeit zur Organisation ebenfalls Macht und den Willen diese auszuüben. Im Gegensatz zu z. B. den klassischen Spendern können sie hingegen durch ihre Mitbestimmungsmöglichkeit die Organisation bzgl. ihrer Zielerreichung stärker beeinflussen.[207] Die Mitglieder und Eigenkapitalgeber sind ebenso wie die Spender nicht an einer Gewinnmaximierung interessiert, sondern an einer maximalen Zweckerfüllung der Organisation.[208] Obwohl sich die Länge des Engagements unterscheiden kann (z. B. Eigenkapital vs. einmalige Spende), sind die Interessen von Mitgliedern und Eigenkapitalgebern ähnlich denen von Spendern. Sie sollen daher im Folgenden begrifflich für ihre Interessen den Spendern zugeordnet werden.

Die öffentliche Hand kann NPOs ebenfalls durch Ressourcen unterstützen. Durch sie ist auch die Öffentlichkeit über die Verwendung ihrer Steuergelder durch Zuwendungen der öffentlichen Hand und Steuervergünstigungen für NPOs ein Interessent an den Tätigkeiten einer NPO.[209] Die öffentliche Hand hat indes im Regelfall auch Mittel ihre Interessen durchzusetzen.[210] Sie hat des Weiteren

201 Vgl. BUSSE, J. S., Rechnungslegung spendensammelnder Organisationen, S. 92-93.

202 Vgl. LITTICH, E., Finanzierung von NPOs, S. 332-332; BUSSE, J. S., Rechnungslegung spendensammelnder Organisationen, S. 62.

203 Vgl. BUSSE, J. S., Rechnungslegung spendensammelnder Organisationen, S. 86-89; SIEGEL, T., Transparenzdefizite, S. 190-191; STÖTZER, S., Stakeholder Performance Reporting, S. 150-152.

204 Vgl. PFAFFENZELLER, H., Governance von NPOs, S. 177.

205 Vgl. BUSSE, J. S., Rechnungslegung spendensammelnder Organisationen, S. 91.

206 Vgl. BUSSE, J. S., Rechnungslegung spendensammelnder Organisationen, S. 85; STÖTZER, S., Stakeholder Performance Reporting, S. 176. Einen besonderen Fall im Rahmen der Eigenkapitalbereitstellung bilden der/die Stifter/in bei Stiftungen. Vgl. LÖWE, M., Rechnungslegung von NPOs, S. 84-85.

207 Vgl. BUSSE, J. S., Rechnungslegung spendensammelnder Organisationen, S. 92.

208 Vgl. BUSSE, J. S., Rechnungslegung spendensammelnder Organisationen, S. 86.

209 Vgl. STÖTZER, S., Stakeholder Performance Reporting, S. 177-187; LUTTER, M., Rechnungslegung und Publizität, S. 493.

210 Vgl. zur Schutzwürdigkeit von Spendern HYNDMAN, N., Charity Accounting, S. 297.

einen hohen Willen zur Machtausübung und eine entsprechende Machtbasis. Ihre Interessen sind durch die bisher erläuterten Gruppen der Gläubiger und Spender abgedeckt.

Im Zuge der Mittelverwendung sind die Leistungsempfänger der NPOs als Stakeholder zu nennen. Auch die (allgemeine) Öffentlichkeit ist als potenzieller Leistungsempfänger der NPO, z. B. in Form von bedürftigen Individuen, an der NPO interessiert. Einige Organisationen bedienen sich auch Kooperationspartnern für die Leistungserstellung.[211] Die Mittelempfänger sowie Kooperationspartner stellen der NPO allerdings keine Ressourcen zur Verfügung und gehören daher nicht zu den Kapitalgebern.

Zusammenfassend sind die Spender und Gläubiger gemeinsam als Kapitalgeber die primären Adressaten einer *IFRS-Rechnungslegung durch NPOs*.[212] Gemäß CF.OB5 werden so auch die Informationsbedürfnisse der meisten anderen Stakeholder befriedigt. Die Spender stellen Mittel ohne Gegenleistung zur Verfügung und besitzen daher umfangreiche Informationsbedürfnisse, die noch über die Informationen für die Gläubiger hinausgehen.[213]

311.3 Informationsbedürfnisse der Adressaten eines IFRS-Abschlusses von NPOs

Wie bereits in den vorangegangenen Abschnitten erläutert, benötigen die Adressaten entscheidungsnützliche Informationen.[214] Kenntnisse über die Bedürfnisse der Adressaten sind erforderlich, um die Entscheidungsnützlichkeit zu konkretisieren. Dazu soll in diesem Abschnitt ein Überblick über die wichtigsten Bedürfnisse der Adressaten bezogen auf Rechnungslegungsinformationen gegeben werden. Hier soll das Augenmerk auf die finanziellen Größen, die für die externe Rechnungslegung relevant sind, gelegt werden.

Zunächst wird auf die Bedürfnisse der Gruppe der **Spender** eingegangen. Spender müssen zunächst die Entscheidung treffen, ob sie Mittel zur Verfügung stellen wollen oder nicht (Prognose).[215] Dazu benötigen sie allgemeine Informationen über das *Organisationsziel* sowie das *Leistungsprogramm* der NPO.[216] Nicht nur die potenziellen Spender (für die Prognose), sondern auch die aktuellen bzw.

---

211 Vgl. BUSSE, J. S., Rechnungslegung spendensammelnder Organisationen, S. 88-89; STÖTZER, S., Stakeholder Performance Reporting, S. 187-189.

212 Vgl. ähnlich für das Ergebnis FASB, SFAC 4, S. 2. Für Spender als Primäradressaten von Spenden sammelnden Organisationen vgl. BUSSE, J. S., Rechnungslegung spendensammelnder Organisationen, S. 93; LUTTER, M., Rechnungslegung und Publizität, S. 495. Ähnlich auch PFAFFENZELLER, H., Governance von NPOs, S. 190; MÜHLENKAMP, N., Spendenfinanzierte Organisationen, S. 77-80.

213 Vgl. BUSSE, J. S., Rechnungslegung spendensammelnder Organisationen, S. 93-94; LUTTER, M., Rechnungslegung und Publizität, S. 492. MOXTER zählt zu den Adressaten einer Rechnungslegung nur diejenigen, die einen durchsetzbaren Anspruch auf Informationen haben. Nach dieser Abgrenzung würden Spender hier nicht zu den Adressaten zählen, weil sie i. d. R. eben einen solchen Anspruch nicht haben. Vgl. MOXTER, A., Fundamentalgrundsätze, S. 95.

214 Vgl. LÖWE, M., Rechnungslegung von NPOs, S. 65. Siehe vor allem Abschn. 311.

215 Vgl. BUSSE, J. S., Rechnungslegung spendensammelnder Organisationen, S. 102.

216 Vgl. STÖTZER, S., Stakeholder Performance Reporting, S. 189-190; FASB, SFAC 4, Tz. 30. Vgl. zur Empirie HYNDMAN, N., Charity Accounting, S. 303; SEVILLE, M. A., Accounting Welfare Organizations, S. 375.

vergangenen Spender (zur Rechenschaft) benötigen Informationen über die Verwendung der an die Organisation übertragenen Ressourcen (*Mittelverwendung*).[217] Des Weiteren ist für die Spender die *fortwährende Zweckerfüllung* durch die NPO für die (künftige) Spendenentscheidung von Interesse.[218]

Das *Organisationsziel* und das *Leistungsprogramm* sind im Rahmen einer finanziellen Berichterstattung u. a. durch die ausgewiesenen Aufwandsarten ersichtlich. Da bei NPOs des Weiteren als Organisationsziel nicht die Gewinnmaximierung die Organisationstätigkeit beeinflusst, sollen letztendlich die Mittel maximal (effizient) für das bestimmende Sachziel eingesetzt werden.[219] Dies ist z. T. im finanziellen Ergebnisausweis der Organisation ersichtlich.

Im Rahmen der *Mittelverwendung* sind die Art sowie der Umfang der Mittelverwendung von Bedeutung, wie Informationen zur Effektivität, Effizienz, Einhaltung von Beschränkungen, zu nicht verwendeten Mitteln oder dem Einsatz der Mittel zu deren Wertsteigerung. Die *Effektivität* der erbrachten Leistungen bezogen auf das Organisationsziel (z. B. Hungerhilfe in Afrika) lässt sich i. d. R. nicht explizit durch eine finanzielle externe Rechnungslegung abbilden.[220] Sie kann nur mittelbar durch die Beschreibung des Leistungsprogramms und Informationen über die Höhe des Mitteleinsatzes pro Verwendungs- bzw. Leistungskategorie vermittelt werden.[221] Mithilfe der *Effizienz* können die Spender die Tätigkeiten des Managements in der abgelaufenen Periode sowie die Zielerreichung der Organisation beurteilen.[222] Informationen dazu können z. T. durch die Relation verschiedener ausgewiesener Aufwandsarten gewonnen werden.[223] Werden des Weiteren die *noch nicht verwendeten Mittel* in der finanziellen Berichterstattung ausgewiesen, werden Informationen über die Mittelverwendung in der abgelaufenen Periode vermittelt.[224] Ebenso ist ein Ausweis von rechtlichen *Verwendungsbeschränkungen und/oder Bedingungen* von Zuwendungen für die Adressaten von Bedeutung.[225]

---

217 Vgl. SIEGEL, T., Transparenzdefizite, S. 181; LÖWE, M., Rechnungslegung von NPOs, S. 79.

218 Es ist empirisch bestätigt, dass Spender an den Quellen der Einnahmen bzw. Erträgen der abgelaufenen Periode sowie einer Prognose jener interessiert sind. Vgl. SEVILLE, M. A., Accounting Welfare Organizations, S. 375.

219 Vgl. BUSSE, J. S., Rechnungslegung spendensammelnder Organisationen, S. 108-109.

220 Vgl. STÖTZER, S., Stakeholder Performance Reporting, S. 190; FASB, SFAC 4, Tz. 30; GRANOF, M. H., Not-For-Profit Accounting, S. 13; LÖWE, M., Rechnungslegung von NPOs, S. 93.

221 Vgl. HYNDMAN, N., Charity Accounting, S. 303; SEVILLE, M. A., Accounting Welfare Organizations, S. 375.

222 Vgl. STÖTZER, S., Stakeholder Performance Reporting, S. 190; FASB, SFAC 4, Tz. 30; GRANOF, M. H., Not-For-Profit Accounting, S. 13.

223 Die hohe Bedeutung von Effizienz im Rahmen des Mitteleinsatzes und der Leistungserstellung sowie Informationen zu Verwaltungs- und Werbeaufwendungen sind empirisch bestätigt. Vgl. HYNDMAN, N., Charity Accounting, S. 303; SEVILLE, M. A., Accounting Welfare Organizations, S. 375; URSELMANN, M., Erfolgsfaktoren, S. 104-105 und 177.

224 Vgl. BUSSE, J. S., Rechnungslegung spendensammelnder Organisationen, S. 107.

225 Vgl. FASB, SFAC 4, Tz. 31. Das Interesse an den Verpflichtungen einer NPO sowie an einer Bilanz spiegelt dieses Interessengebiet in empirischen Studien wider. Vgl. HYNDMAN, N., Charity Accounting, S. 303; SEVILLE, M. A., Accounting Welfare Organizations, S. 375.

Auch Informationen über den *Finanzierungsmix* sind sowohl für eine Prognose der Zuwendungen als auch im Rahmen der Informationen zur Mittelverwendung (z. B. bei hohen verwendungsbeschränkten Einnahmen) erforderlich. Unterhält die NPO oder der NPO-Verbund wirtschaftliche Betätigungsbereiche oder verwaltet Vermögen, so sind Tätigkeiten in solchen Bereichen nach anderen Maßstäben als im ideellen Bereich zu messen. Im Rahmen der wirtschaftlichen Tätigkeiten einer NPO wird nicht wie im ideellen Bereich maximaler (effizienter) Mitteleinsatz für das Sachziel, sondern Gewinnmaximierung verfolgt. Die Mittel werden aber für die Zeit, in der Gewinne erwirtschaftet werden sollen, der ideellen Mittelverwendung entzogen. Daher muss sich der Einsatz im wirtschaftlichen Bereich rentieren, sodass dadurch mehr Mittel für die ideellen Zwecke generiert werden. Daher ist für die Spender bei einem wirtschaftlichen Betrieb, wie bei gewinnorientierten Unternehmen, die *Rendite* des eingesetzten Kapitals von Interesse.

Die Informationsbedürfnisse der **Gläubiger** einer NPO sind denen der Gläubiger bei gewinnmaximierenden Unternehmen ähnlich. Ihre Interessen sind auf die Sicherheit der betragsmäßigen und fristgerechten Tilgung ihrer Forderungen gerichtet. Es besteht demnach ein Interesse an der *wirtschaftlichen Lage* und am *Fortbestand* der Organisation bezogen auf die Liquidität, künftige Liquidität und Schuldendeckungsfähigkeit des Vermögens der Organisation.[226] **Auch** die **Spender** sind daran interessiert, ob die Organisation bestandsfest ist, da sonst ggf. eine Spende keinen Nutzen mehr stiften wird oder eine dauerhafte Zweckerfüllung nicht gewährleistet werden kann.[227]

Zusammenfassend haben Informationen über die Mittelverwendung eine hohe Bedeutung für die Adressaten eines Abschlusses von NPOs. Damit hat die Rechenschaft über Entscheidungen des Managements ebenfalls eine hervorgehobene Bedeutung. Diese besondere Relevanz der Rechenschaft ist bei einer Bilanzierung von NPOs nach IFRS zu berücksichtigen. Da NPOs auch immer wieder und in hoher Frequenz von den Ressourcenallokationsentscheidungen ihrer Mittelzuwender abhängig sind, ist dennoch auch die Bewertungsnützlichkeit eines Abschlusses von Bedeutung.[228] Die Bewertungsnützlichkeit ist dabei allerdings weniger als Möglichkeit des Investors den Wert bzw. die Wertentwicklung seiner Anlage schätzen zu können, sondern als Möglichkeit die Zweckerfüllung der NPO für die Zukunft schätzen zu können, einzuordnen. Die Adressatendefinition sowie Zwecksetzung der IFRS können daher insoweit auf allgemeiner Ebene durch NPOs angewendet werden.

---

226 Vgl. LÖWE, M., Rechnungslegung von NPOs, S. 85-90; STÖTZER, S., Stakeholder Performance Reporting, S. 191-192.

227 Vgl. LÖWE, M., Rechnungslegung von NPOs, S. 93; FASB, SFAC 4, Tz. 30; SIEGEL, T., Transparenzdefizite, S. 180.

228 Die Entscheidungsunterstützung beruht auf anderen Leistungsfaktoren als bei gewinnorientierten Unternehmen. Vgl. FASB, SFAC 4, S. 20.

312. Grundlagen zu Ansatz und Bewertung von Abschlussposten nach IFRS

312.1 Definitions- und Ansatzkriterien der Abschlussposten

312.11 Definitionen für die Elemente der Bilanz

Die Definitions- und Ansatzkriterien im Conceptual Framework konkretisieren den Zweck eines IFRS-Abschlusses. Allerdings haben die konkreten Regelungen in den IFRS-Standards Vorrang vor dem Conceptual Framework (CF.Purpose and Status).[229] Es kann daher Sachverhalte geben, bei denen gemäß einem Standard die Bilanz Posten zu enthalten hat, die nicht den Definitionen im Conceptual Framework entsprechen (CF.4.7). Diese Posten sollen jedoch im Rahmen von künftigen Projekten entfernt werden (CF.4.7).

Ein Abschlussposten ist also nur dann zu erfassen, wenn er sowohl die Definitions- als auch die Ansatzkriterien erfüllt.[230] Zunächst wird auf die Definitionskriterien eingegangen. Im Conceptual Framework sind als Elemente der Bilanz Vermögenswerte, Schulden und Eigenkapital definiert (CF.4.2). Diese werden im Folgenden und die Elemente der Gesamtergebnisrechnung im anschließenden Abschnitt erläutert.

Ein **Vermögenswert** ist definiert als eine Ressource, die durch Ereignisse der Vergangenheit in der Verfügungsmacht eines Unternehmens steht und von der erwartet wird, dass aus ihr künftiger wirtschaftlicher Nutzen zufließen wird (CF.4.4 (a)). Zum einen muss die Ressource aufgrund *vergangener* Ereignisse in der Verfügungsmacht des Unternehmens stehen. Ein mögliches und nicht auf Ereignissen der Vergangenheit beruhendes Ereignis ist kein Vermögenswert (CF.4.13).[231] Zum anderen muss die Ressource von dem Unternehmen kontrolliert werden, d. h., sie muss in der *Verfügungsmacht* des Unternehmens stehen.[232] Verfügungsmacht liegt dann vor, wenn sich das Unternehmen den künftigen wirtschaftlichen Nutzen aus der Ressource sichern und den Zugriff Dritter auf den Nutzen beschränken kann (IAS 38.13). Indizien dafür können vertragliche Rechte oder zivilrechtliches Eigentum sein (CF.4.12).[233] Hat ein Unternehmen ein gesetzliches Recht an einem Vermögenswert, so übt es häufig auch Kontrolle über die Ressource aus.[234] Grundsätzlich ist aber bei der Bilanzierung von Sachverhalten auf eine wirtschaftliche Betrachtungsweise abzustellen, die

[229] Vgl. BAETGE, J./KIRSCH, H.-J./THIELE, S., Bilanzen, S. 180; ADLER, H./DÜRING, W./SCHMALTZ, K., International, Abschn. 1, Rn. 147.

[230] Vgl. WAWRZINEK, W., in: Beck'sches IFRS HB, 3. Aufl., § 2, Rn. 71.

[231] Vgl. PELLENS, B./FÜLBIER, R. U./GASSEN, J./SELLHORN, T., Internationale Rechnungslegung, S. 128-129; ADLER, H./DÜRING, W./SCHMALTZ, K., International, Abschn. 1, Rn. 147.

[232] Vgl. LÜDENBACH, N./HOFFMANN, W.-D., in: Haufe IFRS, 10. Aufl., § 1, Rn. 85; PELLENS, B./FÜLBIER, R. U./GASSEN, J./SELLHORN, T., Internationale Rechnungslegung, S. 128.

[233] Vgl. WAWRZINEK, W., in: Beck'sches IFRS HB, 3. Aufl., § 2, Rn. 74; THEILE, C., in: Heuser/Theile IFRS, 5. Aufl., B.III, Rn. 321; ADLER, H./DÜRING, W./SCHMALTZ, K., International, Abschn. 1, Rn. 146.

[234] Vgl. BAETGE, J./VON KEITZ, I., in: Baetge u. a., Rechnungslegung nach IFRS, 2. Aufl., IAS 38, Rn. 21.

nicht erforderlicherweise mit der rechtlichen übereinstimmt (CF.4.6).[235] Das Kriterium der Verfügungsmacht ist auch dann erfüllt, wenn das Unternehmen im Wesentlichen das Nutzenpotenzial aus einer Ressource vereinnahmt und Dritte von dem Nutzenzufluss ausschließen kann.[236] Dazu muss die Ressource auch künftiges *Nutzenpotenzial* besitzen.[237] Der künftige Nutzenzufluss aus einem Vermögenswert repräsentiert das Potenzial direkter oder indirekter Zahlungsmittelzuflüsse bzw. Zufluss von Zahlungsmitteläquivalenten (CF.4.8).[238] Ein Vermögenswert kann auch dadurch Nutzenzuflusspotenzial verkörpern, indem er gegen andere Vermögenswerte eingetauscht oder dafür genutzt werden kann, eine Schuld zu begleichen (CF.4.10).[239] Es ist unerheblich, ob der Nutzenzufluss durch die Ressource selbst oder nur zusammen mit anderen Ressourcen generiert wird (CF.4.10).[240] Eine Ausgabe ist nicht erforderliche Voraussetzung dafür, dass ein Vermögenswert vorliegt (CF.4.14): Auch Gegenstände, die dem Unternehmen geschenkt wurden, können Vermögenswerte sein (CF.4.14).[241]

Von Vermögenswerten sind *Eventualforderungen* („contingent assets") zu unterscheiden. Eine Eventualforderung ist ein aus vergangenen Ereignissen resultierender, **möglicher Vermögenswert**, dessen Existenz durch das Ein- oder Nichteintreten unsicherer künftiger Ereignisse erst noch bestätigt wird, die nicht gänzlich unter der Kontrolle des Unternehmens stehen (IAS 37.10).

Eine **Schuld** ist definiert als eine gegenwärtige Verpflichtung, die aus Ereignissen der Vergangenheit resultiert und für deren Erfüllung das Unternehmen einen Abfluss von Ressourcen mit wirtschaftlichem Nutzen erwartet (CF.4.4 (b)). Das Bestehen einer *gegenwärtigen Verpflichtung* ist das wesentliche Charakteristikum einer Schuld (CF.4.15).[242] In CF.4.15 wird eine Verpflichtung als eine Pflicht oder Verantwortung definiert, in einer bestimmten Weise zu handeln oder eine Leistung zu erbringen. Die Unterscheidung einer gegenwärtigen und einer künftigen Verpflichtung ist, dass die Organisation der in der Vergangenheit verursachten Verpflichtung nicht durch künftiges Handeln ausweichen kann.[243] Der Organisation darf kein Handlungsspielraum bleiben („keine realisti-

---

235 Vgl. BAETGE, J./KIRSCH, H.-J./THIELE, S., Bilanzen, S. 181; PELLENS, B./FÜLBIER, R. U./GASSEN, J./SELLHORN, T., Internationale Rechnungslegung, S. 128; ADLER, H./DÜRING, W./SCHMALTZ, K., International, Abschn. 1, Rn. 146.

236 Vgl. MATENA, S., Bilanzielle Vermögenszurechnung, S. 64; BAETGE, J./VON KEITZ, I., in: Baetge u. a., Rechnungslegung nach IFRS, 2. Aufl., IAS 38, Rn. 21.

237 Vgl. PELLENS, B./FÜLBIER, R. U./GASSEN, J./SELLHORN, T., Internationale Rechnungslegung, S. 129.

238 Vgl. ADLER, H./DÜRING, W./SCHMALTZ, K., International, Abschn. 1, Rn. 148.

239 Vgl. BAETGE, J./KIRSCH, H.-J./THIELE, S., Bilanzen, S. 181.

240 Vgl. WAWRZINEK, W., in: Beck'sches IFRS HB, 3. Aufl., § 2, Rn. 75; ADLER, H./DÜRING, W./SCHMALTZ, K., International, Abschn. 1, Rn. 148.

241 Vgl. BAETGE, J./KIRSCH, H.-J./THIELE, S., Bilanzen, S. 182; THEILE, C., in: Heuser/Theile IFRS, 5. Aufl., B.III, Rn. 323.

242 Vgl. BAETGE, J./KIRSCH, H.-J./THIELE, S., Bilanzen, S. 182; HACHMEISTER, D., Verbindlichkeiten, S. 3.

243 Vgl. FÖRSCHLE, G./KRONER, M./HEDDÄUS, B., Ungewisse Verpflichtungen, S. 45; HEBESTREIT, G./SCHRIMPF-DÖRGES, C. E., in: Beck'sches IFRS HB, 3. Aufl., § 13, Rn. 33. Die Erforderlichkeit eines vergangenen Ereignisses ist redundant zur Anforderung der Gegenwärtigkeit der Verpflichtung. Das Merkmal des vergangenen Ereignisses muss logischerweise der Gegenwärtigkeit der Verpflichtung vorangehen. Vgl. HOFFMANN, W.-D., in: Haufe IFRS, 10. Aufl., § 21, Rn. 20.

sche Alternative", IAS 37.17), den Abfluss von Ressourcen an Dritte zu vermeiden (Kriterium der Unentziehbarkeit).[244] Die Verpflichtung entsteht demnach immer gegenüber mindestens einer anderen Partei (IAS 37.20), d. h., es muss sich um eine Außenverpflichtung handeln.[245] Die andere Partei muss nicht erforderlicherweise identifizierbar sein. Die Öffentlichkeit insgesamt kann auch eine Partei sein (IAS 37.20).

Eine gegenwärtige Verpflichtung kann *rechtlichen* oder *faktischen* Ursprung haben (IAS 37.10). *Rechtlich* ist die Verpflichtung dann, wenn sie als Folge eines bindenden Vertrages oder einer gesetzlichen Vorschrift rechtlich durchsetzbar ist (CF.4.15, IAS 37.10). Bei einer rechtlichen Verpflichtung führen Aktivitäten des Bilanzierenden in der Vergangenheit aufgrund von Gesetzen oder Verträgen zu gegenwärtigen Verpflichtungen, denen sich der Bilanzierende nicht entziehen kann.[246]

Eine *faktische* Verpflichtung kann aus den Aktivitäten eines Unternehmens entstehen, wenn ein Unternehmen durch sein bisheriges Geschäftsgebaren oder öffentlich bzw. Dritten gegenüber Maßnahmen angekündigt oder ausreichend spezifische, aktuelle Aussagen zur Übernahme gewisser Verpflichtungen angedeutet sowie dadurch bei Dritten eine gerechtfertigte Erwartung geweckt hat, dass es diesen Verpflichtungen nachkommt (IAS 37.10). Bei faktischen Verpflichtungen löst eine Aktivität des Bilanzierenden in der Vergangenheit eine Verpflichtung aus und ein Ereignis begründet die Unentziehbarkeit.[247] Die Kriterien des üblichen Handelns bzw. der spezifischen Aussage gegenüber Dritten und der gerechtfertigten Erwartung Dritter sollen diese Unentziehbarkeit bei faktischen Verpflichtungen konkretisieren.[248]

Unter die Definition von Schulden des Conceptual Framework fallen Verbindlichkeiten und Rückstellungen.[249] Abschlussposten, die die Definitionskriterien von Schulden nicht erfüllen, sind nicht zu passivieren.[250] Sind Höhe und/oder Fälligkeit unsicher, handelt es sich um eine Rückstellung (IAS 37.10).

Von gegenwärtigen Verpflichtungen sind *Eventualverbindlichkeiten* („contingent liabilities") zu unterscheiden. Eventualverbindlichkeiten sind **mögliche Verpflichtungen**, die gegenwärtig noch nicht bestehen (IAS 37.10 (a)). Des Weiteren handelt es sich um Eventualverbindlichkeiten, wenn

---

244 Vgl. FÖRSCHLE, G./KRONER, M./HEDDÄUS, B., Ungewisse Verpflichtungen, S. 45; HEBESTREIT, G./SCHRIMPF-DÖRGES, C. E., in: Beck'sches IFRS HB, 3. Aufl., § 13, Rn. 36; VON KEITZ, I./WOLLMERT, P./OSER, P./WADER, D., in: Baetge u. a., Rechnungslegung nach IFRS, 2. Aufl., IAS 37, Rn. 48.

245 Vgl. THEILE, C., in: Heuser/Theile IFRS, 5. Aufl., B.III, Rn. 342; HEBESTREIT, G./SCHRIMPF-DÖRGES, C. E., in: Beck'sches IFRS HB, 3. Aufl., § 13, Rn. 37; ADLER, H./DÜRING, W./SCHMALTZ, K., International, Abschn. 1, Rn. 161.

246 Vgl. HACHMEISTER, D., Verbindlichkeiten, S. 117.

247 Vgl. VON KEITZ, I./WOLLMERT, P./OSER, P./WADER, D., in: Baetge u. a., Rechnungslegung nach IFRS, 2. Aufl., IAS 37, Rn. 49; HACHMEISTER, D., Verbindlichkeiten, S. 117.

248 Vgl. VON KEITZ, I./WOLLMERT, P./OSER, P./WADER, D., in: Baetge u. a., Rechnungslegung nach IFRS, 2. Aufl., IAS 37, Rn. 43; WÜNSCHE, B., Verbindlichkeitsrückstellungen, S. 77.

249 Vgl. PELLENS, B./FÜLBIER, R. U./GASSEN, J./SELLHORN, T., Internationale Rechnungslegung, S. 129.

250 Vgl. WAWRZINEK, W., in: Beck'sches IFRS HB, 3. Aufl., § 2, Rn. 71.

der Nutzenabfluss aus einer Verpflichtung nicht mindestens wahrscheinlich, aber auch mindestens nicht unwahrscheinlich und/oder der Ressourcenabfluss nicht verlässlich schätzbar ist (IAS 37.10 (b)).

Eigenkapital ist definiert als Residualwert aller Vermögenswerte abzüglich aller Schulden des Unternehmens (CF.4.4 (c)).[251]

312.12 Definitionen für die Elemente der Gesamtergebnisrechnung

Im Conceptual Framework sind als Elemente der Gesamtergebnisrechnung Erträge und Aufwendungen definiert (CF.4.2). Die Definitionen von Erträgen und Aufwendungen leiten sich aus den bilanziellen Posten ab.[252]

Erträge sind eine Zunahme von wirtschaftlichem Nutzen in Form von Zuflüssen oder Erhöhungen von Vermögenswerten oder einer Verminderung von Schulden, die zu einer Erhöhung des Eigenkapitals führen, welche nicht auf eine Einlage der Anteilseigner zurückzuführen ist (CF.4.25 (a)). Im Conceptual Framework wird dabei zwischen Erlösen („revenue“) und „anderen Erträgen“ („gains“) unterschieden (CF.4.29). Erlöse sind Erträge, die im Rahmen der gewöhnlichen Geschäftstätigkeit eines Unternehmens anfallen wie Umsatzerlöse (CF.4.29). Andere Erträge sind diejenigen, die nicht als Erlöse klassifiziert werden können (CF.4.30). Die anderen Erträge sind getrennt in der Gesamtergebnisrechnung von den Erlösen auszuweisen.[253]

Aufwendungen sind eine Abnahme des wirtschaftlichen Nutzens aufgrund von Abflüssen oder Verminderungen von Vermögenswerten oder einer Zunahme von Schulden, die zu einer Verminderung des Eigenkapitals führen, welche nicht auf Ausschüttung an die Anteilseigner zurückzuführen ist (CF.4.25 (b)). Auch die Aufwendungen werden in CF.4.33 in „Aufwendungen im Rahmen der gewöhnlichen Tätigkeit“ wie Umsatzkosten und „andere Aufwendungen“ unterschieden.[254]

312.13 Ansatzkriterien

Erfüllt ein Sachverhalt die Definitionskriterien, so sind die Ansatzkriterien für eine Erfassung der Abschlussposten zu prüfen.

Vermögenswerte und **Schulden** sind nach den Ansatzkriterien des Conceptual Framework dann in der Bilanz zu erfassen, wenn es *wahrscheinlich* ist, dass ein mit dem Sachverhalt verbundener künftiger wirtschaftlicher Nutzen zu- bzw. abfließen wird und der Wert des Sachverhaltes *verlässlich*

---

[251] Vgl. PELLENS, B./FÜLBIER, R. U./GASSEN, J./SELLHORN, T., Internationale Rechnungslegung, S. 130; CLEMENS, R., in: Beck'sches IFRS HB, 3. Aufl., § 12, Rn. 4.

[252] Vgl. WAWRZINEK, W., in: Beck'sches IFRS HB, 3. Aufl., § 2, Rn. 71.

[253] Vgl. PELLENS, B./FÜLBIER, R. U./GASSEN, J./SELLHORN, T., Internationale Rechnungslegung, S. 130-131; ADLER, H./DÜRING, W./SCHMALTZ, K., International, Abschn. 1, Rn. 188.

[254] Vgl. PELLENS, B./FÜLBIER, R. U./GASSEN, J./SELLHORN, T., Internationale Rechnungslegung, S. 131; ADLER, H./DÜRING, W./SCHMALTZ, K., International, Abschn. 1, Rn. 194.

bewertet werden kann (CF.4.38). Von einem *wahrscheinlichen* Nutzenzufluss ist auszugehen, wenn die Wahrscheinlichkeit bei mehr als 50 % liegt bzw. wenn mehr dafür als dagegen spricht.[255] Eine Information ist dann *verlässlich*, wenn sie vollständig, neutral und frei von Fehlern (CF.4.38), also glaubwürdig dargestellt, ist (CF.QC12).[256] Schätzungen verhindern daher nicht grundsätzlich eine verlässliche Bewertbarkeit, denn solange die Bewertung zu vollständigen, neutralen und fehlerfreien Informationen führt, sind die Informationen glaubwürdig dargestellt und damit auch verlässlich (CF.4.38(b), CF.QC12). Nur in Ausnahmefällen kann eine verlässliche Bewertbarkeit dann nicht bestehen.[257]

Eventualforderungen und **Eventualverbindlichkeiten** sind grundsätzlich nicht anzusetzen (IAS 37.31, IAS 37.27).[258] Ist aber die Realisation der Eventualforderung so gut wie sicher,[259] handelt es sich gemäß IAS 37.33 nicht mehr um eine Eventualforderung, sondern um einen Vermögenswert,[260] der bei erfüllten Ansatzkriterien zu aktivieren ist.

Aufwendungen und **Erträge** sind dann zu erfassen, wenn sie die allgemeinen Definitions- und Ansatzkriterien erfüllen. Aufwendungen werden gemäß CF.4.50 auf Basis eines direkten Zusammenhanges zwischen den angefallenen Kosten und den entsprechenden Erträgen erfasst (dem sog. **Matching Principle**).[261] Mithilfe dieses Vorgehens sollen Erträge und Aufwendungen, die gemeinsam und unmittelbar aus denselben Geschäftsvorfällen bzw. anderen Ereignissen entstehen, gemeinsam und gleichzeitig erfasst werden (CF.4.50).[262] Werden die Umsatzkosten dem Umsatz gegenübergestellt, so ist der „Erfolg" des Geschäftsvorfalls ersichtlich. Die Anwendung dieses Konzeptes der sachlichen Abgrenzung erlaubt dennoch keinen Ansatz von Posten in der Bilanz, die nicht die Definitionen von Vermögenswerten oder Schulden erfüllen (CF.4.50).[263] Wenn der Zusammenhang der Aufwendungen zu Erträgen nur grob oder indirekt ermittelt werden kann und zu erwarten ist, dass der wirtschaftliche Nutzen über mehrere Perioden hinweg anfällt, dann sind die Aufwendungen auf der Grundlage systematischer und vernünftiger Verteilungsverfahren als planmäßige Abschreibungen zu erfassen (CF.4.51). Ein Aufwand ist hingegen sofort zu erfassen, wenn eine Ausgabe keinen

---

255 Vgl. WAGENHOFER, A., IAS/IFRS, S. 146-147; WAWRZINEK, W., in: Beck'sches IFRS HB, 3. Aufl., § 2, Rn. 75 und 84.

256 Das Kriterium der Verlässlichkeit bezieht sich nicht mehr auf Verlässlichkeit i. S. d. Conceptual Framework von 1989: Es wurde eine Fußnote zusätzlich an das Ansatzkriterium in CF.4.38 angefügt, die Verlässlichkeit und glaubwürdige Darstellung übereinstimmend definiert.

257 Vgl. WAWRZINEK, W., in: Beck'sches IFRS HB, 3. Aufl., § 2, Rn. 76.

258 Wenn der Nutzenzufluss mindestens wahrscheinlich ist, dann sind Informationen im Anhang entsprechend IAS 37.89 anzugeben.

259 Zur Einordnung des Wahrscheinlichkeitsbegriffs vgl. HOFFMANN, W.-D., in: Haufe IFRS, 10. Aufl., § 21, Rn. 113.

260 Vgl. VON OERTZEN, C., in: Beck'sches IFRS HB, 3. Aufl., § 10, Rn. 74.

261 Vgl. dazu auch WAWRZINEK, W., in: Beck'sches IFRS HB, 3. Aufl., § 2, Rn. 94; ADLER, H./DÜRING, W./SCHMALTZ, K., International, Abschn. 1, Rn. 48.

262 Vgl. PELLENS, B./FÜLBIER, R. U./GASSEN, J./SELLHORN, T., Internationale Rechnungslegung, S. 133.

263 Vgl. ausführlicher zu Abgrenzungsposten in der IFRS-Rechnungslegung ERNST, C./DREIXLER, T., Rechnungsabgrenzungsposten.

künftigen wirtschaftlichen Nutzen erzeugt oder in dem Umfang, in dem ein Vermögenswert nicht mehr zu erfassen ist (CF.4.52).[264]

312.2 Grundlagen für die Bewertung von Abschlussposten

312.21 Bewertung zu Anschaffungskosten und das Barwert-Konzept

Bewertungsgrundsätze und Bewertungsvorschriften sind zum einen im Conceptual Framework und zum anderen in einzelnen Standards geregelt.[265] Die für die vorliegende Arbeit wesentlichen Wertmaßstäbe sind die historischen Anschaffungs- oder Herstellungskosten, der Barwert, der Fair Value sowie die bestmögliche Schätzung für Rückstellungen.[266] Diese Wertmaßstäbe werden im Folgenden erläutert.

Die historischen Anschaffungs- oder Herstellungskosten sind für Vermögenswerte der Betrag der entrichteten Zahlungsmittel oder -äquivalente oder der Fair Value der Gegenleistung für den Erwerb des Vermögenswertes (CF.4.55 (a)). Wesentlich für die vorliegende Arbeit sind die **Anschaffungskosten**. Die Anschaffungskosten sind bei immateriellen Vermögenswerten, Vermögenswerten des Sachanlagevermögens sowie den Vorräten im Wesentlichen der *Kaufpreis*.[267] Wenn im Fall eines Tausches der Fair Value des hingegebenen und erhaltenen Vermögenswertes verlässlich bestimmbar sind, dann ist der Wert des hingegebenen Vermögenswertes das Äquivalent zum Kaufpreis und daher anzusetzen, sofern nicht der Wert des erhaltenen Vermögenswertes verlässlicher ermittelt werden kann (IAS 16.26, IAS 38.47).[268] Bestandteil der Anschaffungskosten sind zusätzlich zum Anschaffungspreis die *Anschaffungsnebenkosten*.[269] Die Anschaffungsnebenkosten sind die dem Vermögenswert unmittelbar zurechenbaren Kosten, um den Vermögenswert in den vorgesehenen Zustand zu versetzen (IAS 16.16, IAS 38.27) bzw. sind die Transaktionskosten die Kosten, die unmittelbar dem Erwerb zuzurechnen sind (IAS 39.9).[270]

---

264 Vgl. ausführlicher und grundsätzlich zum Matching Principle sowie zur Verankerung des Matching Principle in den IFRS MÜLLER, I. H., Matching Principle.

265 Vgl. BAETGE, J./KIRSCH, H.-J./THIELE, S., Bilanzen, S. 213.

266 Vgl. zu anderen wesentlichen Wertmaßstäben BAETGE, J./KIRSCH, H.-J./THIELE, S., Bilanzen, S. 215.

267 Vgl. BAETGE, J./KIRSCH, H.-J./THIELE, S., Bilanzen, S. 218; HOFFMANN, W.-D., in: Haufe IFRS, 10. Aufl., § 8, Rn. 11.

268 Eine Bewertung zum Fair Value im Rahmen eines Tausches ist nur zulässig, wenn der Tausch über wirtschaftliche Substanz verfügt und der Fair Value des hingegebenen und erhaltenen Vermögenswertes verlässlich bestimmbar sind. Wirtschaftliche Substanz ist in IAS 16.25 und IAS 38.46 sowie die Voraussetzungen einer verlässlichen Bestimmbarkeit des Fair Value im Rahmen eines Tausches sind in IAS 16.26 und IAS 38.47 ausführlicher definiert. Sind sowohl der Wert des hingegebenen als auch des erhaltenen Vermögenswertes nicht verlässlich ermittelbar, so ist der Buchwert des hingegebenen Vermögenswertes anzusetzen (IAS 16.24, IAS 38.45). Vgl. BAETGE, J./KIRSCH, H.-J./THIELE, S., Bilanzen, S. 218-219.

269 Für die Anschaffungskosten bei einem unentgeltlichen Erwerb siehe Abschn. 512.112 und 512.213. Vgl. für eine ausführliche Übersicht zu den Bestandteilen der Anschaffungskosten nach IFRS HOFFMANN, W.-D., in: Haufe IFRS, 10. Aufl., § 8, Rn. 11.

270 Vgl. BAETGE, J./KIRSCH, H.-J./THIELE, S., Bilanzen, S. 219.

Ist ein Zahlungsziel wesentlich, so ist der Barwert der tatsächlichen Zahlungen anzusetzen.[271] Der **Barwert** beschreibt den künftigen diskontierten Nettomittelzufluss für Vermögenswerte bzw. -abfluss für Schulden, der erwartungsgemäß im normalen Geschäftsverlauf erzielt werden kann bzw. erforderlich ist, um eine Schuld zu begleichen (CF.4.55 (d)). Im Rahmen der Barwertermittlung hat der Bilanzierende Ermessensspielräume bzgl. der Schätzung der künftigen Cashflows sowie des Zinssatzes.[272]

312.22 Bewertung zum Fair Value

Der **Fair Value** ist standardübergreifend in IFRS 13 (Fair Value Measurement) geregelt.[273] IFRS 13 ist anzuwenden, wenn ein anderer IFRS eine Fair-Value-Bewertung oder -Angaben vorschreibt oder erlaubt (IFRS 13.5), d. h. in IFRS 13 ist nur das „wie" der Bewertung, jedoch nicht das „ob" geregelt.[274] IFRS 13 definiert nicht nur den Fair Value, sondern enthält ein Konzept für die Fair-Value-Bewertung in den IFRS (IFRS 13.1).[275] IFRS 13 ist sowohl auf die Zugangs- als auch auf die Folgebewertungen anzuwenden (IFRS 13.8).[276]

Der Fair Value ist der *(Exit-)Preis*, der bei der Veräußerung eines Vermögenswertes oder dem Transfer einer Schuld in einer gewöhnlichen Transaktion zwischen Marktteilnehmern am Bewertungstag gezahlt werden würde (IFRS 13.9). Es wird daher ein Veräußerungspreis bestimmt (IFRS 13.24).[277] Gemäß IFRS 13.25 ist der Fair Value nicht um durch die NPO gezahlte Transaktionskosten anzupassen, da es sich bei **Transaktionskosten** nicht um wertbestimmende Eigenschaften des Vermögenswertes handelt.[278] Die Transaktionskosten sind vielmehr als spezifisch für die Transaktion anzusehen und folglich davon abhängig, wie eine Organisation eine Transaktion eingeht (IFRS 13.25).[279] Die Bilanzierung von gezahlten Transaktionskosten soll sich nach dem jewei-

271 Vgl. BAETGE, J./KIRSCH, H.-J./THIELE, S., Bilanzen, S. 218; WAGENHOFER, A., IAS/IFRS, S. 163.

272 Vgl. für Probleme im Rahmen der Barwertermittlung BAETGE, J./KIRSCH, H.-J./THIELE, S., Bilanzanalyse, S. 189; KÜMMEL, J., Fair Value-Ermittlung mit Barwertkalkülen, S. 209-260.

273 Zu Ausnahmen siehe IFRS 13.6-7. Vgl. kritisch zur Entwicklung des Fair Value als Wertmaßstab in den IFRS KIRSCH, H.-J., Fair Value.

274 Vgl. GROßE, J.-V., Fair Value Measurement, Rn. 286.

275 Vgl. KIRSCH, H.-J./KÖHLING, K./DETTENRIEDER, D., in: Baetge u. a., Rechnungslegung nach IFRS, 2. Aufl., IFRS 13, Rn. 4-5.

276 Vgl. KIRSCH, H.-J./KÖHLING, K./DETTENRIEDER, D., in: Baetge u. a., Rechnungslegung nach IFRS, 2. Aufl., IFRS 13, Rn. 5.

277 Vgl. KIRSCH, H.-J./KÖHLING, K./DETTENRIEDER, D., in: Baetge u. a., Rechnungslegung nach IFRS, 2. Aufl., IFRS 13, Rn. 14. Vgl. ausführlicher zur Abwägung eines Entry Price und des in IFRS 13 verwendeten Exit Price durch den IASB HITZ, J.-M./ZACHOW, J., Fair Value Measurement, S. 966.

278 Vgl. KIRSCH, H.-J./KÖHLING, K./DETTENRIEDER, D., in: Baetge u. a., Rechnungslegung nach IFRS, 2. Aufl., IFRS 13, Rn. 18.

279 Vgl. KIRSCH, H.-J./KÖHLING, K./DETTENRIEDER, D., in: Baetge u. a., Rechnungslegung nach IFRS, 2. Aufl., IFRS 13, Rn. 18 und 35. Transportkosten können hingegen Eigenschaften des Vermögenswertes sein (IFRS 13.26). Vgl. kritisch zur Unterscheidung von Transaktions- und Transportkosten in IFRS 13 GROßE, J.-V., Fair Value Measurement, S. 293.

ligen Standard richten (IFRS 13.25). Der Fair Value umfasst also nicht, wie die Anschaffungs- oder Herstellungskosten, die Transaktionskosten.[280]

Im Rahmen der Fair-Value-Ermittlung ist auf einen Preis abzustellen, der im gewöhnlichen Geschäftsverkehr und ohne Zwang zwischen den Vertragsparteien auf Basis der aktuellen Marktbedingungen entsteht (IFRS 13.15).[281] Der Fair Value ist, sofern vorhanden, am **Hauptmarkt** zu ermitteln (IFRS 13.16 (a)).[282] Wenn dieser nicht existiert, ist der Fair Value am vorteilhaftesten Markt zu bestimmen (IFRS 13.16 (b)). Ist keiner dieser Märkte eindeutig zu bestimmen, so ist auf den Markt abzustellen, an dem das Unternehmen den Vermögenswert normalerweise verkaufen würde (IFRS 13.17).[283] Der Fair Value ist demnach aus Sicht der Marktteilnehmer und nicht aus der Sicht des spezifischen Unternehmens zu ermitteln (IFRS 13.2). Nicht finanzielle Vermögenswerte sind gemäß IFRS 13.27 nach dem Konzept des **Highest And Best Use** aus Marktsicht zu bewerten.[284] Dabei werden die nicht finanziellen Vermögenswerte in ihrer besten Verwendungsmöglichkeit bewertet, unabhängig von ihrer tatsächlichen Nutzung im Unternehmen (IFRS 13.27-30).[285]

In IFRS 13 werden drei verschiedene **Bewertungsansätze** vorgesehen, um einen Fair Value zu ermitteln: Market Approach, Income Approach und Cost Approach (IFRS 13.62).[286] Der *Market Approach* umfasst vergleichsorientierte Bewertungsverfahren.[287] Diese stellen auf identische oder vergleichbare Vermögenswerte ab (IFRS 13.B5). Die Bewertungsverfahren, die unter den *Income Approach* fallen, berücksichtigen aktuelle Markterwartungen über diskontierte künftige Cashflows, also finanzmathematische Bewertungskalküle (IFRS 13.B10).[288] Die Bewertung nach dem *Cost Approach* beruht auf Wiederbeschaffungskosten unter Beachtung von bis dahin angefallenem

280 Vgl. WAGENHOFER, A., IAS/IFRS, S. 170.

281 Vgl. KIRSCH, H.-J./KÖHLING, K./DETTENRIEDER, D., in: Baetge u. a., Rechnungslegung nach IFRS, 2. Aufl., IFRS 13, Rn. 22; KÖHLING, K., Renditeimmobilien, S. 31; GROßE, J.-V., Fair Value Measurement, S. 288. Vgl. ausführlicher für die Ansprüche an die Marktteilnehmer IFRS 13.Appendix A.

282 Der Hauptmarkt ist der Markt mit dem höchsten Handelsvolumen und der größten Aktivität, auf dem das Unternehmen die Transaktion eingehen könnte (IFRS 13.Appendix A). Vgl. dazu ausführlicher KIRSCH, H.-J./KÖHLING, K./DETTENRIEDER, D., in: Baetge u. a., Rechnungslegung nach IFRS, 2. Aufl., IFRS 13, Rn. 23-27.

283 Vgl. KIRSCH, H.-J./KÖHLING, K./DETTENRIEDER, D., in: Baetge u. a., Rechnungslegung nach IFRS, 2. Aufl., IFRS 13, Rn. 25.

284 Vgl. ausführlicher zu dem Konzept KIRSCH, H.-J./KÖHLING, K./DETTENRIEDER, D., in: Baetge u. a., Rechnungslegung nach IFRS, 2. Aufl., IFRS 13, Rn. 111-121.

285 Gemäß IFRS 13.28 ist dabei zu beachten, was physisch und finanziell möglich sowie rechtlich erlaubt ist. Vgl. ausführlicher dazu GROßE, J.-V., Fair Value Measurement, S. 288-289; CASTEDELLO, M., Fair Value Measurement, S. 915-916.

286 Die Methoden können auch kombiniert werden (IFRS 13.BC142). Vgl. GROßE, J.-V., Fair Value Measurement, S. 290.

287 Vgl. auch ausführlicher für Beispiele zu Bewertungsverfahren KIRSCH, H.-J./KÖHLING, K./DETTENRIEDER, D., in: Baetge u. a., Rechnungslegung nach IFRS, 2. Aufl., IFRS 13, Rn. 53.

288 Vgl. HITZ, J.-M./ZACHOW, J., Fair Value Measurement, S. 696. In IFRS 13.B12-B30 werden Hinweise gegeben, wie Barwerte berechnet werden können. Es sind indes auch andere Barwertmodelle erlaubt (IFRS 13.B12). Vgl. kritisch zum Einsatz finanzierungstheoretischer Bewertungsmodelle nach IFRS 13 OLBRICH, M., IFRS 13 und finanzierungstheoretische Modelle.

Wertverlust (IFRS 13.B8-B9).[289] Der Cost Approach ist vor allem für materielle Vermögenswerte bedeutend (IFRS 13.B9).[290]

Zwar werden die Bewertungsansätze in IFRS 13 nicht hierarchisiert, dafür aber die **Inputparameter**, die in die Bewertungsverfahren einfließen (IFRS 13.72).[291] IFRS 13 klassifiziert die Inputparameter für die Fair-Value-Ermittlung in drei Level, wobei die Objektivität der Parameter mit steigendem Level abnimmt (IFRS 13.72).[292] Es ist dann jenes Bewertungsverfahren zu wählen, das möglichst viele beobachtbare Inputparameter einbezieht und die nicht beobachtbaren Parameter minimiert (IFRS 13.61, IFRS 13.67).[293] Die Einordnung der gesamten Bewertung in die Fair-Value-Hierarchie richtet sich dann nach dem niedrigsten signifikanten Parameter (IFRS 13.73).[294]

Daraus ergibt sich, dass zunächst Parameter des ersten Levels zur Bewertung heranzuziehen sind.[295] *Level 1* umfasst direkt beobachtbare und nicht modifizierte Preise auf aktiven Märkten für identische Vermögenswerte oder Schulden (IFRS 13.76) (originäre Marktwerte).[296] Die Marktpreise des Levels 1 sind gemäß IFRS 13.77 die verlässlichste Form der Fair-Value-Bewertung.[297] *Level 2* umfasst Parameter, die direkt oder indirekt beobachtbar sind und nicht Level 1 zuzuordnen sind (IFRS 13.81).[298] Daher sind beobachtbare Marktwerte für ähnliche Vermögenswerte auf aktiven Märkten (IFRS 13.83 (a)) und für gleiche oder ähnliche Vermögenswerte auf inaktiven Märkten (IFRS 13.83 (b)) Level 2 zuzuordnen. Des Weiteren gehören zu diesem Level Parameter, die aus direkt am Markt beobachtbaren Parametern (IFRS 13.83 (c)) und aus beobachtbaren Marktdaten abgeleitet oder durch solche validiert werden können, wie z. B. Zinsstrukturkurven (IFRS 13.83 (d)).[299] Die Preise bzw. Parameter sind, sofern erforderlich, an das zu bewertende Ob-

289 Vgl. KÖHLING, K., Renditeimmobilien, S. 32.

290 Vgl. KIRSCH, H.-J./KÖHLING, K./DETTENRIEDER, D., in: Baetge u. a., Rechnungslegung nach IFRS, 2. Aufl., IFRS 13, Rn. 60; CASTEDELLO, M., Fair Value Measurement, S. 917. Kritisch zum Cost Approach als Veräußerungspreis vgl. KIRSCH, H.-J./KÖHLING, K./DETTENRIEDER, D., in: Baetge u. a., Rechnungslegung nach IFRS, 2. Aufl., IFRS 13, Rn. 61.

291 Vgl. KÖHLING, K., Renditeimmobilien, S. 32; KIRSCH, H.-J., Fair Value, S. I.

292 Vgl. KÖHLING, K., Renditeimmobilien, S. 32; FISCHER, D. T., Fair Value Measurement, S. 237-238.

293 Vgl. KIRSCH, H.-J./KÖHLING, K./DETTENRIEDER, D., in: Baetge u. a., Rechnungslegung nach IFRS, 2. Aufl., IFRS 13, Rn. 44; KÖHLING, K., Renditeimmobilien, S. 32.

294 Vgl. KIRSCH, H.-J./KÖHLING, K./DETTENRIEDER, D., in: Baetge u. a., Rechnungslegung nach IFRS, 2. Aufl., IFRS 13, Rn. 65.

295 Vgl. KÖHLING, K., Renditeimmobilien, S. 32.

296 Ein aktiver Markt ist durch ein hinreichendes Transaktionsvolumen und eine hinreichende Transaktionshäufigkeit charakterisiert (IFRS 13.Appendix A). Vgl. ausführlicher dazu KIRSCH, H.-J./KÖHLING, K./DETTENRIEDER, D., in: Baetge u. a., Rechnungslegung nach IFRS, 2. Aufl., IFRS 13, Rn. 72-80. Für Beispiele für Parameter des Levels 1 vgl. IFRS 13.B34.

297 Vgl. HITZ, J.-M./ZACHOW, J., Fair Value Measurement, S. 969.

298 Vgl. ausführlicher dazu KIRSCH, H.-J./KÖHLING, K./DETTENRIEDER, D., in: Baetge u. a., Rechnungslegung nach IFRS, 2. Aufl., IFRS 13, Rn. 81-86.

299 Vgl. KIRSCH, H.-J./KÖHLING, K./DETTENRIEDER, D., in: Baetge u. a., Rechnungslegung nach IFRS, 2. Aufl., IFRS 13, Rn. 81; KÖHLING, K., Renditeimmobilien, S. 32. Für Beispiele für Parameter des Levels 2 vgl. IFRS 13.B35.

jekt anzupassen (IFRS 13.83).[300] Abhängig von Art und Umfang der Anpassungen kann der Fair Value dadurch auf das niedrigere *Level 3* fallen (IFRS 13.84).[301] Das dritte Level und die als Letztes zur Bewertung heranzuziehenden Input-Parameter bestehen aus nicht am Markt beobachtbaren Parametern (IFRS 13.86),[302] wie unternehmensinterne Daten.[303] Dieses letzte Level ist eine Art „Auffangbecken"[304].

Tabelle 3-1 fasst die Bewertungsansätze und die **Level der Fair Values** zusammen, die sich aus den in die Bewertung einzubeziehenden Parametern ergeben: Beim *Market Approach* können originäre Werte direkt am Markt abgelesen (Input-Level 1) oder durch einen unmittelbaren oder mittelbaren Preisvergleich ermittelt werden (Level 2 oder Level 3).[305] Je nach Herkunft der Parameter kann der Fair Value bei Anwendung des *Income Approach* Level 2 oder Level 3 zuzuordnen sein.[306] Allerdings werden für die barwertorientierten Verfahren des Income Approach regelmäßig nicht sämtliche Parameter am Markt beobachtbar sein.[307] Daher werden die vergleichsorientierten Verfahren, unmittelbarer und mittelbarer Preisvergleich im Rahmen des Market Approach, regelmäßig zu bevorzugen sein.[308] Auch die Fair Values durch die Bewertungsverfahren des *Cost Approach* sind entweder in Level 2 oder Level 3 einzuordnen.[309]

---

300 Vgl. KIRSCH, H.-J./KÖHLING, K./DETTENRIEDER, D., in: Baetge u. a., Rechnungslegung nach IFRS, 2. Aufl., IFRS 13, Rn. 83; KÖHLING, K., Renditeimmobilien, S. 32.

301 Vgl. KIRSCH, H.-J./KÖHLING, K./DETTENRIEDER, D., in: Baetge u. a., Rechnungslegung nach IFRS, 2. Aufl., IFRS 13, Rn. 84; KÖHLING, K., Renditeimmobilien, S. 32-33.

302 Vgl. ausführlicher dazu KIRSCH, H.-J./KÖHLING, K./DETTENRIEDER, D., in: Baetge u. a., Rechnungslegung nach IFRS, 2. Aufl., IFRS 13, Rn. 87-93.

303 Vgl. KIRSCH, H.-J./KÖHLING, K./DETTENRIEDER, D., in: Baetge u. a., Rechnungslegung nach IFRS, 2. Aufl., IFRS 13, Rn. 87; HITZ, J.-M./ZACHOW, J., Fair Value Measurement, S. 969. Für Beispiele für Parameter des Levels 3 vgl. IFRS 13.B36.

304 CASTEDELLO, M., Fair Value Measurement, S. 917. Der Trade-Off zwischen Relevanz und glaubwürdiger Darstellung wird in IFRS 13 derart adressiert, dass die aus Relevanzgesichtspunkten positive Fair-Value-Bewertung durch konkretisierende Bewertungs- und Angabevorschriften ebenfalls die Anforderungen einer glaubwürdigen Darstellung berücksichtigt. Vgl. KIRSCH, H.-J./KÖHLING, K./DETTENRIEDER, D., in: Baetge u. a., Rechnungslegung nach IFRS, 2. Aufl., IFRS 13, Rn. 16.

305 Vgl. KÖHLING, K., Renditeimmobilien, S. 33.

306 Vgl. KIRSCH, H.-J./KÖHLING, K./DETTENRIEDER, D., in: Baetge u. a., Rechnungslegung nach IFRS, 2. Aufl., IFRS 13, Rn. 66.

307 Vgl. KÖHLING, K., Renditeimmobilien, S. 34.

308 Vgl. KÖHLING, K., Renditeimmobilien, S. 34.

309 Vgl. KIRSCH, H.-J./KÖHLING, K./DETTENRIEDER, D., in: Baetge u. a., Rechnungslegung nach IFRS, 2. Aufl., IFRS 13, Rn. 66.

Einordnung des Fair Value	Bewertungsansätze		
	Market Approach	Income Approach	Cost Approach
Level 1	originärer Marktwert	--	--
Level 2	unmittelbarer oder mittelbarer Preisvergleich	finanzmathematische Verfahren	kostenorientierte Verfahren
Level 3	mittelbarer Preisvergleich	finanzmathematische Verfahren	kostenorientierte Verfahren

Tabelle 3-1: Fair-Value-Hierarchie[310] und Bewertungsansätze nach IFRS 13[311]

Bei der Bewertung sollen nur die **Eigenschaften des Vermögenswertes** oder der Schuld im Wertansatz berücksichtigt werden, die die künftigen Cashflows beeinflussen.[312] Ist ein Vermögenswert in der Veräußerbarkeit oder der Nutzung eingeschränkt, so ist zu prüfen, ob die **Einschränkungen** Eigenschaften des Vermögenswertes sind und daher Einfluss auf den Nutzenzufluss aus Sicht eines Marktteilnehmers haben (IFRS 13.11 (b)). Es handelt sich dann um spezifische Eigenschaften des Vermögenswertes, wenn sämtliche Marktteilnehmer den Einschränkungen bzgl. der Nutzung oder Veräußerung unterliegen und sie die Einschränkungen bei der Preisfindung für den Vermögenswert berücksichtigen würden (IFRS 13.12).[313] Kann z. B. ein Vermögenswert innerhalb eines (begrenzten) Zeitraumes nur an bestimmte Parteien verkauft werden, so ist dies eine Eigenschaft des Vermögenswertes (IFRS 13.IE28). Die Anpassung des Wertes reflektiert dann den Wert, den Marktteilnehmer als Prämie bzw. Abschlag für die Verkaufsrestriktionen verlangen (IFRS 13.IE28). Darf z. B. ein Grundstück nur für bestimmte Zwecke verwendet werden, die Verwendungsrestriktion muss aber bei einem Verkauf nicht mit übergehen und ist ein Verkauf nicht verboten, so ist auch die Restriktion kein charakteristisches und wertbestimmendes Merkmal des Vermögenswertes (IFRS 13.IE29 (a)).[314] Ein Wegerecht für unterirdische Stromleitungen ist hingegen spezifisch für das Grundstück und würde mit dem Grundstück auf den neuen Besitzer übergehen. Daher wäre dies wertbestimmend für den Vermögenswert (IFRS 13.IE29 (b)). Die Anpassungen für die Bewertung aus den Restriktionen variieren je nach Art und Dauer, Umfang der Restriktionen für den Käufer sowie qualitativen und quantitativen Faktoren, die spezifisch für den Vermögenswert und den Verkäufer sind (IFRS 13.IE28 (a)-(c)).[315]

---

310 Für den Begriff vgl. HITZ, J.-M./ZACHOW, J., Fair Value Measurement, S. 969.

311 Vgl. IFRS 13.72-90 und in Anlehnung an KÖHLING, K., Renditeimmobilien, S. 35; KIRSCH, H.-J./KÖHLING, K./DETTENRIEDER, D., in: Baetge u. a., Rechnungslegung nach IFRS, 2. Aufl., IFRS 13, Rn. 66.

312 Vgl. KIRSCH, H.-J./KÖHLING, K./DETTENRIEDER, D., in: Baetge u. a., Rechnungslegung nach IFRS, 2. Aufl., IFRS 13, Rn. 18; BIEKER, M., Fair Value Measurements, S. 137.

313 Vgl. KIRSCH, H.-J./KÖHLING, K./DETTENRIEDER, D., in: Baetge u. a., Rechnungslegung nach IFRS, 2. Aufl., IFRS 13, Rn. 19.

314 Vgl. KIRSCH, H.-J./KÖHLING, K./DETTENRIEDER, D., in: Baetge u. a., Rechnungslegung nach IFRS, 2. Aufl., IFRS 13, Rn. 119.

315 Vgl. KIRSCH, H.-J./KÖHLING, K./DETTENRIEDER, D., in: Baetge u. a., Rechnungslegung nach IFRS, 2. Aufl., IFRS 13, Rn. 19.

312.23 Bewertung mit der bestmöglichen Schätzung

Eine Rückstellung ist gemäß IAS 37.36 mit der **bestmöglichen Schätzung** zu bewerten. Die bestmögliche Schätzung ist der Betrag, der erforderlich ist, um die Verpflichtung am Stichtag zu erfüllen oder an einen Dritten zu übertragen (IAS 37.37). Die Ermittlung des besten Schätzers hängt von der Erfahrung und dem Urteil des Managements ab (IAS 37.38).[316]

Grundsätzlich ist jede Schuld einzeln zu bewerten.[317] Für solche fallweise auftretenden **Einzelverpflichtungen** liegen im Regelfall kaum Erfahrungswerte vor,[318] denn Einzelverpflichtungen sind im Regelfall nicht ähnlich (genug) und/oder haben keine ausreichende Zahl an Beobachtungen, damit statistische Verfahren angewendet werden können.[319] Daher ist das wahrscheinlichste der möglichen Ergebnisse die bestmögliche Schätzung der Schuld (IAS 37.40).[320] Liegt jedoch die erwartete Belastung voraussichtlich über oder unter dem Betrag der wahrscheinlichsten Ergebnisalternative, ist der Betrag der wahrscheinlichsten Ergebnisalternative anzupassen (IAS 37.40). Das kann z. B. der Fall sein, wenn die anderen Ergebnisalternativen betragsmäßig unter dem wahrscheinlichsten Ereignis liegen und ihre kumulierten Wahrscheinlichkeiten wesentlich sind (>50 %).[321] Zusammenfassend hat demnach das Management den besten Schätzer für die Verpflichtung unter Beachtung aller relevanten Aspekte sachgerecht festzulegen (IAS 37.38).[322]

Verpflichtungen können indes auch zusammen als Einheit bewertet werden: Bei einer **Vielzahl ähnlicher Positionen** ist der statistische Erwartungswert (Gewichtung der Ereignisse) zur Bewertung als bester Schätzer heranzuziehen (IAS 37.39).[323] Solche Sammelverpflichtungen sind vor allem dann als Einheit zu bewerten, wenn die Verpflichtungen ausreichend *gleichartig* sind und in ausreichendem *Umfang* bestehen.[324] *Gleichartig* setzt in diesem Zusammenhang keine vollständige Identität voraus. Vielmehr müssen die Verpflichtungen in etwa gleiche Ursachen und die gleiche

---

316 Vgl. ZÜLCH, H./ERDMANN, M.-K./DETZEN, D., in: Reuther/Hard IFRS, Rückstellungen, Rn. 11; BAETGE, J./KIRSCH, H.-J./THIELE, S., Bilanzen, S. 229; HEBESTREIT, G./SCHRIMPF-DÖRGES, C. E., in: Beck'sches IFRS HB, 3. Aufl., § 13, Rn. 53.

317 Vgl. VON KEITZ, I./WOLLMERT, P./OSER, P./WADER, D., in: Baetge u. a., Rechnungslegung nach IFRS, 2. Aufl., IAS 37, Rn. 120; HACHMEISTER, D., Verbindlichkeiten, S. 128.

318 Vgl. WÜNSCHE, B., Verbindlichkeitsrückstellungen, S. 189; HACHMEISTER, D., Verbindlichkeiten, S. 128.

319 Vgl. THIELE, S. J., Rechnungslegung für schwebende Rechtsstreitigkeiten, S. 204-205; LÜDENBACH, N./HOFFMANN, W.-D., Imparitätische Wahrscheinlichkeit, S. 6.

320 Vgl. VON KEITZ, I./WOLLMERT, P./OSER, P./WADER, D., in: Baetge u. a., Rechnungslegung nach IFRS, 2. Aufl., IAS 37, Rn. 101. Für ein Beispiel vgl. ADLER, H./DÜRING, W./SCHMALTZ, K., International, Abschn. 18, Rn. 78.

321 Vgl. ADLER, H./DÜRING, W./SCHMALTZ, K., International, Abschn. 18, Rn. 79-81. Vgl. kritisch zu den subjektiven Zu- und Abschlägen HEBESTREIT, G./SCHRIMPF-DÖRGES, C. E., in: Beck'sches IFRS HB, 3. Aufl., § 13, Rn. 57.

322 Vgl. ADLER, H./DÜRING, W./SCHMALTZ, K., International, Abschn. 18, Rn. 80.

323 Vgl. VON KEITZ, I./WOLLMERT, P./OSER, P./WADER, D., in: Baetge u. a., Rechnungslegung nach IFRS, 2. Aufl., IAS 37, Rn. 101.

324 Vgl. THIELE, S. J., Rechnungslegung für schwebende Rechtsstreitigkeiten, S. 204-205; HACHMEISTER, D., Verbindlichkeiten, S. 124.

Verwendungsrichtung haben.[325] Die Verpflichtungen sollten sich bzgl. Risiko, Fälligkeit und Art ähnlich sein.[326] Beispielsweise auf Garantierückstellungen bezogen bedeutet dies, dass u. a. möglichst einheitliche Garantiebedingungen bestehen.[327] Weiterhin sollten die in der statistischen Masse[328] enthaltenen Elemente eine ähnliche Größenordnung haben.[329] Die *Vielzahl* ähnlicher Verpflichtungen bezieht sich auf ausreichend[330] beobachtete Daten aus der Vergangenheit,[331] wenn also das Gesetz der großen Zahl[332] gilt.[333] Damit statistische Methoden angewendet werden können, dürfen sich des Weiteren die Verhältnisse im Prognosezeitraum nicht wesentlich von denen im vergangenheitsbezogenen Beobachtungszeitraum unterscheiden bzw. verändert haben.[334] Beispielsweise bei Garantierückstellungen setzt das voraus, dass sich die Beobachtungen auf dieselben oder vergleichbare Produkte der Vergangenheit und für den Prognosezeitraum beziehen.[335]

Der so ermittelte wahrscheinlichste Wert oder Erwartungswert ist als Ausgangsbetrag an Laufzeit, Risiko und künftige Ereignisse, bis die Verpflichtung erfüllt wird, anzupassen.[336] Ist ein **Zinseffekt** wesentlich, so ist der Barwert anzusetzen (IAS 37.45, IAS 37.48).[337] Die spezifischen **Risiken** der Rückstellung müssen sich entweder in den Schätzungen der künftigen Cashflows oder dem Zinssatz widerspiegeln (IAS 37.47). **Künftige Ereignisse**, die den Betrag der Rückstellung wesentlich be-

325 Vgl. EIFLER, G., GoB für Rückstellungen, S. 77. Es kann strittig sein, ab wann mehrere Einzelverpflichtungen hinreichend gleichartig sind und als Sammelverpflichtung betrachtet werden dürfen. Vgl. EIFLER, G., GoB für Rückstellungen, S. 77; MOXTER, A., Objektivierte Gewinnkonzeption, S. 192; HEBESTREIT, G./SCHRIMPF-DÖRGES, C. E., in: Beck'sches IFRS HB, 3. Aufl., § 13, Rn. 55.

326 Vgl. WÜNSCHE, B., Verbindlichkeitsrückstellungen, S. 189.

327 Vgl. WÜNSCHE, B., Verbindlichkeitsrückstellungen, S. 237; HAHN, K., Bewertung von Rückstellungen, S. 1327; EIFLER, G., GoB für Rückstellungen, S. 78.

328 Die Eigenschaften einer statistischen Masse müssen für die beobachteten Elemente erfüllt sein, damit statistische Bewertungsverfahren angewendet werden können. Eine statistische Masse liegt dann vor, wenn die Elemente sachlich, zeitlich und räumlich eindeutig abzugrenzen sind. Vgl. HAHN, K., Bewertung von Rückstellungen, S. 1327. Dieses Kriterium wird bei der Bilanzierung allgemein als erfüllt angesehen. Vgl. NAUMANN, K.-P., Rückstellungen, S. 203. Die Eigenschaften einer statistischen Masse sind z. B. bei Garantieverpflichtungen dann erfüllt, wenn sich die in die Einheit für Ansatz und Bewertung einbezogenen Verpflichtungen auf die Umsätze einer Periode (zeitlich) für ein konkretes Produkt (sachlich) in einer bestimmten Region (räumlich) beziehen. Vgl. HAHN, K., Bewertung von Rückstellungen, S. 1327.

329 Vgl. WÜNSCHE, B., Verbindlichkeitsrückstellungen, S. 237. Dieses Kriterium ist wenig konkret und ist daher vor dem Hintergrund der nicht quantitativen Gleichartigkeit der Sachverhalte zu beurteilen. Vgl. EIFLER, G., GoB für Rückstellungen, S. 78-79.

330 Hierfür gibt es keine konkrete Definition. Allerdings sollte der Umfang je größer sein, umso stärkere Wertschwankungen für die einbezogenen Elemente erwartet werden. Vgl. EIFLER, G., GoB für Rückstellungen, S. 80.

331 Vgl. HAHN, K., Bewertung von Rückstellungen, S. 1327; NAUMANN, K.-P., Rückstellungen, S. 204.

332 Das Gesetz der großen Zahl beschreibt, dass zufällige Abweichungen vom Mittelwert je unwahrscheinlicher werden, umso größer die Zahl der Beobachtungen ist. Vgl. BASLER, H., Gesetze der großen Zahlen.

333 Die beobachteten Größen müssen auch voneinander unabhängig sein. Das heißt, dass der Eintritt eines Sachverhaltes nicht den Eintritt eines anderen Sachverhaltes gleichzeitig beeinflussen darf. Vgl. EIFLER, G., GoB für Rückstellungen, S. 79. Beispielsweise müssen die Garantiefälle unabhängig voneinander eintreten. Vgl. HAHN, K., Bewertung von Rückstellungen, S. 1327.

334 Vgl. BAETGE, J./ZÜLCH, H./BRÜGGEMANN, B./NELLESSEN, T., Management's Best Estimate, S. 318.

335 Vgl. WÜNSCHE, B., Verbindlichkeitsrückstellungen, S. 238.

336 Vgl. HOFFMANN, W.-D., in: Haufe IFRS, 10. Aufl., § 21, Rn. 122.

337 Vgl. BAETGE, J./KIRSCH, H.-J./THIELE, S., Bilanzen, S. 229-230.

einflussen können, sind, sofern ausreichend substanzielle Hinweise für sie bestehen, ebenfalls zu berücksichtigen (IAS 37.48).

32 Anzuwendende Rechnungslegungsmethoden nach IFRS durch NPOs

321. Grundlagen zu den Rechnungslegungsmethoden nach IFRS

Ein **IFRS-Abschluss** soll ein den tatsächlichen Verhältnissen entsprechendes Bild der Vermögens-, Finanz- und Ertragslage sowie der Cashflows des Unternehmens darstellen (IAS 1.15). Eine solche Darstellung erfordert, dass die Geschäftsvorfälle und Ereignisse mit den im Conceptual Framework geschilderten Definitionen und Erfassungskriterien glaubwürdig abgebildet werden (IAS 1.15). Bei der Anwendung der IFRS ist dies gemäß des IASB üblicherweise gegeben (IAS 1.15).[338] Werden nicht alle Anforderungen der IFRS erfüllt, kann ein Abschluss nicht als mit den IFRS **übereinstimmend** bezeichnet werden (IAS 1.16).

Rechnungslegungsmethoden werden nach IAS 8.5 definiert als besondere „Prinzipien, grundlegende Überlegungen, Konventionen, Regeln und Praktiken", die bei der Aufstellung und Darstellung eines Abschlusses angewendet werden. Eine Rechnungslegungsmethode darf nur dann geändert werden, wenn es entweder ein IFRS erlaubt oder glaubwürdigere und relevantere Informationen vermittelt werden. Sonst sind die Rechnungslegungsmethoden stetig anzuwenden, um eine interperiodische Vergleichbarkeit der Abschlüsse zu ermöglichen (IAS 8.14-15).[339] Von einer Änderung einer Rechnungslegungsmethode ist die **Änderung einer rechnungslegungsbezogenen Schätzung** zu unterscheiden. Eine Schätzungsänderung ist definiert als die Korrektur des Buchwertes eines Vermögenswertes oder einer Schuld oder die Korrektur des betragsmäßigen periodengerechten Verbrauchs eines Vermögenswertes (IAS 8.5).[340] Auswirkungen der Schätzungsänderungen sind, sofern *erfolgswirksam*, prospektiv in der bzw. den Perioden im Gewinn oder Verlust zu erfassen, die die Änderungen betreffen, wie die Periode der Änderung und ggf. spätere Perioden (IAS 8.36-38).[341] Änderungen von Schätzungen des Wertes von Vermögenswerten oder Schulden sind in der Periode, in der die Änderung anfällt, am *Buchwert* anzupassen (IAS 8.37). Darüber hinaus sind Art und Betrag der Schätzungsänderungen anzugeben, soweit sie wesentlich und nicht undurchführbar sind (IAS 8.39).[342]

322. Auswahl der anzuwendenden Rechnungslegungsmethoden nach IFRS

NPOs unterscheiden sich allerdings wesentlich von gewinnorientierten Unternehmen, für die die IFRS grundsätzlich konzipiert wurden (Preface IFRS.9). Es ist anzunehmen, dass daher Probleme

---

338 Vgl. LÜDENBACH, N., IFRS, S. 79.

339 Vgl. PAWELZIK, K. U./THEILE, C., in: Heuser/Theile IFRS, 5. Aufl., B.VIII, Rn. 920.

340 Solche Änderungen ergeben sich aus neuen Informationen und sind daher keine Fehlerkorrekturen (IAS 8.5). Vgl. PAWELZIK, K. U./THEILE, C., in: Heuser/Theile IFRS, 5. Aufl., B.VIII, Rn. 974.

341 Vgl. PEEMÖLLER, V. H., in: Wiley-Kommentar, 7. Aufl., Abschn. 23, Rn. 57; PAWELZIK, K. U./THEILE, C., in: Heuser/Theile IFRS, 5. Aufl., B.VIII, Rn. 971.

342 Vgl. PAWELZIK, K. U./THEILE, C., in: Heuser/Theile IFRS, 5. Aufl., B.VIII, Rn. 992.

bei der Anwendung der IFRS-Normen auftreten können. Aus diesem Grund wird im Folgenden darauf eingegangen, wie zu entscheiden ist, welche IFRS-Norm anzuwenden ist und wie mit Anwendungsproblemen umzugehen ist.

Gemäß IAS 8.7 sind die anzuwendenden Rechnungslegungsmethoden in der Form zu ermitteln, dass zu prüfen ist, ob sich ein **IFRS ausdrücklich** (IAS 8.7) auf den abzubildenden Sachverhalt oder auf sonstige Ereignisse oder Bedingungen bezieht.[343] Wenn die konkreten sachverhaltsbezogenen Standards unzureichend sind, sind *zusätzliche* Informationen anzugeben, um es den Adressaten zu ermöglichen, die Auswirkungen einzelner Geschäftsvorfälle, sonstiger Ereignisse und Bedingungen auf die Vermögens-, Finanz- und Ertragslage des Unternehmens zu verstehen (IAS 1.17 (c)).

Probleme, die bei der *Anwendung* einer sich *ausdrücklich* auf den abzubildenden Sachverhalt beziehenden IFRS-Norm auftreten können, beziehen sich darauf, dass die durch die spezielle IFRS-Norm vermittelten Informationen zu einer **irreführenden Darstellung** des Sachverhaltes führen können. Die Anwendung einer Vorschrift ist dann entsprechend irreführend, wenn die vermittelten Informationen die Geschäftsvorfälle, sonstigen Ereignisse und Bedingungen nicht so glaubwürdig darstellen, wie es vernünftigerweise erwartet werden kann oder wie die Informationen es vorgeben (IAS 1.24) und so gegen den im Conceptual Framework beschriebenen Zweck eines IFRS-Abschlusses verstoßen wird (IAS 1.19).[344] Dabei müssen die vermittelten Informationen wahrscheinlich die wirtschaftlichen Entscheidungen der Abschlussadressaten beeinflussen (IAS 1.24). Das Management hat dabei zu prüfen, warum die Zielsetzung des Abschlusses durch die Anwendung der Vorschrift nicht erreicht wird und inwiefern die Umstände des bilanzierenden Unternehmens von denen anderer Unternehmen, die die Vorschrift einhalten, abweichen (IAS 1.24). Wenn andere Unternehmen unter vergleichbaren Umständen die Vorschrift einhalten, wird widerlegbar vermutet, dass die Vorschrift eingehalten werden kann, ohne dass durch die Anwendung der Vorschrift so irreführende Informationen vermittelt werden, dass ein Konflikt zur Zielsetzung eines IFRS-Abschlusses entsteht (IAS 1.24). Weicht ein Unternehmen aufgrund irreführender Informationen von einer IFRS-Vorschrift ab, so sind gemäß IAS 1.20 zusätzliche Angaben vor allem zur veränderten Bilanzierung zu machen.[345]

Da NPOs allerdings besondere Sachverhalte haben, die in gewinnorientierten Unternehmen nicht auftreten, ist davon auszugehen, dass im Regelfall bei Anwendungsproblemen keine ausdrücklich auf den Sachverhalt anzuwendende Norm besteht und daher diese auch nicht zu einer irreführenden Darstellung führen kann. **Fehlt** wie in einem solchen Fall ein **ausdrücklich** auf den Sachverhalt

343 Vgl. WAWRZINEK, W., in: Beck'sches IFRS HB, 3. Aufl., § 2, Rn. 59.
344 Vgl. LÜDENBACH, N., IFRS, S. 79.
345 Vgl. HAYN, S./HOLD, C., in: Wiley-Kommentar, 7. Aufl., Abschn. 2, Rn. 44; LÜDENBACH, N./HOFFMANN, W.-D., in: Haufe IFRS, 10. Aufl., § 1, Rn. 67-72.

anzuwendender **IFRS**, so ist in IAS 8 eine Hierarchie der in einem solchen Fall durch das Management heranzuziehenden Leitlinien aufgeführt.[346]

Die durch die gewählte Rechnungslegungsmethode vermittelten Informationen sollen relevant und glaubwürdig dargestellt sein (IAS 8.8).[347] In IAS 8.11-12 wird eine Hilfestellung gegeben, wie Rechnungslegungsmethoden, die entscheidungsnützliche Informationen vermitteln sollen, gewonnen werden können.[348] Das Management hat dabei eine priorisierte Reihenfolge an Quellen zu berücksichtigen (IAS 8.11).

1. Als erste Quelle sind zunächst IFRS, die ähnliche Fragen behandeln, zu berücksichtigen (IAS 8.11 (a)). Bei einer solchen *„Fallanalogie“*[349] ist die Ähnlichkeit der Sachverhalte die zentrale Begründung für die Analogie. Dennoch sollten die durch eine Fallanalogie ermittelten Rechnungslegungsmethoden nicht im Konflikt zu den die Entscheidungsnützlichkeit konkretisierenden Ansatz- und Definitionskriterien des Conceptual Framework stehen. Denn den Rahmen für die zu ermittelnden Rechnungslegungsmethoden bildet die Entscheidungsnützlichkeit der Informationen (IAS 8.10).

2. Als zweite Quelle sind die im Conceptual Framework enthaltenen Definitionen und Ansatzkriterien (IAS 8.11 (b)) zur Entwicklung der Rechnungslegungsmethoden heranzuziehen. Bei einer solchen *„Systemanalogie“*[350] sind die Definitions- und Ansatzkriterien des Conceptual Framework Ausgangspunkt der zu entwickelnden Rechnungslegungsmethoden. Werden über eine Systemanalogie Rechnungslegungsmethoden entwickelt, ist außerdem zu beachten, dass für ähnliche Geschäftsvorfälle und sonstige Ereignisse die Rechnungslegungsmethoden vergleichbar sein sollten.

3. Zusätzlich können auch aktuelle Verlautbarungen *anderer Standardsetter*, die auf einem ähnlichen konzeptionellen Rahmenwerk basieren, andere Rechnungslegungsverlautbarungen oder übliche Branchenpraktiken in die Beurteilung und Entwicklung einbezogen werden (IAS 8.12). Voraussetzung hierbei ist allerdings die Konfliktfreiheit zum Conceptual Framework der IFRS (IAS 8.12).[351] Dieser letzte Aspekt ist daher vielmehr als *zusätzliche* Informationsquelle zu ver-

---

346 Vgl. WAWRZINEK, W., in: Beck'sches IFRS HB, 3. Aufl., § 2, Rn. 59.

347 Vgl. LÜDENBACH, N./HOFFMANN, W.-D., in: Haufe IFRS, 10. Aufl., § 1, Rn. 74. Da die qualitative Anforderung der Verlässlichkeit durch glaubwürdige Darstellung ersetzt wurde und das Ansatzkriterium der Verlässlichkeit inhaltlich der glaubwürdigen Darstellung gleich gesetzt wurde, kann davon ausgegangen werden, dass somit auch hier nun die glaubwürdige Darstellung gemeint ist. Siehe dazu auch Abschn. 311. Vgl. für eine Ablehnung dieser Interpretation für die durch die EU gebilligten IFRS, da das Conceptual Framework nicht übernommen wurde und IAS 8 sich noch auf relevante und verlässliche Informationen bezieht, HOFFMANN, S./DETZEN, D., Conceptual Framework, S. 54-55.

348 Vgl. LÜDENBACH, N./HOFFMANN, W.-D., in: Haufe IFRS, 10. Aufl., § 1, Rn. 74.

349 LÜDENBACH, N./HOFFMANN, W.-D., in: Haufe IFRS, 10. Aufl., § 1, Rn. 76.

350 LÜDENBACH, N./HOFFMANN, W.-D., in: Haufe IFRS, 10. Aufl., § 1, Rn. 76.

351 Vgl. WAWRZINEK, W., in: Beck'sches IFRS HB, 3. Aufl., § 2, Rn. 59.

stehen und enthält Punkte, die das Management zusätzlich in die Überlegungen bei der Entwicklung von Rechnungslegungsmethoden einbeziehen kann.[352]

Die sich aus den Vorschriften zum Umgang mit Regelungslücken ergebenden Unschärfen führen im Ergebnis dazu, dass für eine ganzheitliche Lückenfüllung stets die im Conceptual Framework enthaltenen Definitionen und Ansatzkriterien zu berücksichtigen sind und die Vorgaben der IAS 8.11-12 als Argumentationsstruktur zu verstehen sind, anhand derer die Entscheidungsnützlichkeit und Konfliktfreiheit zum Conceptual Framework begründet werden kann.[353]

323. Anzuwendende Rechnungslegungsmethoden und mögliche Problembereiche bei einer IFRS-Anwendung durch NPOs

323.1 Prüfung möglicher einschlägiger Standards für Zuwendungen ohne Gegenleistungen

Um zu prüfen, wie ein Sachverhalt nach IFRS zu bilanzieren ist, sind die Vorschriften zur Anwendung der Rechnungslegungsmethoden der IFRS heranzuziehen. Gemäß IAS 8.7 ist für die Bilanzierung eines Sachverhaltes zunächst zu prüfen, ob sich ein **IFRS ausdrücklich** auf den abzubildenden Sachverhalt bezieht.[354] Ein wesentlicher Unterschied zwischen NPOs und gewinnorientierten Unternehmen ist, dass die Tätigkeiten einer NPO nicht ausschließlich auf Leistungs-Gegenleistungsbeziehungen beruhen. Die Mittelherkunft von NPOs kann zu variierend hohen Anteilen aus (privaten) Zuwendungen ohne Gegenleistungen, wie z. B. Spenden, bestehen.[355] Ausgangspunkt und Kern der IFRS-Anwendungsanalyse bilden daher (private) Zuwendungen ohne Gegenleistungen als charakteristische Geschäftsvorfälle bei NPOs.[356] Ob sich ein IFRS ausdrücklich auf „Zuwendungen ohne Gegenleistungen" bezieht, soll zunächst für den *gesamten* Sachverhalt geprüft werden.

---

352 Vgl. LÜDENBACH, N./HOFFMANN, W.-D., in: Haufe IFRS, 10. Aufl., § 1, Rn. 76.

353 Vgl. PAARZ, M., Bankrechnungslegung nach IFRS; LÜDENBACH, N./HOFFMANN, W.-D., in: Haufe IFRS, 10. Aufl., § 1, Rn. 76. Bis heute ist die Behandlung von Regelungslücken nicht eindeutig im Sinne einer „konkreten Auslegungstechnik" geklärt. Vgl. BAETGE, J./KIRSCH, H.-J./WOLLMERT, P./BRÜGGEMANN, P., in: Baetge u. a., Rechnungslegung nach IFRS, 2. Aufl., Grundlagen, Rn. 22. Nicht eindeutig aus IAS 8 geht hervor, ob das beschriebene Vorgehen nur auf das vollständige Fehlen eines IFRS anzuwenden ist oder auch auf andere Auslegungsfragen wie ungenaue Normen/Regeln. Vgl. RUHNKE, K./NERLICH, C., Behandlung von Regelungslücken, S. 389. Die Unterscheidung zwischen der Anwendung der Regelungen auf fehlende Standards und der Anwendung auf fehlende Normen ist indes von geringer praktischer Bedeutung. Zum einen sind die Kriterien des IAS 8.10-11 unscharf und können daher nur wenig zur Auslegung unscharfer Normen beitragen. Zum anderen entsprechen die Kriterien des IAS 8.10 im Wesentlichen dem Conceptual Framework bzgl. den qualitativen Anforderungen. Vgl. LÜDENBACH, N./HOFFMANN, W.-D., in: Haufe IFRS, 10. Aufl., § 1, Rn. 75.

354 Siehe Abschn. 322.

355 Nicht nur die Mittelherkunft, sondern auch die Mittelverwendung kann bei NPOs durch Zuwendungen ohne direkte Gegenleistungen an die Leistungsempfänger geprägt sein. Bei Advocacy-NPOs ist dies hingegen i. d. R. nicht der Fall. Siehe dazu Fn. 150.

356 Im Folgenden werden unter „Zuwendungen ohne Gegenleistungen" auch Zusagen verstanden, sofern der Kontext des jeweiligen Abschnittes nicht auf eine getrennte Betrachtung von bereits zugewendeten Zuwendungen und Zuwendungszusagen schließen lässt.

Da sich der zu untersuchende Sachverhalt wesentlich von den sonst bei gewinnorientierten Unternehmen üblichen Sachverhalten unterscheidet, verwundert es auch nicht, dass kein eigener IFRS-Standard, wie z. B. IAS 16 (Sachanlagen), für „Zuwendungen ohne Gegenleistungen" innerhalb der IFRS existiert. Allerdings besteht in den IFRS mit IAS 20 ein Standard, der ebenfalls nicht *typische* Leistungs-Gegenleistungsbeziehungen von gewinnorientierten Unternehmen regelt. Daher soll im Folgenden geprüft werden, ob sich ggf. IAS 20 als Standard ausdrücklich auf den Sachverhalt „Zuwendung ohne Gegenleistung" bezieht.

IAS 20 (Bilanzierung und Darstellung von Zuwendungen der öffentlichen Hand) umfasst die Bilanzierung öffentlicher Zuwendungen. Die öffentliche Hand ist gemäß IAS 20.3 als Regierungsorganisationen, Institutionen mit hoheitlichen Aufgaben oder andere ähnliche Körperschaften definiert. Erhält eine NPO demnach Mittel von der öffentlichen Hand, ist IAS 20 anzuwenden. Die zu bilanzierenden Zuwendungen ohne Gegenleistungen sind indes Zuwendungen von privaten Zuwendern und daher fallen sie nicht in den Anwendungsbereich des IAS 20.[357]

Alternativ zu einem Standard, der sich auf den Inhalt bestimmter Sachverhalte bezieht, könnten auch Standards, die für Gruppen von Sachverhalten gemeinsam Ansatz, Bewertung oder Ertragsrealisation regeln, einschlägig sein. Der *Ansatz* in den IFRS ist im Wesentlichen nach Sachverhaltsgruppen auf verschiedene Standards verteilt, wie z. B. IAS 2 (Vorräte) und IAS 16 (Sachanlagen). Auch die *Bewertung* ist im Wesentlichen in den Standards der jeweiligen Sachverhaltsgruppen geregelt. Ein sachverhaltsübergreifender Standard, der sich auf die Bewertung bezieht, ist IFRS 13. Da IFRS 13 nur die Fair-Value-Bewertung umfasst und nicht behandelt, ob zum Fair Value zu bewerten ist (IFRS 13.5), kann auch IFRS 13 den Sachverhalt „Zuwendung ohne Gegenleistung" nicht umfassend regeln.[358] Für mehrere Sachverhalte übergreifend ist die *Ertragsrealisation* in IAS 18 (Umsatzerlöse) geregelt. Ein Ertragsrealisationsstandard könnte insofern wesentliche Teile des Sachverhaltes „Zuwendung ohne Gegenleistung" regeln, als dass der Sachverhalt z. B. grundsätzlich nicht bilanzierungsfähig oder stets erfolgswirksam ist.

IAS 18 ist auf Umsatzerlöse, wie den Verkauf von Gütern, die Erbringung von Dienstleistungen sowie die Nutzung von Vermögenswerten gegen Zinsen, Nutzungsentgelte und Dividenden, anzuwenden (IAS 18.1). Ein Verkauf umfasst eine direkte Verknüpfung von Leistung und Gegenleistung und damit gegenseitige Verpflichtungen aus einem geschlossenen Kaufvertrag. Gleiches lässt sich auch in Verbindung mit IAS 18.4-5 für das Erbringen von Dienstleistungen und die Nutzung von Vermögenswerten feststellen. Eine solche Verbindung steht derweil der einseitigen Leistungsverpflichtung bzw. der fehlenden direkten Verbindung der Leistungen der Vertragsparteien bei Zu-

357 Vgl. SCHEINPFLUG, P., in: Beck'sches IFRS HB, 3. Aufl., § 5, Rn. 91. Siehe zu der Definition als Zuwendungen von privaten Zuwendern Abschn. 24.

358 Siehe ausführlicher zur Fair-Value-Bewertung Abschn. 312.22.

wendungen ohne Gegenleistungen i. S. v. Schenkungen entgegen.[359] Aus diesem Grund behandelt IAS 18 nicht ausdrücklich Geschäftsvorfälle der gesuchten Art.[360]

Weder ein spezieller Standard für den Sachverhalt noch ein allgemeiner Standard bezieht sich ausdrücklich auf den *gesamten* Sachverhalt „Zuwendung ohne Gegenleistung".[361]

323.2 Prüfung möglicher Analogien für Zuwendungen ohne Gegenleistungen

Fehlt ein **IFRS**, der sich ausdrücklich auf den gesamten zu bilanzierenden Sachverhalt bezieht, können die anzuwendenden Rechnungslegungsmethoden, wie bereits in Abschnitt 322 zu vermuten war, unterschiedlich ermittelt werden. Zum einen kann der gesamte Sachverhalt als Regelungslücke interpretiert werden.[362] Zum anderen können die Detailnormen der einzelnen IFRS auf ihre mögliche Anwendbarkeit auf den Sachverhalt untersucht werden und so ggf. lediglich im Detail Regelungslücken identifiziert werden.

Im ersten Fall, bei der Interpretation des **gesamten Sachverhaltes** „Zuwendung ohne Gegenleistung" als **Regelungslücke**, ist zunächst zu untersuchen, ob eine geeignete und mit dem Conceptual Framework konforme **Analogie innerhalb der IFRS** zu ähnlichen Sachverhalten gezogen werden kann (IAS 8.11 (a)).

Eine mögliche umfassende Fallanalogie könnte zur Bilanzierung von „**Zuwendungen der öffentlichen Hand**" gezogen werden,[363] da sich „Zuwendungen der öffentlichen Hand" von den üblichen

---

359 Gleiches gilt für IAS 11 (Fertigungsaufträge). IAS 11 ist auf Fertigungsaufträge bei Auftragnehmern anzuwenden (IAS 11.1). Ein Fertigungsauftrag ist gemäß IAS 11.3 ein Vertrag über kundenspezifische Fertigungen und setzt daher ebenso eine klassische Leistungs-Gegenleistungsbeziehung voraus.

360 Vgl. zur Trennung von Spendenerträgen und Umsatzerlösen aufgrund einer fehlenden Leistungs-Gegenleistungsbeziehung nach HGB HFA DES IDW, IDW RS HFA 21, Tz. 13.

361 Vgl. zur Regelungslücke bei Zuwendungen ohne Gegenleistungen KPMG INTERNATIONAL FINANCIAL REPORTING GROUP, Insights into IFRS, 8. Aufl., Rn. 5.7.80.20 und 5.7.70.30. Vgl. zur Regelungslücke bei unentgeltlichen Erwerben SCHEINPFLUG, P., in: Beck'sches IFRS HB, 3. Aufl., § 5, Rn. 29.

362 Vgl. zur Regelungslücke bei Zuwendungen ohne Gegenleistungen KPMG INTERNATIONAL FINANCIAL REPORTING GROUP, Insights into IFRS, 8. Aufl., Rn. 5.7.80.20 und 5.7.70.30.

363 Es könnte auch die Idee bestehen, eine Analogie zu Durchlaufposten zu ziehen. Durchlaufposten sind in § 10 Abs. 1 Satz 4 UStG definiert als Beträge, die im Namen und für Rechnung eines anderen vereinnahmt und verausgabt werden. Die Interpretation als Durchlaufposten könnte darauf beruhen, dass die Zuwendungen die Aufwendungen der NPO kompensieren sollen. Vgl. UHLIG, A., Grundsätze ordnungsmäßiger Bilanzierung für Zuschüsse, S. 77. Die NPO könnte vom Zuwender als reine Durchlaufstation verstanden werden. Vgl. UHLIG, A., Grundsätze ordnungsmäßiger Bilanzierung für Zuschüsse, S. 85. Bei Zuwendungen ohne Gegenleistungen wird daher die NPO insgesamt und unmittelbar gefördert. Vgl. UHLIG, A., Grundsätze ordnungsmäßiger Bilanzierung für Zuschüsse, S. 79. Die NPO zieht selbst Nutzen aus der Erfüllung ihrer Zwecke. Außerdem handelt die NPO nicht im Namen und für Rechnung eines anderen. Vgl. UHLIG, A., Grundsätze ordnungsmäßiger Bilanzierung für Zuschüsse, S. 85-86; EWERTOWSKI, T., Erhaltene Investitionszuschüsse, S. 1019. Es ist aber gerade die Einnahme u. a. solcher Zuwendungen ohne Gegenleistungen und die Mittelverwendung für die Zwecke der NPO, die das Ziel und den Zweck einer solchen NPO ausmachen. Daher würde ein Durchlauf der Mittel, also der Inhalt der Geschäftstätigkeit einer NPO, nicht ein den tatsächlichen Verhältnissen entsprechendes Bild darstellen. Informationen über die Mittelverwendung und daher Indikatoren zur Zielerreichung einer NPO würden damit nicht

Geschäftsvorfällen bei gewinnorientierten Unternehmen unterscheiden und in den IFRS gesonderte Regelungen für diese bestehen.[364] „Zuwendungen der öffentlichen Hand“ sind im Wesentlichen in *IAS 20* geregelt. Auch *IAS 41* (Landwirtschaft) enthält einige Regelungen für „Zuwendungen der öffentlichen Hand“, die aber auf der Definition von „Zuwendungen der öffentlichen Hand“ in IAS 20 basieren. „Zuwendungen der öffentlichen Hand“ sind gemäß IAS 20.3 Beihilfen[365] der öffentlichen Hand, die einem Unternehmen zum Ausgleich für die vergangene oder künftige Erfüllung bestimmter Bedingungen gewährt werden. Der Begriff „Bedingungen“ hat in IAS 20 häufig die Bedeutung von Voraussetzungen in der rechtlichen Form von Bedingungen, die durch das Unternehmen zu erfüllen sind, oder Auflagen, die das Interesse des Zuwendungsgebers sicherstellen sollen.[366]

In IAS 20.4 wird in Verbindung mit SIC 10 davon ausgegangen, dass an „Zuwendungen der öffentlichen Hand“ üblicherweise Bedingungen geknüpft sind. In der Definition von „Zuwendungen der öffentlichen Hand“ in IAS 20.3 wird dazu ausgeführt, dass die vergangenen oder künftig zu erfüllenden Bedingungen durch das Unternehmen als „Ausgleich“ für die zu übertragenden Mittel durch die öffentliche Hand dienen sollen.[367] Der Zweck der Zuwendung könne zu einer Tätigkeit des Unternehmens führen, die es ohne die Zuwendung nicht aufgenommen hätte (IAS 20.4). IAS 20.15 (b) bestätigt darüber hinaus, dass „Zuwendungen der öffentlichen Hand“ selten unentgeltlich seien und, dass das entsprechende Unternehmen sie dadurch „verdiene“, dass es die Bedingungen beachtet sowie die mit den Bedingungen verbundenen Verpflichtungen erfüllt (IAS 20.15 (b)). Den Bilanzierungsvorschriften von „Zuwendungen der öffentlichen Hand“ nach IAS 20 und IAS 41 unterliegt daher die Annahme einer Leistungs-Gegenleistungsbeziehung.[368] Diese Annahme führt u. a. zu einigen der im Folgenden geschilderten Probleme.

---

vermittelt. Eine Analogie zu Durchlaufposten ist daher nicht sachgerecht. Siehe für den Unterschied eines Durchlaufpostens und einer Schenkung auch Abschn. 222.1.

364 Vgl. für den Vorschlag der Bilanzierung von Zuwendungen ohne Gegenleistungen in Analogie zu Zuwendungen der öffentlichen Hand KPMG INTERNATIONAL FINANCIAL REPORTING GROUP, Insights into IFRS, 8. Aufl., Rn. 5.7.70.30.

365 Beihilfen der öffentlichen Hand sind “Maßnahmen der öffentlichen Hand, die dazu bestimmt sind, einem Unternehmen oder einer Reihe von Unternehmen, die bestimmte Kriterien erfüllen, einen besonderen wirtschaftlichen Vorteil zu gewähren“ (IAS 20.3).

366 Vgl. STAß, A./PIESBERGEN, C./PRASSE, S., in: Baetge u. a., Rechnungslegung nach IFRS, 2. Aufl., IAS 20, Rn. 9; UHLIG, A., Grundsätze ordnungsmäßiger Bilanzierung für Zuschüsse, S. 156.

367 Die nicht marktmäßige Gegenleistung hindert nicht das Vorliegen eines gegenseitigen Vertrages. Vgl. HENKE, W./RICHTER, E./VOIGT, R., Das Recht der Wirtschaftssubventionen, S. 34.

368 Ob grundsätzlich rechtlich bei Zuwendungen der öffentlichen Hand eine Leistungs-Gegenleistungsbeziehung vorliegt, ist umstritten. Vgl. u. a. bejahend HENKE, W./RICHTER, E./VOIGT, R., Das Recht der Wirtschaftssubventionen, S. 33-35. Vgl. u. a. verneinend MÜHLENKAMP, H./SOSSONG, P., Geleistete staatlich Zuwendungen, S. 615. Vgl. u. a. verneinend, aber für die Bilanzierung bejahend TJADEN, W., Bilanzierungsfragen bei Zuwendungen der öffentlichen Hand, S. 36. Der IASB hatte im Rahmen der Entwicklung des IAS 20 dies ebenfalls abzuwägen und führte als Argument für eine Behandlung als Eigenkapital an, dass Zuwendungen der öffentlichen Hand unentgeltlich seien. Als Gegenargument und für keine Erfassung im Eigenkapital wurde argumentiert, dass solche Zuwendungen selten unentgeltlich seinen. Vgl. IASC, IASC E 21, S. 666. Diese Argumente wurden später in IAS 20.14 und IAS 20.15 übernommen als Argumente für eine Behandlung als Eigenkapital und eine er-

Den Vorschriften für „Zuwendungen der öffentlichen Hand" werden an verschiedenen Stellen Konflikte mit dem Conceptual Framework entgegengehalten. Unter anderem handelt es sich dabei um den Ansatz von passiven Abgrenzungsposten nach IAS 20, auch wenn keine Schuld i. S. d. Conceptual Framework vorliegt.[369] Auch Ertrag korrespondierend zum anfallenden Aufwand zu erfassen, widerspricht konzeptionell den Definitionen und dem Ansatz von Erträgen und Aufwendungen nach dem Conceptual Framework.[370] Daher plant der IASB den IAS 20 zu überarbeiten: Zunächst sollten die Regelungen in IAS 20 an die Regelungen für „Zuwendungen der öffentlichen Hand" in IAS 41 angepasst werden.[371] Später wurden vom IASB auch Bedenken bzgl. der konzeptionellen Grundlage der Bilanzierung von bedingten Zuwendungen in IAS 41 geäußert.[372] Daher wurde beschlossen, die Überarbeitung der Bilanzierung von „Zuwendungen der öffentlichen Hand" bzgl. des Umgangs mit bedingten und unbedingten Rechten als Ergebnis des Liabilities- und Revenue-Recognition-Projektes zu vertagen.[373] In dem Fall, dass „Zuwendungen ohne Gegenleistungen" vollständig als Regelungslücke aufgefasst würden, wäre diese Regelungslücke nur über eine Fallanalogie, die keine Konflikte zum Conceptual Framework aufwirft, zu füllen (IAS 8.12).[374] Die Regelungen für „Zuwendungen der öffentlichen Hand" können dies wie erläutert nicht ohne Weiteres leisten.

Zusammenfassend sollen aufgrund der konzeptionell untereinander verschiedenen Regelungen in IAS 20 und IAS 41, der z. T. dem Conceptual Framework widersprechenden Regelungen sowie aufgrund der Annahme einer unterliegenden Leistungs-Gegenleistungsbeziehung die Normen für „Zuwendungen der öffentlichen Hand" nicht als Ausgangspunkt einer *umfassenden Fallanalogie* für eine zweckadäquate Abbildung von „Zuwendungen ohne Gegenleistungen" in den IFRS herangezogen werden.

Alternativ dazu, die **Regelungslücke** für den **gesamten Sachverhalt** „Zuwendung ohne Gegenleistung" mithilfe einer Fallanalogie innerhalb der IFRS zu füllen, könnte an zweiter Stelle auch eine vollständige Bilanzierung anhand der Definitions- und Ansatzkriterien des **Conceptual Framework** entwickelt werden (IAS 8.11 (b)). Auf eine solche umfassende Systemanalogie sollte indes erst zurückgegriffen werden, wenn sichergestellt ist, dass keine anderen Detailnomen (z. T.) ausdrücklich anzuwenden sind.

---

folgswirksame Erfassung. Es wurde eine Entscheidung für das zweite Argument getroffen (IAS 20.16). Somit entschied sich der IASB für das Argument, dass Zuwendungen der öffentlichen Hand selten unentgeltlich seien und setzte dies in IAS 20 um.

369 Vgl. IASB, Project Summary IAS 20, Rn. 1 und 4.

370 Vgl. grundsätzlich zu einem solchen Widerspruch WESTWOOD, M./MACKENZIE, A., Non-Reciprocal Transfers, Rn. 3.06.

371 Vgl. IASB, Project Summary IAS 20, Rn. 7; KÜTING, K./KOCH, C., Neukonzeption der Bilanzierung von Zuwendungen der öffentlichen Hand, S. 743.

372 Vgl. IASB, Project Summary IAS 20, Rn. 16.

373 Vgl. IASB, Project Summary IAS 20, Rn. 17.

374 Vgl. WAWRZINEK, W., in: Beck'sches IFRS HB, 3. Aufl., § 2, Rn. 59; PAARZ, M., Bankrechnungslegung nach IFRS.

Die **Regelungslücke** für den **gesamten Sachverhalt** könnte auch durch aktuelle Verlautbarungen **anderer Standardsetter**, die auf einem ähnlichen konzeptionellen Rahmenwerk basieren, oder andere Rechnungslegungsverlautbarungen gefüllt werden (IAS 8.12). Voraussetzung hierbei ist allerdings die Konfliktfreiheit zum Conceptual Framework der IFRS (IAS 8.12).[375] Verlautbarungen anderer Standardsetter, die auf einem ähnlichen konzeptionellen Rahmenkonzept basieren, könnten u. a. Regelungen des FASB für NPOs sein. Auf Basis der vorangehenden Überlegungen allerdings eine *vollständige* Regelungslücke für „Zuwendungen ohne Gegenleistungen" in den IFRS festzustellen, um dann *vollständig* auf die Regelungen anderer Standardsetter zurückzugreifen, ist zum einen nicht sachgerecht, da die Anwendung der konkreten Detailnormen der IFRS noch nicht untersucht wurde und diese ggf. (größtenteils) anzuwenden bzw. anwendbar sein können. Zum anderen könnten die Regelungen der anderen Standardsetter, auf die dann zurückgegriffen wird, z. T. vor dem Hintergrund des Conceptual Framework der IFRS unzureichend sein und müssten somit ebenso im Detail untersucht werden.

Zusammenfassend soll es für die Untersuchung in der vorliegenden Arbeit daher nicht das Ziel sein, umfassende Analogien zu Regelungen anderer Standardsetter zu ziehen, sondern den Sachverhalt „Zuwendungen ohne Gegenleistungen" weitestgehend *innerhalb bestehender* konkreter IFRS-Normen abzubilden und erst in letzter Konsequenz eine **fehlende IFRS-Norm** mithilfe einer selbst entwickelten Rechnungslegungskonzeption zu ersetzen. Dazu werden im Folgenden mögliche Regelungslücken systematisiert.

323.3 Kategorisierung möglicher Probleme einer IFRS-Anwendung durch NPOs

Fehlen ausdrückliche IFRS-Normen bei ähnlichen Sachverhalten, aber an unterschiedlichen Stellen des Bilanzierungsprozesses (z. B. Ansatz und Bewertung), so sollten die Regelungslücken dennoch konsistent gefüllt werden. Um dies zu gewährleisten, sollten die Regelungslücken vor dem Hintergrund eines einheitlichen Konzeptes gefüllt werden. Da Regelungslücken stets unter Beachtung der die Entscheidungsnützlichkeit konkretisierenden Definitions- und Ansatzkriterien des Conceptual Framework zu füllen sind, bilden diese allgemeinen Kriterien einen Ausgangspunkt für die Entwicklung eines einheitlichen Konzeptes. Ein solches entwickeltes Konzept kann dann anschließend für zu füllende Regelungslücken für unterschiedliche Bilanzierungsprobleme herangezogen werden.

Bevor allerdings ein solches Konzept im folgenden Kapitel 4 entwickelt wird, sollen zuvor mögliche Regelungslücken kategorisiert werden. Dies kann sowohl als erste Grundlage für die Entwicklung des Konzeptes dienen als auch bei der konkreten, zu untersuchenden Abbildung des Sachverhaltes „Zuwendung ohne Gegenleistung" unterstützen.

Mögliche Regelungslücken können verschiedene Ursachen haben:

---

375 Vgl. WAWRZINEK, W., in: Beck'sches IFRS HB, 3. Aufl., § 2, Rn. 59.

1. In einigen Fällen könnte ein (Teil-)Sachverhalt, wie der Ansatz der Aktiva, inhaltlich durch **keinen Standard** abgedeckt sein. Dann liegt nicht nur, wie in Abschnitt 31, kein gesamter IFRS für den Sachverhalt „Zuwendung ohne Gegenleistung“ vor, sondern auch im Detail ist keine IFRS-Norm ausdrücklich auf z. B. den Ansatz der Aktiva anzuwenden. Es liegt daher für den Teil des Sachverhaltes eine Regelungslücke vor.

2. In anderen Fällen könnte ein (Teil-)Sachverhalt zunächst inhaltlich in den Anwendungsbereich eines Standards, wie z. B. Sachanlagen, einzuordnen sein. Die Detailnorm könnte anschließend allerdings im Rahmen der Bilanzierung konkret auf eine **Gegenleistung** für die anzusetzenden Aktiva abstellen, wie z. B. die Kosten des Erwerbs. Da eine solche Gegenleistung bei „Zuwendungen ohne Gegenleistungen“ **fehlt**, bezieht sich die Detailnorm dann nicht ausdrücklich auf den Sachverhalt und daher liegt eine Regelungslücke vor. Eine weitere Regelungslückenkategorie sind daher die Fälle, bei denen für die Bilanzierung konkret auf eine Leistungs-Gegenleistungsbeziehung abgestellt wird.

3. Des Weiteren könnten die verschiedenen Teilelemente eines Sachverhaltes parallel inhaltlich in verschiedene Standards fallen. Eine solche Kombination der verschiedenen Detailnormen könnte dazu führen, dass Regelungen parallel anzuwenden sind, die gewinnorientierte Unternehmen üblicherweise nicht zusammen anwenden. Bei Fällen, bei denen Standards, die auf unterschiedlichen Konzepten beruhen, zeitgleich für die Bilanzierung eines Sachverhaltes anzuwenden sind, kann ein **Accounting Mismatch** entstehen. Ein Beispiel kann der Ansatz zu unterschiedlichen Zeitpunkten in der Bilanz sein. Ein solcher Accounting Mismatch könnte dann anzeigen, dass der konkrete Sachverhalt gar nicht ausdrücklich durch die Detailnormen geregelt ist. Dies resultiert dann daraus, dass die Besonderheiten von Zuwendungen ohne Gegenleistungen bei der Erstellung der IFRS nicht berücksichtigt wurden. Es bezieht sich dann kein IFRS ausdrücklich auf den abzubildenden Sachverhalt und es liegt eine Regelungslücke vor.

Der folgende Abschnitt widmet sich ausführlich der Entwicklung eines in sich widerspruchsfreien Konzeptes, das den Anforderungen des Conceptual Framework genügt.

4 Bilanzierung der konzeptionellen Besonderheiten bei einer IFRS-Anwendung durch NPOs nach den allgemeinen Kriterien für Ansatz, Bewertung und Ertragsrealisation

41 Überblick

Als charakteristische Geschäftsvorfälle von NPOs bilden Zuwendungen ohne Gegenleistungen den Kern einer Analyse der konzeptionellen Besonderheiten, die bei einer IFRS-Anwendung durch NPOs wesentlich sind. In diesem Kapitel wird zunächst auf **konzeptioneller Ebene** erarbeitet, wie Zuwendungen ohne Gegenleistungen nach IFRS bilanziert werden sollten. Ausgangspunkt dafür ist der Zweck eines IFRS-Abschlusses, der darin besteht, entscheidungsnützliche Informationen zu vermitteln (CF.OB2). Dies ist daher die Anforderung, die an eine Bilanzierung von Zuwendungen ohne Gegenleistungen nach IFRS zu stellen ist. Dazu ist es erforderlich, dass die entwickelten Rechnungslegungsmethoden zum einen die Definitions- und Ansatzkriterien des Conceptual Framework einhalten und zum anderen den konkreten Adressaten eines IFRS-Abschlusses durch NPOs relevante und glaubwürdig dargestellte Informationen vermitteln.

Ausgangspunkt dafür, eine konzeptionelle Bilanzierung von Zuwendungen ohne Gegenleistungen zu entwickeln, werden die allgemeinen Definitions- und Ansatzkriterien der IFRS sein. Zusätzlich zu den Definitions- und Ansatzkriterien werden in diesem Kapitel einige Normen aus spezifischen Standards herangezogen, die die allgemeinen Kriterien konkretisieren, wie z. B. allgemeine Regelungen in IAS 37 zu Schulden. Zunächst wird der Ansatz von Posten in der Bilanz für die Aktiv- und Passivseite analysiert. Anschließend werden die Bewertung sowie, als Konsequenz der Erhöhung oder Verminderung von Bilanzposten, die Ertragsrealisation untersucht. Die Besonderheiten bzgl. der Darstellung des Abschlusses als Resultat der entwickelten Bilanzierung sind besser anhand der konkreten Bilanzierung der verschiedenen Sachverhalte zu erkennen als auf konzeptioneller Ebene. Daher wird der Ausweis in diesem Abschnitt (noch) nicht behandelt, sondern in Kapitel 6 im Anschluss an die Analyse der Anwendung der konkreten IFRS-Normen des Kapitels 5 erläutert.

42 Bilanzierung von Zuwendungen ohne Gegenleistungen

421. Ansatz

421.1 Ansatz der Aktiva aus einer Zuwendung

421.11 Prüfung der Definitionskriterien

„Zuwendungen ohne Gegenleistungen" können geleistete Zuwendungen in Form von Zahlungsmitteln, materiellen sowie immateriellen Ressourcen ohne/mit Auflagen und/oder Bedingungen aber auch *Zusagen* von Zuwendungen sein.[376] Auf konzeptioneller Ebene soll hier untersucht werden,

[376] Vgl. ähnlich FASB, SFAS 116, Tz. 5.

wie sich die Besonderheiten von Zuwendungen ohne Gegenleistungen auf die Bilanzierung möglicher resultierender Aktiva auswirken.

Zunächst sind die **Definitionskriterien** eines Vermögenswertes für den Ansatz von Aktiva zu erfüllen. Ein Vermögenswert ist definiert als eine Ressource, die durch Ereignisse der *Vergangenheit* in der *Verfügungsmacht* eines Unternehmens steht, und von der erwartet wird, dass aus ihr *künftiger wirtschaftlicher Nutzen* zufließen wird (CF.4.4 (a)).[377] Zunächst werden Zuwendungen, anschließend Zuwendungszusagen untersucht.

Im Fall einer **Zuwendung** ohne Gegenleistung ohne Bedingungen und ohne Verwendungsbeschränkungen, wie eine Überweisung ohne Verwendungszweck, ist das Ereignis der *Vergangenheit* die Übergabe der Zuwendung. Verkörpert die Zuwendung als Ressource *künftiges Nutzenpotenzial*, dann kann sich die NPO als rechtliche Eigentümerin uneingeschränkt diesen wirtschaftlichen Nutzen aus der Zuwendung sichern. Die Zuwendung ist dann in der *Verfügungsmacht* der NPO. In solchen Fällen liegt ein Vermögenswert i. S. d. CF.4.4 (a) vor.[378]

Im Fall einer **Zuwendung** ohne Gegenleistung ohne Bedingungen aber **mit Auflagen**, wie die Mittel für den Bau einer Schule zu verwenden, ist das Ereignis der *Vergangenheit* ebenfalls die Übergabe der Zuwendung. *Künftiger Nutzenzufluss* kann aus der Zuwendung erwartet werden, wenn die Zuwendung als Ressource künftiges Nutzenpotenzial verkörpert. Eine Auflage beschränkt jedoch die Verwendungsmöglichkeiten der Zuwendung. Die NPO hat Verfügungsmacht, wenn sie den Zugriff Dritter auf den Nutzen aus der Zuwendung beschränken kann (IAS 38.13). Ein Indiz dafür kann das zivilrechtliche Eigentum sein (CF.4.12). Im Fall einer übereigneten Zuwendung ohne Gegenleistung wurde das rechtliche Eigentum übertragen. Die NPO ist rechtliche Eigentümerin und ist nur in Teilen in ihrer Nutzung durch die Auflage des Zuwenders eingeschränkt. Die NPO vereinnahmt daher im Wesentlichen das gesamte Nutzenpotenzial aus der zugewendeten Ressource.[379] Die Zuwendung unter Auflage ist daher in der Verfügungsmacht der NPO. In solchen Fällen liegt ebenfalls ein Vermögenswert i. S. d. CF.4.4 (a) vor.

Zuwendungen ohne Gegenleistungen können auch für die Zukunft versprochen werden. Solche **Zuwendungszusagen** können sowohl ohne als auch mit Bedingungen gegeben werden.[380] Das *Ereignis der Vergangenheit* ist für beide Fälle der Vertragsschluss über die Zuwendungszusage. Damit ein Vermögenswert ab dem Zeitpunkt des Vertragsschlusses vorliegt, müssen aus einem solchen

[377] Siehe dazu ausführlicher Abschn. 312.11.
[378] Vgl. BAETGE, J./KIRSCH, H.-J./THIELE, S., Bilanzen, S. 182.
[379] Vgl. MATENA, S., Bilanzielle Vermögenszurechnung, S. 132.
[380] Schenkungsversprechen können auch unter Auflagen sowie unter Bedingungen *und* Auflagen gemacht werden. Für die Verständlichkeit der Sachverhalte werden Bedingungen und Auflagen jedoch in der Arbeit ausschließlich getrennt voneinander betrachtet. In einem Fall, bei dem eine Bedingung und eine Auflage vorliegen, wären dann die Erkenntnisse für die zwei Bereiche zu kombinieren.

Schenkungsvertrag gegenwärtige Rechte mit Nutzenpotenzial resultieren, über die die NPO Verfügungsmacht hat.

Zunächst werden die verschiedenen Rechte und ihre Abbildung im IFRS-Abschluss auf allgemeiner Ebene erläutert und anschließend die Erkenntnisse auf die verschiedenen Zuwendungszusagen angewendet.

Ein Recht auf ein anderes Recht kann bereits zu einem Vermögenswert führen, auch wenn aus dem Recht erst dadurch wirtschaftlicher Nutzen zufließen wird, dass das andere Recht erlangt wird (IAS 32.AG7). Die *gegenwärtigen* Rechte können in ihrer *Fähigkeit* sie wahrzunehmen bedingt oder unbedingt sein (siehe dazu Abbildung 4-1) (IAS 32.AG8). In einem Fall, in dem die Fähigkeit ein gegenwärtiges Recht wahrzunehmen *unbedingt* ist, besteht Verfügungsmacht über das Recht und ein Vermögenswert i. S. d. CF.4.4 (a) liegt vor (**Fall 1** in Abbildung 4-1). Ein Beispiel hierfür ist das Recht auf Zahlungsmittel aus einer „Forderung aus Lieferungen und Leistungen", nachdem das Unternehmen die vertraglich vereinbarte Lieferung bereits erbracht hat (IFRS 9.B3.1.2 (a)). Auch wenn ein gegenwärtiges Recht vorliegt, welches in der Fähigkeit es wahrzunehmen *bedingt* ist, hat die NPO Verfügungsmacht über das Recht und ein Vermögenswert i. S. d. CF.4.4 (a) liegt vor (**Fall 2** in Abbildung 4-1).[381] Ein Beispiel hierfür ist eine Kaufoption.[382] Vom Eintreten bestimmter Ereignisse abhängige Rechte erfüllen demnach die Definition von Vermögenswerten, zunächst unabhängig davon, ob die Vermögenswerte auch im Abschluss anzusetzen sind (IAS 32.AG8).[383]

Besteht *kein* wirksamer Vertrag aus dem *gegenwärtige* Rechte resultieren können, so fehlt es auch an der Verfügungsmacht über ein Recht und daher kann kein Vermögenswert i. S. d. CF.4.4 (a) vorliegen (**Fall 3** in Abbildung 4-1).

Es soll im Folgenden geprüft werden, in welche dieser Kategorien die konkreten Zuwendungszusagen fallen.

Eine Zuwendungszusage ohne Bedingungen führt zu einem unbedingten gegenwärtigen Recht und ist als Fall 1 der Abbildung 4 1 zu aktivieren, wenn aus dem Recht Nutzenpotenzial erwartet wird. In solchen Fällen liegt ein Vermögenswert i. S. d. CF.4.4 (a) vor.

381 Vgl. analog für Verpflichtungen WÜNSCHE, B., Verbindlichkeitsrückstellungen, S. 126; ERDMANN, M.-K./WÜNSCH, M./ULF, M., Auswirkungen ED IAS 37, S. 393; FLADT, G./FEIGE, P., Änderungsvorschläge zu IAS 37, S. 276.

382 Optionen können bedingte Kaufverträge mit einer Potestativbedingung sein (vgl. ARMBRÜSTER, C., In: Erman u. a. BGB, 13. Aufl., Vor § 158, Rn. 14): Ein durch Handeln des Erwerbsberechtigten bedingtes Erwerbsrecht sichert dem Erwerbsberechtigten ein Kaufrecht. Ob er allerdings den entsprechenden Vermögenswert erwirbt, bestimmt der Erwerbsberechtigte durch Handlungen, die zu dem Ereignis, welches die Bedingung darstellt, führen können. Vgl. MATENA, S., Bilanzielle Vermögenszurechnung, S. 37. Das Erwerbsrecht eröffnet dem Erwerbsberechtigten in einem solchen Fall ein „Gestaltungsrecht". MATENA, S., Bilanzielle Vermögenszurechnung, S. 38.

383 Vgl. dazu auch die Überlegungen im Rahmen des Liabilities-Projektes bezogen auf bedingte und unbedingte Verpflichtungen und Rechte IASB, ED IAS 37, Rn. BC7-BC18.

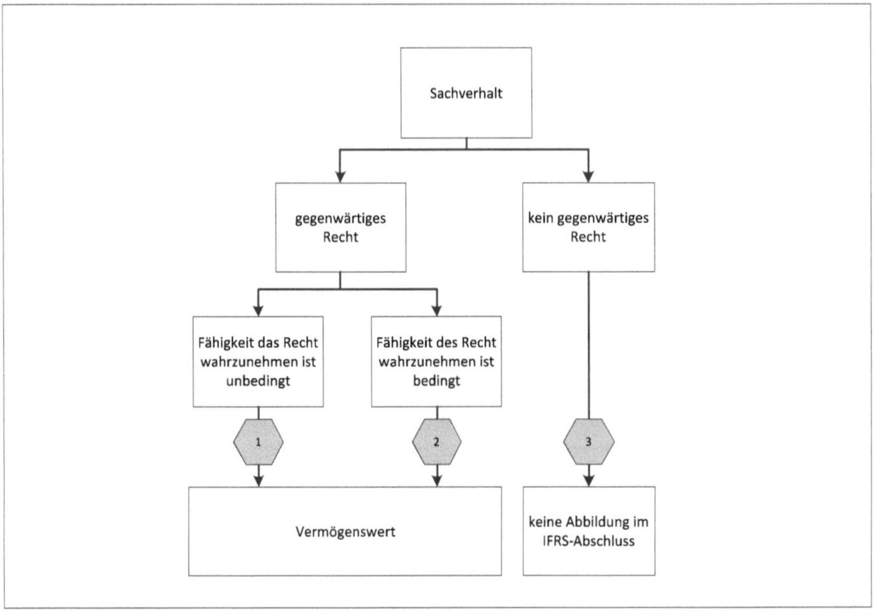

Abbildung 4-1: Rechte und ihre Abbildung als Vermögenswerte im IFRS-Abschluss

Für eine **aufschiebend bedingte Zuwendungszusage** ist zu untersuchen, ob es sich im Zeitpunkt des Vertragsschlusses bereits um ein gegenwärtiges Recht handelt, für das die Fähigkeit des Unternehmens es wahrzunehmen bedingt ist (Fall 2 in Abbildung 4-1). Wenn bei aufschiebend bedingten Zuwendungszusagen ein Schenkungsvertrag zwischen Zuwender und NPO geschlossen wird, ergeben sich aus diesem bereits ab Vertragsschluss Rechte und Pflichten für die Parteien. Dies ist allerdings nur dann der Fall, wenn das Schenkungsversprechen *notariell* beurkundet wird.[384] Wurde der Schenkungsvertrag notariell beurkundet, so hat die NPO im Zeitpunkt des Vertragsschlusses zwar bereits Rechte aus dem Vertrag, jedoch noch kein *unbedingtes* Recht, die Zuwendung einzufordern. Erst wenn die Bedingung eintritt, werden die Rechtsfolgen aus dem Vertrag vollständig wirksam und eine unbedingte Forderung kann entstehen. Die Rechtsfolgen aus dem Bedingungseintritt sind für die Vertragsparteien unvermeidlich.[385] Es ist daher ab dem Zeitpunkt des Vertragsschlusses vertraglich gesichert, dass bei Eintritt eines künftigen Ereignisses die vertraglich vereinbarte Bedin-

[384] Vgl. HOPPENZ, R., in: Prütting u. a. BGB, 6. Aufl., § 516, Rn. 1. Siehe dazu auch Abschn. 222.1.

[385] Ist dies nicht der Fall, so ist fraglich, ob es sich überhaupt um eine gültige Bedingung oder nicht vielmehr um ein noch nicht angenommenes Vertragsangebot handelt. Siehe auch Abschn. 222.3.

gung erfüllt wird und die NPO die Zuwendung einfordern kann.[386] Für die NPO ist demnach das gegenwärtige Recht zum Zeitpunkt des Vertragsschlusses in seiner Fähigkeit es wahrzunehmen *bedingt* (Fall 2 der Abbildung 4-1). Das Recht hat künftiges Nutzenpotenzial durch die (bedingt) zugesagte Zuwendung. Es liegt demnach im Fall einer rechtlich verbindlichen, aufschiebend[387] bedingten Zuwendungszusage mit Nutzenpotenzial ein Vermögenswert i. S. d. CF.4.4 (a) vor.[388]

Sofern das Formerfordernis der *notariellen* Beurkundung des Schenkungsvertrages *nicht* eingehalten wird, ist das Schenkungsversprechen nichtig.[389] Beispielsweise wird ein aufschiebend[390] bedingt formulierter Fördermitgliedsvertrag bzw. eine jährliche Spendenzusage im Regelfall nicht notariell beurkundet. Dann ist der Vertrag für die Zusage nichtig und im Zeitpunkt des Vertragsschlusses geht der NPO kein gegenwärtiges Recht aus einem Vertrag zu (Fall 3 der Abbildung 4-1). Vielmehr steht in einem solchen Fall die Zuwendung erst bei konkreter Übergabe der Ressource (bspw. durch Überweisung des Mitgliedsbeitrages) in der Verfügungsmacht der NPO und ein Vermögenswert ist erst dann anzusetzen. Da es sich bei einem nicht notariell beurkundeten Schenkungsversprechen nicht um ein vertragliches Recht handelt, kann somit lediglich ein möglicher Vermögenswert bestehen. Daher ist zu prüfen, ob eine *Eventualforderung* gemäß IAS 37.10 aus der Zusage entsteht. Eine

386 Bei aufschiebend bedingten Zuwendungszusagen befindet sich das Rechtsgeschäft zunächst in der Schwebe. Der aufschiebend bedingte Schenkungsvertrag ist zwar – in seinen Rechtsfolgen – schwebend, bis die Bedingung eintritt. Es ist hingegen von einem schwebenden Geschäft im Sinne einer noch ausstehenden Leistung *und* Gegenleistung abzugrenzen (IAS 37.1, IAS 37.3). Bedingungen können auch vom Willen einer Partei abhängen, was jedoch nichts an den unvermeidbaren Rechtsfolgen des Vertrages ändert. Dann handelt es sich um sog. Potestativbedingungen. Siehe dazu ausführlicher Abschn. 222.3. Vgl. zum Unterschied einer Bestellung bzw. eines Auftrags bei gewinnorientierten Unternehmen FASB, SFAS 116, Tz. 109.

387 Bei einer auflösend bedingten Zuwendungszusage bzw. Zuwendung besteht ein Rechtsgeschäft, das bis zum Bedingungseintritt voll wirksam ist. Bei Bedingungseintritt verliert das Rechtsgeschäft dann seine Gültigkeit oder bleibt im Fall eines negativen Bedingungseintritts bestehen. In einem solchen Fall besteht ab dem Zeitpunkt des Vertragsschlusses ein gegenwärtiges Recht bzw. eine Ressource in der Verfügungsmacht der NPO. Hat dieses Recht bzw. die Ressource Nutzenpotenzial, so liegt ein Vermögenswert i. S. d. CF.4.4 (a) vor. Der Nutzenzufluss aus diesem Recht ist allerdings durch das künftige Ereignis, die Bedingung, eingeschränkt. Dadurch, dass sowohl die aufschiebend als auch die auflösend bedingte Zuwendungszusage zu aktivieren sind und ihre Bewertung an die Wahrscheinlichkeit des Nutzenzuflusses anzupassen sind, wird der rechtlichen Austauschbarkeit der Bedingungen Rechnung getragen.

388 Würde im Rahmen der Bilanzierung auf die *rechtliche* Gestaltung abgestellt, so würde z. B. im Fall einer aufschiebenden Bedingung eine Forderung ab Bedingungseintritt angesetzt werden, da die von der Bedingung abhängig gemachte Wirkung (unbedingte rechtliche Einforderbarkeit) erst mit dem Eintritt der Bedingung eintreten kann. Vgl. ADLER, H./DÜRING, W./SCHMALTZ, K., HGB, 6. Aufl., § 246, Rn. 53. Würde so bilanziert, wäre der Sachverhalt nach den rechtlichen und nicht den wirtschaftlichen Gegebenheiten abgebildet. Nach IFRS 3.B32a ist bei einem besonders günstigen Mietvertrag, bei dem die Miete niedriger ist als sonst im Markt, die ersparte Miete, und damit der Vorteil aus dem Vertrag, mit dem Barwert als Vermögenswert anzusetzen. Im Fall eines besonders hohen Vermietungsvertrages ist der Vorteil nicht als Vermögenswert zu aktivieren. Der Vorteil ist vielmehr bei der Bewertung der entsprechenden Immobilie zu berücksichtigen (IFRS 3.B42). Vgl. auch LÜDENBACH, N., in: Haufe IFRS, 10. Aufl., § 31, Rn. 86 und 88.

389 Vgl. WEIDENKAFF, W., in: Palandt, 71. Aufl., § 518, Rn. 7. Siehe dazu auch Abschn. 222.1.

390 Aus einem aufschiebend bedingten Fördermitgliedsvertrag kann jährlich ein bestimmter Spendenbetrag zusagen sein. Das künftige unsichere Ereignis wäre die Kündigung am Ende eines jeweiligen Jahres. Der Vertrag kann aufschiebend bedingt sein, wobei die Nicht-Kündigung das Ereignis für die Fördermitgliedschaft eines weiteren Jahres ist.

Eventualforderung ist ein aus vergangenen Ereignissen resultierender, möglicher Vermögenswert, dessen Existenz durch das Ein- oder Nichteintreten unsicherer künftiger Ereignisse erst noch bestätigt wird, die nicht gänzlich unter der Kontrolle des Unternehmens stehen (IAS 37.10). Das unsichere künftige Ereignis, das nicht unter der Kontrolle der NPO steht, ist der Zufluss der versprochenen, aber nicht rechtlich durchsetzbaren Zuwendung. Eventualforderungen sind grundsätzlich nicht anzusetzen (IAS 37.31). Wenn der Nutzenzufluss mindestens wahrscheinlich ist, dann sind daher Angaben im Anhang einer NPO entsprechend IAS 37.89 zu machen.

Zusammenfassend geht im Fall einer übergebenen Zuwendung ebenso wie bei rechtlich wirksamen[391] unbedingten und bedingten Zuwendungszusagen der NPO ein Vermögenswert i. S. d. CF.4.4 (a) zu.

421.12 Prüfung der Ansatzkriterien

Damit ein Vermögenswert im IFRS-Abschluss aktiviert werden kann, sind auch die **Ansatzkriterien** zu erfüllen (CF.4.38). Bei bereits übereigneten Vermögenswerten ist der Nutzenzufluss im Regelfall *wahrscheinlich* und kann *verlässlich bewertet* werden. Ob die Ansatzkriterien erfüllt sind, ist daher bei Zuwendungszusagen eher fraglich als bei bereits übereigneten Vermögenswerten. Aus diesem Grund wird in diesem Abschnitt das Augenmerk auf Zuwendungszusagen gelegt.

Für die Analyse des Ansatzes von rechtlich verbindlichen **unbedingten Zuwendungszusagen** ist auf den Unterschied zwischen den für NPOs charakteristischen Zuwendungszusagen ohne Gegenleistungen und den erwerbswirtschaftlich orientierten Zusagen aus Leistungs-Gegenleistungsbeziehungen einzugehen. Bei „klassischen" Forderungen aus Lieferungen und Leistungen ist die Forderung i. d. R. erst anzusetzen, wenn ein Vermögenswert aus einer Leistungs-Gegenleistungsbeziehung übergeben wird (IFRS 9.B3.1.6). Dies resultiert daraus, dass bis dahin das Recht und die Verpflichtung des Geschäfts als ausgeglichen gelten (IFRS 9.B3.1.2 (a)-(c)): Das Rechtsgeschäft ist bis dahin schwebend.[392] Bei unbedingten Zuwendungszusagen ohne Gegenleistungen steht hingegen *keine* Gegenleistung (mehr) aus. Bei Vertragsschluss wird die NPO Vertragspartei und erhält das unbedingte Recht auf den Empfang der Zuwendung. Bestehen keine Kenntnisse bzgl. der Nicht-Einforderbarkeit der Zuwendungszusage, so ist ein Nutzenzufluss wahrscheinlich. Ist die Zuwendungszusage auch verlässlich bewertbar, so ist ein Ansatz erforderlich.[393] Die verlässliche Bewert-

---

391 Geht die Einigung der Zuwendung zeitlich voraus, ist ein solches Schenkungsversprechen formbedürftig. Es ist notariell zu beurkunden (§ 518 Abs.1 BGB). Vgl. HOPPENZ, R., in: Prütting u. a. BGB, 6. Aufl., § 516, Rn. 1. Wird dieses Formerfordernis nicht eingehalten, so ist das Schenkungsversprechen nichtig. Vgl. WEIDENKAFF, W., in: Palandt, 71. Aufl., § 518, Rn. 7.

392 Vgl. STEGMANN, J., in: Reuther/Hard IFRS, Finanzinstrumente, Rn. 9; FRIEDHOFF, M./BERGER, J., in: Buschhüter/Striegel IFRS, IAS 39, Rn. 8 und 16.

393 Für den Ansatz im Zeitpunkt der Zusage vgl. auch FASB, SFAS 116, Tz. 5 und 8; WILSON, E. R./KATTELUS, S. C., Accounting for Nonprofit Entities, S. 592.

barkeit ist im Einzelfall zu beurteilen, wird aber i. d. R. aufgrund des sicheren Wertes der unbedingten Zusage bestehen. Auf die Bewertung wird in Abschnitt 422 ausführlicher eingegangen.[394]

Bei **bedingten Zuwendungszusagen** kann wesentliche Unsicherheit bzgl. der Wahrscheinlichkeit des Nutzenzuflusses sowie der verlässlichen Bewertbarkeit bestehen. Zu beachten ist indes, dass nur rechtlich verbindliche Zuwendungszusagen die Definitionskriterien eines Vermögenswertes erfüllen und daher nur diese im nächsten Schritt darauf zu untersuchen sind, ob die Ansatzkriterien erfüllt werden.[395]

Zunächst soll auf das Kriterium des wahrscheinlichen *Nutzenzuflusses* eingegangen werden. Die Bedingungen erhöhen die Unsicherheit des Nutzenzuflusses einer Zuwendungszusage im Vergleich zu einer unbedingten Zuwendungszusage, da der Einritt der Rechtsfolgen eines Rechtsgeschäfts durch die Bedingungen von einem ungewissen künftigen Ereignis abhängig gemacht wird.[396] Die Wahrscheinlichkeit des Eintritts der Bedingungen bestimmt maßgeblich die Wahrscheinlichkeit des Nutzenzuflusses aus dem Schenkungsvertrag. Daher ist es im Einzelfall von den konkreten Bedingungen abhängig, ob das Kriterium des wahrscheinlichen Nutzenzuflusses erfullt wird.

Die *verlässliche Bewertbarkeit* ist als Ansatzkriterium i. S. d. glaubwürdigen Darstellung zu interpretieren.[397] Vor allem kann eine Vielzahl an Schätzungen, z. B. von Zuflusswahrscheinlichkeit und Höhe des Zuflusses, die Unsicherheit im Rahmen der Bewertung erhöhen. Damit jedoch das Ansatzkriterium der verlässlichen Bewertbarkeit nicht erfüllt ist und ein Ansatz zu unterbleiben hat, müssen die Kriterien, die die verlässliche Bewertbarkeit beschreiben, unerfüllt bleiben.[398] Damit die glaubwürdige Darstellung als nicht erfüllt gilt, müsste ein Sachverhalt bspw. nicht klar darstellbar sein, z. B. eine Schätzung nicht als Schätzung erkennbar sein und der Prozess zur Ermittlung der Bewertung Fehler in der Auswahl und Anwendung des Schätzungsprozesses beinhalten (CF.QC15).[399] Eine verlässliche Bewertbarkeit dürfte vor diesem Hintergrund nur in Ausnahmefällen nicht bestehen.[400]

---

394 Nur in Ausnahmefällen kann eine verlässliche Bewertbarkeit nicht bestehen. Vgl. WAWRZINEK, W., in: Beck'sches IFRS HB, 3. Aufl., § 2, Rn. 76.

395 Siehe dazu Abschn. 222.1.

396 Siehe dazu Abschn. 222.3.

397 Siehe dazu Abschn. 311.

398 Vollständigkeit, Neutralität und Fehlerfreiheit. Siehe dazu Abschn. 311.

399 Der FASB lehnt einen Ansatz bedingter Rechte vor allem mit der Begründung der geringen Verlässlichkeit ab. Vgl. FASB, SFAS 116, Tz. 75-79. Bedingte Zusagen seien daher erst anzusetzen, wenn die Bedingungen im Wesentlichen („substantially") erfüllt sind. Vgl. FASB, SFAS 116, Tz. 22. Diese Bedenken basieren darauf, dass sonst Erträge sehr früh realisiert würden für Zusagen, die später ggf. nicht zugewendet werden. Vgl. GRANOF, M. H., Not-For-Profit Accounting, S. 525.

400 Vgl. WAWRZINEK, W., in: Beck'sches IFRS HB, 3. Aufl., § 2, Rn. 76. Selbst wenn ein Vertrag selbst nicht veräußerbar ist, so können die vertraglichen Cashflows des Vermögenswertes veräußert werden. Gemäß IFRS 9.3.2.4 geht ein Finanzinstrument ab, wenn die vertraglichen Rechte an den Cashflows des Vermögenswertes abgehen oder eine Verpflichtung zu deren Weiterleitung besteht.

Die Definitions- und Ansatzkriterien im Conceptual Framework konkretisieren die Anforderung der Entscheidungsnützlichkeit der vermittelten Informationen. Im Folgenden werden daher die wesentlichen Ergebnisse mit Bezug auf die Entscheidungsnützlichkeit noch einmal aufgegriffen. Der Ansatz eines Vermögenswertes aus einer *Zuwendung* ohne Gegenleistung zeigt die der NPO zur Verfügung stehenden Mittel für die Erfüllung ihrer Zwecke und liefert relevante Informationen zur wirtschaftlichen Lage der NPO. Der Ansatz von *Zuwendungszusagen* kann Entscheidungen bezogen auf den Fortbestand der NPO beeinflussen und Rechenschaft über verbindlich eingeworbene Mittel, die der NPO noch zufließen werden, liefern. Auch in den Fällen, in denen es sich um *bedingte Zuwendungszusagen* handelt, kann ein Ansatz der Zusage, aufgrund des vermittelten Nutzenpotenzials, Entscheidungen bezogen auf den Fortbestand der NPO beeinflussen und Rechenschaft über verbindlich eingeworbene Mittel geben. Somit werden in den geschilderten Fällen relevante Informationen für die Bedürfnisse der Adressaten vermittelt. Die glaubwürdige Darstellung ist im Einzelfall im Wesentlichen von der Bewertung der jeweiligen Zuwendung bzw. Zuwendungszusage abhängig, die in Abschnitt 422 ausführlicher analysiert wird.

Zusammenfassend ist aus (bereits zugewendeten) Zuwendungen im Regelfall ein Vermögenswert anzusetzen. Aus rechtlich verbindlichen unbedingten Zuwendungszusagen ist im Regelfall ebenfalls ein Vermögenswert ab dem Zeitpunkt des Vertragsschlusses anzusetzen. Der Ansatz von rechtlich verbindlichen bedingten Zuwendungszusagen ist besonders von der Wahrscheinlichkeit des Nutzenzuflusses abhängig. Rechtlich nicht verbindliche Zuwendungszusagen dürfen nicht aktiviert werden, können aber als Eventualforderungen angabepflichtig sein.

421.2 Ansatz der Passiva

421.21 Prüfung der Definitionskriterien einer Schuld

421.211 Überblick

Für den Geschäftsvorfall „Zuwendung ohne Gegenleistung“ ist nicht nur der Ansatz möglicher Aktiva, sondern auch möglicher Passiva zu prüfen.[401] Gründe für Verpflichtungen, die durch eine Zuwendung ohne Gegenleistung entstehen können, könnten aus der Mittelverwendung und/oder aus Rückforderungsmöglichkeiten[402] des Zuwenders resultieren.

In diesem Abschnitt zum Ansatz möglicher Passiva werden zunächst nur Verpflichtungen aus Zuwendungen und nicht aus Zuwendungszusagen untersucht. Auf mögliche Verpflichtungen in Verbindung mit Zuwendungszusagen wird anschließend im Zusammenhang mit der Bewertung von Vermögenswerten in Abschnitt 422.3 eingegangen, da bei Zusagen die Wahrscheinlichkeiten des

[401] Siehe ausführlicher zur Definition einer Schuld Abschn. 312.11.

[402] Unter den Begriffen Rückforderung und Rückgabe werden im Folgenden alle rechtlichen Möglichkeiten (siehe Abschn. 222) verstanden, bei denen Zuwender eine versprochene Zuwendung nicht zuwenden zu müssen oder eine bereits zugewendete Zuwendung zurückverlangen können.

Nutzenabflusses (Passiva) und eines verminderten Nutzenzuflusses (Aktiva) von hervorgehobener Bedeutung sind.

Eine **Schuld** ist definiert als eine *gegenwärtige Verpflichtung*, die aus Ereignissen der *Vergangenheit* resultiert und für deren Erfüllung das Unternehmen einen *Abfluss* von Ressourcen mit wirtschaftlichem Nutzen erwartet (CF.4.4 (b)). Das wesentliche Charakteristikum einer Schuld ist das Bestehen einer **gegenwärtigen Verpflichtung** (CF.4.15).[403] Wie auch bei den Aktiva können Verpflichtungen unbedingt oder bedingt sein (siehe Abbildung 4-2).[404] Entscheidend bei *bedingten* Verpflichtungen ist, ob es sich lediglich um mögliche Verpflichtungen handelt (Fall 1 in Abbildung 4-2) oder sie die Organisation bereits gegenwärtig binden (Fall 2 in Abbildung 4-2).

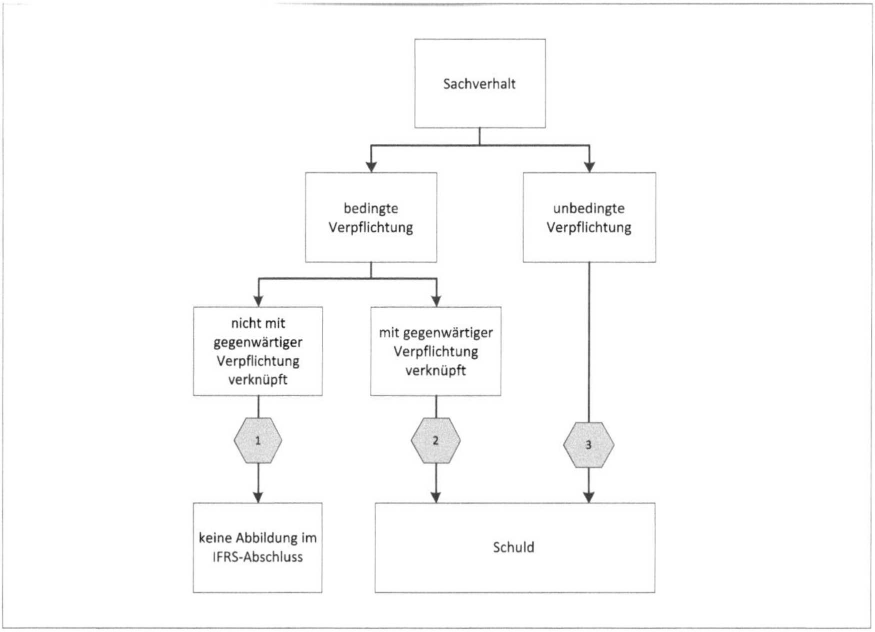

Abbildung 4-2: Verpflichtungen und ihre Abbildung als Schulden im IFRS-Abschluss[405]

Besteht eine *gegenwärtige* Verpflichtung, so kann sie rechtlicher oder faktischer Natur sein. Die rechtlichen Verpflichtungen können weiter in vertragliche und gesetzliche Verpflichtungen unter-

403 Vgl. BAETGE, J./KIRSCH, H.-J./THIELE, S., Bilanzen, S. 182; HACHMEISTER, D., Verbindlichkeiten, S. 3.
404 Siehe Abschn. 421.11.
405 In Anlehnung an WÜNSCHE, B., Verbindlichkeitsrückstellungen, S. 126.

teilt werden. Durch mögliche Verursachungsgründe und mögliche **Verpflichtungsarten** ergibt sich eine Matrix zu untersuchender, möglicherweise mit einer Zuwendung zugehender Schulden (siehe Abbildung 4-3). Die Nummern in der Matrix von Abbildung 4-3 stehen für den Unterabschnitt des Abschnitts 421.21, in dem der entsprechende Fall analysiert wird.

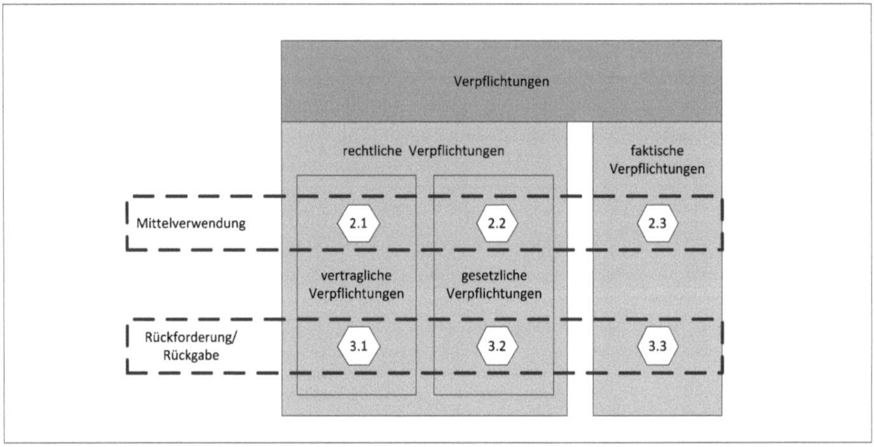

Abbildung 4-3: Mögliche Verpflichtungsarten aus einer Zuwendung ohne Gegenleistung

Auf die Art der Schuld (Verbindlichkeiten oder Rückstellungen), der aus den Zuwendungen ohne Gegenleistungen resultierenden Verpflichtungen, wird in Abschnitt 421.214 eingegangen.

421.212 Verpflichtungen der NPO zur Mittelverwendung

421.212.1 Vertragliche Verpflichtungen der NPO zur Mittelverwendung

Zunächst wird analysiert, ob mit einer Zuwendung ohne Gegenleistung einer NPO Schulden aus möglichen **Verpflichtungen zur Mittelverwendung** entstehen können. Als Erstes werden mögliche **vertragliche** Verpflichtungen untersucht.

Um zu prüfen, ob eine rechtliche Verpflichtung aus einem Vertrag vorliegt, ist zunächst ein Vertrag zu definieren. Ein **Vertrag** ist in IAS 32.13 definiert als eine Vereinbarung zwischen mindestens zwei Vertragsparteien, die üblicherweise aufgrund ihrer rechtlichen Durchsetzbarkeit für die einzelnen Parteien kaum oder gar nicht vermeidbare wirtschaftliche Folgen hat. Verträge müssen nicht in Schriftform abgefasst sein (IAS 32.13).

Eine rechtliche Verpflichtung zur Mittelverwendung aus einem Vertrag könnte im Zugangszeitpunkt der Zuwendung ohne Gegenleistung aus **Nebenabreden des Schenkungsvertrages** entstanden sein. Nebenabreden des Schenkungsvertrages könnten die *Satzung* der NPO, die deutsche *Abgabenordnung* oder explizit vereinbarte *Auflagen* sein.[406]

Die **Satzung** der NPO oder die deutsche **Abgabenordnung** könnten eine NPO zur Mittelverwendung verpflichten.[407] Das vergangene Ereignis, aus dem eine gegenwärtige Verpflichtung entstehen könnte, wäre dann der Schenkungsvertrag. Sind die Satzung bzw. Abgabenordnung indes nicht explizit Vertragsbestandteil geworden, so sind sie keine einklagbaren Nebenabreden des Vertrages.[408] Aus diesem Grund liegt i. d. R. weder aus der Satzung noch aus der Abgabenordnung eine vertragliche Verpflichtung zur Mittelverwendung vor.

Wurden dagegen explizit durch den Zuwender vereinbarte **Auflagen** in den Schenkungsvertrag (Schenkung unter Auflage) aufgenommen, so ist die Auflage Vertragsbestandteil geworden.[409] Die Verpflichtung resultiert dann aus dem *vergangenen Ereignis* des Schenkungsvertrages, dessen Rechtsfolgen die Organisation sich *gegenwärtig* nicht entziehen kann. Somit besteht eine rechtliche Verpflichtung zur Mittelverwendung aus einer explizit in den Schenkungsvertrag aufgenommenen Auflage. Es kann erwartet werden, dass durch den Einsatz der Zuwendung ohne Gegenleistung im Rahmen der Auflagenerfüllung *Nutzen abfließen* wird. Nutzen fließt insofern ab, dass das Nutzenpotenzial aus den eingesetzten Ressourcen der NPO nicht weiter zur Verfügung steht.

Zusammenfassend ist festzuhalten, dass wenn eine Schenkung unter Auflagen vereinbart wurde, mit der Zuwendung ohne Gegenleistung eine Schuld aus einer vertraglichen Verpflichtung entsteht. In anderen Fällen entsteht i. d. R. mit einer Zuwendung ohne Gegenleistung keine vertragliche Verpflichtung zur Mittelverwendung.

421.212.2 Gesetzliche Verpflichtungen der NPO zur Mittelverwendung

Aus der Zuwendung ohne Gegenleistung könnten auch rechtliche Verpflichtungen zur Mittelverwendung direkt aus einem **Gesetz** entstehen. Als Gesetze, die u. U. eine rechtlich durchsetzbare Verpflichtung im Zeitpunkt der Zuwendung begründen könnten, kommen die *Abgabenordnung* oder das einschlägige *Gesellschafts-* oder *Stiftungsrecht*, dem die NPO unterliegt, infrage. Das *vergangene* und auslösende *Ereignis* wäre dann die Zuwendung.

In Deutschland erhalten gemeinnützige Organisationen Steuererleichterungen, wenn sie per Satzung ausschließlich und unmittelbar gemeinnützige, mildtätige oder kirchliche Zwecke verfolgen.[410] Die

[406] Siehe dazu Abschn. 222.
[407] Siehe dazu Abschn. 222.5.
[408] Siehe dazu Abschn. 222.2.
[409] Siehe dazu Abschn. 222.2.
[410] Siehe zur Abgabenordnung auch ausführlicher Abschn. 222.5.

zeitnahe Mittelverwendung für gemeinnützige Zwecke ist des Weiteren eine wichtige, unterjährig einzuhaltende Vorgabe für NPOs durch die Abgabenordnung. Verstößt eine Organisation, die den Vorschriften der Abgabenordnung unterliegt, gegen diese Vorgaben, so kann dies u. a. zu einer rückwirkenden Nachversteuerung führen.[411] Es könnte daher angenommen werden, dass Vorschriften der **Abgabenordnung** eine rechtliche Verpflichtung zur Mittelverwendung begründen. Einer gemeinnützigen Organisation werden die Steuerbefreiungen von Gesetzes wegen eingeräumt und nicht nur per Antrag gewährt. Erfüllen die Tätigkeiten sowie die Satzung der Organisation demnach die Voraussetzungen der §§ 51-68 AO, wie dass per Satzung ausschließlich und unmittelbar gemeinnützige, mildtätige oder kirchliche Zwecke verfolgt werden, so ist die Abgabenordnung auch auf sie anzuwenden. Will eine NPO dagegen *nicht* der Abgabenordnung unterliegen, so kann sie bewusst darauf verzichten, die formalen Anforderungen der Abgabenordnung an die Satzung zu erfüllen.[412] Dadurch, dass die NPO die Anforderungen der Abgabenordnung nicht erfüllt, kann sich die NPO daher einer gegenwärtigen Verpflichtung entziehen. Da dann keine unentziehbare gegenwärtige Verpflichtung für die NPO besteht, entsteht mit der Zuwendung auch keine rechtliche Verpflichtung zur Mittelverwendung basierend auf der Abgabenordnung.

Das **Gesellschafts-** sowie **Stiftungsrecht** schreiben keine grundsätzliche Verwendungsverpflichtung der vereinnahmten Mittel vor. Die Organisationen geben sich ihr Organisationsziel sowie ihre Satzung selbst.[413] Eine daraus ggf. resultierende Verwendungsverpflichtung würde dann im Innenverhältnis entstehen. Eine Schuld i. S. d. CF.4.15 ist nach IFRS hingegen nur bei einer Außenverpflichtung anzusetzen. Allgemein aus dem Gesellschafts- oder Stiftungsrecht liegt hingegen keine rechtliche Verpflichtung vor.

Zusammenfassend entsteht eine Verpflichtung zur Mittelverwendung im Fall einer Zuwendung ohne Gegenleistung nicht aufgrund eines Gesetzes.

421.212.3 Faktische Verpflichtungen der NPO zur Mittelverwendung

Aufgrund der in den IFRS geforderten wirtschaftlichen Betrachtungsweise sind nicht nur rechtlich durchsetzbare Verpflichtungen passivierungspflichtig.[414] Die wirtschaftlichen Auswirkungen eines Sachverhaltes können auch zu **faktischen** Verpflichtungen führen. Bei faktischen Verpflichtungen soll die Unentziehbarkeit einer gegenwärtigen Verpflichtung durch die Kriterien des üblichen Handelns bzw. der spezifischen Aussage gegenüber Dritten und der gerechtfertigten Erwartung Dritter konkretisiert werden.[415]

---

411 Siehe zur Abgabenordnung auch ausführlicher Abschn. 222.5.

412 Siehe zur Abgabenordnung auch ausführlicher Abschn. 222.5.

413 Vgl. VAN RANDENBORGH, L., in: HB Gemeinnützigkeit, 3. Aufl., § 2, Rn. 26; SCHAUHOFF, S., in: HB Gemeinnützigkeit, 3. Aufl., § 3, Rn. 57; VAN RANDENBORGH, L., in: HB Gemeinnützigkeit, 3. Aufl., § 4, Rn. 18-22.

414 Vgl. HEBESTREIT, G./SCHRIMPF-DÖRGES, C. E., in: Beck'sches IFRS HB, 3. Aufl., § 13, Rn. 39.

415 Vgl. WÜNSCHE, B., Verbindlichkeitsrückstellungen, S. 77. Die Analyse, ob eine faktische Verpflichtung vorliegt, soll in den Fußnoten durch ein Beispiel für eine faktische Verpflichtung aus den Anwendungsleitlinien des

Das *vergangene Ereignis*, das bei Zuwendungen ohne Gegenleistungen zu einer Verpflichtung führen könnte, ist die Zuwendung selbst, da sie unter der Erwartung der Mittelverwendung für die Zwecke der NPO gewährt wird.[416] Das *übliche Geschäftsgebaren* einer NPO ist die Ausgabe der eingenommenen Mittel für ihre satzungsmäßigen Zwecke. Dies kündigt die NPO öffentlich in dem Sinne an, dass der Organisationszweck nach außen kommuniziert wird, um Mittel einzuwerben. Die Kommunikation nach außen bezieht sich auf Dritte, in diesem Fall auf die potenziellen Spender. Die andere Partei kann in diesem Zusammenhang auch die Öffentlichkeit insgesamt sein (IAS 37.20). Mit dieser Außenkommunikation weckt die NPO *gerechtfertigte Erwartungen* bei Dritten, den Spendern, dass auch in Zukunft mit den zugewendeten Mitteln die Zwecke der NPO verfolgt werden. Diesen gerechtfertigten Erwartungen steht dann nichts entgegen, wenn kein den Erwartungen gegenteiliges Verhalten aus der Vergangenheit besteht.[417] Die NPO kann sich den Erwartungen der Spender dann nicht mehr sanktionslos entziehen.[418] Dies resultiert daraus, dass die NPO nachteilige wirtschaftliche Entwicklungen zu befürchten hat, wenn sie die zugewendeten Mittel nicht (innerhalb der Zwecke der NPO) verwenden würde. Es würde mit hoher Wahrscheinlichkeit ein erheblicher Reputationsverlust und daraus ein wirtschaftlicher Schaden entstehen.[419] Daher liegt im Fall der Mittelverwendung durch die NPO ab dem Zugang der Zuwendung eine (faktische) Verpflichtung zur Mittelverwendung für die Zwecke der NPO vor.[420]

Zusammenfassend entsteht i. d. R. mit einer Zuwendung ohne Gegenleistung eine Schuld aus einer faktischen Verpflichtung zur Mittelverwendung, sofern nicht bereits eine vertragliche Mittelverwendungsverpflichtung besteht.[421]

IAS 37 begleitet werden: In Beispiel 2B verursacht ein Unternehmen der Erdölindustrie kontaminierten Boden. Es ist in einem Land tätig, das keine Umweltgesetze hat. Das Unternehmen hat eine allgemein bekannte Umweltrichtlinie, in der es sich verpflichtet, die von ihm verursachten Kontaminierungen zu beseitigen und hat ein solches Verhalten auch in der Vergangenheit befolgt.

416 Im Fall des Unternehmens der Erdölindustrie ist das vergangene Ereignis, das eine Verpflichtung auslöst, die Kontaminierung des Bodens (IAS 37 Beispiel 2B).

417 Das Unternehmen der Erdölindustrie hat eine Umweltrichtlinie, die in der Öffentlichkeit bekannt ist und das Verhalten des Unternehmens hat bei den Betroffenen eine gerechtfertigte Erwartung geweckt, dass es die Kontaminierung des Bodens beseitigen wird (IAS 37 Beispiel 2B).

418 Das Unternehmen der Erdölindustrie kann sich den Erwartungen der Betroffenen nicht sanktionslos entziehen. Vgl. HOFFMANN, W.-D., in: Haufe IFRS, 10. Aufl., § 21, Rn. 23. Es besteht daher für das Unternehmen eine gegenwärtige Verpflichtung im Fall des kontaminierten Bodens (IAS 37 Beispiel 2B).

419 Dies ist auch die Argumentation bei Gewährleistungsrückstellungen. Für einen empirischen Zusammenhang von Spenden und Effizienz der Organisation mit der Konsequenz, dass sich Spender von ineffizienten Organisationen abwenden vgl. TINKELMAN, D., Relation Between Donations and Efficiency. Vgl. auch zur empirischen Bestätigung der Bedeutung von Effizienz in NPOs für Spender HYNDMAN, N., Charity Accounting, S. 303-304; HYNDMAN, N., Charities, S. 75-77.

420 Es besteht auch für das Unternehmen der Erdölindustrie eine faktische Verpflichtung im Fall des kontaminierten Bodens (IAS 37 Beispiel 2B).

421 Vgl. für ein systematisch ähnliches Ergebnis, aber einen Ansatz als Sonderposten nach HGB HFA DES IDW, IDW RS HFA 21, Tz. 17. BUSSE begründet das Nicht-Vorliegen einer Schuld damit, dass es an einer Rückzahlungsverpflichtung fehle. Vgl. BUSSE, J. S., Rechnungslegung spendensammelnder Organisationen, S. 166.

421.213 Verpflichtungen der NPO aus Rückforderungsmöglichkeiten der Zuwender

421.213.1 Vertragliche Verpflichtungen der NPO zur Rückgabe

Nach möglichen Verpflichtungen zur Mittelverwendung durch die NPO sollen nun Verpflichtungen aus **Rückforderungsmöglichkeiten** der Zuwender untersucht werden.[422] Unter den Begriffen Rückforderung(-smöglichkeiten) der Zuwender und Rückgabe durch die NPO werden im Folgenden alle rechtlichen Möglichkeiten[423] verstanden, bei denen Zuwender versprochene Zuwendungen nicht zuwenden müssen oder bereits zugewendete Zuwendungen zurückverlangen können. Zunächst wird untersucht, ob solche Verpflichtungen auf vertraglicher Basis bei Zuwendungen ohne Gegenleistungen entstehen können.

Soll ein Zuwender **vertragliche** Rückforderungsrechte haben, so müssen diese explizit vertraglich vereinbart werden. Bei den Rückforderungsmöglichkeiten handelt es sich dann um bedingte Verpflichtungen,[424] wenn bei Vertragsschluss vereinbart wurde, dass bei Eintreten bestimmter Ereignisse ein Rückforderungsrecht besteht. Die Rückgabeverpflichtung wird dabei erst dann vollständig wirksam, wenn die vereinbarte Bedingung eintritt. Eine solche bedingte Verpflichtung aus Rückforderungsmöglichkeiten muss bereits im Zeitpunkt des Vertragsschlusses mit einer *gegenwärtigen Verpflichtung* verknüpft sein, damit sie als Schuld zu passivieren ist. Eine gegenwärtige Verpflichtung liegt im Zeitpunkt des Vertragsschlusses nur dann vor, wenn sich die NPO dieser Verpflichtung nicht entziehen kann (IAS 37.17).[425] Die NPO ist im Fall einer vertraglichen Vereinbarung über Rückforderungsrechte an die Pflichten aus dem Vertrag gegenwärtig gebunden.[426] Das verpflichtende Ereignis ist in einem solchen Fall der vereinbarte Schenkungsvertrag, der zu einer rechtlichen Verpflichtung aus seiner bindenden Wirkung führt.[427] Aus dem *vergangenen* Ereignis des Schenkungsvertrages kann *Nutzen* in Form der Rückgabe der Zuwendung *abfließen*; eine Schuld i. S. d. CF.4.4 (b) liegt vor.

422 Wie die Verpflichtungen zur Mittelverwendung und zur Rückgabe im Verhältnis zueinander stehen und welche bilanzielle Auswirkungen sich daraus ergeben, wird in Abschn. 423.2 analysiert.

423 Siehe Abschn. 222.

424 Vgl. ZÜLCH, H./ERDMANN, M.-K./DETZEN, D., in: Reuther/Hard IFRS, Rückstellungen, Rn. 7.

425 Vgl. HEBESTREIT, G./SCHRIMPF-DÖRGES, C. E., in: Beck'sches IFRS HB, 3. Aufl., § 13, Rn. 36.

426 Ein Vertrag hat gemäß IAS 32.13 normalerweise aufgrund seiner rechtlichen Durchsetzbarkeit klare, für die einzelnen Vertragsparteien kaum oder gar nicht vermeidbare wirtschaftliche Folgen.

427 Auch der Zeitpunkt der Übernahme einer Bürgschaft ist das verpflichtende Ereignis (IAS 37.IG Beispiel 9). Ebenso ist in Beispiel 4 der Implementation Guidance des IAS 37 zu Rückgaberechten der Verkauf eines Produktes das verpflichtende Ereignis für eine Rückgabeverpflichtung. Kann die NPO allerdings die Rückforderungsmöglichkeiten (vollständig) beeinflussen und hat aufgrund dessen die Möglichkeit sich durch ihr Verhalten der Verpflichtung zu entziehen, liegt noch keine unentziehbare Verpflichtung vor. Vgl. WÜNSCHE, B., Verbindlichkeitsrückstellungen, S. 71. Die Rückforderungsmöglichkeit aufgrund eines Fehlverhaltens wird in einem solchen Fall nur dann zu einer unentziehbaren Verpflichtung, wenn ein tatsächlicher Verstoß vorliegt und von einer Durchsetzung der Verpflichtung ausgegangen werden kann. Vgl. HOFFMANN, W.-D., in: Haufe IFRS, 10. Aufl., § 21, Rn. 73.

Zusammenfassend entsteht im Zeitpunkt des Vertragsschlusses aus einer Zuwendung ohne Gegenleistung nur dann eine Schuld in Form einer vertraglichen Verpflichtung aus Rückforderungsmöglichkeiten des Zuwenders, wenn auch vertraglich *explizit* ein entsprechendes, unentziehbares Rückforderungsrecht vereinbart wurde.

421.213.2 Gesetzliche Verpflichtungen der NPO zur Rückgabe

Neben vertraglichen Verpflichtungen aus Rückforderungsmöglichkeiten des Zuwenders könnten auch Verpflichtungen aus **gesetzlichen** Rückforderungsmöglichkeiten aus einer Zuwendung ohne Gegenleistung resultieren.

Das Ereignis der *Vergangenheit* ist der Schenkungsvertrag und der *Nutzenabfluss* kann aus der Rückgabe resultieren. Fraglich ist allerdings, ob aus dem Ereignis des Schenkungsvertrages *gegenwärtige* Verpflichtungen auf gesetzlicher Basis im Zeitpunkt des Vertragsschlusses entstehen können. Gesetzlich bestehen grundsätzlich verschiedene Anspruchsgrundlagen, aufgrund derer die Zuwendung durch den Zuwender zurückgefordert werden kann.[428] Bei allgemeinen Rückforderungs-, Rücktritts- oder Widerrufsrechten des Zuwenders aus dem Gesetz, die sich nicht auf das Verhalten der NPO stützen, kann sich die NPO nicht den sich aus den Gesetzen ergebenden Verpflichtungen entziehen.[429] Es gibt keine Möglichkeit, dass das entsprechende Gesetz nicht auf die NPO anzuwenden ist.[430] Kann die NPO sich dagegen durch ihr Verhalten der Verpflichtung entziehen, so besteht hingegen bei Vertragsschluss noch keine Verpflichtung. Ob für eine konkrete Schenkung eine gesetzliche Rückforderungsmöglichkeit besteht, die auch zu passivieren ist, ist für jeden Sachverhalt einzeln zu beurteilen. Gesetzliche Rückforderungsrechte des Zuwenders bestehen z. B. bei einer Schenkung unter Auflage für den Fall, dass die Auflage nicht erfüllt wird bzw. werden kann.

Zusammenfassend ist festzuhalten, dass, wenn eine Zuwendung ohne Gegenleistung bereits übergeben wurde und eine NPO sich einer Verpflichtung aufgrund einer gesetzlichen Rückforderungsmöglichkeit durch den Zuwender nicht entziehen kann, eine gesetzliche Verpflichtung entsteht.

421.213.3 Faktische Verpflichtungen der NPO zur Rückgabe

Es ist des Weiteren zu prüfen, ob aus einer Zuwendung ohne Gegenleistung auch eine **faktische** Verpflichtung aus einer Rückforderungsmöglichkeit der Zuwender resultieren kann. Für faktische Verpflichtungen wird hierzu die Unentziehbarkeit der gegenwärtigen Verpflichtung durch die Kriterien des üblichen Geschäftsgebarens und der gerechtfertigten Erwartung Dritter konkretisiert.[431]

Das *vergangene Ereignis* als Ursache einer gegenwärtigen faktischen Verpflichtung aus einer Rückforderungsmöglichkeit kann die Zuwendung sein. Das *übliche Geschäftsgebaren* einer NPO muss,

---

428 Siehe dazu ausführlicher Abschn. 222.2.
429 Vgl. WÜNSCHE, B., Verbindlichkeitsrückstellungen, S. 71.
430 Vgl. WÜNSCHE, B., Verbindlichkeitsrückstellungen, S. 71.
431 Vgl. WÜNSCHE, B., Verbindlichkeitsrückstellungen, S. 77.

damit eine faktische Verpflichtung vorliegt, die Rückgabe von Zuwendungen oder Äquivalenten für diese sein. Allerdings ist es im Regelfall nicht das übliche Geschäftsgebaren einer NPO, Zuwendungen auf nicht rechtlicher Basis an die Zuwender zurückzugewähren. Des Weiteren würde ein solches Verhalten im Regelfall nicht öffentlich verlautbart und daher keine *gerechtfertigten Erwartungen* bei anderen Zuwendern wecken.

Zusammenfassend bestehen bei einer Zuwendung ohne Gegenleistung im Regelfall *keine* faktischen Rückforderungsmöglichkeiten des Zuwenders, die als Schuld zu passivieren wären.

421.214 Art der Schuld

Nachdem die möglichen Verpflichtungen, die mit Zuwendungen ohne Gegenleistungen zusammen entstehen können, untersucht wurden, soll nun bestimmt werden, ob es sich bei den entstehenden Verpflichtungen um Verbindlichkeiten oder Rückstellungen handelt.

Verpflichtungen zur **Mittelverwendung** sind im Regelfall bzgl. ihrer Fälligkeit unsicher, da der Zeitpunkt der Mittelverwendung bei der Passivierung noch nicht feststeht. Da es sich bei unsicherer Höhe und/oder Fälligkeit um eine Rückstellung handelt (IAS 37.10), liegt bei Verpflichtungen zur Mittelverwendung im Regelfall eine *Rückstellung* vor.[432]

Ob es sich bei den entstehenden Verpflichtungen für eine mögliche **Rückgabe** um Verbindlichkeiten oder Rückstellungen handelt, ist anhand des Grades der Konkretisierung der Rückforderung zu bestimmen. Erst wenn Höhe und Fälligkeit sicher sind, handelt es sich um eine Verbindlichkeit (IAS 37.10).[433] Dies wird i. d. R. erst der Fall sein, wenn eine Zuwendung konkret zurückgefordert wird.

421.22 Ansatzkriterien und Verhältnis der Verpflichtungsarten Mittelverwendung und Rückgabe von Zuwendungen zueinander

Die **Ansatzkriterien** für Schulden setzen voraus, dass es *wahrscheinlich* ist, dass ein mit dem Sachverhalt verbundener künftiger wirtschaftlicher Nutzen abfließen wird und der Wert des Sachverhaltes *verlässlich bewertet* werden kann (CF.4.38). Die Bewertung der Schulden wird in Abschnitt 422 ausführlicher analysiert. Daher soll in diesem Abschnitt primär das Kriterium des wahrscheinlichen Nutzenabflusses untersucht werden.

---

432 Im Gegensatz zum HGB handelt es sich nach IFRS auch dann um eine Rückstellung und nicht um eine Verbindlichkeit, wenn nur die Fälligkeit unsicher ist. Vgl. SCHRUFF, L., in: Ballwieser Rechnungslegung, 3. Aufl., Liabilities, S. 1500; WÜNSCHE, B., Verbindlichkeitsrückstellungen, S. 46.

433 Nach deutschem Bilanzrecht besteht eine Verbindlichkeit dann, wenn Bestehen und Höhe gewiss sind. Es können demnach Unterschiede zwischen IFRS und HGB bzgl. des Ausweises einer Schuld als Verbindlichkeit bestehen. Vgl. BAETGE, J./KIRSCH, H.-J./THIELE, S., Bilanzen, S. 379; SCHRUFF, L., in: Ballwieser Rechnungslegung, 3. Aufl., Liabilities, S. 1500.

Die **Wahrscheinlichkeit** des **Nutzenabflusses** aus der Zuwendung **insgesamt** setzt sich aus den aus der Zuwendung resultierenden Verpflichtungen zusammen. Dieser Nutzenabfluss kann aus der Mittelverwendungs- oder Rückgabeverpflichtung resultieren. Die Gründe des Nutzenabflusses sind komplementär: entweder Mittelverwendung oder Rückgabe. Eine Geldeinheit kann nicht gleichzeitig für die Zwecke der NPO verwendet *und* dem Zuwender zurückgegeben werden. Im Ergebnis kann die Wahrscheinlichkeit des Nutzenabflusses der unterschiedlichen Verpflichtungen aus einer Zuwendung zusammen nicht mehr als 100 % betragen.

Bei der Verpflichtung zur **Mittelverwendung** und für eine mögliche **Rückforderung** bzw. Rückgabe handelt es sich um unterschiedliche Möglichkeiten, die aus der Zuwendung resultierend die Verwendungsrichtungen der Mittel beschreiben. Eine Unterscheidung zwischen den zwei Verpflichtungsarten ist von Bedeutung, da im Fall der Rückgabe die Mittel nicht für die Zwecke der NPO verwendet werden können und daher nicht zu den noch zu verwendenden Mitteln für die Zwecke der NPO zählen.

Grundsatzlich ist die Wahrscheinlichkeit des **Nutzenabflusses** für jede **Verpflichtung einzeln** und nicht pro Gruppe von Verpflichtungen zu prüfen.[434] Unter bestimmten Voraussetzungen können Verpflichtungen indes auch zusammen auf einen wahrscheinlichen Nutzenabfluss als Gruppe zu untersuchen sein. Dies ist der Fall, wenn es sich um eine *Vielzahl ähnlicher* Verpflichtungen handelt. Dann bestimmt sich die Wahrscheinlichkeit des Nutzenabflusses aus der Gruppe der Verpflichtungen als Ganzes (IAS 37.24).[435] Solche **Sammelverpflichtungen** sind vor allem dann zusammen anzusetzen (und später als Einheit zu bewerten), wenn die Verpflichtungen ausreichend gleichartig sind und in ausreichendem Umfang vorhanden sind.[436] Diese *Unterscheidung* zwischen Einzel- und Sammelverpflichtung ist von *Bedeutung*, da Verpflichtungen, die Bestandteil von Sammelverpflichtungen sind, einzeln betrachtet eine geringe Wahrscheinlichkeit des Nutzenabflusses aufweisen können (IAS 37.24) und trotzdem, aufgrund der Betrachtung der Gruppe als Ganzes, zu einem Ansatz führen.[437] Für Einzelverpflichtungen muss hingegen mindestens ein wahrscheinlicher Nutzenabfluss erwartet werden, damit sie zu passivieren sind.

Die zwei Verpflichtungsarten, **Mittelverwendung und Rückgabe**, sind nicht (ausreichend) gleichartig, da sie u. a. unterschiedliche Gruppen von Empfängern haben. Aus diesem Grund sind sie

---

434 Vgl. HACHMEISTER, D., Verbindlichkeiten, S. 128.

435 Vgl. HACHMEISTER, D., Verbindlichkeiten, S. 124.

436 Siehe dazu ausführlicher Abschn. 312.23. Der Wahrscheinlichkeitsbegriff ist für Ansatz und Bewertung innerhalb der IFRS einheitlich auszulegen. Vgl. HEBESTREIT, G./SCHRIMPF-DÖRGES, C. E., in: Beck'sches IFRS HB, 3. Aufl., § 13, Rn. 26.

437 Vgl. VON KEITZ, I./WOLLMERT, P./OSER, P./WADER, D., in: Baetge u. a., Rechnungslegung nach IFRS, 2. Aufl., IAS 37, Rn. 45. Der Ansatz auf Basis eines wahrscheinlichen Nutzenabflusses aus der Gesamtheit der Verpflichtungsgruppe spiegelt sich später auch in der Bewertung wider, bei der anstelle einer Einzelbetrachtung (wahrscheinlicher Garantiefall: ja/nein) auf Basis der Gesamtheit der Garantieverpflichtungen pauschaliert der Wert der wahrscheinlichen Garantiefälle bewertet wird. Vgl. VON KEITZ, I./WOLLMERT, P./OSER, P./WADER, D., in: Baetge u. a., Rechnungslegung nach IFRS, 2. Aufl., IAS 37, Rn. 121.

nicht zusammen auf einen Ansatz im Sinne einer Bewertungseinheit zu untersuchen.[438] Daher wird nun geprüft, ob *innerhalb* der zwei Verpflichtungsarten (Mittelverwendung oder Rückgabe) Gruppen für einen Ansatz zu bilden sind. Zunächst werden Gruppen innerhalb der Verpflichtungen aus Rückforderungsmöglichkeiten der Zuwender untersucht.[439] **Rückforderungsmöglichkeiten** der Zuwender können grundsätzlich auf gesetzlicher, vertraglicher oder faktischer Basis bestehen.[440]

Rückforderungsmöglichkeiten auf *gesetzlicher* Basis bestehen im Fall einer Schenkung unter *Auflage* dann, wenn eine Auflage nicht erfüllt wird bzw. werden kann. Schenkungen unter Auflagen müssen jedoch gesondert, aufgrund der Einigung über die Auflage, vereinbart werden.[441] Daher werden Schenkungen unter Auflagen und damit gesetzliche Rückforderungsmöglichkeiten aus ihnen im Regelfall nicht eine hohe Zahl bilden. Die Voraussetzung einer Vielzahl ähnlicher Verpflichtungen ist damit nicht erfüllt. Bei Schenkungen an NPOs, die keinen Auflagen unterliegen, werden nur in seltenen Ausnahmefällen die *gesetzlichen* Anspruchsgrundlagen für eine Rückforderung erfüllt.[442] Daher werden solche Verpflichtungen im Regelfall auch nicht in einer ausreichenden Zahl an Verpflichtungen bestehen, sodass das Kriterium der Vielzahl ähnlicher Verpflichtungen für diese Verpflichtungen ebenfalls nicht erfüllt ist.

Vertraglich vereinbarte Rückforderungsmöglichkeiten sind einzelfallbasierte Vereinbarungen zwischen NPO und Zuwender. Daher erfüllen sie ebenfalls nicht das Kriterium der Vielzahl ähnlicher Geschäftsvorfälle. Erst wenn die NPO z. B. allen Zuwendern zusätzliche und gleiche Rücktrittsrechte einräumen würde, wäre das Kriterium hier erfüllt.

Auch *faktischen* Verpflichtungen aus Rückforderungsmöglichkeiten der Zuwender könnten das Kriterium der Vielzahl ähnlicher Verpflichtungen nur basierend auf einem besonderen, entsprechend etablierten Rückgabeverhalten der NPO erfüllen.[443]

Zusammenfassend ist demnach für Rückgabeverpflichtungen der NPO das Ansatzkriterium des wahrscheinlichen Nutzenabflusses für die Gruppe der Verpflichtungen als Ganzes i. S. d. IAS 37.24 weder für Teile noch für die gesamte Verpflichtungsart zu betrachten. Die Rückgabeverpflichtungen sind daher einzeln auf einen wahrscheinlichen Nutzenabfluss zu untersuchen.

---

438 Vgl. auch zur Bewertungseinheit von Rückstellungen NAUMANN, K.-P., Rückstellungen, S. 221-230.

439 Siehe ausführlicher zu den Voraussetzungen Abschn. 312.23.

440 Siehe Abschn. 421.213.

441 Siehe dazu ausführlicher Abschn. 222.2.

442 Zum Beispiel bei einem (wesentlichen) Notbedarf des Zuwenders. Siehe dazu ausführlicher Abschn. 222.1 und 222.2.

443 Ein solches besonderes, entsprechend etabliertes Rückgabeverhalten wäre eines wie in Beispiel 4 in IAS 37.IG. Beispiel 4 behandelt Rückgaberechte, die zu faktischen Verpflichtungen führen. Diese resultieren aus einem *grundsätzlichen* Rückgaberecht für unzufriedene Kunden. Das Rückgaberecht ist allgemein bekannt und von ihm wird Gebrauch gemacht. Die Ansatzkriterien einer Rückstellung werden erfüllt, da es sich um eine Vielzahl ähnlicher Verpflichtungen i. S. d. IAS 37.24 handelt.

Zu prüfen ist nun, wie sich diese Erkenntnisse auf die Verpflichtungen zur **Mittelverwendung** auswirken. Mittelverwendungsverpflichtungen können auf vertraglicher oder faktischer Grundlage bestehen.[444]

Bei *vertraglich* vereinbarten Mittelverwendungsverpflichtungen handelt es sich im Regelfall für NPOs, wie bereits bei den Rückforderungsmöglichkeiten aus Schenkungen unter Auflagen erläutert, um Einzelverpflichtungen aufgrund ihrer gesonderten Vereinbarung mit dem Zuwender. Das Kriterium der Vielzahl ist daher auch für solche Verpflichtungen nicht erfüllt.

Die *faktischen* Verwendungsverpflichtungen bestehen in allen anderen Fällen. Diesen Verpflichtungen ist besonders, dass sie aus Zuwendungen resultieren, die – sofern sie nicht wahrscheinlich zurückzugeben sind – für die Zwecke der NPO zu verwenden sind. Eine gemeinsame statistische Berechnung der Wahrscheinlichkeit des Nutzenabflusses aus Verpflichtungen zur Mittelverwendung (und später auch der Bewertung) würde missachten, dass die gerade nicht statistisch valide ermittelbaren Rückforderungsmöglichkeiten der wesentliche Einflussfaktor der Berechnungen für den Nutzenabfluss aus Mittelverwendungsverpflichtungen wären: Unter der Annahme, dass 1 % (statistisch ermittelbar) zurückgefordert würde, wären 99 % für die Zwecke der NPO zu verwenden. Die 1 % wären insofern für die 99 % bestimmend, als dass ihre Veränderung auf z. B. 2 % Rückforderungswahrscheinlichkeit die Mittelverwendung nur noch 98 % wahrscheinlich machen würde. Aus diesem Grund sollten auch die Verpflichtungen zur Mittelverwendung einzeln bzgl. eines wahrscheinlichen Nutzenabflusses und daher einer Passivierung untersucht werden.

Zusammenfassend sollte jede Verpflichtung einzeln auf einen wahrscheinlichen Nutzenabfluss geprüft werden. Genauso wie die zwei Verpflichtungsarten, zur Mittelverwendung und Rückgabe, gleichzeitig bestehen können, so können auch z. B. gleichzeitig Rückforderungsmöglichkeiten auf unterschiedlichen Anspruchsgrundlagen basieren. Obwohl somit viele gegenwärtige Verpflichtungen bestehen können, sind nur diejenigen für eine Passivierung relevant, die erwartungsgemäß zu einem wahrscheinlichen Nutzenabfluss führen werden. Im Regelfall wird eine Rückgabe der zugewendeten Mittel nur dann mindestens wahrscheinlich sein, wenn konkrete Anhaltspunkte für eine Rückforderung des Zuwenders vorliegen. In allen anderen Fällen wird regelmäßig nur die Unterscheidung zwischen einer freien oder gebundenen (Auflage) Mittelverwendungsverpflichtung zu treffen sein. Somit wird nur *eine* Verpflichtung aus einer Zuwendung ohne Gegenleistung zu passivieren sein.

Im Folgenden werden die wesentlichen Ergebnisse mit Bezug auf die Entscheidungsnützlichkeit zusammengefasst. Der Ansatz von Verpflichtungen zur Mittelverwendung gibt vor allem den Spendern Informationen über noch nicht verwendete Mittel. Der Ansatz von Verpflichtungen aus Rückforderungsmöglichkeiten ist für Spender insofern relevant, als dass sie erkennen können, in wel-

[444] Siehe Abschn. 421.212.

chem Umfang Mittel wahrscheinlich nicht für die Zwecke der NPO verwendet werden. Für die Gläubiger, aber auch die Spender, sind solche Verpflichtungen für Rückforderungen ebenfalls vor allem für den Fortbestand der Organisation relevant. Daher vermitteln der Ansatz der Verpflichtungen sowie die Unterscheidung der zwei Verpflichtungsarten entscheidungsnützliche Informationen.

422. Bewertung der Aktiva und Passiva

422.1 Wert des Vermögenswertes im Zugangszeitpunkt

Nachdem der Ansatz von Aktiva und Passiva aus dem Geschäftsvorfall bzw. Sachverhalt „Zuwendung ohne Gegenleistung" vor dem Hintergrund der allgemeinen Ansatzkriterien erarbeitet wurde, soll nun auf die Bewertung der entsprechenden Aktiva und Passiva eingegangen werden. Zunächst wird die Bewertung der Aktiva im *Zugangszeitpunkt* aus einer Zuwendung ohne Gegenleistung untersucht.

Die Bewertung der Aktiva im Zugangszeitpunkt muss den Adressaten relevante und glaubwürdig dargestellte Informationen vermitteln. Geht eine Zuwendung ohne Gegenleistung einer NPO zu, so zahlt die NPO **kein Entgelt** oder gibt einen anderen Vermögenswert dafür dem Zuwender i. S. v. (finanziellen oder materiellen) „Kosten" einer Anschaffung. Ein Ansatz von null aufgrund fehlender Kosten für die Anschaffung oder eines Erinnerungswertes, kann keine relevanten Informationen über den der NPO zugegangenen Wert liefern (CF.QC16). Sowohl die Spender als auch die Gläubiger können so nicht die wirtschaftliche Lage der Organisation beurteilen und relevante Informationen werden nicht vermittelt. Damit ein tatsächliches Bild der Vermögenslage vermittelt werden kann, ist daher der tatsächliche Wert der Zuwendung bzw. des Nutzenpotenzials, der bzw. das der NPO zugeht, relevant. Der Zugangswert des erhaltenen Vermögenswertes entspricht daher dem **Fair Value**.[445]

Vor allem im Fall von bedingten Zuwendungszusagen sind in die Bewertung umfassende Unsicherheiten bzgl. der Wahrscheinlichkeit und Höhe des Nutzenzuflusses einzubeziehen. Nur wenn für die Fair-Value-Bewertung nicht alle zum Verständnis der Bewertung benötigten Informationen gegeben sind, der Sachverhalt nicht klar dargestellt oder der korrespondierende Prozess zur Ermittlung Fehler enthält oder Verzerrungen bzgl. der Auswahl oder Darstellung der Informationen bestehen, führt die Fair-Value-Bewertung nicht zu **glaubwürdigen Informationen** (CF.QC13-QC15) und ein Ansatz unterbleibt.[446] Da die Kosten einer Bilanzierungsmaßnahme lediglich bei der Abwägung der qualitativen Anforderungen zu beachten sind (CF.QC35-QC39), den Fundamentalgrundsätzen also untergeordnet sind, kann ein Ansatz nicht aufgrund eines zu hohen Bewertungsaufwandes unterbleiben. Es kann nur in Ausnahmefällen eine verlässliche Bewertbarkeit nicht bestehen.[447]

---

445 Für die Bewertung zum Fair Value von Zuwendungen ohne Gegenleistungen vgl. FASB, SFAS 116, Tz. 8; KPMG INTERNATIONAL FINANCIAL REPORTING GROUP, Insights into IFRS, 8. Aufl., Rn. 5.7.70.30.

446 Siehe dazu Abschn. 311.

447 Vgl. WAWRZINEK, W., in: Beck'sches IFRS HB, 3. Aufl., § 2, Rn. 76.

422.2 Anwendung des Barwert-Konzeptes

Der Wert einer Barzuwendung kann ohne Einbezug von zu diskontierenden Cashflows ermittelt werden. Für Fälle, bei denen künftige Cashflows in die Bewertung einzubeziehen sind, ist das Barwert-Konzept von wesentlicher Bedeutung. Ob dieses sehr grundlegende Konzept auch bei NPOs angewendet werden kann, soll im Folgenden untersucht werden.[448] Die Frage, ob das Barwertkonzept auch bei NPOs angewendet werden kann, resultiert aus der Überlegung, dass bei gewinnorientierten Unternehmen über eine wirtschaftliche Betrachtungsweise gestundete Zahlungen als *Finanzierungsverhältnis* verstanden werden.[449]

Werden nicht explizit als verzinslich vereinbarte Forderungen bei gewinnorientierten Unternehmen abgezinst, unterliegt dies der Annahme, dass Kapital nicht unentgeltlich überlassen und Zahlungen nicht unentgeltlich gestundet werden. Denn Zins ist eine „Vergütung für die Möglichkeit des Gebrauchs eines Kapitals“[450]. Der Nennbetrag der Forderung enthält nach der Annahme einen verdeckten Zinsanteil als Entgelt für das Kreditgeschäft. Wird überlassendes Kapital nicht explizit als verzinslich vereinbart, wird also ein im Nominalbetrag enthaltener Zinsanteil angenommen und folglich eine Forderung zum Barwert bewertet.[451] Somit ist eine erforderliche Voraussetzung für die Annahme eines verdeckten Zinsanteils, dass Kapital für einen bestimmten Zeitraum überlassen wird.[452] Zu untersuchen ist, ob diese Annahme auch auf Zuwendungen ohne Gegenleistungen bei NPOs zutrifft. Bei gewinnorientierten Unternehmen liegt regelmäßig sowohl für das Grund- als auch für das Finanzierungsgeschäft eine Leistungs-Gegenleistungsbeziehung vor. Ein Recht der NPO aus dem Schenkungsvertrag auf die Zuwendung basiert hingegen gerade nicht auf einer Leistungs-Gegenleistungsbeziehung. Es handelt sich (z. B. im Fall einer Forderung aus einer Zuwendungszusage) wirtschaftlich nicht um durch die NPO überlassenes Kapital, aus dem Zinserträge vereinnahmt werden können (z. B. durch die Lieferung von Waren vor Erhalt der Zahlungsmittel). Aus der „Stundung“ der Forderung kann die NPO keine wirtschaftlichen Vorteile wie Zinsen ziehen.[453] Somit liegt kein Finanzierungsgeschäft vor.

Die Abzinsung von Forderungen aufgrund eines fehlenden Finanzierungsgeschäfts hingegen abzulehnen wäre nicht sachgerecht, da die Bewertung zum Barwert die Theorie des *Zeitwertes des Geldes* mit einschließt.[454] Diese Theorie besagt, dass eine Geldeinheit heute wertvoller empfunden wird als eine Geldeinheit in der Zukunft.[455] Dies resultiert aus dem Preis für die Opportunitätskosten des nicht zur Verfügung stehenden Geldes sowie aus dem Preis für die Unsicherheit bzgl. des Erhalts

448 Vgl. zu Barwerten in den IFRS Abschn. 312.21-312.22.
449 Vgl. KÜTING, K./KESSLER, H., Abzinsung, S. 724.
450 CANARIS, C.-W., Zinsbegriff, S. 1892.
451 Vgl. BAETGE, J./KIRSCH, H.-J./THIELE, S., Bilanzen, S. 323-324.
452 Vgl. KÜTING, K./KESSLER, H., Abzinsung, S. 724.
453 Vgl. UHLIG, A., Grundsätze ordnungsmäßiger Bilanzierung für Zuschüsse, S. 313.
454 Vgl. KÜMMEL, J., Fair Value-Ermittlung mit Barwertkalkülen, S. 176.
455 Vgl. PETERSON DRAKE, P./FABOZZI, F. J., Time Value of Money, S. 3.

künftiger Cashflows.[456] Das heißt, dass z. B. die Differenz zwischen Einbuchung einer Forderung und Erhalt der Zahlung aufgrund dessen, dass Zahlungsmittel nicht für eine Anlage zur Verfügung stehen und Unsicherheit bezüglich der künftigen Cashflows besteht, einen Wert, den Zeitwert des Geldes, hat. Dieses Konzept ist aufgrund seiner Allgemeingültigkeit auch bei NPOs anzuwenden. Die Nutzenzuflüsse z. B. einer Zuwendungszusage können daher, wie bei gewinnorientierten Unternehmen auch, im Rahmen der Fair-Value-Bewertung diskontiert werden.[457]

422.3 Bewertung der Passiva

Im Zeitpunkt des Zugangs stehen der Zuwendung ohne Gegenleistung Verpflichtungen gegenüber. Die Zuwendung ist entweder zu *verwenden* oder ggf. *zurückzugeben*. Der erwartete Ressourcenabfluss entspricht in Summe dem Wert der Zuwendung und der NPO werden daher keine Mittel verbleiben. Somit ergibt sich eine besondere Korrelation zwischen der Zuwendung und den durch die Zuwendung entstehenden Schulden. Besonders ist, dass die Zuwendung das „Maß" für die Schulden darstellt: Verliert die Zuwendung an Wert, so sinken in der Höhe des Wertverlustes der Zuwendung auch die gesamten Verpflichtungen aus der Zuwendung. Die Risiken und künftigen Ereignisse, die bei der Rückstellungsbewertung mit einzubeziehen sind, resultieren aus den Risiken und künftigen Ereignissen, die in die Zuwendungsbewertung mit einfließen. Dies hat seinen Grund darin, dass z. B. Risiken bzgl. des Nutzenzuflusses aus der Zuwendung (bspw. weniger Nutzenzufluss) gleichzeitig die Risiken des Nutzenabflusses aus der Rückstellung (dann auch weniger Nutzenabfluss) positiv beeinflussen. Der Wertansatz der Verpflichtung richtet sich daher nach dem Wertansatz des entsprechenden Vermögenswertes.

Die wertmäßige Korrelation der Passiva und Aktiva aus einer Zuwendung ohne Gegenleistung ist insofern für die Adressaten sowohl relevant als auch für eine glaubwürdige Darstellung im Sinne einer Vollständigkeit von Bedeutung, da die (vollständige) Mittelverwendung das (End-)Ziel einer NPO ist.

422.4 Wertbestimmende Eigenschaften von Vermögenswerten in Verbindung mit Verpflichtungen aus Zuwendungszusagen

Bei der Bewertung von Zuwendungen und Zuwendungszusagen ist zu untersuchen, ob Rückforderungsmöglichkeiten sowie Mittelverwendungsverpflichtungen direkt im Wertansatz des Vermögenswertes zu berücksichtigen sind oder als eigenständige Verpflichtungen zu passivieren sind. Denn Vermögenswerte und Schulden dürfen grundsätzlich nach IFRS nicht saldiert werden (IAS 1.32) und bei der Fair-Value-Bewertung eines Vermögenswertes sollen nur die Eigenschaften

456 Vgl. PETERSON DRAKE, P./FABOZZI, F. J., Time Value of Money, S. 4; KÜMMEL, J., Fair Value-Ermittlung mit Barwertkalkülen, S. 176.

457 Vgl. FASB, SFAS 116, Tz. 12. A. A. vgl. UHLIG, A., Grundsätze ordnungsmäßiger Bilanzierung für Zuschüsse, S. 313. Siehe zu den Bewertungsansätzen im Rahmen der Fair-Value-Bewertung auch Abschn. 312.22.

direkt im Wertansatz berücksichtigt werden, die die künftigen Cashflows beeinflussen.[458] Zunächst wird auf Auswirkungen von Rückforderungsmöglichkeiten der Zuwender eingegangen.

Wurde eine **Zuwendung** bereits übergeben, so kann eine **Rückforderungsmöglichkeit** für die Zuwendung bestehen. Wird diese nicht an einen potenziellen Käufer des zugewendeten Vermögenswertes weitergegeben, dann ist sie nicht wertbestimmend für den Vermögenswert (IFRS 13.12)[459] und eine eigenständige Verpflichtung ist zu passivieren.

Rückforderungsmöglichkeiten können auf vertraglicher, faktischer und/oder gesetzlicher Basis bestehen. *Vertraglich* vereinbarte und *faktisch* gegenüber den Zuwendern bestehende Rückgabeverpflichtungen können im Regelfall nicht an potenzielle Käufer weitergegeben werden. *Gesetzliche* Rückforderungsmöglichkeiten können vor allem aus vereinbarten Auflagen und aus vor Bedingungseintritt übergebenen Zuwendungen resultieren. Im Fall einer *Auflage* auf eine Zuwendung an eine NPO wird die Auflage inhaltlich innerhalb der Zwecke der entsprechenden NPO liegen und daher i. d. R. nicht an einen potenziellen Käufer des zugewendeten Vermögenswertes weitergegeben werden. Dann ist sie nicht wertbestimmend für den Vermögenswert (IFRS 13.12)[460] und als eigenständige Schuld zu passivieren. Im Fall eines *vor Bedingungseintritt* übergebenen Vermögenswertes ist zu prüfen, ob das Risiko des Bedingungseintritts mit an den Käufer übergegangen ist. Ist dies nicht der Fall, so verbleibt das Risiko als ggf. passivierungspflichtige Schuld bei der NPO.

Eine **Zusage** kann zwar nicht **zurückgefordert** werden, aber es besteht die Möglichkeit des Zuwenders, die Zusage nicht mehr erfüllen zu müssen. Diese Möglichkeiten des Zuwenders werden im Folgenden betrachtet. Hier werden vertragliche, faktische und gesetzliche Möglichkeiten zusammen untersucht, da es auf die Weitergabe des Risikos mit der Zusage ankommt. Wird eine Zuwendung unbedingt zugesagt, so kann der Anspruch aus der Zusage aufgrund der Rechte des Zuwenders für die NPO nicht mehr durchsetzbar sein und der Nutzenzufluss unterliegt basierend auf diesem Risiko einer Unsicherheit.[461] Im Fall einer aufschiebend bedingten Zusage kann die Wahrscheinlichkeit des Bedingungseintritts den Nutzenzufluss aus einem Vermögenswert, im Gegensatz zu einer unbedingten Zusage, weitere Unsicherheit hinzufügen. Aus diesen Grund sind diese Risiken bzgl. der Rechte wertbestimmend, da die durch sie verursachte, verminderte Wahrscheinlichkeit des Nutzenzuflusses, bei einer Veräußerung der Rechte auf den Verkäufer übergehen würde (sofern keine Garantie für diese Risiken durch den Veräußernden übernommen wird und die Risiken dadurch beim Veräußernden verbleiben) (IFRS 13.12).[462] Geht das Risiko der geringeren Wahrscheinlichkeit des Nutzenzuflusses auf den Käufer mit über, hätte dieser eine geringere Zahlungsbereitschaft für die Zusage (IFRS 13.12) und somit mindert eine mögliche Nicht-Durchsetzbarkeit

458 Vgl. KIRSCH, H.-J./KÖHLING, K./DETTENRIEDER, D., in: Baetge u. a., Rechnungslegung nach IFRS, 2. Aufl., IFRS 13, Rn. 18; BIEKER, M., Fair Value Measurements, S. 137.

459 Siehe Abschn. 312.22.

460 Siehe Abschn. 312.22.

461 Zum Beispiel durch Notbedarf des Zuwenders i. S. d. § 519 BGB.

462 Siehe dazu ausführlicher Abschn. 312.22.

bzw. eine Bedingung den Wert des Rechts. Ist der Nutzenzufluss bei Zugang eines Rechts nicht wahrscheinlich, so ist das Recht nicht zu aktivieren. Verändert sich die Wahrscheinlichkeit des Nutzenzuflusses als wertbestimmende Eigenschaft nach der Aktivierung, so ist die Zusage im Wert zu verändern, wie bei Einzelwertberichtigungen von Forderungen bei verminderter Bonität des Schuldners.[463]

Nach dem Einfluss von Rückforderungsmöglichkeiten sollen nun die Auswirkungen von Verpflichtungen zur **Mittelverwendung** auf den Wert der Zuwendung untersucht werden. Eine Verpflichtung zur Mittelverwendung aus einer Zuwendung oder Zuwendungszusage, unabhängig davon, ob faktisch oder rechtlich (Auflage), kann bzw. wird i. d. R. nicht mit dem Verkauf eines **zugewendeten** Vermögenswertes weitergegeben.[464] Daher ist eine solche Verpflichtung auch nicht wertbestimmend für den Vermögenswert (IFRS 13.12), sondern, sofern sie die Kriterien einer Schuld erfüllt, separat vom Vermögenswert zu passivieren. Gleiches gilt für den Fall einer **Zusage**. Fraglich ist allerdings, ob bereits im Zeitpunkt des Zugangs einer Zusage eine faktische oder rechtliche Verpflichtung zur Mittelverwendung entstehen kann. Die Zuwendungszusage wird bereits unter der Erwartung einer entsprechenden Mittelverwendung gemacht und ein Nutzenabfluss kann auch grundsätzlich aus der Mittelverwendung erwartet werden.[465] Die NPO hat nachteilige wirtschaftliche Entwicklungen zu befürchten, wenn sie die zugewendeten Mittel nicht (innerhalb der Zwecke der NPO) verwenden würde. Es würde ein erheblicher Reputationsverlust und daraus ein wirtschaftlicher Schaden entstehen.[466] Die *faktische* Verpflichtung entsteht damit bereits im Zeitpunkt der rechtlich bindenden Zuwendungszusage. Handelt es sich um eine *rechtliche* Mittelverwendungsverpflichtung, so hat die NPO bereits seit dem rechtlich bindenden Vertragsschluss Rechte aus dem Schenkungsvertrag. Ebenso entstehen ab dem Zeitpunkt aber auch die rechtlichen Verpflichtungen aus dem Schenkungsvertrag. Somit besteht ab dem Zeitpunkt des rechtlich bindenden Vertragsschlusses eine gegenwärtige Verpflichtung zur Mittelverwendung, die als Rückstellung zu passivieren ist.

Zusammenfassend ist eine eigenständige Verpflichtung zu passivieren, wenn ein Vermögenswert zugewendet wurde und eine wahrscheinliche Rückforderung besteht sowie bei einer Zusage oder direkten Zuwendung für die eine wahrscheinliche Mittelverwendungsverpflichtung besteht.[467] Da-

[463] Auch Wertberichtigungen von Forderungen sind keine Saldierung von Aktiva und Passiva (IAS 1.33), sondern beziehen sich auf die Bewertung der Forderung. Vgl. BISCHOF, S./KLEEKÄMPER, H./KNORR, L./WENDLANDT, K., in: Baetge u. a., Rechnungslegung nach IFRS, 2. Aufl., IAS 1, Rn. 51.

[464] Siehe Abschn. 312.22.

[465] Vgl. GRÜNBERGER, D., IFRS 2012, S. 220. Siehe ausführlicher zu Unsicherheiten bzgl. eines verpflichtenden Ereignisses bei nicht vertraglichen unbedingten Verpflichtungen, die mit bedingten Verpflichtungen verbunden sind, WÜNSCHE, B., Verbindlichkeitsrückstellungen, S. 149-158.

[466] Wie z. B. bei Gewährleistungsrückstellungen.

[467] Für die Brutto-Bilanzierung von Zuwendung und Verpflichtung zur Rückgabe: Umsätze werden bei Rückgaberechten des Käufers gemäß IAS 18.17 dann vollständig realisiert, wenn dem Unternehmen nur ein unwesentliches Risiko aus dem Eigentum an den Gütern verbleibt. Das ist z. B. der Fall, wenn ein Kaufhaus eine Kaufpreiserstattung bei Unzufriedenheit mit der Ware zusichert. Wenn Erfahrungswerte belegen, dass eine Rückerstat-

her führen im Regelfall nur Rückforderungsmöglichkeiten für Zuwendungs*zusagen* nicht zu eigenständig zu passivierenden Verpflichtungen, sondern, aufgrund von Hinweisen und Wahrscheinlichkeiten, zu einem verminderten Wert der entsprechenden Zuwendungszusage.[468] Nur wenn ausschließlich die wertbestimmenden Eigenschaften in die Bewertung einfließen, können relevante Informationen vermittelt werden.[469]

423. Ertragsrealisation

423.1 Grundlagen zur Ertragsrealisation von Zuwendungen ohne Gegenleistungen

Die Zuwendung ohne Gegenleistung und die aus ihr resultierenden Verpflichtungen stehen sich im **Zugangszeitpunkt** im Regelfall gleichwertig gegenüber.[470] Fraglich ist daher, ob Aufwand und Ertrag zu realisieren sind oder der Zugang erfolgsneutral erfasst werden sollte.

Nach den allgemeinen Kriterien des Conceptual Framework ist ein **Ertrag** dann zu erfassen, wenn die Organisation eine Zunahme des wirtschaftlichen Nutzens aufgrund von Zuflüssen oder Erhöhungen von Vermögenswerten hat, die zu einer Erhöhung des Eigenkapitals führen (CF.4.25 (a)). Ein Ertrag entsteht demnach, wenn eine positive Nettovermögensänderung für die NPO entsteht. Die Definition umfasst damit alle positiven Eigenkapitaländerungen, die nicht auf Eigentümertransaktionen zurückzuführen sind.[471] Im Zugangszeitpunkt gehen der Organisation Vermögenswerte und Schulden in gleicher Höhe aus einem *gemeinsamen* Ereignis bzw. Sachverhalt zu. Es liegt daher keine Nettovermögensänderung aus dem Sachverhalt „Zuwendung ohne Gegenleistung" vor und ein Ertrag sollte **nicht erfasst** werden.[472] Ähnlich werden auch erhaltene Anzahlungen bilanziert, dabei erhöhen sich Vermögenswerte („Zahlungsmittel") und Verbindlichkeiten gleichmäßig und es wird noch kein Ertrag gebucht.[473]

Um die Bedeutung des erfolgsneutralen Zugangs einer Zuwendung ohne Gegenleistung zu verdeutlichen, wird im Folgenden gezeigt, welche Ergebnisse aus einer anderen Argumentation bzgl. zu erfassendem Ertrag resultieren könnten. Es könnte für eine solche Argumentation davon abgesehen

---

tung nur in seltenen Fällen stattfindet, verbleibt nur ein unwesentliches Risiko beim Verkäufer. Daher ist der Ertrag zu realisieren. Es ist dann allerdings der Ansatz einer Rückstellung zu prüfen. Vgl. HAYN, S./HOLD, C., in: Wiley-Kommentar, 7. Aufl., Abschn. 9, Rn. 26.

468 Vgl. ausführlicher zur Fair-Value-Bewertung und dem Einbezug von Risiken bzgl. der Cashflows KIRSCH, H.-J./KÖHLING, K./DETTENRIEDER, D., in: Baetge u. a., Rechnungslegung nach IFRS, 2. Aufl., IFRS 13, Rn. 54-59.

469 Vgl. für Argumente für und gegen die Marktsicht der Fair-Value-Bewertung in IFRS 13 KIRSCH, H.-J./KÖHLING, K./DETTENRIEDER, D., in: Baetge u. a., Rechnungslegung nach IFRS, 2. Aufl., IFRS 13, Rn. 121.

470 Siehe Abschn. 422.3.

471 Vgl. PELLENS, B./FÜLBIER, R. U./GASSEN, J./SELLHORN, T., Internationale Rechnungslegung, S. 131.

472 Vgl. im Ergebnis für eine erfolgsneutrale Zugangsbuchung, allerdings über die Analogie zu IAS 20, KPMG INTERNATIONAL FINANCIAL REPORTING GROUP, Insights into IFRS, 8. Aufl., Rn. 5.7.70.30. Zu dem gleichen Ergebnis nach HGB kommt auch das IDW, allerdings unter Verwendung eines passiven Sonderpostens. Vgl. HFA DES IDW, IDW RS HFA 21, Tz. 17.

473 Vgl. zur Passivierung einer Schuld durch eine Anzahlung ERNST, C./DREIXLER, T., Rechnungsabgrenzungsposten, S. 273.

werden, dass Vermögenswerte und Schulden in gleicher Höhe aus *einer* Zuwendung ohne Gegenleistung entstehen. Es würde dann argumentiert, dass die Zuwendung als Erhöhung von Vermögenswerten zu Ertrag und die entstehende Verpflichtung aus der Zuwendung als Erhöhung der Schulden zu Aufwand führen sollten. Würden die Zuwendung und die Verpflichtung beide *erfolgswirksam* erfasst, so wären zum einen Erträge aus Zuwendungen in der Gewinn- und Verlustrechnung auszuweisen. Im Folgenden wird eine solche Bilanzierung anhand der Zuwendung von Zahlungsmitteln i. H. v. 100 als Zuwendung ohne Gegenleistung gezeigt:

Zahlungsmittel	100	an	Ertrag aus Zuwendungen	100

Zum anderen wären in gleicher Höhe auch Aufwendungen einer zu bilanzierenden Rückstellung zu erfassen. Da im Zeitpunkt der Rückstellungsbildung die konkrete Art der Mittelverwendung noch nicht feststehen kann (z. B. Stipendien für Studenten), könnten daher lediglich allgemeine Rückstellungen für zu verwendende Zuwendungen passiviert werden. Die Erträge und Aufwendungen würden sich dann in gleicher Höhe (100 GE) in der Gewinn- und Verlustrechnung gegenüberstehen. Der Saldo der Aufwendungen und Erträge wäre null, aber die Gewinn- und Verlustrechnung ohne wesentlichen Informationszugewinn verlängert.

Aufwand aus Rückstellungsbildung	100	an	Rückstellungen für Verwendung von Zuwendungen	100

In den Folgeperioden würden dann, durch die operative Tätigkeit der NPO, die Rückstellungen verbraucht. Die gesamte operative Tätigkeit (u. a. auch z. B. die Stipendien für Studenten) der NPO würde so über den Verbrauch von Rückstellungen in der Bilanz abgebildet:[474]

Rückstellungen für Verwendung von Zuwendungen	100	an	Zahlungsmittel	100

Die Informationen in der Gewinn- und Verlustrechnung würden daher bei einer solchen erfolgswirksamen Zugangsbuchung auf die verschiedenen Ertragsposten im Zugangszeitpunkt reduziert, da der Aufwand lediglich aus „Aufwand aus Rückstellungsbildung“ bestünde. Die verschiedenen Verwendungsrichtungen der Mittel würden *nicht* als unterschiedliche Aufwandsarten bzw. -klassen in der Gesamtergebnisrechnung gezeigt (wie Aufwand für Stipendien für Studenten). Damit könnte z. B. auch die Effizienz der Zweckerfüllung nicht mehr nachvollzogen werden. Der zeitliche Anfall

[474] In dieser Arbeit wird für die dargestellten Beispiele stets von der Anwendung des Umsatzkostenverfahrens ausgegangen. Zu einer ausführlichen Begründung für die Vorzüge des Umsatzkostenverfahrens im Gegensatz zum Gesamtkostenverfahren bei NPOs siehe Abschn. 62.

der Mittelverwendung wäre ebenfalls nicht ersichtlich, da nur Aufwand aus einer Rückstellungsbildung im Zugangszeitpunkt erfasst würde. Das Ziel von NPOs beruht indes auf der Mittelverwendung. Daher sind die Adressaten in umfangreichem Maße an Informationen zum Ausmaß sowie der Art und Weise der Umsetzung der Organisationsziele interessiert. Wird eine Zuwendung ohne Gegenleistung im Zugangszeitpunkt also **erfolgswirksam erfasst**, so kann dies nicht die erforderlichen relevanten Informationen zur Mittelverwendung geben. **Entscheidungsnützliche** Informationen können somit **nicht** vermittelt werden.

Zusammenfassend erfüllt ein erfolgsneutraler Zugang der Zuwendung ohne Gegenleistung daher die Definition von Erträgen im Conceptual Framework *und* vermittelt entscheidungsnützliche Informationen. Es ist demnach zu prüfen, ob und wann ein Ertrag aus einer Zuwendung ohne Gegenleistung dann zu realisieren ist.

Werden die Mittel für die vorgesehenen **Zwecke verwendet**, so vermindern sich die Aktiva durch die abgehenden Mittel und die entsprechend passivierten Verpflichtungen werden erfüllt. Für den Zugang einer Zuwendung ohne Gegenleistung wurde festgestellt, dass entscheidungsnützliche Informationen vermittelt werden, wenn die Zuwendung erfolgsneutral erfasst wird. Durch einen erfolgsneutralen Zu- *und* Abgang der Mittel könnten hingegen den Adressaten keine relevanten Informationen über die Mittelverwendung, die wesentlich für die Spender ist, vermittelt werden.[475] Die Fortsetzung einer entscheidungsnützlichen Bilanzierung des Zugangs wäre, dass die Mittelverwendung *erfolgswirksam* erfasst wird, da so die durch die Adressaten benötigten Informationen über der Mittelverwendung vermittelt werden können. Vermindern sich also die Schulden dadurch, dass die Verpflichtung erfüllt wird, sollte ein Ertrag realisiert werden. So stehen sich der Aufwand der Mittelverwendung sowie der aus der Zweckerfüllung resultierende Ertrag in gleicher Höhe gegenüber. Es wird kein „Gewinn" ausgewiesen, dies ist indes auch nicht relevant für die Adressaten. Ein Zugang und ein Verbrauch einer Verpflichtung zur Mittelverwendung sollten dann allgemein wie folgt gebucht werden:

Zuwendung ohne Gegenleistung	an	Rückstellung für Mittelverwendung

Rückstellung für Mittelverwendung	an	Ertrag aus Mittelverwendung

In Abbildung 4-4 ist die Ein- und Ausbuchung der Rückstellung für die Mittelverwendung zusammengefasst. Diese Abbildung wird in den folgenden Abschnitten weiter entwickelt, sodass letztend-

475 Zudem handelt es sich bei Zuwendungen ohne Gegenleistungen nicht um Durchlaufposten. Siehe zu der Begründung rechtlich Abschn. 222.1 und bilanziell Fn. 363.

lich ein konsistentes Konzept für die Ein- und Ausbuchung der verschiedenen Rückstellungsarten sowie der Ertragsrealisation entsteht.

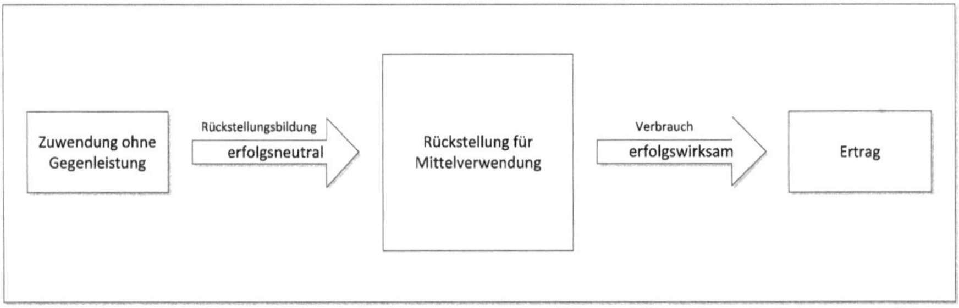

Abbildung 4-4: Rückstellung für die Mittelverwendung bei der NPO

Die Begriffe „**Verbrauch**" und „**Auflösung**" führen im Fall der bisher geschilderten Bilanzierung zu einer anderen Erfolgswirksamkeit als bei **gewinnorientierten Unternehmen**. Bei gewinnorientierten Unternehmen werden Rückstellungen grundsätzlich aufwandswirksam gebildet.[476] Damit werden die Aufwendungen verursachungsgerecht der Periode zugerechnet, in der die Verpflichtung entstanden ist.[477] Die Rückstellung wird anschließend erfolgsneutral verbraucht.[478] Eine Auflösung bedeutet dann, dass die Ausgaben, die erwartet wurden, nicht eingetreten sind bzw. sich die Schätzungen bzgl. der Höhe der Rückstellung vermindert haben und der Aufwand für die Bildung der entsprechenden Rückstellung nun wieder ertragswirksam berichtigt wird.[479] Auf allgemeiner Ebene sind die Rückstellungen demnach (normalerweise) wie folgt einzubuchen. Die zwei Möglichkeiten der Ausbuchung einer Rückstellung werden ebenfalls gezeigt.

476 Vgl. HOFFMANN, W.-D., in: Haufe IFRS, 10. Aufl., § 21, Rn. 17; VON KEITZ, I./WOLLMERT, P./OSER, P./WADER, D., in: Baetge u. a., Rechnungslegung nach IFRS, 2. Aufl., IAS 37, Rn. 12. Rückstellungen können, neben einer sofort aufwandswirksamen Passivierung, auch gegen einen Aktivposten eingebucht werden. Ein Beispiel für eine erfolgsneutrale Rückstellungsbildung sind Aufwendungen, die als Bestandteil der Anschaffungs- und Herstellungskosten einer Sachanlage aktiviert werden. Vgl. HOFFMANN, W.-D., in: Haufe IFRS, 10. Aufl., § 21, Rn. 82, 84 und 159; VON KEITZ, I./WOLLMERT, P./OSER, P./WADER, D., in: Baetge u. a., Rechnungslegung nach IFRS, 2. Aufl., IAS 37, Rn. 123. Die Rückstellung verursacht dennoch Aufwendungen, jedoch zeitlich verzögert. Die Aufwandswirksamkeit der Rückstellung ergibt sich im Fall einer erfolgsneutralen Aktivierung zeitlich verzögert durch erhöhte Abschreibungen des Vermögenswertes oder einen geringen Veräußerungserfolg der entsprechenden Aktiva. Vgl. VON KEITZ, I./WOLLMERT, P./OSER, P./WADER, D., in: Baetge u. a., Rechnungslegung nach IFRS, 2. Aufl., IAS 37, Rn. 123. Im Ergebnis ist die Rückstellungsbildung bei gewinnorientierten Unternehmen daher im Grunde aufwandswirksam.

477 Vgl. BAETGE, J./KIRSCH, H.-J./THIELE, S., Bilanzen, S. 416.

478 Vgl. BAETGE, J./KIRSCH, H.-J./THIELE, S., Bilanzen, S. 422.

479 Vgl. WAGENHOFER, A., IAS/IFRS, S. 277. Ob der Ertrag nun gesondert in einem Ertragsposten in der Gewinn- und Verlustrechnung oder saldiert mit dem entsprechenden Aufwand ausgewiesen werden soll, wird hier nicht weiter vertieft. Vgl. dazu auch HEBESTREIT, G./SCHRIMPF-DÖRGES, C. E., in: Beck'sches IFRS HB, 3. Aufl., § 13, Rn. 83.

Aufwand für Rückstellungsbildung	an	Rückstellung

Rückstellung	an	Vermögenswert

Rückstellung	an	Ertrag aus Rückstellungsauflösung

In Abbildung 4-5 sind die genannten Buchungen bezogen auf die Rückstellungen bei gewinnorientierten Unternehmen zusammengefasst.

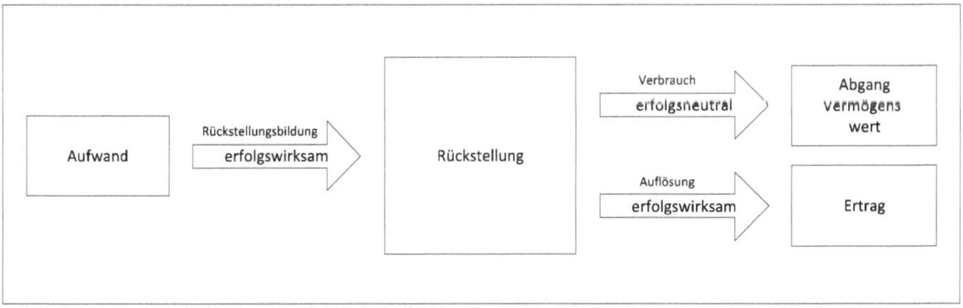

Abbildung 4-5: Rückstellungsbilanzierung bei gewinnorientierten Unternehmen

Ergebnis der bisher entwickelten Bilanzierung ist, dass der „**Verbrauch**" der Rückstellungen bei **NPOs** nicht wie bei gewinnorientierten Unternehmen erfolgsneutral, sondern ertragswirksam erfasst werden sollte. Der Begriff führt demnach in solchen Fällen zu anderen erfolgswirksamen Konsequenzen. Wie mit einer „**Auflösung**" der besonderen Rückstellungen aus Zuwendungen ohne Gegenleistungen zu verfahren ist, wird im hierauf folgenden Abschnitt detaillierter anhand der Verpflichtungen zur Mittelverwendung und zur Rückgabe analysiert.

Dass Rückstellungen, die aus Zuwendungen ohne Gegenleistungen resultieren, erfolgsneutral im Zugangszeitpunkt gebildet und erfolgswirksam verbraucht werden sollten, wurde ausführlich erläutert. Zu untersuchen ist nun, wann **Aufwand** zu erfassen ist. Aufwendungen sind gemäß CF.4.25 (b) Abflüsse oder Verminderungen von Vermögenswerten bzw. Erhöhungen von Schulden, die zu einer Abnahme des Eigenkapitals führen. Das sog. **Matching Principle** besagt, dass Aufwendungen auf Grundlage eines direkten Zusammenhangs zusammen mit den Erträgen zu erfassen sind, wenn sie unmittelbar und gemeinsam aus demselben Ereignis resultieren, z. B. Umsatzkosten mit Umsatzerlösen (CF.4.50). Beim „**umgekehrten** bzw. inversen **Matching Principle**“[480] werden hingegen Erträge den Aufwendungen, die sie subventionieren sollen, zugeordnet.

Im Rahmen von Zuwendungen ohne Gegenleistungen und Verwendungen ohne Gegenleistungen (z. B. kostenlose Essensausgabe an Bedürftige) entsteht i. d. R. kein direkter Aufwand, um Erträge zu generieren. Es fehlt an der für den Teil des *Matching Principle* vorausgesetzten Leistungs-Gegenleistungsbeziehung. Alternativ soll aber im Folgenden auch nicht die Perspektive des *„umgekehrten“ Matching Principle* eingenommen werden, da nach IFRS nicht die Zuordnung von Erträgen zu Aufwendungen für die Ertragsrealisation entscheidend ist, sondern die Erhöhung und Verminderung von Vermögenswerten und Schulden. So sehen es die Definitionen von Erträgen und Aufwendungen im Conceptual Framework vor. Somit ist ein Aufwand allein danach zu erfassen, in welchem Umfang künftiger wirtschaftlicher Nutzen nicht oder nicht mehr als Vermögenswert anzusetzen ist oder wenn eine Ausgabe keinen künftigen wirtschaftlichen Nutzen erzeugt (CF.4.52).[481]

Zusammenfassend vermittelt ein erfolgsneutraler Zugang von Zuwendungen ohne Gegenleistungen verbunden mit in gleicher Höhe zugehenden Schulden vor allem in Bezug auf die daraus resultierende Ertragsrealisation auch in den Folgeperioden relevante Informationen. Die Art der Mittelverwendung als wesentliches, relevantes Interesse der Spender ist so in der Gewinn- und Verlustrechnung ersichtlich. Wird außerdem ein Ertrag als Ergebnis der verminderten Schulden durch erfüllte Zwecke der NPO realisiert, kann die Mittelverwendung als „Erfolg“ einer NPO für die Spender gezeigt werden. Da die Aufwendungen nicht als Kosten für den Umsatz verstanden werden, brauchen die Aufwendungen im ideellen Bereich auch nicht den entsprechenden Erträgen zugeordnet werden. Die Auswirkungen der hier grundlegend erarbeiteten Ertragsrealisation sollen im Folgenden abhängig von den verschiedenen, sich in den Folgeperioden nach der Zuwendung bzw. Zusage ergebenden Ereignissen detaillierter analysiert werden.

423.2 Auswirkungen des Unterschieds zwischen Verpflichtungen zur Mittelverwendung und zur Rückgabe auf die Ertragsrealisation

423.21 Zuwendungen ohne Gegenleistungen und Verpflichtungen zur Mittelverwendung

Das Verhältnis der verschiedenen Verpflichtungsarten kann sich im Laufe der Zeit aus unterschiedlichen Gründen verändern.

Die Wahrscheinlichkeit der Mittelverwendung und die Wahrscheinlichkeit der Rückgabe stehen in direkter Relation zueinander. Zu beachten ist, dass es sich bei der Rückgabe- und bei der Mittelverwendungsverpflichtung um verschiedene Verpflichtungen handelt. Aufgrund der Komplementarität der Wahrscheinlichkeiten der zwei Verpflichtungsarten werden i. d. R. nicht beide Ereignisse

---

480 Vgl. dazu MÜLLER, I. H., Matching Principle, S. 21.

481 Vgl. ausführlicher und grundsätzlich zum Matching Principle sowie zur Verankerung des Matching Principle in den IFRS MÜLLER, I. H., Matching Principle.

gleich wahrscheinlich sein. Im Regelfall wird eine Rückgabe der zugewendeten Mittel nur dann mindestens wahrscheinlich sein, wenn konkrete Anhaltspunkte für eine Rückforderung des Zuwenders vorliegen. In allen anderen Fällen ist eine Mittelverwendungsverpflichtung zu passivieren. Somit wird stets ein Ereignis wahrscheinlicher als das andere und nur eine der Verpflichtungen zu passivieren sein.[482]

In diesem und dem folgenden Abschnitt wird untersucht, wie Rückstellungen für die Mittelverwendung und Rückstellungen für eine Rückgabe ein- und ausgebucht und wie die Erträge in diesem Zusammenhang realisiert werden sollten. Ausgangspunkt für diese Untersuchung ist der im vorangegangenen Abschnitt 423.1 erläuterte Fall einer Zuwendung ohne Gegenleistung, die zusammen mit einer Rückstellung für die Mittelverwendung erfolgsneutral erfasst wird. Diese **Rückstellung für die Mittelverwendung** kann entweder **verbraucht** oder **aufgelöst** werden.

Der **Verbrauch** der Rückstellung sollte als Konsequenz des besonderen erfolgsneutralen Zugangs, wie bereits im vorangegangenen Abschnitt erläutert, ertragswirksam erfasst werden. Die Ein- und Ausbuchung der Rückstellung sowie die Ertragsrealisation werden als **Fall 1a** in Abbildung 4-6 gezeigt.

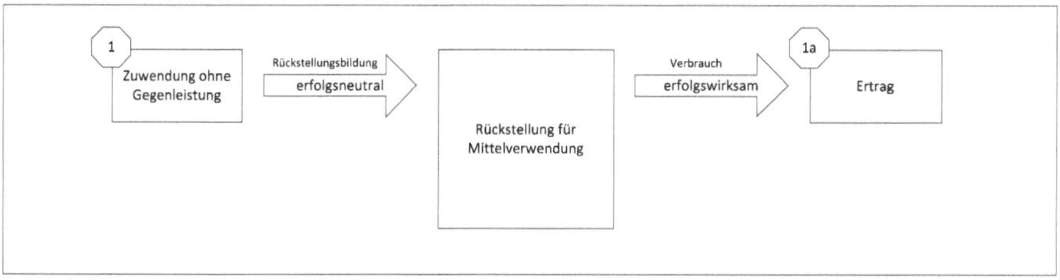

Abbildung 4-6: Erfolgswirksamer Verbrauch der Rückstellung für die Mittelverwendung (Fall 1a)

Das Verhältnis zwischen den Rückstellungen kann sich verändern: Zunächst wahrscheinlich für die Mittelverwendung zurückgestellte Mittel können nach dem Zugang der Zuwendung wahrscheinlich doch zurückzugewähren sein. In einem solchen Fall ist eine Rückgabe der Zuwendung wahrscheinlich und eine Mittelverwendung für die Zwecke der NPO nicht mehr wahrscheinlich.

Bei gewinnorientierten Unternehmen gilt grundsätzlich, dass Rückstellungen für *einen* Sachverhalt nicht in Rückstellungen für einen *anderen* Sachverhalt umgewidmet werden dürfen.[483] Dies resultiert daraus, dass eine Umwidmung andere Ausgaben als bereits in der Gewinn- und Verlustrech

[482] Dies resultiert daraus, dass für eine Rückforderung bestimmte Voraussetzungen erfüllt sein müssen, wie z. B. bei einer Auflage die vorherige Nicht-Erfüllung der Auflage. Siehe ausführlicher dazu Abschn. 222.2 und Abschn. 421.22.

[483] Vgl. HEBESTREIT, G./SCHRIMPF-DÖRGES, C. E., in: Beck'sches IFRS HB, 3. Aufl., § 13, Rn. 83; ADLER, H./DÜRING, W./SCHMALTZ, K., International, Abschn. 18, Rn. 49.

nung erfassten Aufwand bedeuten würde. Das wäre z. B. der Fall, wenn eine Personalrückstellung gegen Personalaufwand (Sachverhalt 1) passiviert würde, und diese Personalrückstellung würde durch Ausgaben für Büromaterial (Sachverhalt 2) verbraucht.[484] Die veränderten Wahrscheinlichkeiten zwischen Rückgabe- und Mittelverwendungsverpflichtung führen im Fall der Zuwendung ohne Gegenleistung dazu, dass die Mittel voraussichtlich einer anderen Verwendungsrichtung zugeführt werden als zunächst angenommen. Diese veränderte Verwendungsrichtung ist für die Adressaten relevant. Daher sollten die aus der Zuwendung resultierenden Verpflichtungen auch anders ausgewiesen werden. Würde eine solche Veränderung wie bei gewinnorientierten Unternehmen abgebildet, wäre die Rückstellung zur Mittelverwendung ertragswirksam *aufzulösen* und eine *neue* Rückstellung für die Rückgabe an den Zuwender aufwandswirksam zu bilden.[485] Entsprechend sollten bei NPOs die erfolgsneutral gebildeten Rückstellungen erfolgsneutral zurückgenommen werden. Es handelt sich nicht um eine für andere Rückstellungsarten unzulässige Umwidmung, denn bei Verpflichtungen aus Zuwendungen ohne Gegenleistungen würde nicht Aufwand für einen Sachverhalt und die entsprechenden Ausgaben für einen anderen Sachverhalt erfasst. Die Besonderheiten und Konsequenzen von Zuwendungen ohne Gegenleistungen führen dazu, dass es sich lediglich um einen **Ausweiswechsel** bzw. einen Passivtausch eines Sachverhaltes handelt. Daher sollte ein solcher Ausweiswechsel erfolgsneutral sein. Ist eindeutig, dass die Mittel noch nicht verwendet wurden, sind z. B. die Mittel in einer Immobilie gebunden, so sollte die Rückstellung zur Mittelverwendung erfolgsneutral in eine Rückstellung für die Rückgabe der Mittel umgebucht werden:

Rückstellung für Mittelverwendung	an	Rückstellung für Rückgabe

Diese Buchung wird als **Fall 1b** in Abbildung 4-7 zur bisherigen Buchungssystematik von Rückstellungen für die Mittelverwendung hinzugefügt.

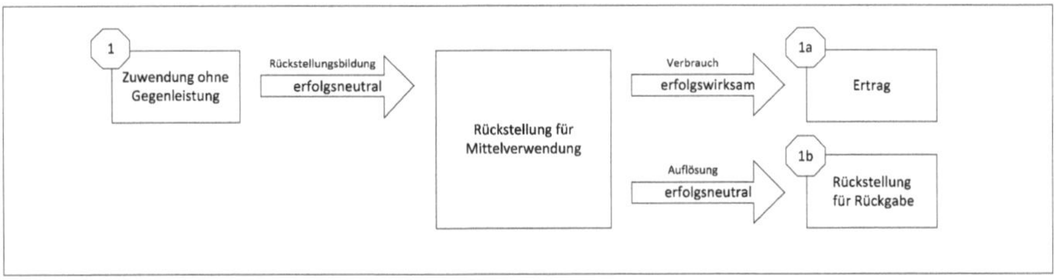

Abbildung 4-7: Rückstellung für die Mittelverwendung und Rückstellung für eine Rückgabe (Fall 1b)

[484] Vgl. für erfolgsneutrale Anpassungen von Rückstellungen ADLER, H./DÜRING, W./SCHMALTZ, K., International, Abschn. 18, Rn. 51; HEBESTREIT, G./SCHRIMPF-DÖRGES, C. E., in: Beck'sches IFRS HB, 3. Aufl., § 13, Rn. 84.

[485] Vgl. HOFFMANN, W.-D., in: Haufe IFRS, 10. Aufl., § 21, Rn. 17; VON KEITZ, I./WOLLMERT, P./OSER, P./WADER, D., in: Baetge u. a., Rechnungslegung nach IFRS, 2. Aufl., IAS 37, Rn. 12; WAGENHOFER, A., IAS/IFRS, S. 277.

Bei Zuwendungen, die vor der Rückforderung z. B. aufgrund ihrer Auflagen gesondert verfolgt wurden, wird i. d. R. **erkennbar** sein, inwiefern der zurückzugewährende Wert noch **nicht verbraucht** wurde (z. B. bei Immobilien), d. h. in welcher Höhe für die konkrete Zuwendung noch Rückstellungen für die Mittelverwendung passiviert sind. Wurde eine Zuwendung (erkennbar) noch nicht verwendet und wird sie vollständig zurückgefordert, so sollte die entsprechende Rückstellung für die Mittelverwendung vollständig in eine Rückstellung für eine Rückgabe umgebucht werden. Wird indes nur ein Teil einer Zuwendung, die noch nicht verwendet wurde, zurückgefordert, so sollte nur der zurückgeforderte Teil als Rückstellung für eine Rückgabe ausgewiesen werden. Der bei der NPO verbleibende Teil ist weiterhin für die Zwecke der NPO zu verwenden und für den Teil bleibt eine Rückstellung für die Mittelverwendung bestehen. In welchen Fällen es nicht erforderlich ist, nachzuverfolgen, inwiefern die zurückgeforderten Mittel bereits verbraucht wurden und wie mit bereits verbrauchten Mitteln umzugehen ist, wird im folgenden Abschnitt gezeigt.

423.22 Zuwendungen ohne Gegenleistungen und Verpflichtungen zur Rückgabe

Verpflichtungen zur Rückgabe einer Zuwendung ohne Gegenleistung können zum einen *nach Übergabe* der Zuwendung und zum anderen im *Zugangszeitpunkt* einer Zuwendung ohne Gegenleistung entstehen.

Wurde eine Zuwendung ohne Gegenleistung der NPO **bereits übergeben** und wird sie, nachdem sie zunächst wahrscheinlich für die Zwecke der NPO zu *verwenden* war, wahrscheinlich *zurückgefordert*, so ist die Rückstellung für eine Rückgabe erfolgsneutral zu passivieren. Eine solche Einbuchung einer Rückstellung für eine Rückgabe einer **erkennbar nicht verbrauchten** Zuwendung wird als **Fall 1b** in Abbildung 4-8 übertragen (wie Fall 1b in Abbildung 4-7).

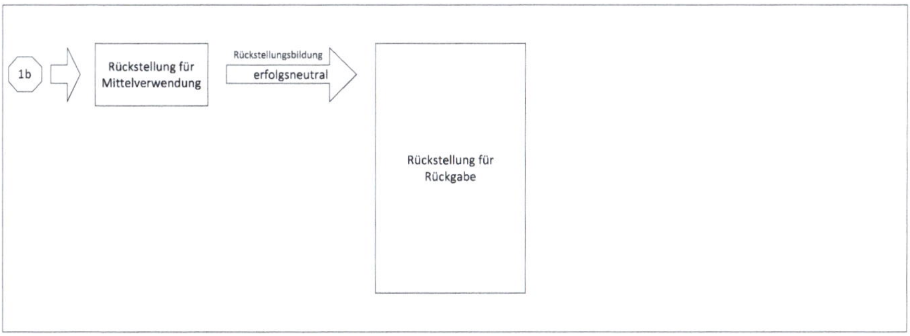

Abbildung 4-8: Rückstellung für die Mittelverwendung und Rückstellung für eine Rückgabe (Fall 1b)

Ist für die zurückgeforderten *Mittel* **erkennbar**, dass sie bereits für die Zwecke der NPO **verbraucht** wurden, so wurde die entsprechende „*Rückstellung* für die Mittelverwendung" bereits ebenfalls verbraucht (wie in Fall 1a, Ertrag wurde bereits realisiert). Es besteht dann für die zurückgeforderten Mittel keine passivierte Verpflichtung mehr. Die Mittel, die in einem solchen Fall voraussichtlich für die Rückgabe an einen Zuwender verwendet werden müssen, sind *andere* (freie) noch nicht verwendete Mittel. Die Rückstellung für eine Rückgabe ist daher aufwandswirksam zu erfassen.

Aufwand für Rückstellungsbildung	an	Rückstellung für Rückgabe

Die Einbuchung der Rückstellung für die Rückgabe wird als **Fall 2** in Abbildung 4-9 gezeigt.

Für die anderen (freien) noch nicht verwendeten Mittel, die für die Rückgabe verwendet werden sollen, bestand die Verpflichtung, sie noch für die Zwecke der NPO zu verwenden. Daher werden in Höhe der zu passivierenden Rückstellung für eine „Rückgabe" Mittelverwendungsverpflichtungen erfüllt. Es sollten daher in Höhe der Rückstellungszuführung die Rückstellungen für die Mittelverwendung ertragswirksam vermindert werden.

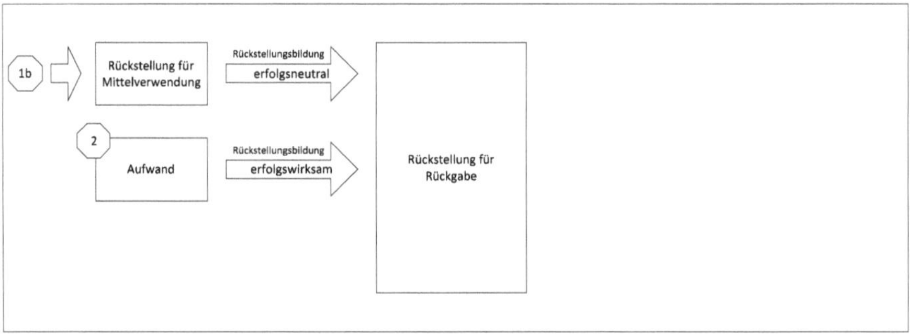

Abbildung 4-9: Aufwandswirksame Erfassung einer Rückstellung für eine Rückgabe (Fall 2)

Es ist allerdings nicht notwendig, jede einzelne Zuwendung im Detail nachzuverfolgen, damit bei einer Rückforderung die Unterscheidung einer erfolgsneutralen Umbuchung aus der Rückstellung für die Mittelverwendung oder eine aufwandswirksame (neue) Passivierung getroffen werden muss. Sind Zuwendungen unter normalen Umständen austauschbar wie Zahlungsmittel und/oder werden nicht für spezielle, wesentliche Projekte eingesetzt, so brauchen sie unter dem Grundsatz der Wirtschaftlichkeit **nicht einzeln nachverfolgt** werden. Angelehnt an die Vorratsbewertung kann dann, z. B. bei zugewendeten Zahlungsmitteln, angenommen werden, dass die zuerst vereinnahmten Zahlungsmittel auch zuerst für die Zwecke der NPO verbraucht wurden (First-In-First-Out-Verfahren,

IAS 2.27).[486] Wird eine solche Annahme getroffen, so wird im Regelfall eine zu passivierende Rückstellung zur Rückgabe aufwandswirksam zu bilden sein (**Fall 2** in Abbildung 4-9).

Eine Zuwendung kann auch bereits im **Zugangszeitpunkt** einer wahrscheinlichen Rückgabeverpflichtung unterliegen.[487] Dann sollte eine Zuwendung ohne Gegenleistung zusammen mit einer Rückstellung für eine Rückgabe erfolgsneutral erfasst werden, wie auch bei einer Rückstellung für die Mittelverwendung.

Zuwendung ohne Gegenleistung	an	Rückstellung für Rückgabe

Da es sich bei einer Rückgabeverpflichtung nicht um eine NPO-spezifische Rückstellung handelt, sollte sie wie Rückstellungen bei gewinnorientierten Unternehmen auch[488] ausgebucht werden. Nach den für gewinnorientierte Unternehmen üblichen Regeln sind aufwandswirksam passivierte „Rückstellungen für eine Rückgabe" erfolgsneutral bei Rückgabe zu verbrauchen.[489] Daher sollte die Rückstellung für eine Rückgabe bei **Verbrauch** erfolgsneutral gegen den Abgang des entsprechenden Vermögenswertes ausgebucht werden.

Rückstellung für Rückgabe	an	Vermögenswert

Diese Ein- und Ausbuchung der Rückstellung für eine Rückgabe sind als **Fall 3a** in Abbildung 4-10 gezeigt.

486 Für Vorräte darf dann vom Grundsatz der Einzelbewertung abgewichen werden, wenn es sich um eine große Zahl von Vorräten handelt, die regelmäßig untereinander austauschbar sind (IAS 2.24). Die Vorräte sind gleichartig, wenn sie der gleichen Warengattung angehören oder eine gleiche Funktion haben. Vgl. KÜMPEL, T., Vorratsbewertung, S. 58-60.

487 Zum Beispiel wenn ein Bedingungseintritt als unwahrscheinlich eingeschätzt wird und die der Bedingung unterliegende Zuwendung bereits übergeben wurde.

488 Siehe Abschn. 423.1.

489 Vgl. BAETGE, J./KIRSCH, H.-J./THIELE, S., Bilanzen, S. 422.

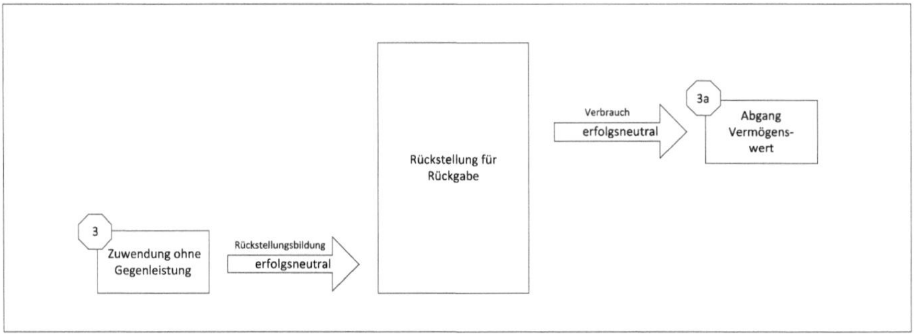

Abbildung 4-10: Zuwendung ohne Gegenleistung und Rückstellung für eine Rückgabe (Fall 3a)

Ändert sich eine zunächst wahrscheinlich *zurückzugewährende* Zuwendung in eine wahrscheinlich für die Zwecke der NPO zu *verwendende* Zuwendung, sind die Rückstellungen entsprechend anzupassen. Hier bestimmt die NPO-spezifische Rückstellung für die Mittelverwendung den Charakter des Sachverhaltes. Die Rückstellung für die Mittelverwendung sollte dann erfolgswirksam verbraucht werden, wenn die Zuwendungen für die entsprechenden Zwecke verbraucht werden. Würde die Rückstellung für die Rückgabe der Zuwendung zuvor ertragswirksam aufgelöst, wäre die Zuwendung doppelt ertragswirksam allein durch eine veränderte Wahrscheinlichkeitsgewichtung ihrer Verwendungsrichtung. Daher sollte die Rückstellung für die Mittelverwendung zunächst erfolgsneutral im Rahmen eines **Passivtausches** eingebucht werden, wie auch im umgekehrten Fall 1b (siehe Abbildung 4-8).

Rückstellung für Rückgabe	an	Rückstellung für Mittelverwendung

Diese Buchung wird als **Fall 3b** in Abbildung 4-11 eingefügt.

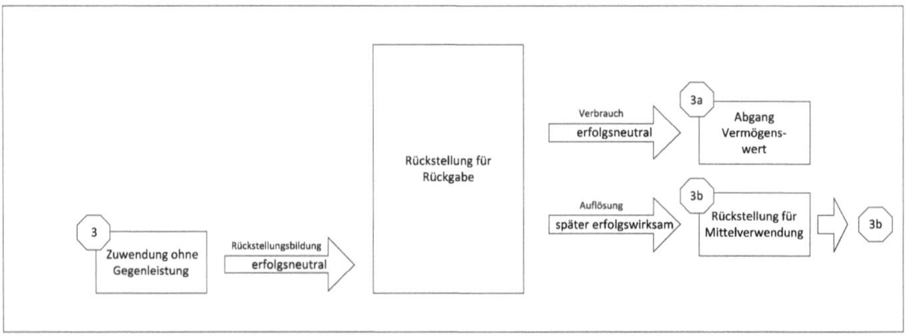

Abbildung 4-11: Rückstellung für eine Rückgabe und Rückstellung für die Mittelverwendung (Fall 3b)

Die Ein- und Ausbuchungen der Rückstellungen für die Mittelverwendung und für eine Rückgabe sowie die daraus resultierende Ertragsrealisation sind in Abbildung 4-12 noch einmal zusammengefasst.

Vor allem für die Rückstellung einer Rückgabe ist so ersichtlich, dass die Rückstellung in den drei vorgestellten Einbuchungsfällen gleich verbraucht bzw. aufgelöst werden sollte. Dies resultiert daraus, dass es sich grundsätzlich bei einer Rückgabeverpflichtung um eine klassische Verpflichtung, die auch gewinnorientierte Unternehmen haben, handelt. Klassische Rückstellungen werden erfolgsneutral verbraucht und erfolgswirksam aufgelöst. Für die drei Fälle wurde ebenfalls ein erfolgsneutraler Verbrauch gezeigt. Die Auflösung der Rückstellung ist allerdings zeitlich verzögert. Der der Rückstellung zugrunde liegende Sachverhalt „Zuwendung ohne Gegenleistung" dominiert hier die Buchung und eine erfolgsneutrale Umbuchung in die Rückstellung für eine Mittelverwendung stellt die Konsistenz innerhalb des Systems sicher.

Zusammenfassend ist die Unterscheidung der verschiedenen Rückstellungsarten relevant (wahrscheinlich Mittel noch für die Zwecke der NPO zu verwenden oder wahrscheinlich zurückzugeben). Resultat dieser Unterscheidung ist, dass es ebenfalls relevant ist, ob Rückstellungen aufwandswirksam „neu" als Verwendung von Mitteln oder erfolgsneutral als noch zu verwendende Mittel gebildet werden. Eine Rückstellung sollte aufwandswirksam für eine Rückgabe der Zuwendung passiviert werden, wenn die Mittel der entsprechenden Zuwendung bereits verbraucht wurden. Eine Rückstellung für die Rückgabe sollte hingegen erfolgsneutral aus den Rückstellungen für die Mittelverwendung gebildet bzw. umgebucht werden, wenn die Mittel noch für eine Verwendung zurückgestellt und noch nicht verwendet wurden.

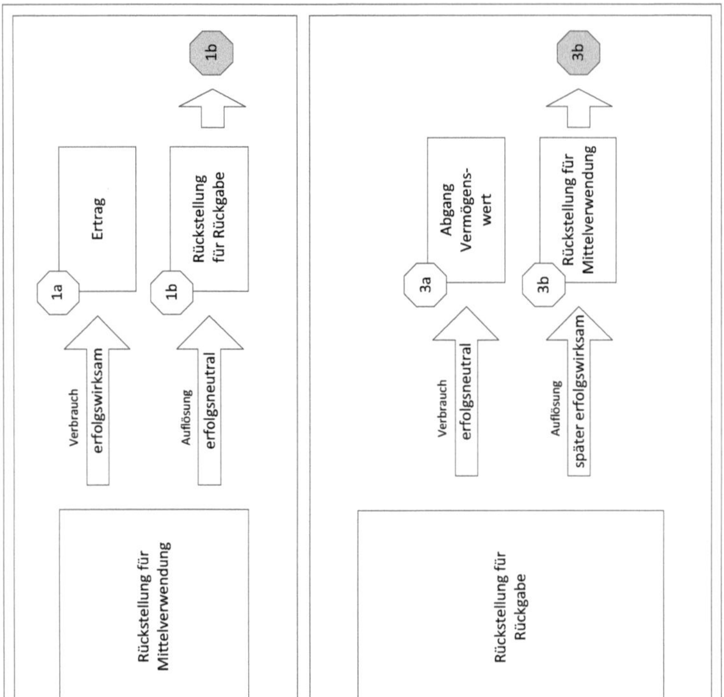

Abbildung 4-12: **Zusammenfassung der Bilanzierung der Rückstellung für die Mittelverwendung und der Rückstellung für eine Rückgabe**

423.3 Auswirkungen des Unterschieds zwischen Verpflichtungen zur Mittelverwendung aus freien und aus gebundenen Zuwendungen auf die Ertragsrealisation

Nicht alle Zuwendungen ohne Gegenleistungen, die nicht wahrscheinlich zurückzugewähren sind, können jederzeit frei für die Zwecke der NPO verwendet werden. Die Verwendung kann durch Auflagen der Zuwender (Abbildung 4-13), aber auch durch Mittelbindung innerhalb der NPO, wie z. B. im Anlagevermögen (Verwendungsbeschränkung nicht durch Zuwendungsmodalität, sondern durch Art des Vermögenswertes), eingeschränkt sein. Solche Einschränkungen in der Mittelverwendung müssen für die Adressaten ersichtlich sein.

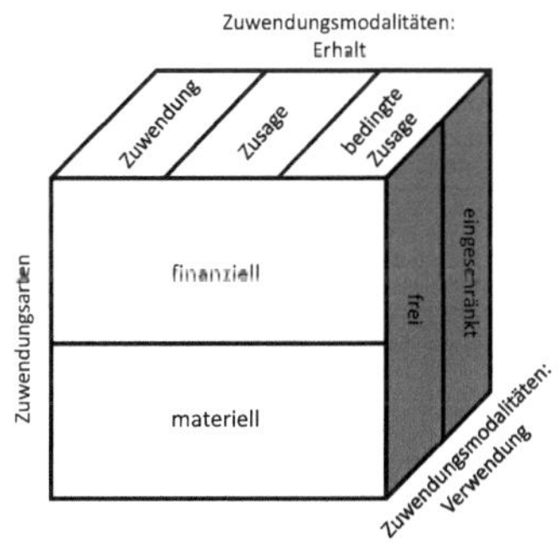

Abbildung 4-13: Zuwendungsmodalitäten: Verwendung

Ein Ertrag sollte nur dann realisiert werden, wenn die Zwecke der Zuwendung endgültig erfüllt sind und daher keine Verpflichtung mehr zur Mittelverwendung besteht. Wird eine Verwendungsbeschränkung aufgelöst und die Mittel sind derweil noch nicht vollständig verwendet, so ist die den Adressaten zunächst zu vermittelnde Einschränkung, z. B. „Rückstellungen aus gebundenen Zuwendungen", nicht mehr erforderlich. Es bleibt allerdings, da die Mittel noch nicht vollständig verwendet wurden, die faktische Verpflichtung zur Mittelverwendung für diese Mittel bestehen. Es handelt sich weiterhin um eine Verpflichtung zur Mittelverwendung aus der Zuwendung. Wie bereits im vorangegangenen Abschnitt 423.2 zu den unterschiedlichen Verpflichtungen für die verschiedenen Verwendungsrichtungen der Zuwendung erläutert, ist ein erfolgsneutraler Ausweiswechsel der Rückstellungen unter bestimmten Voraussetzungen zulässig und erforderlich. Daher sollten Ein- und Ausbuchungen aus den gebundenen Rückstellungen erfolgsneutral aus und in die freien Rückstellungen zur Mittelverwendung gebucht werden.[490]

[490] Vgl. zu erfolgsneutralen Umgliederungen FASB, SFAC 6, Tz. 107 und 114.

Bisher wurde stets angenommen, dass eine NPO bei einem freien, nicht durch den Zuwender vorgegebenen Verbrauch von Mitteln (noch) ausreichend „Rückstellungen aus freien Zuwendungen" passiviert hat. Die Rückstellungen können dann korrespondierend zur Mittelverwendung erfüllt werden. Dies wird auch bei NPOs der *Regelfall* sein, denn wenn eine NPO keine „Rückstellungen aus freien Zuwendungen" (mehr) passiviert hat, dann hat sie auch keine frei zu verwendenden Mittel (mehr).[491]

Werden Aufwendungen getätigt, ohne dass „Rückstellungen aus freien Zuwendungen" passiviert sind, so ist dies möglich, wenn der NPO ausschließlich gebundene Mittel verblieben sind. *Zum einen* können Mittel in solchen Fällen aus ihrer (durch die Art des Vermögenswertes resultierenden) Gebundenheit gelöst werden, wie z. B. durch den Verkauf von frei verwendbaren Wertpapieren (siehe Beispiel in Tabelle 4-1).[492]

AKTIVA		PASSIVA	
Wertpapiere	100	Rückstellungen für in Wertpapieren gebundene Zuwendungen	100

Tabelle 4-1: Bilanz mit grundsätzlich frei verwendbaren Mitteln, die aber in Wertpapieren gebunden sind

Die aus dem Verkauf freigesetzten Zahlungsmittel sind anschließend in den „Rückstellungen aus freien Zuwendungen" zu erfassen und können als freie Mittel verbraucht werden (siehe Tabelle 4-2).

AKTIVA		PASSIVA	
Zahlungsmittel	100	Rückstellungen für frei verwendbare Zuwendungen	100

Tabelle 4-2: Bilanz mit frei verwendbaren Zahlungsmitteln

Zum anderen können aber auch vorhandene zweckgebundene Zahlungsmittel, die noch für eine Auflage zu verwenden sind, zunächst verwendet werden (siehe Beispiel in Tabelle 4-3).

---

491 Für die Beispiele dieser Arbeit wird daher stets von ausreichenden „Rückstellungen aus freien Zuwendungen" ausgegangen.

492 Wie ein solcher Verkauf bilanziell zu behandeln ist, wird in Abschnitt 423.6 ausführlicher behandelt.

AKTIVA		PASSIVA	
Zahlungsmittel	100	Rückstellungen aus gebundenen Zuwendungen	100

Tabelle 4-3: Bilanz mit zweckgebundenen Zahlungsmitteln

Die NPO kann in einem solchen Fall planen, die Auflagen anschließend mit neuen und nicht zweckgebundenen Zuwendungen zu erfüllen. Werden eigentlich zweckgebundene Zahlungsmittel verwendet, so kann die „Rückstellung aus gebundenen Zuwendungen" nicht erfüllt werden, da die spezifische Auflage durch die Verwendung der Mittel für andere Zwecke nicht erfüllt wurde. „Rückstellungen aus freien Zuwendungen" können des Weiteren auch nicht erfüllt werden, da keine „Rückstellungen aus freien Zuwendungen" passiviert sind. Aus diesem Grund ist die Mittelverwendung zunächst aufwandswirksam zu erfassen, ohne dass gleichzeitig ein Ertrag aus einer Erfüllung von Verpflichtungen erfasst wird. Ist ein solcher Fall beispielhaft der einzige Geschäftsvorfall der Periode, so ist ein negatives Periodenergebnis in Höhe der Mittelverwendung auszuweisen (siehe Beispiel in Tabelle 4-4).

AKTIVA		PASSIVA	
		Ergebnis der Periode	-100
		Rückstellungen aus gebundenen Zuwendungen	100

Tabelle 4-4: Bilanz nach Verwendung der zweckgebundenen Zahlungsmittel für andere Zwecke

Ein solches negatives Ergebnis ist ein deutliches Signal für die Adressaten, dass die NPO in der Berichtsperiode zum einen die ihr auferlegten Auflagen auf Zuwendungen nicht erfüllt hat und zum anderen, dass die gebundenen Mittel für andere Zwecke verwendet wurden. Die NPO muss in der Folgeperiode erwartungsgemäß (zusätzliche) freie Zuwendungen einnehmen, da sie sonst mehr Mittel aufzuwenden verpflichtet ist, als sie zur Verfügung hat. Erhält die NPO im Anschluss weitere freie Zuwendungen, wird die Rückstellung zur Mittelverwendung dann durch bereits angefallene Aufwendungen sofort erfüllt.[493] Dies ist vor allem denkbar, wenn die Mittelverwendung im Laufe der Periode auf Basis eines (auf vergangenheitsorientierten Erfahrungswerten basierenden) Periodenbudgets beschlossen wird. Jeweils bei einer neuen freien Zuwendung zu überprüfen, ob mehr Mittel aufgewendet, als bis zum Zugangszeitpunkt der neuen Zuwendung „Rückstellungen aus freien Zuwendungen" passiviert waren, ist nicht erforderlich, da am Periodenende die Höhe des negativen Ergebnisses die bereits vor Zuwendung aufgewendeten Mittel zeigt. In dieser Höhe können dann „Rückstellungen aus freien Zuwendungen" ertragswirksam ausgebucht werden. Reichen

[493] Ähnlich auch IAS 20.20: Wird eine „Zuwendung der öffentlichen Hand" für bereits angefallene Aufwendungen oder zur sofortigen finanziellen Unterstützung gewährt, so ist die Zuwendung in der Periode ertragswirksam, in der der entsprechende Anspruch entsteht.

die „Rückstellungen aus freien Zuwendungen" am Periodenende nicht, um das negative Ergebnis zu decken, so bleibt dieses bestehen.

423.4 Ertragsrealisation abhängig von der Folgebewertung

Aus der Ertragsrealisation in Verbindung mit den verschiedenen Verpflichtungsarten können weitere Erkenntnisse bzgl. der Ertragsrealisation abhängig von der Folgebewertung von Zuwendungen ohne Gegenleistungen und den entsprechenden Passiva gezogen werden.

Die **Folgebewertung** der Aktiva und Passiva hängt wesentlich zusammen. Der zugewendete Wert ist, wie bereits erläutert,[494] das „Maß" für die Bewertung der Schulden aus den Zuwendungen ohne Gegenleistungen. Die entsprechenden Schulden sollten aufgrund ihrer Verursachung, die in der Zuwendung liegt, auch in der Folgebewertung den Wert der Zuwendung am entsprechenden Stichtag weder über- noch unterschreiten.

Ein bei der NPO aktivierter Vermögenswert, bei dem es sich bereits um die **Zuwendung** selbst handelt, kann im Wert gemindert sein. Die Zuwendungen können auf planmäßiger und/oder nicht planmäßiger Basis im Wert gemindert werden. Der Grund einer **Wertminderung** eines Vermögenswertes kann z. B. Verschleiß sein. Es handelt sich demnach um eine aufwandswirksam zu erfassende Mittelverwendung. Somit ist nicht nur die Wertminderung aufwandswirksam zu erfassen, sondern die entsprechende Verpflichtung zur Mittelverwendung wird in Höhe der Wertminderung erfüllt und sollte daher in gleicher Höhe ertragswirksam verbraucht werden.

Wertsteigerungen maximal in Höhe der zuvor *kumulierten Wertminderungen* einer Zuwendung ohne Gegenleistung sind „Korrekturen" der zuvor aufwandswirksam erfassten (planmäßigen oder nicht planmäßigen) Minderungen der *Aktiva*.[495] Die aufwandswirksamen Wertminderungen der Zuwendung sollten ertragswirksam korrigiert werden. Durch die aufwandswirksam erfassten Wertminderungen der Aktiva wurden ebenfalls *Verpflichtungen* zur Mittelverwendung in Höhe der Wertminderung erfüllt. Die Rückstellungen wurden ertragswirksam verbraucht. Daher sind die Rückstellungen neu aufwandswirksam zu bilden. Die Wertsteigerung in einem solchen Fall löst demnach eine ertragswirksame Wertsteigerung der *Aktiva* und in gleicher Höhe eine aufwandswirksame Erhöhung der *Passiva* aus. Sind Wertsteigerungen über zuvor kumulierte *Wertminderungen hinaus* zulässig, so erhöht sich der Wert der Zuwendung. Damit steigt der Wert, der noch für die Zwecke der NPO zu verwenden ist. Dies sollte sich daher in der Rückstellung für die Mittelverwen-

494 Siehe Abschn. 422.3.

495 Vgl. SCHÄFER, H.-J., in: Reuther/Hard IFRS, Sachanlagevermögen, Rn. 38.

dung entsprechend widerspiegeln. Somit erhöhen sich die Aktiva und Passiva in gleicher Höhe und die Wertsteigerung sollte erfolgsneutral erfasst werden.[496]

Auch **Zuwendungszusagen** können Wertschwankungen unterliegen. Zuwendungszusagen können planmäßige und/oder unplanmäßige **Wertsteigerungen** haben. Planmäßige Wertsteigerungen sind „Zinserträge“, die bei einer regelmäßigen Aufzinsung des Barwertes einer Zuwendungszusage ohne Gegenleistung anfallen. Unplanmäßige Wertsteigerungen können vor allem bei einer Fair-Value-(Neu-)Bewertung entstehen. Die Aufzinsungsbeträge sind aber wirtschaftlich betrachtet keine Zinsen. Die Zinsen, als Differenz zwischen Barwert und Nominalwert der Zusage, spiegeln den Zeitwert des Geldes zwischen Zusage- und Zuwendungszeitpunkt wider. Da die Zuwendung aber mit dem Nominalwert zugesagt wird, auf den der Barwert des Zusagezeitpunktes aufgezinst wird, sind die Zinsen vielmehr Bestandteil der Zuwendungszusage.[497] Auch andere Wertsteigerungen im Rahmen einer Fair-Value-Bewertung bzw. einer nicht regelmäßigen Aufzinsung sind Bestandteil der Zusage und nicht erfolgswirksam zu erfassende Wertsteigerungen. Die Zuwendungszusage ohne Gegenleistung wird gemäß der in den vorangegangenen Abschnitten entwickelten Bilanzierung im Zugangszeitpunkt *erfolgsneutral* zusammen mit einer entsprechenden Rückstellung erfasst.[498] Wie im Zugangszeitpunkt erhöhen sich Zuwendung und Rückstellung auch bei planmäßigen und unplanmäßigen Wertsteigerungen in den Folgeperioden in gleicher Höhe. Die Wertsteigerungen sind daher ebenfalls erfolgsneutral zu erfassen.[499]

Wertminderungen von Forderungen aus Zuwendungszusagen sind eine Korrektur der Zusage in Höhe des Wertminderungsbetrages. Durch die Wertminderung wird voraussichtlich weniger Nutzenzufluss aus der Zuwendungszusage für die NPO erwartet. Daher wird die NPO auch nur verpflichtet sein, weniger Mittel für die Zwecke der NPO aufzuwenden. Es ist in Höhe der Wertminderung noch kein Aufwand oder Ertrag zu erfassen, da noch keine Mittel für die Zwecke der NPO verwendet wurden. Eine solche Wertminderung der Aktiva ist erfolgsneutral zusammen mit einer Minderung der Passiva zu erfassen.

Zusammenfassend sollten Wertsteigerungen von *Zuwendungen* ohne Gegenleistungen maximal in Höhe zuvor kumulierter Wertminderungen erfolgswirksam und Wertsteigerungen über zuvor kumulierte Wertminderungen hinaus (sofern zulässig) erfolgsneutral erfasst werden. Bei Wertminderungen von Zuwendungen hingegen handelt es sich um eine Mittelverwendung, die die Adressaten in der Gewinn- und Verlustrechnung als relevante Informationen benötigen. Bei einer Zuwendungszusage sind Wertsteigerungen Bestandteil der *Zusage* und daher aus den gleichen Gründen nicht er-

496 Wie noch in Abschn. 423.6 gezeigt wird, ist allerdings der Unterschied zu Wertsteigerungen aus Leistungs-Gegenleistungsbeziehungen zu beachten. Diese werden, wie bei gewinnorientierten Unternehmen auch und sofern zulässig, erfolgswirksam erfasst.

497 Ähnlich vgl. FASB, SFAS 116, Tz. 20 und 115.

498 Siehe zu den Bewertungsansätzen bei der Fair-Value-Bewertung nach IFRS Abschn. 312.22.

499 Wurde eine Rückstellung hingegen *erfolgswirksam* gebildet, so ist die Rückstellung auch aufwandswirksam zu erhöhen.

folgswirksam zu erfassen, wie der zunächst im Zugangszeitpunkt aktivierte Fair Value. Wertminderungen von Zuwendungszusagen können keine Mittelverwendung der NPO sein, da die der Zusage zugrunde liegenden Mittel der NPO nicht, wie bereits zugewendete Mittel, für die Mittelverwendung zur Verfügung gestanden haben.

Im Ergebnis ist für die Folgebewertung und der daraus resultierenden Aufwands- und Ertragsrealisation von Bedeutung, ob es sich um Wertsteigerungen bzw. Wertminderungen von Zuwendungszusagen oder einer bereits zugewendeten Zuwendung handelt.

423.5 Auswirkungen des Unterschieds zwischen Verpflichtungen aus Zuwendungen und aus der Mittelverwendung auf die Ertragsrealisation

NPOs werden i. d. R nicht nur Verpflichtungen aus Zuwendungen ohne Gegenleistungen haben, sondern auch andere Verpflichtungsarten. Vor allem Verpflichtungen im Rahmen der *Verwendung* der eingeworbenen Mittel können hierzu zählen. Daher soll in diesem Abschnitt auf den Unterschied zwischen Verpflichtungen resultierend aus der Zuwendung und Verpflichtungen resultierend aus der Mittelverwendung eingegangen werden.

Bei Zuwendungszusagen an Mittelempfänger handelt es sich im Regelfall ebenfalls um einseitige Leistungsverpflichtungen.[500] Wird z. B. rechtlich verbindlich[501] eine Zuwendung an Studenten zugesagt (*Ereignis der Vergangenheit*), dass sie für die Regelstudienzeit ihres Studiums einen bestimmten Geldbetrag als Förderung erhalten (*Nutzenabfluss*) unter der Bedingung, dass sie jedes Semester ihre Immatrikulationsbescheinigung einsenden, so handelt es sich um eine bedingte Zusage der NPO an Studenten. Die Verpflichtung zur Zahlung des Förderbetrages unter der Bedingung der Einsendung einer Immatrikulationsbescheinigung ist durch den Zusagevertrag mit einer *gegenwärtigen Verpflichtung* verknüpft. Ist der Nutzenabfluss wahrscheinlich, ist demnach eine Schuld zu passivieren.[502]

Das die Verpflichtung begründende Ereignis ist hier nicht mehr die Zuwendung, sondern eine Unterstützungszusage. Bei der Unterstützungszusage handelt es sich um eine Mittelverwendung, daher ist in Höhe des Wertes der Rückstellung für die (Förder-)Zusage die Rückstellung für die Mittelverwendung ertragswirksam zu verbrauchen. Die Mittelverwendung führt hier, neben dem entstehenden Förderaufwand, zu einer zu passivierenden Förderverpflichtung.[503] Somit wird in gleicher

---

500 Vgl. BUSSE, J. S./PAARZ, M., Rechnungslegung von NPOs, S. 262.

501 Es ist strittig, ob es sich bei Leistungen innerhalb des Zwecks der NPO rechtlich um Schenkungen handelt. Der BGH lehnt in solchen Fällen eine Schenkung ab, die rechtliche Fachliteratur hingegen nicht. Ob es sich bei der Leistung der NPO um eine Schenkung handelt ist von Bedeutung, da im Falle einer Schenkung eine notarielle Beurkundung der z. B. Stipendienzusage für die rechtliche Wirksamkeit der Zusage notwendig ist. Vgl. dazu ausführlicher und m. w. N. WEISHEIT, M., Rechtsverhältnis zwischen Stiftung und Destinatär.

502 Vgl. für a. A. nach HGB mit der Begründung des Vorliegens eines Dauerschuldverhältnisses und schwebenden Geschäftes KOSS, C., Rechnungslegung der Stiftung, S. 115. Vgl. ablehnend zu KOSS SIEGEL, T., Transparenzdefizite, Fn. 30, S. 183.

503 Vgl. FASB, SFAS 116, Tz. 18; HFA DES IDW, IDW RS HFA 21, Tz. 20.

Höhe die Rückstellung für die Mittelverwendung ertragswirksam verbraucht (Rückstellung wird für die Zwecke, für die sie gebildet wurde, verbraucht) und eine Rückstellung für die Förderung aufwandswirksam gebildet (Mittelverwendung).

Zusammenfassend ist für die Bilanzierungsentscheidung, wann Aufwand zu erfassen ist, zu unterscheiden, ob es sich bei der zu bilanzierenden Verpflichtung um eine Mittelverwendung oder (immer noch) um eine Verpflichtung aus der Zuwendung ohne Gegenleistung handelt.[504]

423.6 Ertragsrealisation abhängig von den verschiedenen Betätigungsbereichen einer NPO

In den vorangegangenen Abschnitten wurden bisher nur Zuwendungen ohne Gegenleistungen untersucht, die im *ideellen Bereich*, d. h. für die Zweckerfüllung, einsetzt werden. Eine NPO kann allerdings ihre Mittel auch so einsetzen, dass aus der Anlage ihrer Mittel oder über wirtschaftliche Tätigkeiten Gewinne erwirtschaftet werden, die dann wiederum für die ideellen Zwecke zu verwenden sind.[505] Wie eine solche *Vermögensverwaltung* oder *wirtschaftliche Betätigungen* mit der in den vorangegangenen Abschnitten entwickelten Bilanzierung vereinbar sind, soll im Folgenden untersucht werden. Da in der Vermögensverwaltung und im wirtschaftlichen Bereich Mittel der NPO angelegt werden, um mit ihnen klassischerweise Gewinne zu erwirtschaften, wird in der folgenden Analyse beispielhaft für beide Bereiche nur auf die Vermögensverwaltung eingegangen.

In dem Zeitraum, in dem die Mittel für Renditezwecke gebunden sind, stehen sie nicht für die Zweckverwirklichung zur Verfügung. Daher ist es von Bedeutung, dass die eingesetzten Mittel eine adäquate Rendite erwirtschaften und so der Entzug von der direkten Mittelverwendung gerechtfertig ist.[506] Der Mitteleinsatz in der Vermögensverwaltung bei einer NPO sollte sich daher wie der Mitteleinsatz bei gewinnorientierten Unternehmen bewerten lassen. Informationen über die Rendite des so eingesetzten Kapitals sind daher für die Adressaten relevant. Bestehende Bilanzierungswahlrechte sollten aus diesem Grund an der Renditeorientierung des Bereiches ausgerichtet werden, unabhängig davon, wie die Mittel in die Vermögensverwaltung gelangten.

Damit Informationen über die Rendite des eingesetzten Kapitals vermittelt werden, sollten **Aufwendungen und Erträge** wie bei gewinnorientierten Unternehmen erfasst werden. Diese sollten getrennt von den Aufwendungen und Erträgen des ideellen Bereiches in der Gesamtergebnisrechnung ausgewiesen werden, weil sonst die Rendite der Vermögensverwaltung für die Adressaten nicht ersichtlich wäre.

Sollen Mittel der NPO in der Vermögensverwaltung genutzt werden, sollte dies für die Adressaten ersichtlich sein. Eine Rückstellung für die Mittelverwendung im Rahmen der Zwecke der NPO muss weiterhin bestehen, da die Zwecke der Zuwendung noch nicht erfüllt wurden. Die Mittel in

504 Wie bereits in Abschnitt 423.2 angedeutet.

505 Siehe zu den Tätigkeitsbereichen einer NPO Abschn. 222.5.

506 Siehe Abschn. 311.3.

der Vermögensverwaltung sind allerdings temporär gebunden und können während der Bindung nicht (frei) für die Zwecke der NPO verwendet werden. Aus diesem Grund sollten die daraus resultierenden Rückstellungen gesondert gekennzeichnet werden als „**Rückstellungen** für Zuwendungen gebunden in der **Vermögensverwaltung**".

Fraglich ist hier, wie sich die Folgebewertung und **Ertragsrealisation** in der Vermögensverwaltung auf die entsprechende **Rückstellung** auswirken. *Zum einen* könnte die Idee bestehen, die Rückstellung für die in die Vermögensverwaltung „verschobenen" Mittel konstant auf dem Wert zu belassen, den die Zuwendungen beim Wechsel in die Vermögensverwaltung innehatten. Ein solcher konstant gehaltener, historischer Rückstellungswert ist allerdings nicht der beste Schätzer für die noch zu verwendenden Mittel, die in der Vermögensverwaltung gebunden sind. *Zum anderen* würde eine direkte unterjährige, einzelfallbezogene Anpassung der entsprechenden Rückstellung durch Wertänderungen der Vermögenswerte in der Vermögensverwaltung die besondere Ertragsrealisation des ideellen Bereiches und die „klassische" Ertragsrealisation der Vermögensverwaltung vermischen. So können ebenfalls keine relevanten Informationen vermittelt werden.

Am Abschlussstichtag kann alternativ, zunächst ohne unterjährig angepasste Rückstellungen, ein Ergebnis in der Gesamtergebnisrechnung für die Vermögensverwaltung aus den entsprechenden Aufwendungen und Erträgen ermittelt werden. Das Ergebnis der Vermögensverwaltung kann so eindeutig in der Gesamtergebnisrechnung ausgewiesen werden, damit die Adressaten erkennen können, ob sich der temporäre Entzug der von ihnen zugewendeten Mittel aus der direkten Zweckerfüllung rentiert hat. Außerdem sollte dann die entsprechende Rückstellung durch das Ergebnis angepasst werden, ähnlich den Wertminderungen und Wertsteigerungen aus Zuwendungszusagen. Ist das Ergebnis aus der Vermögensverwaltung *positiv*, so wurden zusätzliche Mittel für die Zwecke der NPO generiert (Beispiel unten). Ist das Ergebnis aus der Vermögensverwaltung *negativ*, so hat der ideelle Bereich den Verlust aus der Vermögensverwaltung zu tragen. Damit der Wert der in der Vermögensverwaltung gebundenen Mittel erkennbar ist, wird das entsprechende Ergebnis den „Rückstellungen aus in der Vermögensverwaltung gebundenen Mitteln" entweder zugeführt oder abgezogen.

Ergebnis Vermögensverwaltung	an	Rückstellungen für Zuwendungen gebunden in der Vermögensverwaltung

Der Rückstellungswert der „Rückstellungen für Zuwendungen gebunden in der Vermögensverwaltung" entspricht nach der Anpassung am Stichtag dem besten Schätzer der noch zu verwendenden Mittel aus den Zuwendungen ohne Gegenleistungen, die in der Vermögensverwaltung gebunden sind. So können die Adressaten die Rendite des eingesetzten Kapitals in der Vermögensverwaltung beurteilen und entscheidungsnützliche Informationen werden sowohl in der Bilanz als auch in der Gewinn- und Verlustrechnung vermittelt

5 Abbildung von Zuwendungen ohne Gegenleistungen bei NPOs nach IFRS

51 Bilanzierung von Zuwendungen ohne Gegenleistungen

511. Überblick

In diesem Kapitel wird die Anwendung der konkreten IFRS-Normen durch NPOs für bestimmte Sachverhalte analysiert. Es wird untersucht, inwieweit die Detailregelungen der IFRS *ausdrücklich* auf die jeweiligen, zu untersuchenden Sachverhalte anzuwenden sind (IAS 8.7) und inwiefern für die zu erfüllenden Zwecke eines IFRS-Abschlusses auf die auf den allgemeinen Kriterien basierende Bilanzierung aus Kapitel 4 zurückgegriffen werden sollte.

Ein IFRS kann sich nicht nur in seiner Gesamtheit ausdrücklich auf einen abzubildenden Sachverhalt beziehen. Ein Standard kann auch einen Teil des Ereignisses „Zuwendung ohne Gegenleistung", wie nur Ansatz oder nur Bewertung, ausdrücklich behandeln. Aus diesem Grund wird in den folgenden Abschnitten für die verschiedenen Arten von Zuwendungen ohne Gegenleistungen in einem ersten Schritt die Bilanzierung von Vermögenswerten (Bilanzierung der Aktiva) und Schulden (Bilanzierung der Passiva) separat nach einzelnen IFRS geprüft. In einem zweiten Schritt wird die Ertragsrealisation im Zusammenhang mit der Abbildung in der Bilanz und als Konsequenz aus den gleichzeitig auf den Sachverhalt anzuwendenden Standards analysiert. Dazu werden die Anwendungsbereiche der einzelnen IFRS sowie ihre Definitionskriterien daraufhin untersucht, ob sie ausdrücklich auf die jeweiligen Sachverhalte anzuwenden sind. Anschließend werden ebenso die Ansatzkriterien und die Bewertungsregeln analysiert. Auch die entsprechenden Angabepflichten im Anhang werden in die Analyse einbezogen.

Zunächst werden Zuwendungen ohne Gegenleistungen innerhalb des *ideellen* Bereiches einer NPO untersucht. Der Einsatz der Zuwendungen ohne Gegenleistungen, um weitere Mittel für die Zwecke der NPO zu generieren, wird in Abschnitt 52 analysiert.

Da es keinen umfassenden IFRS gibt, der sich ausdrücklich auf den Sachverhalt „Zuwendung ohne Gegenleistung" bezieht[507] und der gesamte Sachverhalt durch verschiedene, gleichzeitig anzuwendende Standards abzubilden sein kann, dient zunächst ein **Grundfall** als Ausgangspunkt für spezifischere Variationen von Zuwendungsfällen. Es wird dafür von einer „Zuwendung ohne Gegenleistung" *ohne Bedingungen* und *ohne Verwendungsbeschränkungen* ausgegangen sowie von Rückforderungsmöglichkeiten durch den Zuwender abgesehen. Der Übergang des wirtschaftlichen Eigentums fällt zudem annahmegemäß mit der Einigung über die Zuwendung zusammen. Werden die zugewendeten Mittel dann verwendet, so wird von Ausgaben ausgegangen, die sofort aufwandswirksam erfasst werden. Der beschriebene Grundfall soll im Folgenden als „**einfache Zuwendung**" bezeichnet werden.

---

[507] Siehe Abschn. 31.

Zunächst wird von der einfachsten Variante des Grundfalls ausgegangen, der einmaligen Zuwendung von Zahlungsmitteln (im Folgenden: **einfache finanzielle Zuwendung**, siehe Abbildung 5-1). Dieser erste zu untersuchende Sachverhalt wird besonders ausführlich analysiert, da hier die Grundlagen ausdrücklich anzuwendender Normen auch für die komplexeren Sachverhalte gelegt bzw. geprüft werden.

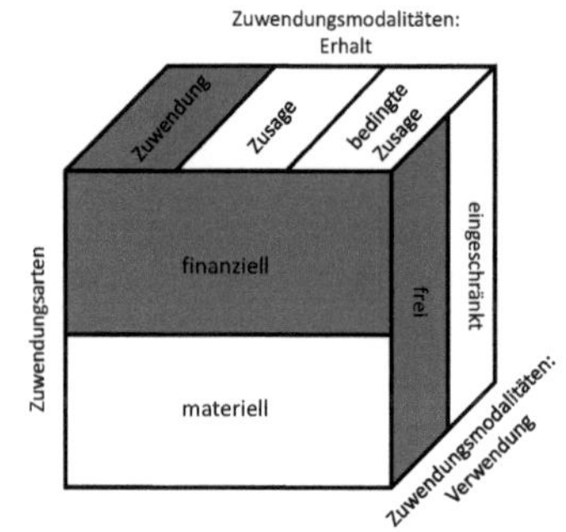

Abbildung 5-1: Einfache finanzielle Zuwendungen

Aufbauend auf dem ersten Sachverhalt wird anschließend eine alternative Zuwendungsart (materiell) der einfachen Zuwendung analysiert (Abschnitt 512). In Abschnitt 513 sollen anschließend komplexere Zuwendungen, wie Zuwendungszusagen mit Bedingungen, analysiert werden.

512. Bilanzierung der verschiedenen Zuwendungsarten

512.1 Bilanzierung finanzieller Zuwendungen in Form von Zahlungsmitteln

512.11 Bilanzierung der Aktiva

512.111 Ansatz der Zahlungsmittel

Zunächst wird für eine einfache finanzielle Zuwendung die Bilanzierung der Aktiva analysiert. Die Ertragsrealisation als Konsequenz des Zusammenwirkens mit den Passiva wird erst in einem zweiten Schritt im Anschluss untersucht. Für die Analyse einer einfachen Zuwendung von Zahlungsmitteln wird zunächst geprüft, ob ein Standard ausdrücklich auf die Aktiva aus dem Sachverhalt anzuwenden ist. Ob ein Standard ausdrücklich anzuwenden ist, wird anhand der Anwendungsbereiche der relevanten IFRS sowie der entsprechenden Definitionskriterien geprüft. Anschließend müssen auch die Ansatzkriterien erfüllt sein, damit ein Vermögenswert zu aktivieren ist.

Bei einfachen finanziellen Zuwendungen werden Zahlungsmittel zugewendet.[508] Zahlungsmittel sind (die Basis) **finanzielle**(r) **Vermögenswerte** und könnten daher nach IFRS 9 (Finanzinstrumente) zu bilanzieren sein. Denn gemäß IFRS 9.1.1 ist es die Zielsetzung von IFRS 9, die Bilanzierung von finanziellen Vermögenswerten zu regeln. IFRS 9 ist im Zusammenhang mit IAS 39 (Finanzinstrumente: Ansatz und Bewertung), IAS 32 (Finanzinstrumente: Darstellung) und IFRS 7 (Finanzinstrumente: Angaben) anzuwenden. IFRS 9 ersetzt erst in Teilen den IAS 39 und daher gilt der IAS 39, bis auf in IFRS 9 geregelte Bereiche, weiterhin (IFRS 9.IN5).[509]

Für **Definitionen** ist gemäß IAS 39.8 IAS 32 anzuwenden. Die Definition von finanziellen Vermögenswerten in IAS 32.11 enthält explizit Zahlungsmittel. Zahlungsmittel sind gemäß IAS 7.6 Barmittel und Sichteinlagen. Somit fallen einfache Zuwendungen von Zahlungsmitteln unter die Definition von finanziellen Vermögenswerten und damit in den Anwendungsbereich von IFRS 9 i. V. m. IAS 39.

Ein finanzieller Vermögenswert ist gemäß IFRS 9.3.1.1 dann zu aktivieren, wenn die bilanzierende Organisation **Vertragspartei** eines **Finanzinstrumentes** wird.[510] Die **Ansatzkriterien** basieren demnach nicht auf den allgemeinen Ansatzkriterien des Conceptual Framework (wahrscheinlicher Nutzenzufluss sowie verlässliche Bewertbarkeit).[511]

Ein **Finanzinstrument** ist in IAS 32.11 definiert als ein *Vertrag*, der gleichzeitig bei einem *Unternehmen* zu einem *finanziellen Vermögenswert* und bei einem anderen Unternehmen zu einer *finanziellen Verbindlichkeit* führt. Die einzelnen Elemente dieser Definition sind ebenfalls in IAS 32 definiert und sollen daraufhin untersucht werden, ob sie auf den Sachverhalt „einfache finanzielle Zuwendung“ ausdrücklich anzuwenden sind. Dass ein *finanzieller Vermögenswert* vorliegt, wurde bereits festgestellt.

Ein *Unternehmen* kann gemäß der deutschen Übersetzung von IAS 32.14 Einzelperson, Personengesellschaft, Kapitalgesellschaft, Treuhänder oder öffentliche Institution sein. Der englische Originaltext lautet dagegen: „In this standard, 'entity' includes individuals, partnerships, incorporated bodies, trusts and government agencies“ (IAS 32.14). “Incorporated bodies” ist jedoch nicht allein mit Kapitalgesellschaften zu übersetzen, sondern „incorporated“ bedeutet rechtsfähig[512] und „body“ ist eine Körperschaft.[513] Der Originaltext ist daher allgemeiner und umfasst alle rechtsfähigen Körperschaften. Die Gesellschaften im deutschen Zivilrecht können in Personengesellschaften und

508 Siehe Abschn. 511.

509 Langfristig soll IFRS 9 IAS 39 komplett ersetzen. Zurzeit ersetzt indes IFRS 9 lediglich Teile des IAS 39. Vgl. ausführlicher zur Entwicklung des IFRS 9 OLBRICH, A., Fortgeführte Anschaffungskosten nach IFRS 9, S. 41-46, vor allem die Grafik auf S. 46; BEINE, F./MEYER, C., in: Wiley-Kommentar, 7. Aufl., Abschn. 7, Rn. 2-8.

510 Vgl. KUHN, S., Neuregelung der Bilanzierung von Finanzinstrumenten, S. 103.

511 Vgl. VON OERTZEN, C., in: Beck'sches IFRS HB, 3. Aufl., § 3, Rn. 87.

512 Vgl. LANGENSCHEIDT-REDAKTION (HRSG.), Fachwörterbuch, S. 324.

513 Vgl. LANGENSCHEIDT-REDAKTION (HRSG.), Fachwörterbuch, S. 234.

Körperschaften unterteilt werden. Körperschaften können rechtsfähig und nicht rechtsfähig sein. Zu den rechtsfähigen Körperschaften zählen der eingetragene Verein (e. V.), Kapitalgesellschaften sowie Genossenschaften.[514] Der Verein ist demnach unter die Definition „entity" des IAS 32 zu fassen. Stiftungen sind hingegen keine Körperschaften, da sie keine Personenvereinigungen, sondern juristische Personen ohne Mitglieder sind.[515] Hingegen ist „trust" auch nicht einzig mit Treuhänder zu übersetzen, sondern kann auch Stiftung heißen.[516] Gemäß IAS 32.14 umfasst der Begriff „Unternehmen" auch Einzelpersonen. Somit fallen auch finanzielle Vermögenswerte, die durch Rechte gegenüber Privatpersonen entstehen, unter die Regelungen des IFRS 9 i. V. m. IAS 39.[517] Da an anderer Stelle explizit keine engere Definition von „entity" besteht, wird im Folgenden davon ausgegangen, dass unter dem Begriff „entity" bzw. in den deutschen Übersetzungen „Unternehmen" im Sinne der IFRS auch die wesentlichen Rechtsformen deutscher NPOs gefasst werden können.[518]

Bei der Zuwendung von Barmitteln wird ein *Vertrag* i. S. d. IAS 32.13 geschlossen, der i. S. e. Handschenkung sofort erfüllt wird.[519] Bei Sichteinlagen sind die NPO und ihre Bank über einen Kontoführungsvertrag bereits vor der Zuwendung Vertragsparteien. Die vertraglich gesicherten Rechte flüssige Mittel von der Bank zu erhalten bzw. Mittel an einen Gläubiger zu überweisen stehen der NPO allerdings erst bei Eingang der Zuwendung auf ihrem Bankkonto zu (IAS 32.AG3).[520]

Der Vertrag muss des Weiteren bei einer anderen Organisation auch zu einer *finanziellen Verbindlichkeit* führen. Eine finanzielle Verbindlichkeit umfasst gemäß IAS 39.11 eine vertragliche Verpflichtung einer anderen Organisation flüssige Mittel zu übereignen. Bei den Barmitteln wird diese Verpflichtung sofort erfüllt. Bei Sichteinlagen entspricht dies der Verpflichtung der Bank.

Erhält die NPO demnach Zahlungsmittel (Barmittel oder Sichteinlagen), so sind diese dann zu aktivieren, wenn die Zahlungsmittel übereignet werden (IFRS 9.3.1.1).[521]

512.112 Bewertung der Zahlungsmittel

Gemäß IFRS 9.5.1.1 hat die Organisation beim **erstmaligen Ansatz** finanzielle Vermögenswerte zum Fair Value zu bewerten.[522] Ob im Zugangszeitpunkt zusätzlich zum Fair Value auch die Trans-

514 Vgl. KLUNZINGER, E., Gesellschaftsrecht, S. 4.

515 Vgl. KINDLER, P., Gesellschaftsrecht, § 9, Rn. 10; NEU, M., Gesellschaftsrecht, S. 3.

516 Vgl. LANGENSCHEIDT-REDAKTION (HRSG.), Fachwörterbuch, S. 428.

517 Vgl. für das gleiche Ergebnis, aber über eine nicht korrekte Definition von Unternehmen VON OERTZEN, C., in: Beck'sches IFRS HB, 3. Aufl., § 3, Rn. 35.

518 Vgl. allgemeiner zur Problematik der Übersetzung der IFRS und deren Anwendung KÜTING, K., Unbestimmte Rechtsbegriffe, S. 2092-2093.

519 Vgl. GEHRLEIN, M., in: Bamberger/Roth BGB, 2. Aufl., § 516, Rn. 1 und 6. Siehe dazu auch Abschn. 222.1.

520 Vgl. BEINE, F./MEYER, C., in: Wiley-Kommentar, 7. Aufl., Abschn. 7, Rn. 11.

521 Vgl. VON OERTZEN, C., in: Beck'sches IFRS HB, 3. Aufl., § 11, Rn. 35. Vgl. für die Einordnung von Zahlungsmitteln (und Forderungen) als grundlegende Finanzinstrumente KPMG INTERNATIONAL FINANCIAL REPORTING GROUP, Insights into IFRS, 8. Aufl., Rn. 7.1.20.30.

aktionskosten zu aktivieren sind, bestimmt sich nach der Art der Folgebewertung. Werden finanzielle Vermögenswerte *nicht erfolgswirksam zum Fair Value* bewertet, so sind in die Erstbewertung die Transaktionskosten, die dem Erwerb direkt zuzurechnen sind, einzubeziehen (IFRS 9.5.1.1).[523]

Zur Folgebewertungskategorie „*nicht erfolgswirksam zum Fair Value*" können finanzielle Vermögenswerte gehören, die zu fortgeführten Anschaffungskosten bewertet werden sowie Eigenkapitalinstrumente, die nicht zu Handelszwecken gehalten werden, in die Kategorie Fair-Value-Bewertung fallen und zum Fair-Value über das sonstige Ergebnis bewertet werden (IFRS 9.5.7.5).[524] Da es sich bei finanziellen Vermögenswerten in der Form von Zahlungsmitteln nicht um Eigenkapitalinstrumente handelt, ist lediglich zu prüfen, ob sie in die Kategorie „*zu fortgeführten Anschaffungskosten*" fallen.

In der Folge ist dann zu *fortgeführten Anschaffungskosten* zu bewerten, wenn die Vermögenswerte im Rahmen eines Geschäftsmodells gehalten werden, um mit ihnen Cashflows zu vertraglich fest vereinbarten Zeitpunkten zu vereinnahmen, die ausschließlich aus Zins- und Tilgungszahlungen bestehen (IFRS 9.4.1.1).[525] Die Zahlungsmittel aus einfachen finanziellen Zuwendungen werden nicht gehalten, um mit ihnen Cashflows zu vertraglich fest vereinbarten Zeitpunkten zu generieren. Daher sind sie für die Folgebewertung in die Kategorie „Bewertung zum Fair Value" einzuordnen.[526] Aus diesem Grund sind die Zahlungsmittel auch im Zugangszeitpunkt zum Fair Value *ohne Transaktionskosten* zu bewerten.[527]

Die Fair-Value-Bewertung ist in den IFRS standardübergreifend in IFRS 13 geregelt.[528] Der **Fair Value** ist gemäß IFRS 13.9 der (Exit-)Preis, der bei der Veräußerung eines Vermögenswertes oder dem Transfer einer Schuld in einer gewöhnlichen Transaktion zwischen Marktteilnehmern am Bewertungstag gezahlt werden würde.[529] Die Bewertung der Zahlungsmittel zum Fair Value weicht

522 Vgl. BEINE, F./MEYER, C., in: Wiley-Kommentar, 7. Aufl., Abschn. 7, Rn. 272; BERENTZEN, C., Finanzielle Vermögenswerte nach IAS 39 und IFRS 9, S. 91-92.

523 Vgl. BEINE, F./MEYER, C., in: Wiley-Kommentar, 7. Aufl., Abschn. 7, Rn. 272.

524 Vgl. KUHN, S., Neuregelung der Bilanzierung von Finanzinstrumenten, S. 104. Finanzinstrumente können auch freiwillig als erfolgswirksam zum Fair Value designiert werden, wenn dadurch Inkongruenzen bei Ansatz und Bewertung beseitigt oder erheblich verringert werden können (IFRS 9.4.1.5). Vgl. dazu auch ausführlicher OLBRICH, A., Fortgeführte Anschaffungskosten nach IFRS 9, S. 54-55.

525 Vgl. ECKES, B./FLICK, P./SIERLEJA, L., Kategorisierung und Bewertung von Finanzinstrumenten nach IFRS 9, S. 629. Vgl. ausführlicher zu den Kriterien BERENTZEN, C., Finanzielle Vermögenswerte nach IAS 39 und IFRS 9, S. 77-88. Finanzielle Vermögenswerte können auch freiwillig als erfolgswirksam zu Fair Value designiert werden, wenn dadurch Inkongruenzen bei Ansatz und Bewertung beseitigt oder erheblich verringert werden können (IFRS 9.4.1.5). Vgl. auch ausführlicher OLBRICH, A., Fortgeführte Anschaffungskosten nach IFRS 9, S. 54-55.

526 Vgl. für die Kategorisierung von Zahlungsmitteln VON OERTZEN, C., in: Beck'sches IFRS HB, 3. Aufl., § 11, Rn. 36.

527 Vgl. für die Bewertung von Zahlungsmitteln zum Fair Value VON OERTZEN, C., in: Beck'sches IFRS HB, 3. Aufl., § 11, Rn. 37.

528 Siehe grundlegend zur Fair-Value-Bewertung nach IFRS 13 Abschn. 312.22.

529 Gemäß IFRS 13.25 ist der Fair Value nicht grundsätzlich um durch die NPO gezahlte Transaktionskosten anzupassen. Ob Transaktionskosten zusätzlich zum Fair Value zu aktivieren sind, richtet sich nach dem jeweiligen

nur dann vom Nominalwert der Zahlungsmittel ab, wenn eine Fremdwährungsumrechnung erforderlich ist, von der in der vorliegenden Arbeit aber abgesehen wird.[530] Der Fair Value entspricht daher dem Wert der Zahlungsmittel im Zugangszeitpunkt sowie an den darauffolgenden Stichtagen.[531]

IFRS 13 regelt nicht nur die Fair-Value-Bewertung, sondern umfasst des Weiteren auch Regelungen dazu, unter welchen Umständen eine Fair-Value-Bewertung im Zugangszeitpunkt **erfolgswirksame** Auswirkungen hat. Besteht zwischen Fair Value und Transaktionspreis im Zugangszeitpunkt eine **Differenz**, ist diese nach den Vorschriften des IFRS 13.60 zu erfassen, wenn kein anderer IFRS den Umgang mit einer solchen Differenz ausdrücklich regelt.[532] Mit der Einführung von IFRS 13 wurde zu IFRS 9 u. a. der Paragraf IFRS 9.5.1.1A hinzugefügt, der den Fall regelt, bei dem ein Transaktionspreis vom Fair Value im Zugangszeitpunkt abweicht. Somit ist in IFRS 9 eine ausdrückliche Regelung enthalten und IFRS 13.60 nicht für die Frage der Ertragsrealisation im Zugangszeitpunkt anzuwenden. Wenn eine Differenz zwischen Fair Value und Transaktionspreis besteht, ist diese gemäß IFRS 9.B5.1.2A (a) in der Gewinn- oder Verlustrechnung zu erfassen, sofern der Fair Value durch einen beobachtbaren Preis in einem aktiven Markt für einen ähnlichen Vermögenswert nachgewiesen werden kann oder auf einer Bewertungstechnik beruht, die ausschließlich Daten von beobachtbaren Märkten verwendet.[533] Der Fair Value kann hier als originärer Marktwert bestimmt werden und ist daher in Level 1 der Fair-Value-Hierarchie einzuordnen.[534] Inwiefern die Regelungen des IFRS 9.B5.1.2A (a) hingegen ausdrücklich auf Zuwendungen ohne Gegenleistungen anzuwenden sind, wird zusammen mit der Bilanzierung der Passiva und der daraus resultierenden Ertragsrealisation analysiert.[535]

Die Zahlungsmittel sind dann **auszubuchen**, wenn sie übertragen werden und die NPO keine Verfügungsmacht mehr über sie hat (IFRS 9.3.2.3).

Standard, der die Fair-Value-Bewertung vorschreibt (IFRS 13.25). Wie bereits festgestellt, sind die Transaktionskosten gemäß IFRS 9.5.1.1 nicht zu aktivieren.

530 Vgl. für die Bewertung zum Nominalwert und zur Fremdwährungsbewertung von Zahlungsmitteln VON OERTZEN, C., in: Beck'sches IFRS HB, 3. Aufl., § 11, Rn. 37.

531 Hier wird von einer Fremdwährungsumrechnung abgesehen. Mögliche Wertänderungen des finanziellen Vermögenswertes durch die Fair-Value-Folgebewertung sind im Gewinn oder Verlust zu erfassen (IFRS 9.5.7.1).

532 Vgl. KIRSCH, H.-J./KÖHLING, K./DETTENRIEDER, D., in: Baetge u. a., Rechnungslegung nach IFRS, 2. Aufl., IFRS 13, Rn. 42. Inwiefern der Begriff des Transaktionspreises auf eine Zuwendung ohne Gegenleistung anzuwenden ist, wird in Abschn. 512.14 analysiert.

533 In allen anderen Fällen ist am Zugangstag noch keine erfolgswirksame Erfassung zulässig (IFRS 9.B5.1.2A (b)). Nach dem Zugang ist dann nur der Teil der Differenz erfolgswirksam zu erfassen, der durch die Änderung eines Faktors (inkl. Zeit) entstanden ist und den Marktteilnehmer bei der Bepreisung des Vermögenswertes berücksichtigen würden (IFRS 9.B5.1.2A (b)). Vgl. dazu HFA DES IDW, IDW RS HFA 24, Tz. 45. Die Formulierung in IFRS 9.B5.1.2A (b) ist nah an IAS 39.AG76A, die sie ersetzen soll.

534 Siehe zur Fair-Value-Hierarchie Abschn. 312.22.

535 Siehe Abschn. 512.14.

Zusammenfassend sind aus der einfachen finanziellen Zuwendung im Zugangszeitpunkt Zahlungsmittel in Höhe des zugewendeten Geldbetrages zu aktivieren. Der Nominalbetrag der Zahlungsmittel verändert sich in der Folgebewertung nicht, bis dieser abgeht.

512.12 Bilanzierung der Passiva

512.121 Ansatz der Verpflichtungen

Im Fall einer einfachen finanziellen Zuwendung entsteht keine rechtliche Verpflichtung zur Mittelverwendung und es wird von Rückforderungsmöglichkeiten abgesehen.[536] Bezüglich der Mittelverwendung geht der NPO daher im Fall einer *einfachen* finanziellen Zuwendung eine faktische Verpflichtung zur Mittelverwendung zu.[537] Die (allgemeinen) **Definitionskriterien** einer Schuld sind dann erfüllt.

Vom wirtschaftlichen Gehalt der faktischen Mittelverwendungsverpflichtung ausgehend könnte IAS 37 für die Bilanzierung der Verpflichtung einschlägig sein. IAS 37 ist auf Rückstellungen, Eventualverbindlichkeiten und -forderungen **anzuwenden**, wenn kein anderer Standard ausdrücklich anzuwenden ist (IAS 37.1 (c), IAS 37.5).[538] IFRS 9 i. V. m. IAS 39 bezieht sich, im Gegensatz zu IAS 37, nur auf *vertragliche* Verpflichtungen und ist daher nicht anzuwenden.

Die **Ansatzkriterien** nach IAS 37.14 entsprechen den allgemeinen Ansatzkriterien des Conceptual Framework.[539] Ein Ressourcenabfluss aus der faktischen Verpflichtung zur Mittelverwendung ist wahrscheinlich, da es der NPO immanent ist, die Mittel für ihre Organisationszwecke zu verwenden.[540] Im Fall einer *einfachen finanziellen Zuwendung* liegen auch keine anderweitigen Hinweise vor, die an einem solchen Mitteleinsatz zweifeln lassen. Die Bewertung wird im folgenden Abschnitt 512.122 analysiert. Zusammenfassend ist, sofern eine verlässliche Bewertbarkeit besteht, im Zugangszeitpunkt eine faktische Verpflichtung zur Mittelverwendung aus einer einfachen finanziellen Zuwendung zu passivieren.

512.122 Bewertung der Verpflichtungen

Die zu passivierenden Verpflichtungen nach IAS 37 sind mit dem **besten Schätzer** zu bewerten (IAS 37.36). Da es sich bei der faktischen Verpflichtung nicht um eine große Zahl von Positionen i. S. d. IAS 37.39 handelt,[541] ist als bester Schätzer das wahrscheinlichste Ereignis für die Bewertung der Schuld heranzuziehen (IAS 37.40): Aus der einfachen Zuwendung resultiert (nur) eine

---

536 Mögliche Verwendungsbeschränkungen für die NPO werden in Abschn. 513.3 analysiert. Rückforderungsmöglichkeiten durch den Zuwender werden in Abschn. 514 analysiert.

537 Siehe Abschn. 421.212.3.

538 Vgl. VON KEITZ, I./WOLLMERT, P./OSER, P./WADER, D., in: Baetge u. a., Rechnungslegung nach IFRS, 2. Aufl., IAS 37, Rn. 7.

539 Vgl. VON KEITZ, I./WOLLMERT, P./OSER, P./WADER, D., in: Baetge u. a., Rechnungslegung nach IFRS, 2. Aufl., IAS 37, Rn. 29.

540 Siehe Abschn. 421.22.

541 Siehe dazu Abschn. 421.22 und 422.3.

Verpflichtung zur Mittelverwendung.[542] Daher ist anzunehmen, dass die Mittel mit hoher Wahrscheinlichkeit für die Zwecke der NPO aufzuwenden sind. Bei allgemein für die Zwecke der NPO zu verwendenden Mitteln sollten auch keine Zweifel daran bestehen, dass die Verpflichtung erfüllt wird, da sonst der Fortbestand der NPO infrage gestellt würde. Somit ist das wahrscheinlichste Ereignis die vollständige Verwendung der zugewendeten Mittel für die Zwecke der NPO. Der Ausgangsbetrag ist demnach die Höhe der Zuwendung, hier der Zahlungsmittel.

Da die Mittel maximal für die Zwecke der Organisationsziele eingesetzt werden sollen, wird i. d. R. im Zugangszeitpunkt *nicht* geplant, dass die Mittel langfristig in der Organisation verbleiben. Dann werden keine wesentlichen **Zinseffekte**, Risiken oder wesentliche künftige Ereignisse, die den Betrag der Verpflichtung beeinflussen können, bestehen.[543] Der Wert im Zeitpunkt des Zugangs der Verpflichtung entspricht daher dem Wert des korrespondierenden Aktivpostens der Zuwendung.

In IAS 37 ist lediglich geregelt, wann eine Verpflichtung dem Grunde nach und in welcher Höhe sie anzusetzen ist. Es ist hingegen nicht geregelt, ob die Verpflichtung **erfolgswirksam** oder erfolgsneutral zu passivieren ist.[544]

Die Verpflichtung ist, in den Fällen ohne wesentlichen Zinseffekt, in ihrer **Fortschreibung** auch nicht aufzuzinsen (IAS 37.60). Weiterhin ist in IAS 37 bezogen auf die Folgebilanzierung geregelt, dass eine Verpflichtung **auszubuchen** ist, wenn ein wahrscheinlicher Ressourcenabfluss nicht mehr gegeben ist (IAS 37.59). Gegen eine gebildete Verpflichtung sind nur die Ausgaben aufzurechnen, für die sie gebildet wurde (IAS 37.62). Die Auswirkungen, die die Anwendung dieser Vorschrift hat, werden im Rahmen der Ertragsrealisation im Zusammenhang mit der Abbildung in der Bilanz analysiert.[545]

Eine Rückstellung aus einer einfachen finanziellen Zuwendung wird im Folgenden als „Rückstellung aus freien Zuwendungen" bezeichnet und kann entsprechend in der Bilanz ausgewiesen werden.[546]

---

542 Für die Analyse der einfachen Zuwendung wird zunächst von einer möglichen Rückforderung abgesehen. Siehe dazu Abschn. 511.

543 Die Risiken und einzubeziehenden künftigen Ereignisse resultieren dabei aus Risiken und/oder künftigen Ereignissen bzgl. der Zuwendung. Siehe dazu Abschn. 422. Sind solche Parameter dennoch wesentlich, so wird an dieser Stelle auf die Ausführungen zur Bewertung in Abschn. 513.12 verwiesen.

544 Vgl. HOFFMANN, W.-D., in: Haufe IFRS, 10. Aufl., § 21, Rn. 17; VON KEITZ, I./WOLLMERT, P./OSER, P./WADER, D., in: Baetge u. a., Rechnungslegung nach IFRS, 2. Aufl., IAS 37, Rn. 10 und 12. Ein Beispiel für eine erfolgsneutrale Rückstellungsbildung sind Aufwendungen, die als Bestandteil der Anschaffungs- und Herstellungskosten einer Sachanlage aktiviert werden. Vgl. HOFFMANN, W.-D., in: Haufe IFRS, 10. Aufl., § 21, Rn. 82-84 und 158; VON KEITZ, I./WOLLMERT, P./OSER, P./WADER, D., in: Baetge u. a., Rechnungslegung nach IFRS, 2. Aufl., IAS 37, Rn. 123.

545 Siehe Abschn. 512.14.

546 Siehe zur Art der Verpflichtung Abschn. 421.214.

Zusammenfassend ist im Zugangszeitpunkt einer einfachen finanziellen Zuwendung eine „Rückstellung aus freien Zuwendungen“ zu passivieren. Der Rückstellungswert entspricht dem der Zuwendung und verändert sich entsprechend zu den sich nicht verändernden Zahlungsmitteln im Zeitablauf nicht, bis die Rückstellung ausgebucht wird.

512.13 Angaben zu Aktiva und Passiva

Die Anhangangaben zu den Aktiva und Passiva sind auch integraler Bestandteil eines IFRS-Abschlusses und daher, ebenso wie die Aktivierungs- und Passivierungsvorschriften, zu beachten.[547] Für die aktivierten Zahlungsmittel sind keine wesentlichen Angaben erforderlich.[548]

Angaben zur **Passivseite** sind für Rückstellungen nach IAS 37 zu machen. Für **Rückstellungen** ist gemäß IAS 37.84 ein Rückstellungsspiegel anzugeben. Gemäß IAS 37.85 sind des Weiteren die Gruppe der Rückstellungen bzgl. der Art der Verpflichtung und der erwarteten Fälligkeit sowie der entsprechenden Unsicherheiten kurz zu beschreiben.[549] Die Rückstellungen sind zusammen in einer Gruppe darzustellen, wenn ihre Art, Fälligkeit sowie Unsicherheit eine zusammengefasste Angabe rechtfertigen (IAS 37.87).[550] Die Rückstellungen aus freien Zuwendungen sind eine besondere Gruppe von Rückstellungen, da sie sich von den sonst für gewinnorientierte Unternehmen üblichen Rückstellungen wesentlich vor allem aufgrund ihrer Art unterscheiden. Wird für eine einfache finanzielle Zuwendung eine kurzfristige Mittelverwendung im Rahmen der Rückstellungsbewertung angenommen, so sind die entsprechenden Rückstellungen mit einer kurzfristigen Fälligkeit auszuweisen.

512.14 Ertragsrealisation im Zusammenhang mit der Abbildung in der Bilanz

Nachdem die Bilanzierung von Vermögenswerten und Schulden separat nach einzelnen IFRS für den Sachverhalt „einfache finanzielle Zuwendung“ untersucht wurde, wird nun die Ertragsrealisation als Konsequenz der gleichzeitig auf den Sachverhalt anzuwendenden Standards analysiert. Die Ergebnisse werden anhand eines Beispiels gezeigt.

---

547 Vgl. LÜDENBACH, N., in: Haufe IFRS, 10. Aufl., § 5, Rn. 1.

548 IFRS 7 ist, bis auf einige Ausnahmen, auf alle Arten von (angesetzten und nicht angesetzten) Finanzinstrumenten anzuwenden (IFRS 7.3, IFRS 7.BC8). Vgl. HFA DES IDW, IDW RS HFA 24, Tz. 5; ausführlicher zu den Angabepflichten für Finanzinstrumente nach IFRS 7, Tz. 1-76; KUHN, S./SCHARPF, P., Financial Instruments, Rn. 4018. Bei den Zahlungsmitteln des einfachen finanziellen Zuwendungsfalls entspricht der Buchwert dem Fair Value, sodass keine gesonderten Anhangangaben zu machen sind. Bezüglich der Fair-Value-Bewertung sind Angaben nach IFRS 13 gefordert. Für den zu ermittelnden Fair Value der Zahlungsmittel entspricht der Nominalwert der Zahlungsmittel dem direkten Marktwert, denn von einer Währungsumrechnung wurde abgesehen. Daher ist gemäß IFRS 13.93 (b) lediglich das Level der Fair-Value-Hierarchie (Level 1) anzugeben und der Wert der Klasse der Zahlungsmittel ist der Bilanz zu entnehmen.

549 Vgl. HEBESTREIT, G./SCHRIMPF-DÖRGES, C. E., in: Beck'sches IFRS HB, 3. Aufl., § 13, Rn. 192.

550 Vgl. HEBESTREIT, G./SCHRIMPF-DÖRGES, C. E., in: Beck'sches IFRS HB, 3. Aufl., § 13, Rn. 190; ADLER, H./DÜRING, W./SCHMALTZ, K., International, Abschn. 18, Rn. 252.

Die Zahlungsmittel aus einer einfachen finanziellen Zuwendung sind gemäß IFRS 9 mit dem Fair Value ohne Transaktionskosten (hier der Nominalbetrag) zu bewerten und als Vermögenswerte zu aktivieren. Ebenfalls ist die durch die Zuwendung entstehende Rückstellung mit dem Wert der Zuwendung als bestem Schätzer zu bewerten und zu passivieren. Die Zahlungsmittel sowie die entsprechende Verpflichtung sind im **Zugangszeitpunkt** in der Bilanz anzusetzen.

Eine **Verpflichtung** ist nach IAS 37 **nicht** erforderlicherweise **aufwandswirksam** zu passivieren.[551] IFRS 9.B5.1.2A (a) schreibt hingegen für den Erstansatz des finanziellen **Vermögenswertes** einen **erfolgswirksamen** Zugang vor. Eine solche Bilanzierungsweise stellt bei gewinnorientierten Unternehmen auf die sich im Zugangszeitpunkt ungleich gegenüberstehenden Leistungen im Rahmen einer Leistungs-Gegenleistungsbeziehung ab: Durch einen geringeren Ressourceneinsatz (Transaktionspreis in Höhe des hingegebenen Entgelts) als Ressourcenerhalt (Fair Value des erhaltenen Vermögenswertes) wird ein Gewinn im Sinne einer Rendite auf das eingesetzte Kapital erzielt, der als solcher gemäß IFRS 9.B5.1.2A (a) erfolgswirksam im Zugangszeitpunkt erfasst werden soll. Grundsätzlich nimmt die NPO zwar an einer (einseitigen) Transaktion teil, zahlt aber nicht für den Erhalt der Zuwendung. Die NPO erbringt keine Gegenleistung für den Erhalt der Zuwendung in Form von Zahlungsmitteln oder eines anderen Entgelts.[552] Die Regelung des IFRS 9.B5.1.2A (a) setzt hingegen konkret das Vorliegen einer Gegenleistung voraus und bezieht sich aus diesem Grund nicht ausdrücklich auf den Sachverhalt „Zuwendung ohne Gegenleistung“. Aufgrund einer fehlenden Leistungs-Gegenleistungsbeziehung liegt daher hier eine **Regelungslücke** vor.[553] Diese ist vor dem Hintergrund der Definitions- und Ansatzkriterien des Conceptual Framework sowie der Adressatenbedürfnisse auszufüllen.[554] Geht mit der Zuwendung eine Rückstellung in gleicher Höhe zu, sollte daher der Zugang, wie in Kapitel 4 entwickelt, erfolgsneutral erfasst werden.[555] Als Beispiel wird eine Zuwendung i. H. v. 100 GE angenommen. Die Verpflichtung, die Mittel für die Zwecke der NPO zu verwenden („Rückstellung aus freien Zuwendungen“), entspricht der Höhe der Zuwendung (100 GE). Der Zugang einer einfachen finanziellen Zuwendung sollte demnach wie folgt gebucht werden:

Zahlungsmittel	100	an	Rückstellungen aus freien Zuwendungen	100

551 Siehe dazu Abschn. 512.122.

552 Der Transaktionspreis ist nicht explizit in den IFRS definiert. Allerdings bezieht sich der Begriff des Transaktionspreises auf das Gleiche wie der Begriff der Anschaffungskosten. Wenn der Transaktionspreis auf das Gleiche wie die Anschaffungskosten abstellt, eine zu erbringende Gegenleistung, dann bestehen für den Transaktionspreis auch die gleichen Anwendungsprobleme wie für die Anschaffungskostendefinition. Die Anschaffungskostendefinition wird ausführlich in Abschn. 512.213.1 analysiert.

553 Siehe zu den Regelungslückenkategorien Abschn. 323.3.

554 Siehe Abschn. 322.

555 Siehe Abschn. 423.1.

Fallen Aufwendungen für die **Zwecke** der NPO an, so sind die Zahlungsmittel bei ihrem Abgang auszubuchen (IFRS 9.3.2.3).

Aufwand	100	an	Zahlungsmittel	100

Daher wird die Verpflichtung zur Mittelverwendung, für die die Rückstellung gebildet wurde, erfüllt. Die Rückstellung ist dann auszubuchen. Es ist folglich zu untersuchen, ob die Rückstellung erfolgswirksam oder erfolgsneutral auszubuchen ist. Gemäß IAS 37.61 ist eine Rückstellung nur für solche „Ausgaben" zu verbrauchen, für die sie gebildet wurde.[556] Explizit ist in IAS 37.61-62 kein erfolgsneutraler Verbrauch der Rückstellungen vorgeschrieben, da jedoch Ausgaben gegen die Rückstellung aufgerechnet („set against") werden sollen, ist ein erfolgsneutraler Verbrauch indirekt durch IAS 37.62 gefordert.[557] Für einen solchen erfolgsneutralen Verbrauch nach IAS 37.62 wird auf eine im Grunde aufwandswirksame Rückstellungsbildung (wie bei gewinnorientierten Unternehmen üblich) abgestellt.[558] Im Gegensatz zur üblichen Rückstellungsbildung bei gewinnorientierten Unternehmen sollte im Zeitpunkt des Erstansatzes eine „Rückstellung aus freien Zuwendungen" hingegen erfolgsneutral gebildet werden. Die Rückstellung führt auch in den Folgeperioden zu keiner zeitlich verzögerten Aufwandswirksamkeit. Die Regelungen des IAS 37 zum Verbrauch von Rückstellungen beziehen jedoch keine gänzlich *nicht* aufwandswirksam gebildeten Rückstellungen mit ein und beziehen sich daher nicht ausdrücklich auf den Sachverhalt „Zuwendung ohne Gegenleistung". Es liegt demnach eine Regelungslücke vor. Wie in Kapitel 4 entwickelt, sollte daher die Rückstellung ertragswirksam verbraucht werden, wenn die Mittel für die Zwecke der NPO verwendet und dadurch die entsprechenden Verpflichtungen erfüllt werden.[559]

Rückstellungen aus freien Zuwendungen	100	an	Ertrag aus Verwendung freier Zuwendungen	100

Die „Rückstellungen aus freien Zuwendungen" sind eine eigens im **Anhang** zu beschreibende Gruppe von Rückstellungen. Sie unterscheiden sich von den sonst für gewinnorientierte Unternehmen üblichen Rückstellungen. Inwieweit zusätzliche Angaben bzgl. der Rückstellungen möglich bzw. zu empfehlen sind, wird in Abschnitt 632 ausführlicher herausgearbeitet.

Zusammenfassend kann der Sachverhalt „einfache finanzielle Zuwendung" weitestgehend durch bestehende IFRS-Normen abgebildet werden. Die Zuwendung sollte erfolgsneutral erfasst und er-

556 Vgl. ADLER, H./DÜRING, W./SCHMALTZ, K., International, Abschn. 18, Rn. 49; VON KEITZ, I./WOLLMERT, P./OSER, P./WADER, D., in: Baetge u. a., Rechnungslegung nach IFRS, 2. Aufl., IAS 37, Rn. 132.

557 Vgl. im Ergebnis VON KEITZ, I./WOLLMERT, P./OSER, P./WADER, D., in: Baetge u. a., Rechnungslegung nach IFRS, 2. Aufl., IAS 37, Rn. 131.

558 Siehe Abschn. 423.1 und Fn. 476.

559 Siehe ausführlich zu der Argumentation Abschn. 423.1.

folgswirksam verbraucht werden. Lediglich im Rahmen der Zugangsbewertung nach IFRS 9 sollte aufgrund der fehlenden Leistungs-Gegenleistungsbeziehung einer einfachen Zuwendung kein Ertrag realisiert und die Rückstellung aus freien Zuwendungen nicht erfolgsneutral bei Zweckerfüllung verbraucht werden. Die Anhangangaben für den Sachverhalt sind nicht umfangreich.

512.2 Bilanzierung materieller Zuwendungen in Form von Immobilien

512.21 Bilanzierung der Aktiva

512.211 Überblick

Zuwendungen an eine NPO können auch materieller Natur sein. Materielle Vermögenswerte haben eine physische oder körperliche Substanz.[560] Die materiellen Zuwendungen können unterschiedlicher Art sein. Es kann sich um Immobilien (Grundstücke und/oder Gebäude), andere Sachanlagen (z. B. Fahrzeuge) oder um der Organisation nur kurzfristig zur Verfügung stehende Ressourcen (z. B. Kleidung für die Weiterleitung an Bedürftige) handeln. Im Folgenden sollen beispielhaft als materielle Zuwendungen Immobilien untersucht werden, weil sie zum einen nicht nur direkt für die Zwecke der NPO genutzt (z. B. Schule in Afrika), sondern auch zusätzliche Erträge generieren können (z. B. in Form von Mieterträgen). Zum anderen verbleiben sie i. d. R., im Unterschied zu den finanziellen Zuwendungen, langfristig bei der NPO. Für die Zuwendung einer Immobilie wird von einer Variation der einfachen Zuwendung ausgegangen. Es ändert sich nur die Art der Zuwendung von finanziell auf materiell (siehe Abbildung 5-2).

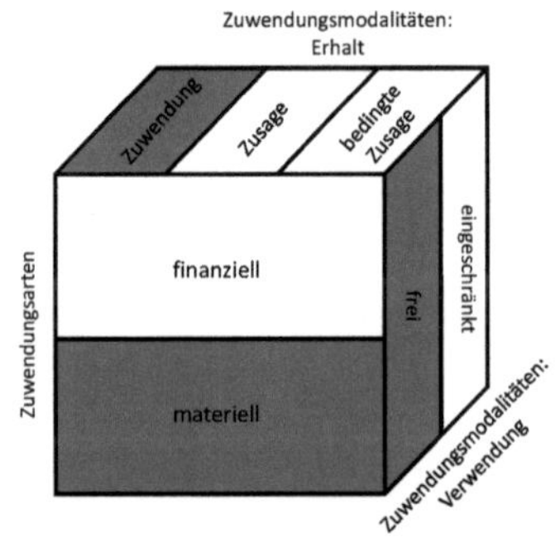

Abbildung 5-2: Einfache materielle Zuwendungen

Die hier zu untersuchende Immobilie geht der NPO in der Art zu, dass sie entweder selbst als Verwaltungsgebäude genutzt oder direkt veräußert werden soll, um die erhaltenen finanziellen Mittel

[560] Vgl. BALLWIESER, W., in: Baetge u. a., Rechnungslegung nach IFRS, 2. Aufl., IAS 16, Rn. 10.

für die Zwecke der NPO zu verwenden (siehe Abbildung 5-3).[561] Die Immobilie wird folglich im *ideellen* Bereich der NPO verwendet.

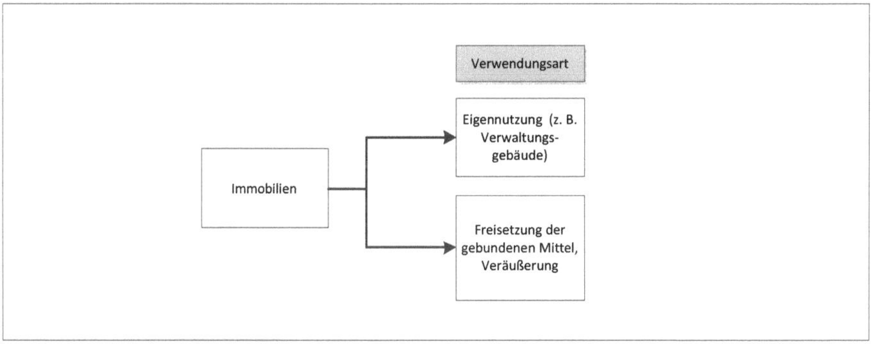

Abbildung 5-3: Verwendungsarten von Immobilien im ideellen Bereich

512.212 Ansatz der Immobilien

Damit ein Vermögenswert anzusetzen ist, muss dieser die Definitions- und Ansatzkriterien erfüllen. Die Definitionskriterien eines Vermögenswertes *Ereignis der Vergangenheit*, *in der Verfügungsmacht* der Organisation sowie *erwarteter künftiger Nutzen* sind im Fall einer *einfachen* Zuwendung einer Immobilie insofern erfüllt, als dass das wirtschaftliche Eigentum mit dem rechtlichen Eigentum ohne Einschränkungen an die NPO übergeht.[562] Im Folgenden ist daher zu untersuchen, welcher Standard für die Bilanzierung der zugewendeten Immobilie einschlägig ist.[563]

Ausgehend vom wirtschaftlichen Gehalt des Sachverhaltes der einfachen Zuwendung einer Immobilie, die **als Verwaltungsgebäude** genutzt werden soll, könnte IAS 16 einschlägig sein. *IAS 16* (Sachanlagen) ist auf die Bilanzierung von Sachanlagen anzuwenden (IAS 16.2). Sachanlagen werden als materielle Vermögenswerte definiert, die u. a. für Verwaltungszwecke gehalten und erwartungsgemäß länger als eine Periode genutzt werden (IAS 16.6).[564] Allerdings sieht *IAS 40* spezifische Regelungen für Immobilien vor und daher gehen die Regelungen des IAS 40 denen des IAS 16 vor, sofern IAS 40 anzuwenden ist.[565] IAS 40 ist auf *Renditeimmobilien* anzuwenden (IAS 16.2), verweist aber auf *IAS 16*, wenn eine eigene Nutzung z. B. als Verwaltungsgebäude vorgesehen ist

561 Die selbst genutzten Immobilien können auch direkt für die Zwecke der NPO verwendet werden, wie z. B. ein Schulgebäude in Afrika im Eigentum der NPO für die Förderung der Ausbildung der Kinder in Afrika.

562 Siehe dazu die Definition einer einfachen Zuwendung in Abschn. 511.

563 Vgl. für einen Entscheidungsbaum zur Anwendung der Standards auch JUNG, H., in: Beck'sches IFRS HB, 3. Aufl., § 6, Rn. 23.

564 Vgl. zur Nutzung über eine Periode hinaus ADLER, H./DÜRING, W./SCHMALTZ, K., International, Abschn. 9, Rn. 7.

565 Vgl. BALLWIESER, W., in: Baetge u. a., Rechnungslegung nach IFRS, 2. Aufl., IAS 16, Rn. 2.

(IAS 40.9 (c)).[566] Die Bilanzierung der zugewendeten Immobilie fällt daher im *selbst genutzten* Fall als z. B. Verwaltungsgebäude explizit in den Anwendungsbereich des IAS 16.

Es ist zu beachten, dass es die Zielsetzung des IAS 16 ist, Adressaten Informationen über *Investitionen* eines Unternehmens in Sachanlagen und Änderungen solcher Investitionen zu vermitteln (IAS 16.1). Diese Formulierung der Zielsetzung des Standards resultiert aus dem Bezug der IFRS auf gewinnorientierte Unternehmen. Die Zielsetzung wirkt sich auf die Gestaltung der Normen in IAS 16 aus und wird daher in der Analyse der Detailnormen wieder aufgegriffen. Gemäß IAS 16.7 ist auch das Sachanlagevermögen entsprechend den allgemeinen Ansatzkriterien des Conceptual Framework (wahrscheinlicher Nutzenzufluss und verlässliche Bewertbarkeit) zu erfassen.[567]

Ausgehend vom wirtschaftlichen Gehalt der einfachen Zuwendung einer Immobilie, die nicht als Verwaltungsgebäude gehalten, sondern direkt verwertet werden soll, könnte aufgrund der Kurzfristigkeit des Haltens *IAS 2* (Vorräte) einschlägig sein. Gemäß IAS 2.6 sind Vorräte u. a. Vermögenswerte, die zum **Verkauf** im normalen Geschäftsverlauf gehalten werden. In IAS 2.8 wird explizit auf Immobilien, die zum Weiterverkauf gehalten werden, eingegangen. Demnach sind Immobilien nur dann nach IAS 2 zu bilanzieren, wenn sie im Rahmen der gewöhnlichen Geschäftstätigkeit gehalten werden (IAS 40.9(a)).[568] Daher gehören zur Veräußerung gehaltene Immobilien außerhalb des normalen Absatzprogramms nicht zu den Vorräten i. S. d. IAS 2.[569] Da der Verkauf von zugewendeten Immobilien nicht das normale Geschäft oder Absatzprogramm von NPOs ist, werden die Immobilien nicht im Rahmen der gewöhnlichen Geschäftstätigkeit für den Verkauf gehalten und haben daher nicht den wirtschaftlichen Gehalt von Vorräten i. S. d. IAS 2.

Aufgrund der Veräußerungsabsicht der NPO bzgl. der Immobilie könnte alternativ *IFRS 5* einschlägig sein.[570] IFRS 5 (Zur Veräußerung gehaltene langfristige Vermögenswerte und aufgegebene Geschäftsbereiche) ist auf zur *Veräußerung* gehaltene *Vermögenswerte* anzuwenden, die gemäß IAS 1 als *langfristig* eingestuft werden (IFRS 5.3).

Die *Vermögenswertdefinition* ist für die zugewendete Immobilie, wie bereits festgestellt, erfüllt. IAS 1.66 definiert in Übereinstimmung mit IFRS 5.Appendix B, dass all diejenigen Vermögenswerte als *langfristig* einzustufen sind, die nicht die Definition eines kurzfristigen Vermögenswertes erfüllen. Im Ergebnis sind daher unter langfristigen Vermögenswerten diejenigen zu verstehen, die ursprünglich für eine dauerhafte Verwendung hergestellt oder erworben wurden oder *typischerweise*

566 Vgl. JUNG, H., in: Beck'sches IFRS HB, 3. Aufl., § 6, Rn. 12.

567 Vgl. ADLER, H./DÜRING, W./SCHMALTZ, K., International, Abschn. 9, Rn. 10.

568 Vgl. HASENBURG, C., IFRS 5, Rn. 384; ADLER, H./DÜRING, W./SCHMALTZ, K., International, Abschn. 15, Rn. 21.

569 Vgl. ADLER, H./DÜRING, W./SCHMALTZ, K., International, Abschn. 15, Rn. 23; JACOBS, O. H./ SCHMITT, G. A., in: Baetge u. a., Rechnungslegung nach IFRS, 2. Aufl., IAS 2, Rn. 17; BALLWIESER, W., in: Baetge u. a., Rechnungslegung nach IFRS, 2. Aufl., IAS 40, Rn. 4.

570 IAS 16.3 schließt Sachanlagen, auf die IFRS 5 anzuwenden ist, aus dem Anwendungsbereich aus.

langfristige Vermögenswerte bei Organisationen sind (IFRS 5.3).[571] Immobilien werden typischerweise für eine dauerhafte Verwendung erstellt und sind typischerweise langfristige Vermögenswerte bei Organisationen.[572] Daher fallen sie unter die Definition von langfristigen Vermögenswerten des IFRS 5. Auch Immobilien, die bereits mit einer Weiterveräußerungsabsicht (innerhalb von 12 Monaten) erworben wurden, fallen daher unter IFRS 5 (IFRS 5.11).[573]

Das Kriterium *zur Veräußerung gehalten* ist dann erfüllt, wenn der Vermögenswert sofort veräußerbar ist (zu für den Verkauf derartiger Vermögenswerte gängigen Bedingungen) und eine Veräußerung sehr wahrscheinlich ist (IFRS 5.7). Eine sehr hohe Wahrscheinlichkeit besteht dann, wenn die Wahrscheinlichkeit deutlich über 50 % liegt.[574] Eine solche Wahrscheinlichkeit wird durch kumulativ zu erfüllende Kriterien in IFRS 5.8 konkretisiert, wie u. a. ein erwarteter abgeschlossener Verkauf innerhalb der nächsten 12 Monate.[575] Werden die Kriterien nicht kumulativ erfüllt, so sind die zugewendeten Immobilien nicht nach IFRS 5 zu bilanzieren. Wird ein langfristiger Vermögenswert ausschließlich mit der Absicht einer Weiterveräußerung erworben, so muss das Ein-Jahres-Kriterium erfüllt sein. Sind die anderen Kriterien dann noch nicht gänzlich erfüllt, muss es höchstwahrscheinlich sein, dass sie innerhalb kurzer Zeit, i. d. R. innerhalb von drei Monaten, erfüllt werden (IFRS 5.11).[576]

IFRS 5 enthält keine *speziellen* Ansatzvorschriften, da sich die Regelungen grundsätzlich auf bereits aktivierte Vermögenswerte beziehen (IFRS 5.2). Die zur Veräußerung gehaltenen Vermögenswerte sind allerdings in der Bilanz getrennt von den anderen Vermögenswerten auszuweisen (IFRS 5.38).[577]

Abbildung 5-4 fasst die entsprechend den Anwendungsbereichen und Definitionskriterien einschlägigen Standards für Zuwendungen von Immobilien ohne Gegenleistungen mit einer Nutzung bzw. Verwertung im ideellen Bereich zusammen.

---

571 Vgl. LÜDENBACH, N., in: Haufe IFRS, 10. Aufl., § 29, Rn. 6; WOLFF, P./ROBINSON, T., in: Beck'sches IFRS HB, 3. Aufl., § 28, Rn. 11.

572 Die Beispiele in den Anwendungsleitlinien des IFRS 5 beziehen sich im Wesentlichen auf den Verkauf von Gebäuden. Vgl. unter anderem IFRS 5.IG1-IG3 sowie LÜDENBACH, N., in: Haufe IFRS, 10. Aufl., § 29, Rn. 8.

573 Vgl. HASENBURG, C., IFRS 5, Rn. 391 und 423.

574 Vgl. BAETGE, J./KIRSCH, H.-J./THIELE, S., Bilanzen, S. 308; WOLFF, P./ROBINSON, T., in: Beck'sches IFRS HB, 3. Aufl., § 28, Rn. 32.

575 Außerdem: Verpflichtender Veräußerungsplan des Managements, Start mit der aktiven Suche nach einem Käufer und Start der Durchführung des Plans, aktive Vermarktung zu einem angemessenen Preis, wenn wesentliche Änderungen des Plans unwahrscheinlich sind und erwarteter abgeschlossener Verkauf i. d. R. (vgl. LÜDENBACH, N., in: Haufe IFRS, 10. Aufl., § 29, Rn. 6) innerhalb der nächsten 12 Monate nach Kriterienerfüllung (IFRS 5.8). Vgl. WOLFF, P./ROBINSON, T., in: Beck'sches IFRS HB, 3. Aufl., § 28, Rn. 34. Treten allerdings unvorhersehbare und ungünstige Marktveränderungen ein, so schließt eine Verlängerung des für den Verkauf benötigten Zeitraums eine Einstufung als „zur Veräußerung" nicht unbedingt aus. Anhang B von IFRS 5 führt dazu konkrete Kriterien an.

576 Vgl. BÖCKING, H.-J./KIEFER, M., in: Baetge u. a., Rechnungslegung nach IFRS, 2. Aufl., IFRS 5, Rn. 42.

577 Vgl. auch ausführlicher dazu BÖCKING, H.-J./KIEFER, M., in: Baetge u. a., Rechnungslegung nach IFRS, 2. Aufl., IFRS 5, Rn. 100-107.

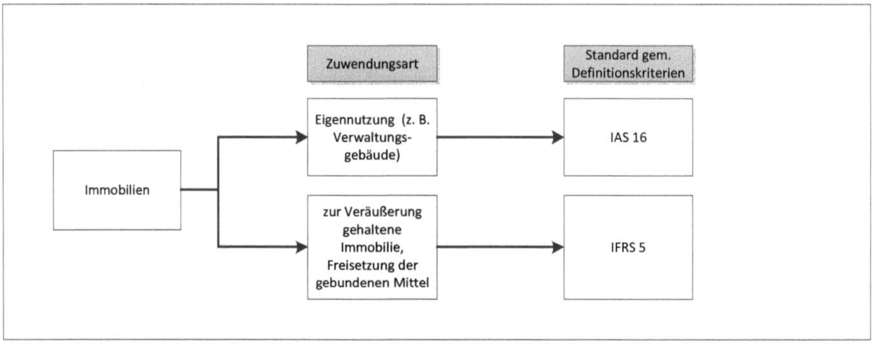

Abbildung 5-4: Standards für ohne Gegenleistungen zugewendete Immobilien mit einer Nutzung im ideellen Bereich

512.213 Zugangsbewertung der Immobilien

512.213.1 Selbst genutzte Immobilien

Gemäß IAS 16.15 sind selbst genutzte Immobilien im Zugangszeitpunkt mit den **Anschaffungs- oder Herstellungskosten** zu bewerten. Anschaffungs- oder Herstellungskosten sind gemäß IAS 16.6 der zum Erwerb oder zur Herstellung eines Vermögenswertes zu leistende Betrag an Zahlungsmitteln oder Zahlungsmitteläquivalenten oder der Fair Value einer anderen Entgeltform zum Zeitpunkt des Erwerbs oder der Herstellung oder der Betrag, der diesem Vermögenswert beim erstmaligen Ansatz gemäß den besonderen Bestimmungen anderer IFRS beigelegt wird. Die Anschaffungskosten umfassen den Erwerbspreis und die Anschaffungsnebenkosten (IAS 16.16).[578] Die zugewendete Immobilie wurde nicht gegen Entgelt in Form von Zahlungsmitteln beschafft. Es wurde auch keine andere Entgeltform, wie beim Tausch durch nicht finanzielle Mittel (IAS 16.24),[579] eingesetzt. Die Immobilie wurde auch nicht (selbst) hergestellt. Die Zugangsbewertung von ohne Gegenleistungen zugewendeten Immobilien ist weiterhin in keinem anderen Standard geregelt.[580] Die Regelungen zur Zugangsbewertung basieren daher erkennbar auf bestehenden Leistungs-Gegenleistungsbeziehungen, was dem Hintergrund des IAS 16 (*Investitionen* in Sachanlagen, IAS 16.1) geschuldet ist. An einer solchen Leistungs-Gegenleistungsbeziehung mangelt es jedoch bei einer Zuwendung ohne Gegenleistung. Die Regelungen zur Zugangsbewertung beziehen

578 Vgl. WAGENHOFER, A., IAS/IFRS, S. 163. Siehe grundlegend zu den Anschaffungskosten nach IFRS Abschn. 312.21.

579 Vgl. WAGENHOFER, A., IAS/IFRS, S. 163.

580 Vgl. ADLER, H./DÜRING, W./SCHMALTZ, K., International, Abschn. 9, Rn. 71. ADLER/DÜRING/SCHMALTZ sehen daher eine Nicht-Bilanzierung bzw. nur den Ansatz der Anschaffungsnebenkosten als zulässig an. Vgl. ADLER, H./DÜRING, W./SCHMALTZ, K., International, Abschn. 9, Rn. 71. Im Gegensatz dazu wird in CF.QC16 als Beispiel für glaubwürdige, aber nicht entscheidungsnützliche Informationen die Zuwendung von Sachanlagen und deren Bewertung mit „null“ aufgrund fehlender Kosten für die Anschaffung aufgeführt.

sich daher nicht ausdrücklich auf den Sachverhalt „Zuwendung ohne Gegenleistung". Für die Zuwendung einer Immobilie ohne Gegenleistung besteht demnach in IAS 16 eine Regelungslücke.[581] Wie in Kapitel 4 entwickelt, sollte die Immobilie daher zum **Fair Value** im Zugangszeitpunkt bewertet werden.[582]

Der IFRS 13 beschreibt in seiner Zielsetzung, dass in IFRS 13 ein Fair-Value-Konzept für alle IFRS enthalten ist (IFRS 13.1).[583] Im Fall von Regelungslücken ist eine **Fair-Value-Bewertung** zwar durch keinen Standard ausdrücklich vorgeschrieben, wenn aber die Regelungslücken gefüllt werden, wird jedoch bei Fair-Value-Bewertungen auf den IFRS 13 abzustellen sein. Aus diesem Grund sollte der Fair Value der zugewendeten Immobilie entsprechend den Vorschriften des IFRS 13 ermittelt werden.[584]

Gemäß IFRS 13.25 ist der Fair Value grundsätzlich nicht um durch die NPO gezahlte **Transaktionskosten** anzupassen. Der zusätzliche Ansatz von gezahlten Transaktionskosten richtet sich stattdessen nach dem jeweiligen Standard, der die Fair-Value-Bewertung vorschreibt (IFRS 13.25).[585] Da eine Zugangsbewertung einer zugewendeten Immobilie zum Fair Value lediglich über eine Re

---

581 Vgl. zur Regelungslücke bei unentgeltlichen Erwerben SCHEINPFLUG, P., in: Beck'sches IFRS HB, 3. Aufl., § 5, Rn. 29. Vgl. zur Regelungslücke für Zuwendungen ohne Gegenleistungen KPMG INTERNATIONAL FINANCIAL REPORTING GROUP, Insights into IFRS, 8. Aufl., Rn. 5.7.80.20 und 5.7.70.30.

582 Siehe Abschn. 422. Vgl. zur Bewertung einer Sachspende an eine Wohltätigkeitsorganisation nach IFRS mit dem Fair Value PEEMÖLLER, V. H., in: Wiley-Kommentar, 7. Aufl., Abschn. 10, Rn. 170-171. Zum gleichen Ergebnis kommen BALLWIESER und SCHEINPFLUG. Eine Fair-Value-Bewertung begründet BALLWIESER mit einer Analogie zum Tausch. Vgl. BALLWIESER, W., in: Baetge u. a., Rechnungslegung nach IFRS, 2. Aufl., IAS 16, Rn. 59. SCHEINPFLUG erkennt, dass eine Analogie zu den Vorschriften für den Tausch problematisch ist, weil bei einem Tausch lediglich auf den Wert einer anderen Entgeltform als Zahlungsmittel abgestellt wird. Daher wird auch beim Tausch auf eine Leistungs-Gegenleistungsbeziehung abgestellt, an der es eben bei einem unentgeltlichen Erwerb fehlt. Vgl. SCHEINPFLUG, P., in: Beck'sches IFRS HB, 3. Aufl., § 5, Rn. 29. Alternativ zur IAS 16 internen Analogie, zieht SCHEINPFLUG eine Analogie zu IAS 20. Auch gemäß IAS 20.23 sollte die selbst genutzte Immobilie zum Fair Value im Zugangszeitpunkt angesetzt werden. Vgl. SCHEINPFLUG, P., in: Beck'sches IFRS HB, 3. Aufl., § 5, Rn. 29. Die Argumentation in IAS 20 basiert indes faktisch auf der gleichen Argumentation wie beim Tausch. Siehe dazu Abschn. 323.2. Die von BALLWIESER gezogene Analogie für die Bewertung von unentgeltlichen Erwerben zur Zugangsbewertung beim Tausch lehnen auch ADLER/DÜRING/SCHMALTZ mit Verweis auf die Definition von Anschaffungskosten im Conceptual Framework ab. Die Definition der Anschaffungskosten stellt auf die Bewertung zum Wert des entrichteten Entgelts, in Form von Zahlungsmitteln oder anderen Gegenleistungen, ab. Vgl. ADLER, H./DÜRING, W./SCHMALTZ, K., International, Abschn. 9, Rn. 71. An einer solchen Gegenleistung mangelt es hingegen bei einer Zuwendung ohne Gegenleistung. Im Ergebnis besteht allerdings Einigkeit darüber, dass der Fair Value den Wert der erhaltenen Zuwendung den tatsächlichen wirtschaftlichen Verhältnissen entsprechend widerspiegelt.

583 Vgl. KIRSCH, H.-J./KÖHLING, K./DETTENRIEDER, D., in: Baetge u. a., Rechnungslegung nach IFRS, 2. Aufl., IFRS 13, Rn. 1 5.

584 Nicht finanzielle Vermögenswerte wie Immobilien sind nach IFRS 13 mit dem Konzept des „Highest And Best Use" aus Marktsicht zu bewerten (IFRS 13.27). Vgl. ausführlicher zu dem Konzept KIRSCH, H.-J./KÖHLING, K./DETTENRIEDER, D., in: Baetge u. a., Rechnungslegung nach IFRS, 2. Aufl., IFRS 13, Rn. 111-121.

585 Vgl. KIRSCH, H.-J./KÖHLING, K./DETTENRIEDER, D., in: Baetge u. a., Rechnungslegung nach IFRS, 2. Aufl., IFRS 13, Rn. 18 und 35. Typische Anschaffungsnebenkosten von Immobilien sind Notar- und Gerichtskosten für Beurkundung sowie Grundbucheintragung und Grunderwerbsteuer. Vgl. FREIBERG, J., in: Haufe IFRS, 10. Aufl., § 16, Rn. 30.

gelungslücke abgeleitet wurde, bestehen keine Regelungen zur Aktivierung von Transaktionskosten.[586] Die Transaktionskosten sind keine wertbestimmende Eigenschaft des Vermögenswertes und daher im Fall einer Fair-Value-Bewertung nicht zu aktivieren.[587]

Des Weiteren ist zu prüfen, ob der Ansatz zum Fair Value im Zugangszeitpunkt **erfolgswirksam** zu erfassen ist. Der Fair Value wird nach IFRS 13 ermittelt und IFRS 13.60 schreibt vor, dass eine Differenz von Fair Value und Transaktionspreis im Zugangszeitpunkt im Gewinn oder Verlust zu erfassen ist, wenn ein anderer IFRS keine ausdrücklichere Regel vorsieht.[588] Eine solche Regelung gibt es in IAS 16 nicht. Wie die beim Zugang einer einfachen finanziellen Zuwendung erfolgswirksam zu erfassende Differenz nach IFRS 9, stellt auch die durch IFRS 13.60 vorgesehene erfolgswirksam zu erfassende Differenz zwischen Transaktionspreis und Fair Value im Zugangszeitpunkt auf eine vorliegende Leistungs-Gegenleistungsbeziehung ab.[589] An einer solchen Beziehung fehlt es allerdings bei einer einfachen *materiellen* genauso wie bei einer einfachen *finanziellen* Zuwendung. Daher besteht auch hier eine Regelungslücke aufgrund der sich ausdrücklich auf eine Leistungs-Gegenleistungsbeziehung beziehenden Norm. Die konkrete Bilanzierung im Zugangszeitpunkt wird im Rahmen der Ertragsrealisation im Zusammenhang mit der Abbildung in der Bilanz analysiert.[590]

512.213.2 Zur Veräußerung gehaltene Immobilien

Wird eine Immobilie zur Veräußerung gehalten, so ist sie nach IFRS 5 zu bewerten.[591] IFRS 5.15 bestimmt, dass die Immobilie zum niedrigeren Wert aus Fair Value abzüglich Veräußerungskosten und Buchwert (vor Neuklassifizierung) zu bewerten ist, wenn sie die Kriterien des IFRS 5 erstmalig

---

586 Für keine Regelungen zu den Transaktionskosten bei einer Fair-Value-Bewertung im Rahmen des IAS 16 vgl. LÖW, E./ANTONAKOPOULOS, N./WEILAND, T., Fair Value Measurements, S. 739.

587 Vgl. KIRSCH, H.-J./KÖHLING, K./DETTENRIEDER, D., in: Baetge u. a., Rechnungslegung nach IFRS, 2. Aufl., IFRS 13, Rn. 18 und 35. Hier sind die durch die NPO gezahlten Transaktionskosten von den typisierten Erwerbsnebenkosten eines potenziellen Erwerbers, die in die Fair-Value-Ermittlung aufgrund des Exit-Preis-Charakters einfließen, zu unterscheiden. Vgl. auch ausführlicher hierzu HEINTGES, S./BOGGEL, A./WULBRAND, H., IAS 40, S. 2040. Vgl. zur Verbindung mit IFRS 13 KÖHLING, K., Renditeimmobilien, S. 31; PÖRSCHKE, A., Transaktionskosten, S. 153. Geht der Fair Value z. B. auf ein DCF- oder Ertragswertverfahren zurück, so wurde mit den Verfahren eine sog. Preisobergrenze eines hypothetischen Erwerbers ermittelt. Dieser würde, wenn er die Transaktionskosten tragen müsste, den Preis für die Immobilie eben um genau die Transaktionskosten senken. Vgl. FREIBERG, J., in: Haufe IFRS, 10. Aufl., § 16, Rn. 52.

588 Vgl. KIRSCH, H.-J./KÖHLING, K./DETTENRIEDER, D., in: Baetge u. a., Rechnungslegung nach IFRS, 2. Aufl., IFRS 13, Rn. 42. ADLER/DÜRING/SCHMALTZ stellen für die Zugangsbilanzierung von Sachanlagen ohne Gegenleistung auf das Conceptual Framework ab. Die Definition von Erträgen im Conceptual Framework würde „zwingend“ zu einer Fair-Value-Bewertung der Zuwendung sowie Ertragsrealisation im Zugangszeitpunkt führen. Vgl. ADLER, H./DÜRING, W./SCHMALTZ, K., International, Abschn. 9, Rn. 71.

589 Siehe ausführlich für die Erklärung einer Leistungs-Gegenleistungsbeziehung in einem solchen Fall Abschn. 512.14.

590 Siehe Abschn. 512.231.

591 Ausgenommen von den Bewertungsvorschriften des IFRS 5, aber nicht von den Ausweisvorschriften (IFRS 5.2), sind u. a. Renditeimmobilien, die nach IAS 40 nach dem Fair-Value-Modell bilanziert werden, sowie finanzielle Vermögenswerte, die in den Anwendungsbereich des IFRS 9 i. V. m. IAS 39 fallen (IFRS 5.5).

erfüllt.[592] Die Veräußerungskosten sind in IFRS 5.Appendix A als zusätzliche Kosten, die der Veräußerung eines Vermögenswertes direkt zugeordnet werden können, definiert.[593] Zu den Veräußerungskosten können externe und/oder interne Kosten gehören.[594] Wird der Verkauf nach einem Jahr erwartet, so sind die Veräußerungskosten erfolgswirksam abzuzinsen (IFRS 5.17).[595] Diese Erfolgswirksamkeit wird im Rahmen der Ertragsrealisation im Zusammenhang mit der Abbildung in der Bilanz analysiert.[596]

Erfüllt ein neu erworbener Vermögenswert bereits im Zugangszeitpunkt die Kriterien des IFRS 5 und wird demnach zur Veräußerung gehalten, so ist der entsprechende Vermögenswert erstmalig zum **niedrigeren Wert** aus dem Buchwert, der anzusetzen gewesen wäre, wenn die Kriterien nicht erfüllt gewesen wären (z. B. Anschaffungskosten), und dem Fair Value abzüglich Veräußerungskosten anzusetzen (IFRS 5.16).[597] Wenn die Kriterien des IFRS 5 nicht erfüllt gewesen wären, wäre die einfache materielle Zuwendung im Zugangszeitpunkt, aufgrund einer Regelungslücke für die Definition der Anschaffungskosten, mit dem Fair Value zu bewerten gewesen.[598] Der niedrigere Wert ist daher der Fair Value abzüglich Veräußerungskosten. Auch im Fall eines Unternehmenserwerbes ist auf den Fair Value abzüglich Veräußerungskosten abzustellen (IFRS 5.16).[599]

Explizite Vorgaben zur **Erfolgswirksamkeit** im Zugangszeitpunkt enthält IFRS 5 nicht. Da IFRS 13 explizit auch auf IFRS 5 aufgrund der Bewertung zum Fair Value abzüglich Veräußerungskosten anzuwenden ist (IFRS 13.93 (a)), wäre gemäß IFRS 13.60 die Differenz zwischen Transaktionspreis und Fair Value abzüglich Veräußerungskosten pflichtmäßig erfolgswirksam zu erfassen. Wie bereits für selbst genutzte Immobilien erläutert, besteht bzgl. der Ertragswirksamkeit im Zugangszeitpunkt jedoch eine Regelungslücke,[600] auf die im Rahmen der Ertragsrealisation eingegangen wird.[601]

---

592 Vgl. ausführlich zu den Arbeitsschritten des Niederstwerttests im Zeitpunkt der erstmaligen Erfüllung der Kriterien WOLFF, P./ROBINSON, T., in: Beck'sches IFRS HB, 3. Aufl., § 28, Rn. 42-55; PRECHTL, S./SCHUSTER, L., Die Bewertung nach IFRS 5.

593 Es sind diejenigen Veräußerungskosten zu berücksichtigen, die nicht bereits zu einer pflichtmäßigen Rückstellungsbildung geführt haben. Vgl. LÜDENBACH, N., in: Haufe IFRS, 10. Aufl., § 29, Rn. 31.

594 Vgl. KPMG INTERNATIONAL FINANCIAL REPORTING GROUP, Insights into IFRS, 8. Aufl., Rn. 5.4.60.30. Für Beispiele vgl. auch SCHLAAK, W., in: Reuther/Hard IFRS, Zur Veräußerung gehaltene langfristige Vermögenswerte, Rn. 26.

595 Zur Minderung des aktivierten Immobilienwertes durch die Aufzinsung der Veräußerungskosten siehe auch in Abschn. 512.232.

596 Siehe Abschn. 512.232.

597 Vgl. LÜDENBACH, N., in: Haufe IFRS, 10. Aufl., § 29, Rn. 31; WOLFF, P./ROBINSON, T., in: Beck'sches IFRS HB, 3. Aufl., § 28, Rn. 53.

598 Siehe Abschn. 512.213.1.

599 Vgl. LÜDENBACH, N., in: Haufe IFRS, 10. Aufl., § 29, Rn. 32; WOLFF, P./ROBINSON, T., in: Beck'sches IFRS HB, 3. Aufl., § 28, Rn. 54.

600 Siehe Abschn. 512.213.1.

601 Siehe Abschn. 512.232.

512.214 Folgebewertung der Immobilien

512.214.1 Selbst genutzte Immobilien

Bei der Folgebewertung besteht für eine Gruppe von Sachanlagen ein Wahlrecht, die Vermögenswerte mit dem Anschaffungskosten- oder dem Neubewertungsmodell zu bewerten (IAS 16.29).[602] Eine Gruppe von Sachanlagen zeichnet sich durch eine ähnliche Art oder Verwendung aus, z. B. kann eine solche Gruppe „Grundstücke" sein (IAS 16.37). Der Aggregationsgrad kann auch niedriger sein.[603] Zunächst werden das Anschaffungskosten- und Neubewertungsmodell sowie ihre konkreten Regelungen in den IFRS vorgestellt. Anschließend wird ihre grundsätzliche Anwendung durch NPOs im ideellen Bereich beurteilt.

Gemäß dem **Anschaffungskostenmodell** ist ein Vermögenswert zu seinen *Anschaffungs- oder Herstellungskosten* abzüglich kumulierter *Abschreibungen* sowie *Wertminderungen* (nach IAS 36) zu bilanzieren (IAS 16.30, IAS 16.63).[604] Zu prüfen ist, ob der aufgrund einer Regelungslücke anstelle der Anschaffungskosten zu verwendende Fair Value ebenfalls als **Ausgangsbetrag** für das Anschaffungskostenmodell verwendet werden kann. Die Definition von Anschaffungskosten in IAS 16.6 umfasst als Ausgangspunkt der Folgebewertung auch den Wert, der dem Vermögenswert aufgrund *besonderer Bestimmungen anderer IFRS* beigelegt wird. Der Fair Value nach IFRS 13 kann demnach ebenfalls als Ausgangspunkt für die Folgebewertung nach IAS 16 dienen (IAS 16.6).

Immobilien können eine begrenzte oder unbegrenzte Nutzungsdauer haben. Nur solche mit begrenzter Nutzungsdauer sind **planmäßig** abzuschreiben (IAS 16.58).[605] Gemäß IAS 16.58 haben Grundstücke, im Gegensatz zu Gebäuden, i. d. R. eine unbegrenzte Nutzungsdauer und sind daher nicht planmäßig abzuschreiben. Der planmäßige Abschreibungsbetrag[606] ist im Gewinn oder Ver-

---

602 Im Gegensatz zu immateriellen Vermögenswerten ist das Wahlrecht zur Anwendung der Neubewertungsmethode bei Sachanlagen nicht davon abhängig, ob ein aktiver Markt vorliegt. Vgl. THEILE, C., in: Heuser/Theile IFRS, 5. Aufl., C.II, Rn. 1291. Das Neubewertungsmodell darf nicht allein für einen einzelnen Vermögenswert angewendet werden, sondern nur für eine ganze Gruppe (IAS 16.36).

603 Vgl. THEILE, C., in: Heuser/Theile IFRS, 5. Aufl., C.II, Rn. 1292.

604 Mit außerplanmäßigen Wertminderungen von Non-Cash Generating Assets (im Vergleich zu Cash Generating Assets) beschäftigen sich die IPSAS. Vgl. dazu KÖHRMANN, H., Rechnungslegung kommunaler Gebietskörperschaften, S. 244-252.

605 Vgl. BAETGE, J./KIRSCH, H.-J./THIELE, S., Bilanzen, S. 290.

606 Bei der Berechnung des Abschreibungsbetrages für planmäßig abzuschreibendes Sachanlagevermögen sind ein wahrscheinlicher und wesentlicher Restwert (ohne Einbezug von künftigen Entwicklungen) sowie die voraussichtliche Nutzungsdauer zu berücksichtigen (IAS 16.53, IAS 16.50). Der Restwert eines Vermögenswertes ist dabei der geschätzte Betrag, den ein Unternehmen gegenwärtig bei Abgang des Vermögenswertes abzüglich der geschätzten Veräußerungskosten erhalten würde, wenn der Vermögenswert alters- und zustandsmäßig bereits das Ende seiner Nutzungsdauer erreicht hätte (IAS 16.6). Der Restwert und die Nutzungsdauer sind jährlich zu überprüfen und ggf. an sich ergebende Änderungen entsprechend IAS 8 anzupassen (IAS 16.51, IAS 16.61). Vgl. BALLWIESER, W., in: Baetge u. a., Rechnungslegung nach IFRS, 2. Aufl., IAS 16, Rn. 51. Vgl. auch ausführlicher zur Berechnung des Abschreibungsvolumens ADLER, H./DÜRING, W./SCHMALTZ, K., International, Abschn. 9, Rn. 83-85; SCHEINPFLUG, P., in: Beck'sches IFRS HB, 3. Aufl., § 5, Rn. 104. Des Weiteren ist das Abschreibungsverfahren zu wählen, das den wirtschaftlichen Nutzenverlauf am besten abbildet. Vgl. PELLENS, B./FÜLBIER, R. U./GASSEN, J./SELLHORN, T., Internationale Rechnungslegung, S. 349. Kann indes der Nutzen-

lust zu erfassen, sofern er nicht in die Buchwerte anderer Vermögenswerte einzuberechnen ist, weil der künftige Nutzen durch die Erstellung anderer Vermögenswerte verbraucht wird (IAS 16.48-49).[607] Außerplanmäßige **Wertminderungen**[608] sind gemäß IAS 36.60 vollständig erfolgswirksam in der Gewinn- und Verlustrechnung zu erfassen.[609] **Wertsteigerungen** auf zuvor kumulierte Wertminderungen sind jedoch maximal bis zu den historisch fortgeführten Anschaffungskosten, die sich ohne vorherige Wertminderungen ergeben hätten, zulässig (IAS 36.117). So werden Wertminderungen durch die Wertsteigerungen revidiert.[610] Wertsteigerungen, die lediglich auf Barwerterhöhungen beruhen (aufgrund näher rückender Mittelzuflüsse), ohne dass es sich dabei um erhöhtes Leistungspotenzial handelt, sind nicht zulässig (IAS 36.116).[611] Die zulässigen Wertsteigerungen sind erfolgswirksam zu erfassen (IAS 38.119).[612]

Alternativ zum Anschaffungskostenmodell, können Sachanlagen auch mit dem Neubewertungsmodell folgebewertet werden. Voraussetzung für die Anwendung des **Neubewertungsmodells** ist, dass der Fair Value der Sachanlage verlässlich ermittelt werden kann (IAS 16.31).[613] Nach Vorgabe des Neubewertungsmodells ist der zu bilanzierende Wert der Sachanlage der Fair Value am Tag der Neubewertung abzüglich kumulierter Abschreibungen sowie kumulierter Wertminderungen (IAS 16.31).[614] Steigt der Neubewertungsbetrag über den Betrag der fortgeführten historischen Anschaffungskosten, so ist die Differenz erfolgsneutral in einer Neubewertungsrücklage im Eigenkapital zu erfassen (IAS 16.39). Eine Abweichung unter die fortgeführten historischen Anschaffungs-

---

verlauf nicht verlässlich ermittelt werden, so ist die lineare Abschreibungsmethode zu wählen. Vgl. BAETGE, J./KIRSCH, H.-J./THIELE, S., Bilanzen, S. 290; ADLER, H./DÜRING, W./SCHMALTZ, K., International, Abschn. 9, Rn. 91.

607 Vgl. BALLWIESER, W., in: Baetge u. a., Rechnungslegung nach IFRS, 2. Aufl., IAS 16, Rn. 40b. Zur Aktivierung des Werteverzehrs von eingesetztem Anlagevermögen (Abschreibungen) im Rahmen der Herstellungskosten vgl. HOFFMANN, W.-D., in: Haufe IFRS, 10. Aufl., § 8, Rn. 19.

608 Fällt der erzielbare Betrag unter den Wert der fortgeführten Anschaffungskosten, so besteht ein Wertminderungsbedarf (IAS 36.59). Der erzielbare Betrag ist der höhere Betrag aus Fair Value abzüglich Veräußerungskosten und Nutzungswert (IAS 36.18). Vgl. ausführlicher zum Vorgehen nach IAS 36 BAETGE, J./KIRSCH, H.-J./THIELE, S., Bilanzen, S. 296-300. Der Bilanzierende ist dazu verpflichtet, jährlich zu prüfen, ob Anhaltspunkte (IAS 36.12) für eine Wertminderung vorliegen (IAS 36.9). Vgl. KÖHLING, K., Renditeimmobilien, S. 25.

609 Für die Bilanzierung im Rahmen des Neubewertungsmodells siehe nachfolgender Absatz.

610 Vgl. SCHÄFER, H.-J., in: Reuther/Hard IFRS, Sachanlagevermögen, Rn. 38.

611 Vgl. BAETGE, J./KROLAK, T./THIELE, S./HAIN, T., in: Baetge u. a., Rechnungslegung nach IFRS, 2. Aufl., IAS 36, Rn. 116.

612 Vgl. BAETGE, J./KROLAK, T./THIELE, S./HAIN, T., in: Baetge u. a., Rechnungslegung nach IFRS, 2. Aufl., IAS 36, Rn. 117.

613 Vgl. SCHEINPFLUG, P., in: Beck'sches IFRS HB, 3. Aufl., § 5, Rn. 14.

614 Die Neubewertung ist so hinreichend häufig und regelmäßig durchzuführen, dass der Fair Value nicht wesentlich vom Buchwert des neu bewerteten Vermögenswertes abweicht (IAS 16.31, IAS 16.34). Dieses kann bei geringfügigen Änderungen des Fair Value nur alle drei oder fünf Jahre sein (IAS 16.34). Vgl. BAETGE, J./KROLAK, T./THIELE, S./HAIN, T., in: Baetge u. a., Rechnungslegung nach IFRS, 2. Aufl., IAS 36, Rn. 33. Des Weiteren ist jeweils die gesamte Gruppe der Sachanlagen, zu denen z. B. die Immobilie gehört, neu zu bewerten (IAS 16.36, IAS 16.18).

kosten ist hingegen erfolgswirksam zu erfassen (IAS 16.39).[615] Handelt es sich um abnutzbare Vermögenswerte, wird der Abschreibungsplan an die Ergebnisse der Neubewertungen angepasst. Die angepassten Abschreibungsbeträge sind vollständig erfolgswirksam zu erfassen.[616] Gleichzeitig sollte die Neubewertungsrücklage in Differenz zwischen den historischen Abschreibungen und den Abschreibungen auf Basis des neu bewerteten Buchwertes, in der die Neubewertungsrücklage als realisiert gilt, ratierlich erfolgsneutral in die Gewinnrücklagen aufgelöst werden (IAS 16.41).[617]

Eine Sachanlage ist **auszubuchen**, wenn sie abgeht oder kein weiterer wirtschaftlicher Nutzen aus ihrer Nutzung oder ihrem Abgang erwartet wird (IAS 16.67). Beim Abgang entstehende Differenzen sind erfolgswirksam zu erfassen (IAS 16.68).[618]

Das Bilanzierungswahlrecht zwischen Anschaffungskosten- und Neubewertungsmodell sollte vor dem Hintergrund der Bedürfnisse der Adressaten eines IFRS-Abschlusses durch NPOs ausgeübt werden. Es ist von Bedeutung, zu welchem Zweck die Immobilie gehalten wird.[619] Die Sachanlage soll durch die NPO selbst genutzt werden und vor allem die Spender sind an Informationen über die Mittelverwendung interessiert. Das Anschaffungskostenmodell stellt auf eine kontinuierliche Verwendung und einen beständigen Verbrauch der Zuwendung ab. So können die Adressaten bei Anwendung des Anschaffungskostenmodells die aus der Zuwendung noch bei der NPO verbliebenen Mittel erkennen.[620] Informationen zur Substanzerhaltung wie bei der Neubewertungsmethode sind daher nicht erforderlich. Die Auswirkungen der erfolgswirksam zu erfassenden Abschreibungen, Wertminderungen und -aufholungen sowie des Abgangs bei Anwendung des Anschaffungskostenmodells werden anschließend im Rahmen der Ertragsrealisation im Zusammenhang mit der Abbildung in der Bilanz analysiert.[621]

Zusammenfassend sollte für einfache materielle Zuwendungen im ideellen Bereich das Anschaffungskostenmodell für die Folgebewertung gewählt werden.

---

615 Die erfolgsneutralen Änderungen der im Eigenkapital gebildeten Neubewertungsrücklage sind im sonstigen Ergebnis der Gesamtergebnisrechnung auszuweisen (IAS 16.19, IAS 16.40). Vgl. dazu auch ausführlicher SCHEINPFLUG, P., in: Beck'sches IFRS HB, 3. Aufl., § 5, Rn. 137.

616 Vgl. BAETGE, J./KIRSCH, H.-J./THIELE, S., Bilanzen, S. 295.

617 Vgl. kritisch zu einer Interpretation dieser Vorschrift als Wahlrecht und einer Interpretation als ratierliche Auflösungspflicht bei abnutzbaren Sachanlagen SCHEINPFLUG, P., in: Beck'sches IFRS HB, 3. Aufl., § 5, Rn. 137-140. Die Änderungen der bisher kumulierten Abschreibungen können direkt oder indirekt angepasst werden (IAS 16.35). Vgl. dazu ausführlicher THEILE, C., in: Heuser/Theile IFRS, 5. Aufl., C.II, Rn. 1295; PELLENS, B./FÜLBIER, R. U./GASSEN, J./SELLHORN, T., Internationale Rechnungslegung, S. 351.

618 Vgl. BAETGE, J./KIRSCH, H.-J./THIELE, S., Bilanzen, S. 285; SCHÄFER, H.-J., in: Reuther/Hard IFRS, Sachanlagevermögen, Rn. 47.

619 Siehe Abschn. 423.6.

620 Außerdem ist das Neubewertungsmodell auch in seiner Umsetzung teurer als das Anschaffungskostenmodell. Vgl. PEEMÖLLER, V. H., in: Wiley-Kommentar, 7. Aufl., Abschn. 10, Rn. 64; SCHÄFER, H.-J., in: Reuther/Hard IFRS, Sachanlagevermögen, Rn. 29.

621 Siehe Abschn. 512.23.

512.214.2 Zur Veräußerung gehaltene Immobilien

Solange ein Vermögenswert als „zur Veräußerung" eingestuft ist, darf er nicht planmäßig abgeschrieben werden (IFRS 5.25).[622] Zinsen und andere Kosten in Verbindung mit dem langfristigen Vermögenswert sind hingegen weiterhin zu berücksichtigen.[623] Wird der Verkauf später als nach einem Jahr erwartet, so sind die Veräußerungskosten im Zugangszeitpunkt abzuzinsen und ihre Aufzinsung ist erfolgswirksam in den Finanzierungskosten zu erfassen (IFRS 5.17). Der Vermögenswert wird nach IFRS 5 auf Basis eines Niederstwerttests folgebewertet.[624] Die Wertminderungen beziehen sich in der Folgebewertung auf den Fair Value abzüglich Veräußerungskosten und sind erfolgswirksam zu erfassen (IFRS 5.20).[625] Wertsteigerungen sind ebenfalls erfolgswirksam zu erfassen, dürfen indes nicht über zuvor kumulierte Wertminderungen (nach IAS 36 und IFRS 5 zusammen) hinausgehen (IFRS 5.21).[626]

Das zur Veräußerung gehaltene Vermögen ist in der Bilanz gesondert als „zur Veräußerung bestimmtes langfristiges Vermögen" auszuweisen (IFRS 5.38). Ein separater Ausweis in der Gewinn- und Verlustrechnung ist für die Veräußerung einer einzelnen Immobilie nicht vorgesehen.[627]

Da IFRS 5 restriktive Voraussetzungen für die Bilanzierung als zur Veräußerung gehalten vorsieht, muss die Veräußerung bereits ziemlich konkret sein und daher wird ebenfalls bereits ein relativ konkreter Veräußerungspreis existieren.[628] Für die NPO wird dann eine Bewertung zum Fair Value abzüglich Veräußerungskosten ohne hohen zusätzlichen Aufwand möglich sein. Mit einem solchen Wertansatz können die Adressaten dann erkennen, welche noch im Anlagevermögen gebundenen Mittel erwartungsgemäß in der nächsten Periode der NPO zur freien Verfügung stehen werden.

512.215 Angaben zu Immobilien

Im Folgenden wird auf die auf den Sachverhalt der einfachen Zuwendung einer Immobilie zutreffenden Vorschriften eingegangen.

IAS 16 enthält die Angabepflichten für Immobilien, die durch die NPO selbst genutzt werden. Gemäß IAS 16.73 sind pro Gruppe von Sachanlagen die Bewertungsgrundlagen für die Bruttobuchwerte, die verwendeten Abschreibungsmethoden sowie die zugrunde gelegten Nutzungsdauern oder

622 Vgl. SCHLAAK, W., in: Reuther/Hard IFRS, Zur Veräußerung gehaltene langfristige Vermögenswerte, Rn. 29.
623 Vgl. PEEMÖLLER, V. H., in: Wiley-Kommentar, 7. Aufl., Abschn. 10, Rn. 143.
624 Vgl. LÜDENBACH, N., in: Haufe IFRS, 10. Aufl., § 29, Rn. 31.
625 Vgl. BAETGE, J./KIRSCH, H.-J./THIELE, S., Bilanzen, S. 310.
626 Vgl. HFA DES IDW, IDW RS HFA 2, Tz. 107. Erfüllt ein Vermögenswert nicht mehr die Kriterien als zur Veräußerung gehaltener Vermögenswert, ist er so zu bilanzieren, als ob er zuvor nicht die Kriterien des IFRS 5 erfüllt hätte (IFRS 5.27). Vgl. BÖCKING, H.-J./KIEFER, M., in: Baetge u. a., Rechnungslegung nach IFRS, 2. Aufl., IFRS 5, Rn. 94.
627 Vgl. LÜDENBACH, N., in: Haufe IFRS, 10. Aufl., § 29, Rn. 5.
628 Vgl. HASENBURG, C., IFRS 5, Rn. 433.

Abschreibungssätze anzugeben. Des Weiteren ist ein Anlagenspiegel anzulegen.[629] IAS 16.79 (d) *empfiehlt* ebenfalls den Fair Value der Sachanlagen anzugeben, wenn dieser wesentlich vom Buchwert abweicht. Eine entsprechende Angabe durch die NPO ist für die Folgebewertung daher nicht zwingend.

Wurden nach dem Anschaffungskostenmodell bewertete Immobilien in der Periode im Wert gemindert oder gesteigert, so sind bzgl. dieser Wertänderungen weitere Angaben gemäß **IAS 36** erforderlich. Pro Gruppe von Vermögenswerten, die sich durch Art und Verwendung gleichen, sind die in der Gewinn- und Verlustrechnung erfassten Wertminderungsaufwendungen und Wertaufholungen, ihre Höhe und die zugeordneten Posten in der Gesamtergebnisrechnung anzugeben (IAS 36.126). Die Angaben dürfen im Anlagenspiegel gemacht werden (IAS 36.128).[630] Handelt es sich um einen wesentlichen Wertminderungsaufwand, so sind ausführliche Angaben zum Betrag, der Wertermittlung sowie zum Grund anzugeben (IAS 36.130).[631]

Dadurch, dass die selbst genutzten Immobilien im Zugangszeitpunkt zum Fair Value bewertet werden sollten, sind die Vorgaben des **IFRS 13** zu beachten. Die Angaben gemäß IFRS 13 sind auch für zur Veräußerung gehaltene Immobilien im Zeitpunkt des Zugangs einschlägig (IFRS 13.93 (a)).[632] Im Fall einer einmaligen Fair-Value-Bewertung sind mindestens die folgenden Informationen pro Klasse von Vermögenswerten anzugeben (IFRS 13.93, IFRS 13.97):

- Level der Fair-Value-Hierarchie (1, 2 oder 3) bezogen auf die Klasse,
- die Fair-Value-Bewertung am Ende der Periode und die Gründe für die Fair-Value-Bewertung,
- pro Level (2 und 3) Beschreibung der Bewertungsmethoden und Inputparameter (quantitative Angaben der wesentlichen unbeobachtbaren Faktoren sollten, sofern möglich, angegeben werden),
- wenn der „Highest and Best Use" eines nicht finanziellen Vermögenswertes von der tatsächlichen Verwendung abweicht, warum der Vermögenswert nicht i. S. d. „Highest and Best Use" verwendet wird,[633]
- eine Beschreibung des Bewertungsprozesses für Bewertungen auf Level 3.[634]

---

629 Vgl. zum Anlagengitter nach HGB Baetge, J./Kirsch, H.-J./Thiele, S., Bilanzen, S. 307.

630 Stellt die NPO eine Segmentberichterstattung auf, so ist pro Segment die Höhe der Wertminderungen und Wertaufholungen in der Gewinn- und Verlustrechnung zu berichten (IAS 36.129).

631 Vgl. auch ausführlicher zu den Anhangangaben Baetge, J./Krolak, T./Thiele, S./Hain, T., in: Baetge u. a., Rechnungslegung nach IFRS, 2. Aufl., IAS 36, Rn. 122-134.

632 Gemäß IFRS 13.91 ist ein angemessenes Maß an Detaillierungsgrad und Aggregation für die Angaben zu wählen. Die quantitativen Angaben sind tabellarisch darzustellen, es sei denn, eine andere Darstellungsform ist angemessener (IFRS 13.99). Vgl. zur allgemeinen Konzeption der Angaben nach IFRS 13 Kirsch, H.-J./Köhling, K./Dettenrieder, D., in: Baetge u. a., Rechnungslegung nach IFRS, 2. Aufl., IFRS 13, Rn. 152-158.

633 Vgl. zur Highest-and-Best-Use-Bewertung Köhling, K., Renditeimmobilien nach IFRS 13 und IAS 40, S. 568-569.

Im Anhang sind bzgl. **„zur Veräußerung gehaltener Immobilien"** umfassende Informationen zu dem jeweiligen Vermögenswert, den Umständen und den erfassten Gewinnen und Verlusten anzugeben (IFRS 5.41).[635]

512.22 Bilanzierung der Passiva

Der Ansatz, die Zugangs- und Folgebewertung sowie die Angabepflichten von Rückstellungen wurden bereits ausführlich im Rahmen der Analyse einer einfachen *finanziellen* Zuwendung beschrieben.[636] Besonderheiten bzgl. der Bilanzierung der Passiva aus einer einfachen *materiellen* Zuwendung, die über die aus einer einfachen *finanziellen* Zuwendung hinausgehen, ergeben sich nur insofern, dass materielle Zuwendungen für eine typischerweise dauerhafte Verwendung hergestellt worden sein können, wie Immobilien. Grundsätzlich erwartet der Zuwender, dass die der NPO zugewendeten Mittel zeitnah für die Zwecke der NPO verbraucht werden. Wird eine Immobilie ohne Gegenleistung zugewendet, so steht, aufgrund des langfristigen Charakters einer solchen Zuwendungsart, jedoch nicht immer die Erwartung einer sofortigen Liquidierung dahinter. Die Immobilie kann auch z. B. durch die NPO genutzt und so für die Zwecke der NPO verwendet werden. Auch hier sind die Aktiva das „Maß" für die Passiva. Das Zusammenspiel mit den Aktiva wird im Rahmen der Ertragsrealisation im Zusammenhang mit der Abbildung in der Bilanz analysiert.

512.23 Ertragsrealisation im Zusammenhang mit der Abbildung in der Bilanz

512.231 Selbst genutzte Immobilien

In diesem Abschnitt wird nun die Ertragsrealisation im Zusammenhang mit der Abbildung in der Bilanz zunächst allgemein und zudem anhand eines Beispiels untersucht.

Ein zugewendetes **Gebäude**, das selbst durch die NPO genutzt werden soll, sollte im **Zugangszeitpunkt** mit dem Fair Value bewertet werden.[637] Fraglich ist, wie die **Rückstellung**, die aus der Zuwendung des Gebäudes resultiert, zu bewerten ist. Bei der Rückstellung handelt es sich um die faktische Verpflichtung, die Zuwendung, also hier das Gebäude, für die Zwecke der NPO zu verwenden. Da das Gebäude langfristig genutzt wird, könnte in Betracht gezogen werden, dass zur Bewertung der entsprechenden Rückstellung der Wert der Zuwendung über die Nutzungsdauer des Gebäudes abzuzinsen ist. Es ist dabei jedoch zu beachten, dass die Rückstellung mit dem besten Schätzer des Wertes anzusetzen ist, der für die Zwecke der NPO aufzuwenden ist.[638] Dieser Wert entspricht am Stichtag jeweils dem Wert der entsprechenden Zuwendung.[639] Das wahrscheinlichste

---

634 Vgl. dazu ausführlicher KÖHLING, K., Renditeimmobilien, S. 36-38. Vgl. für eine Übersicht für die verschiedenen Anhangangaben KIRSCH, H.-J./KÖHLING, K./DETTENRIEDER, D., in: Baetge u. a., Rechnungslegung nach IFRS, 2. Aufl., IFRS 13, Rn. 159.

635 Vgl. dazu ausführlicher ADLER, H./DÜRING, W./SCHMALTZ, K., International, Abschn. 9a, Rn. 325-339.

636 Siehe Abschn. 512.1.

637 Siehe zur Regelungslücke bzgl. der Anschaffungskostenbewertung des IAS 16 Abschn. 512.213.1

638 Siehe zur Bewertung der Passiva Abschn. 512.22.

639 Siehe dazu auch Abschn. 422.

Ereignis ist die vollständige Aufwendung der Mittel für die Zwecke der NPO. Somit ist eine Rückstellung in Höhe des Zugangswertes des Gebäudes zu passivieren. Aufgrund des von den „Rückstellungen aus freien Zuwendungen" verschiedenen Charakters sollten die Rückstellungen aus der Zuwendung des Gebäudes separat ausgewiesen werden, z. B. als eine „Rückstellung für Zuwendungen in der langfristigen Eigennutzung".[640]

Die Regelungen des IFRS 13.60 zu einer erfolgswirksam zu erfassenden **Differenz** zwischen Transaktionspreis und Fair Value im Zugangszeitpunkt stellen auf eine vorliegende Leistungs-Gegenleistungsbeziehung ab.[641] An einer solchen Beziehung fehlt es allerdings bei einer einfachen *materiellen* Zuwendung. Daher besteht auch hier eine Regelungslücke aufgrund der ausdrücklich auf eine Leistungs-Gegenleistungsbeziehung abgestellten Normen. Vermögenswerte und Schulden stehen sich im Zugangszeitpunkt in gleicher Höhe gegenüber und daher sollte die Zuwendung, wie in Kapitel 4 ermittelt, erfolgsneutral gebucht werden.[642] In dem Beispiel, das die Erläuterungen in diesem Abschnitt begleitet, wird annahmegemäß ein Gebäude mit einem *Fair Value* i. H. v. 100 GE zugewendet.

Gebäude	100	an	Rückstellungen für Zuwendungen in der langfristigen Eigennutzung	100

Die *Transaktionskosten* sind aufgrund einer Fair-Value-Bewertung des Gebäudes nach IFRS 13 nicht zu aktivieren.[643] Sie sind aus diesem Grund aufwandswirksam zu erfassen. Eine NPO zahlt beispielhaft im Rahmen der Zuwendung eines Gebäudes Transaktionskosten i. H. v. 2 GE.

Aufwand	2	an	Zahlungsmittel	2

Da es sich bei den Transaktionskosten um eine Mittelverwendung (bereits zuvor zugewendeter Zuwendungen) handelt, wird eine entsprechende Verpflichtung in Höhe der Transaktionskosten erfüllt bzw. vermindert. „Rückstellungen aus freien Zuwendungen" werden reduziert, die zuvor z. B. aufgrund einer anderen einfachen finanziellen Zuwendung gebildet wurden. Der Rückstellungsverbrauch sollte daher ertragswirksam erfasst werden.[644] Dadurch, dass sich die Zahlungsmittel und „Rückstellungen aus freien Zuwendungen" in gleicher Höhe vermindern, stehen sich auch in der Gewinn- und Verlustrechnung Aufwendungen und Erträge in gleicher Höhe gegenüber.

---

640 Vgl. im Ergebnis für den separaten Ausweis eines entsprechenden passiven Sonderpostens nach HGB auch HFA DES IDW, IDW RS HFA 21, Tz. 19.

641 Siehe ausführlich für die Erklärung einer Leistungs-Gegenleistungsbeziehung in einem solchen Fall Abschn. 512.14.

642 Siehe zur Ertragsrealisation im Zugangszeitpunkt Abschn. 423.1.

643 Siehe Abschn. 512.213.1.

644 Siehe für die Ertragsrealisation bei einer einfachen finanziellen Zuwendung Abschn. 512.14.

Rückstellungen aus freien Zuwendungen	2	an	Ertrag aus Verwendung freier Zuwendungen	2

In den **Folgeperioden** wird das Gebäude für die Zwecke der NPO verbraucht. Wird es in der Folge mit den fortgeführten Anschaffungskosten bewertet, so spiegeln die periodischen Abschreibungen diesen Verbrauch wider. Für das beispielhaft zugewendete Gebäude wird eine Restnutzungsdauer von 25 Jahren geplant. Die Abschreibungen betragen daher 4 GE für die Periode (100 GE / 25 Jahre = 4 GE).

Abschreibungen	4	an	Gebäude	4

Zu prüfen ist, ob der Wert (ggf. auch abzüglich Wertminderungen) der fortgeführten Anschaffungskosten des Gebäudes auch dem besten Schätzer für die Rückstellung am Stichtag entspricht. Die Rückstellung ist vollständig abhängig von der Zuwendung. Sie ist durch die Zuwendung entstanden und verändert sich, wenn die Zuwendung verwendet wird. Daher ist die Rückstellung entsprechend der Abschreibung des zugewendeten Gebäudes anzupassen.[645] Die Abschreibungen des Gebäudes spiegeln den Wert wider, der für die Zwecke der NPO bereits verbraucht wurde. In der Höhe haben die Mittel also ihren Zweck erfüllt und die „Rückstellung für Zuwendungen in der langfristigen Eigennutzung" ist entsprechend zu vermindern. Ein Ertrag sollte durch den Verbrauch der Rückstellung, wie in Kapitel 4 entwickelt, realisiert werden.[646] Dadurch, dass sich das Gebäude und die „Rückstellungen für Zuwendungen in der langfristigen Eigennutzung" in gleicher Höhe vermindern, stehen sich auch in der Gewinn- und Verlustrechnung Aufwendungen und Erträge in gleicher Höhe gegenüber.

Rückstellungen für Zuwendungen in der langfristigen Eigennutzung	4	an	Ertrag aus Zuwendungen in der langfristigen Eigennutzung	4

Der Wert der fortgeführten Anschaffungskosten des Gebäudes ist des Weiteren auf Wertminderungen nach IAS 36 zu prüfen.[647] In dem Fall, dass es sich um eine außerplanmäßige Abschreibung handelt, ist die Wertminderung vollständig erfolgswirksam in der Gewinn- und Verlustrechnung zu erfassen. Die Wertminderung spiegelt den Wertverlust des Gebäudes wider. Die Zuwendung ist weniger wert und die NPO braucht die entsprechenden Mittel aus der Zuwendung daher nicht mehr

645 In Übereinstimmung mit dem Konzept in Abschn. 422.

646 Vgl. im Ergebnis für die Verminderung des passiven Sonderpostens nach HGB auch HFA DES IDW, IDW RS HFA 21, Tz. 18.

647 Siehe zu Wertminderungen nach IAS 36 Abschn. 512.214.1.

zu verwenden. Daher sollte auch die entsprechende Rückstellung vermindert werden.[648] Eine mögliche Wertminderung (10 GE) sollte demnach wie folgt gebucht werden:

Abschreibungen aus Wertminderungen	10	an	Gebäude	10
Rückstellungen für Zuwendungen in der langfristigen Eigennutzung	10	an	Ertrag aus Zuwendungen in der langfristigen Eigennutzung	10

Die periodischen Abschreibungsbeträge sind bei entsprechenden Wertsteigerungen oder -minderungen anzupassen. Wertsteigerungen sind maximal bis zu den historisch fortgeführten Anschaffungskosten zulässig. Eine auf die erläuterte Wertminderung i. H. v. 10 GE folgende Wertsteigerung beispielsweise i. H. v. 2 GE löst entsprechend den folgenden Buchungssatz aus:

Gebäude	2	an	Ertrag aus Wertsteigerungen	2

Fraglich ist, ob die „Rückstellung für Zuwendungen in der langfristigen Eigennutzung" ebenfalls wieder zu erhöhen ist. Da sich der Wert der Rückstellung nach der Zuwendung richtet und daher eine den tatsächlichen Verhältnissen entsprechend bewertete Verpflichtung darstellen soll, sollte auch die Rückstellung erhöht werden. Dieser Vorgang sollte aufwandswirksam erfasst werden, da der entsprechende Teil der Rückstellung bereits ertragswirksam (siehe oben) vermindert wurde.[649]

Aufwand aus Zuführung zu Rückstellungen	2	an	Rückstellungen für Zuwendungen in der langfristigen Eigennutzung	2

Das Gebäude ist, wenn es z. B. verschrottet wird, bevor der Restbuchwert null beträgt, erfolgswirksam auszubuchen. Der verbleibende Betrag wird dann sozusagen außerplanmäßig auf null abgeschrieben und die Mittel verbraucht. Die verbliebene Rückstellung sollte dann entsprechend ertragswirksam ausgebucht werden. Der Verkauf eines Gebäudes wird im folgenden Abschnitt 512.232 ausführlicher untersucht.

Bisher wurde nur die Zuwendung eines Gebäudes erläutert. Im Fall der Zuwendung eines **Grundstücks** handelt es sich nicht um abnutzbares Sachanlagevermögen und daher ist das Grundstück nicht abzuschreiben. Es sind nur Wertminderungen gemäß IAS 36 vorzunehmen. Die Wertminderungen dürfen, wie im Beispiel für ein Gebäude, maximal bis zu den bilanzierten Anschaffungskosten wieder zugeschrieben werden. Die Zuwendung wird im Laufe der Zeit nicht verbraucht und

648 Siehe dazu Abschn. 423.4.
649 Siehe dazu Abschn. 423.4.

daher wird auch die „Rückstellung für Zuwendungen in der langfristigen Eigennutzung“ nicht verbraucht.[650] Aus diesem Grund sollten keine Erträge periodisch realisiert werden. Die Mittel, also das Grundstück, werden zwar verwendet, aber da es nicht abnutzt, steht es der NPO fortwährend zur Verfügung. Der Wert und daher auch die Verpflichtung der noch für die NPO zu verwendenden Mittel aus dem Grundstück kann daher, solange es noch bei der NPO verbleibt und nicht durch Eigenschaften des Vermögenswertes im Wert gemindert ist, auch nicht null betragen.

Zusammenfassend ist die selbst genutzte Immobilie erfolgsneutral einzubuchen. Wertänderungen in der Folge sind zwar erfolgswirksam, es stehen sich indes durch die gleichzeitige Veränderung der Vermögenswerte und Schulden Aufwendungen und Erträge in gleicher Höhe gegenüber.

512.232 Zur Veräußerung gehaltene Immobilien

Wird eine **Immobilie** als zur Veräußerung gehalten eingestuft, so ist sie im Zugangszeitpunkt gemäß IFRS 5.16 mit dem **Fair Value** abzüglich Veräußerungskosten zu bewerten. Der Fair Value abzüglich Veräußerungskosten ist ein Nettowert. Der Wert der Zuwendung ist eigentlich der Fair Value und ist demnach auch der für die Zwecke der NPO zu verwendende. Allerdings wird die Immobilie aufgrund der Bilanzierung für zur Veräußerung gehaltene Vermögenswerte nach IFRS 5 mit dem Wert in der Bilanz ausgewiesen, der zeitnah netto für den Verkauf des Vermögenswertes erwartet wird. Die Immobilie wird mit der Entscheidung zur kurzfristigen Veräußerung angenommen, um die aus dem Verkauf resultierenden finanziellen Mittel zu vereinnahmen.[651] Somit handelt es sich um eine Zuwendung im ideellen Bereich, die für die NPO einen Wert in Höhe des Netto-Verkaufserlöses hat. Wird eine Immobilie mit einem Fair Value i. H. v. 100 GE und Veräußerungskosten i. H. v. 5 GE zugewendet, so ist eine Aktivierung i. H. v. 95 GE daher sachgerecht. Entsprechend sollte dann auch die **Rückstellung** für zur Veräußerung gehaltene Vermögenswerte, die Mittel enthält, die noch für die Zwecke der NPO zu verwenden sind, mit einem Wert von 95 GE als bestem Schätzer für die noch zu verwendenden Mittel passiviert werden.

Der Nettowert der Zuwendung sollte daher erfolgsneutral gegen die entsprechende Rückstellung aktiviert werden. Dabei ist die Regelungslücke betreffend IFRS 13.60 im Sinne einer erfolgsneutralen Erfassung auszufüllen:[652]

Soll	Betrag		Haben	Betrag
Zur Veräußerung gehaltene langfristige Vermögenswerte	95	an	Rückstellungen für zur Veräußerung gehaltene Zuwendungen	95

Da die Immobilie gemäß IFRS 5.16 mit dem Fair Value abzüglich Veräußerungskosten zu bewerten ist, sind die **Transaktionskosten** aufwandswirksam zu erfassen. Die Transaktionskosten werden im

[650] Vgl. im Ergebnis für den passiven Sonderposten nach HGB auch HFA DES IDW, IDW RS HFA 21, Tz. 18.

[651] Die Immobilie soll nicht gehalten werden, damit ihr Wert steigt oder Mieteinnahmen erzielt werden. Daher ist sie auch nicht der Vermögensverwaltung als Renditeimmobilie zuzuordnen (IAS 40.5).

[652] Siehe zur Regelungslücke Abschn. 512.14 und 512.213.2.

ideellen Bereich aufgewendet, um weitere Mittel (die Immobilie) zu erhalten. Somit sollte entsprechend die „Rückstellung aus freien Zuwendungen“ aufgelöst und ein Ertrag erfasst werden.[653] Die Transaktionskosten betragen hier beispielhaft 2 GE.

Aufwand	2	an	Zahlungsmittel	2

Rückstellungen aus freien Zuwendungen	2	an	Ertrag aus Verwendung freier Zuwendungen	2

Wertänderungen haben die gleichen bilanziellen Konsequenzen für Immobilien nach IFRS 5 wie nach IAS 16.

In dem Fall, dass der Verkauf nach einem Jahr erwartet würde, wären die Veräußerungskosten (5 GE) im Zugangszeitpunkt abzuzinsen (Annahme eines Barwertes i. H. v. 4 GE). Die Aufzinsung in den Folgeperioden ist dann gemäß IFRS 5.17 erfolgswirksam in den Finanzierungskosten zu erfassen. Die Aufzinsung der Veräußerungskosten (4 GE auf 5 GE) mindert in der Folge den Wert der Immobilie, da zunächst zum Fair Value abzüglich diskontierter Veräußerungskosten zu bewerten ist (100 GE – 4 GE = 96 GE wird zu 100 GE – 5 GE = 95 GE). Die Wertminderung der Immobilie ist, wie die anderen Wertminderungen auch, aufwandswirksam zu erfassen. Durch die Wertminderung der Immobilie (1 GE) würde dann auch der Wert der noch zu verwendenden Mittel sinken (96 GE auf 95 GE). Die entsprechenden Rückstellungen wären ebenfalls ertragswirksam zu vermindern entsprechend den Wertänderungen bei selbst genutzten Immobilien.[654] Die Wertänderungen der Schulden entsprechen dann denen der Vermögenswerte.

Der **Verkauf** ist bilanziell zunächst unabhängig von den besonderen Buchungen resultierend aus einer Zuwendung ohne Gegenleistung zu erfassen. Der Verkauf ist eine normale Leistungs-Gegenleistungsbeziehung und daher genauso wie ein Verkauf bei einem gewinnorientierten Unternehmen abzubilden. Dadurch, dass der Verkauf „normal“ in der Gewinn- und Verlustrechnung erfasst wird, können die Adressaten auch die wirtschaftliche Vorteilhaftigkeit eines Verkaufes beurteilen. Annahmegemäß wird die zugewendete Immobilie nun tatsächlich für 100 GE verkauft mit tatsächlichen Veräußerungskosten i. H. v. 8 GE.

Zahlungsmittel	100	an	Ertrag aus Verkauf von zur Veräußerung gehaltenen langfristigen Vermögenswerten	100

---

653 Vgl. im Ergebnis für die Verminderung des passiven Sonderpostens nach HGB auch HFA DES IDW, IDW RS HFA 21, Tz. 18.

654 Siehe dazu Abschn. 423.4.

Aufwand aus Abgang von zur Veräußerung gehaltenen langfristigen Vermögenswerten	95	an	Zur Veräußerung gehaltene langfristige Vermögenswerte	95

Aufwand	8	an	Zahlungsmittel	8

Fraglich ist, in welcher Höhe bereits Mittel für die Zwecke der NPO verwendet wurden. Mittel wurden in Höhe der die Erträge übersteigenden Aufwendungen aus dem Verkauf verwendet. Dies entspricht dem Verlust aus dem Verkauf. Die „Rückstellungen für zur Veräußerung gehaltene Zuwendungen" sind daher ertragswirksam in Höhe des Verlustes zu verbrauchen. Die aus dem Verkauf verbleibenden Mittel sind aber noch für die Zwecke der NPO zu verwenden. Der Ausweis der Rückstellungen ist allerdings zu verändern, da die Mittel nicht mehr in zur Veräußerung gehaltenen Zuwendungen gebunden sind. Die Mittel können frei verwendet werden und ein Ausweis in den „Rückstellungen aus freien Zuwendungen" ist daher sachgerecht. Bei der Umbuchung der Rückstellung handelt es sich um keine Schätzungsänderung, da keine Erwartungen bzgl. der Rückstellungen berichtigt werden.[655] Die Auswirkungen werden anhand des Beispiels gezeigt: Beim Verkauf wurden Vermögenswerte i. H. v. 103 GE (95 GE Gebäude + 8 GE Veräußerungskosten = 103 GE) eingesetzt und es wurden Zahlungsmittel i. H. v. 100 GE erhalten. Netto betrachtet wurde aus dem Verkauf daher ein Verlust i. H. v. 3 GE (100 GE Mittelerhalt – 103 GE Mitteleinsatz = –3 GE) erwirtschaftet. Aus diesem Grund sind die Rückstellungen für die noch ausstehende Mittelverwendung netto i. H. v. 3 GE auszubuchen. Die verbleibenden 92 GE (95 GE „Rückstellungen für zur Veräußerung gehaltene Zuwendungen" – 3 GE Mittelverwendung aus dem Verlust beim Verkauf = 92 GE) sind noch für die Zwecke der NPO zu verwenden und in die „Rückstellungen aus freien Zuwendungen" zu buchen.

Rückstellung für zur Veräußerung gehaltene Zuwendungen	95	an	Rückstellungen aus freien Zuwendungen	92
			Ertrag aus Verwendung von zur Veräußerung gehaltenen Zuwendungen	3

Brutto umfasst dieser Buchungssatz 100 GE Einstellung in die „Rückstellungen aus freien Zuwendungen" aus dem Verkauf (i. H. v. 100 GE) und die 8 GE Verbrauch der „Rückstellungen aus freien Zuwendungen" für die tatsächlichen Veräußerungskosten. Im Ergebnis wird so kein Gewinn durch den Verkauf ausgewiesen (103 GE Aufwand – 103 GE Ertrag).

655 Siehe dazu Abschn. 423.3.

512.233 Angaben

Die Angabepflichten nach IAS 16 beziehen sich im Wesentlichen auf die Beschreibung der Rechnungslegungsmethoden und die Angabe eines Anlagenspiegels. Ebenso beziehen sich die Angabepflichten des IAS 37 im Wesentlichen auf die Beschreibung der Rechnungslegungsmethoden und die Angabe eines Rückstellungsspiegels.[656]

Durch den im Zugangszeitpunkt verwendeten Fair Value sind auch die Vorgaben des IFRS 13 und IAS 36 zu beachten. Diese können, vor allem durch eine Zugangsbewertung zum Fair Value von einfachen materiellen Zuwendungen, einen erheblichen Umfang einnehmen.[657]

Die Angabepflichten des IFRS 5 können außerdem für einige NPOs über die Jahre wiederholt zu Angaben führen, wenn sie zugewendete Vermögenswerte (des üblicherweise Anlagevermögens) im Regelfall veräußern.[658]

Zusammenfassend kann eine einfache Zuwendung einer Immobilie im Wesentlichen durch ausdrücklich anzuwendende IFRS-Normen bilanziert werden. Die Immobilie sollte zum Fair Value bewertet und die Wertminderungen der Folgebewertung erfolgswirksam erfasst werden. Zusätzlich zu den Regelungslücken bei der Bilanzierung einer finanziellen Zuwendung kommt an dieser Stelle als Regelungslücke die Zugangsbewertung einer ohne Gegenleistung zugewendeten Immobilie hinzu. Die Angaben zur einfachen Zuwendung einer Immobilie werden vor allem durch die Anforderungen in IFRS 13, IAS 36 und IFRS 5 umfangreicher als bei einfachen finanziellen Zuwendungen sein.

513. Bilanzierung der unterschiedlichen Zuwendungsmodalitäten

513.1 Bilanzierung einfacher Zuwendungszusagen

513.11 Bilanzierung der Aktiva

513.111 Bilanzierung der Aktiva aus einfachen finanziellen Zusagen

513.111.1 Ansatz der Zusagen

Zuwendungen können nicht nur bzgl. ihrer Art, sondern auch bzgl. ihrer Zuwendungsmodalitäten unterschieden werden (siehe Abbildung 5-5). Die gängigste Form der Zuwendungsmodalität bzgl. des Erhalts ist die (unbedingte) *Zusage* einer Zuwendung.[659] Bei der im Folgenden als „**einfache Zuwendungszusage**“ bezeichneten Variation des Grundfalls, Zusage ohne Verwendungsbeschränkungen und ohne Bedingungen, sollen die Zusage von Zahlungsmitteln (im Folgenden: einfache

656 Siehe zu den Anhangangaben Abschn. 512.215.

657 Siehe zu den Anhangangaben Abschn. 512.215.

658 Siehe zu den Anhangangaben Abschn. 512.215.

659 Im Folgenden bezieht sich der Begriff der Zuwendungszusage auf Schenkungsversprechen. Für die rechtlichen Grundlagen von Schenkungsversprechen siehe Abschn. 222.1.

finanzielle Zuwendungszusage) sowie die Zusage einer Immobilie (im Folgenden: einfache materielle Zuwendungszusage) untersucht werden. Der Zeitpunkt hängt von keiner Bedingung ab und wird als fix angenommen. Für die Analyse dieser Sachverhalte wird z. T. auf die Ergebnisse der ausführlichen Anwendungsanalyse des einfachen Zuwendungsfalls zurückgegriffen.

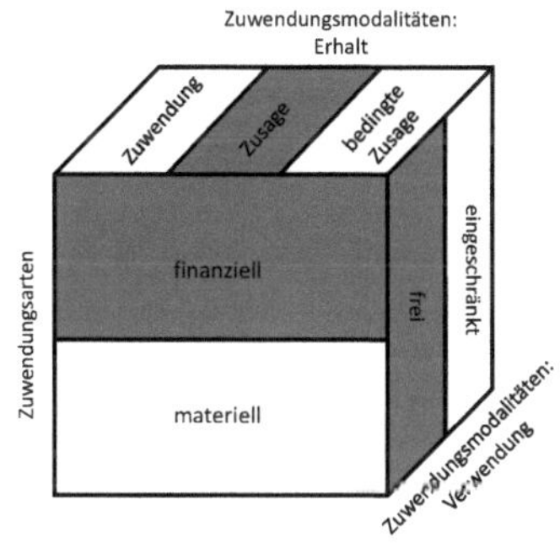

Abbildung 5-5: Einfache finanzielle Zuwendungszusagen

Zunächst wird für den Sachverhalt „einfache finanzielle Zuwendungszusage" die Bilanzierung der Aktiva untersucht. Anschließend wird dies für eine „einfache materielle Zuwendungszusage" untersucht. Erst nach den verschiedenen Aktiva werden die Konsequenzen für die Bilanzierung aus dem Zusammenwirken mit den Passiva im Zusammenhang mit der Ertragsrealisation analysiert.

Da eine Zusage auf eine Zuwendung besteht, könnte im Fall einer einfachen finanziellen Zuwendungszusage eine zu aktivierende **Forderung** vorliegen. Finanzielle Forderungen sind in den IFRS nicht in einem gesonderten Standard geregelt. Vielmehr werden sie, sofern sie auf einem Vertrag basieren, unter IFRS 9 i. V. m. IAS 39 als Finanzinstrumente gefasst.[660] Bei Forderungen ohne vertragliche Basis kann es sich nicht um Forderungen nach IFRS 9 i. V. m. IAS 39 handeln, sie sind entsprechend anderer Standards zu bilanzieren (z. B. Steuerforderungen, IAS 32.AG12).[661]

Dass die Definitionen von finanziellen Vermögenswerten sowie Finanzinstrumenten nach IFRS 9 i. V. m. IAS 39 grundsätzlich auch auf Sachverhalte bei NPOs angewendet werden können, wurde bereits bestätigt.[662] Ob konkret im Fall einer einfachen finanziellen Zuwendungszusage ein **Finanzinstrument** gemäß IAS 32.11 vorliegt, soll im Folgenden geprüft werden. Für eine Schenkung ist

660 Vgl. BEINE, F./MEYER, C., in: Wiley-Kommentar, 7. Aufl., Abschn. 7, Rn. 22.

661 Vgl. BEINE, F./MEYER, C., in: Wiley-Kommentar, 7. Aufl., Abschn. 7, Rn. 22; KUHN, S./SCHARPF, P., Financial Instruments, Rn. 491. Mittelbar wird auch durch andere Standards, wie z. B. IAS 18, der Ansatz von Forderungen geregelt. Vgl. BEINE, F./MEYER, C., in: Wiley-Kommentar, 7. Aufl., Abschn. 7, Rn. 22.

662 Siehe Abschn. 512.111.

ein Schenkungsvertrag über die Unentgeltlichkeit der Zuwendung zu schließen. Geht die Einigung der Zuwendung voraus, bedarf das Schenkungsversprechen einer notariellen Beurkundung.[663] Es liegt dann ein rechtlich durchsetzbarer *Vertrag* vor, der die Zuwendung von finanziellen Mitteln in der Zukunft zusagt. Wird das deutsche Formerfordernis eines Schenkungsversprechens, die notarielle Beurkundung, nicht eingehalten, so ist die Schenkung nichtig und folglich kann keine Verfügungsmacht über ein Recht aus einem Vertrag ausgeübt werden.[664] Im Fall der einfachen finanziellen Zuwendungszusage handelt es sich, sofern notariell beurkundet, um ein unbedingtes vertragliches Recht flüssige Mittel zu erhalten. Gemäß IAS 39.9 i. V. m. IAS 32.11 ist damit die Definition eines *finanziellen Vermögenswertes* erfüllt. Umgekehrt besteht daher auch *eine finanzielle Verpflichtung* der anderen Partei, der NPO finanzielle Mittel zu übereignen. Sofern das Schenkungsversprechen also notariell beurkundet ist, liegt ein Finanzinstrument vor.

Für das Schenkungsversprechen sind im Folgenden die **Ansatzkriterien** für Finanzinstrumente zu prüfen. Ein Finanzinstrument ist, wie bereits erläutert, gemäß IFRS 9.3.1.1 dann zu aktivieren, wenn die bilanzierende Organisation Vertragspartei eines Finanzinstrumentes wird.[665] Ein Vermögenswert nach IFRS 9 braucht jedoch ausnahmsweise nicht bei Vertragsschluss angesetzt zu werden, wenn es sich um eine Vereinbarung handelt, die i. d. R. durch tatsächliche Lieferung eines *nicht* finanziellen Vertragsgegenstandes für den Eigenbedarf erfüllt wird (IFRS 9.B3.1.2 (b)), sog. Own Use Exemption.[666] Solche Verträge sind erst am Erfüllungstag anzusetzen.[667] Der Erfüllungstag ist der Tag, an dem ein Vermögenswert aus einer Leistungs-Gegenleistungsbeziehung übergeben wird (IFRS 9.B3.1.6). Zum einen handelt es sich bei einfachen finanziellen Zuwendungszusagen *nicht* um eine nicht finanzielle Basis. Zum anderen handelt es sich um eine einseitige Verpflichtung, bei der keine Gegenleistung mehr aussteht. Somit ist eine einfache finanzielle Zuwendungszusage nicht durch die Ausnahme des IFRS 9.B3.1.2 (b) für originäre Forderungen von gewinnorientierten Unternehmen abgedeckt. Bei Vertragsschluss wird die NPO Vertragspartei und erhält das Recht auf den Empfang flüssiger Mittel in Form einer unbedingten Forderung. Die einfache finanzielle Zuwendungszusage ist demnach im Zeitpunkt des Vertragsschlusses anzusetzen (IFRS 9.B3.1.2 (a)).

Ein solches Finanzinstrument sollte als „Forderung aus freien Zuwendungszusagen" in der Bilanz ausgewiesen werden.

---

663 Siehe zum Schenkungsvertrag Abschn. 222.1.

664 Siehe Abschn. 421.11. Zu beachten ist, dass die Formerfordernisse für entgeltliche Verträge von denen für Schenkungsversprechen abweichen können. Siehe ausführlicher zu den rechtlichen Grundlagen einer Schenkung in Deutschland Abschn. 222.

665 Vgl. KUHN, S., Neuregelung der Bilanzierung von Finanzinstrumenten, S. 103.

666 Ein Beispiel für die sog. Own Use Exemption ist die Bestellung von Papier durch eine Druckerei. Vgl. BARCKOW, A., in: Baetge u. a., Rechnungslegung nach IFRS, 2. Aufl., IAS 39, Rn. 18 und 22; HFA DES IDW, IDW RS HFA 25, Tz. 5-6. Vgl. für einen Entscheidungsbaum zur Own Use Exemption STEGMANN, J., in: Reuther/Hard IFRS, Finanzinstrumente, Rn. 10.

667 Vgl. KUHN, S./SCHARPF, P., Financial Instruments, Rn. 852.

513.111.2 Zugangsbewertung der Zusagen

Die finanziellen Forderungen sind beim erstmaligen Ansatz zum **Fair Value** zu bewerten (IFRS 9.5.1.1).[668] Die direkt zurechenbaren Transaktionskosten sind beim erstmaligen Ansatz dann in die Bewertung einzubeziehen, wenn die finanziellen Vermögenswerte *nicht erfolgswirksam zum Fair Value* folgebewertet werden. (IFRS 9.5.1.1).[669]

Nicht erfolgswirksam zum Fair Value folgebewertet werden können finanzielle Vermögenswerte der Kategorie „fortgeführte Anschaffungskosten" sowie Eigenkapitalinstrumente, die nicht zu Handelszwecken gehalten werden, in die Kategorie Fair-Value-Bewertung fallen und zum Fair-Value über das sonstige Ergebnis bewertet werden (IFRS 9.5.7.5).[670] Da es sich bei Forderungen nicht um Eigenkapitalinstrumente handelt, ist lediglich zu prüfen, ob sie in die Kategorie *„zu fortgeführten Anschaffungskosten"* fallen.

Vermögenswerte sind dann zu *fortgeführten Anschaffungskosten* gemäß IFRS 9 folgezubewerten, wenn sie zum einen in einer Gruppe[671] von Vermögenswerten gehalten werden, für die das *Geschäftsmodell* des Haltens zur Vereinnahmung von vertraglich vereinbarten Cashflows verfolgt wird (IFRS 9.4.1.2 (a)). Zum anderen müssen die finanziellen Vermögenswerte zu *vertraglich fest vereinbarten Zeitpunkten* zu Cashflows führen, die ausschließlich aus *Zins- und Tilgungszahlungen* bestehen (IFRS 9.4.1.2 (b)). Das *Geschäftsmodell* meint nicht ein Modell für das gesamte Unternehmen (IFRS 9.B4.1.2), sondern die Gruppen sind auf Basis der Cashflow-Eigenschaften zu bilden (IFRS 9.B4.1.7). Das Portfolio könnte hier aus den „Forderungen aus freien Zuwendungszusagen" bestehen. Im Fall der einfachen finanziellen Zuwendungszusage ist die Übergabe der finanziellen Mittel zu einem festen Zeitpunkt vereinbart. Es handelt sich daher um einen *vertraglich fest vereinbarten Zeitpunkt*. Die Zahlungen an die NPO werden dabei ausschließlich aus *Zins- und Tilgungszahlungen* bestehen.[672] Die einfache Zuwendungszusage ist somit zu fortgeführten Anschaffungskosten zu bewerten.[673] Einfache finanzielle Zuwendungszusagen sind daher aufgrund der

---

668 Vgl. BEINE, F./MEYER, C., in: Wiley-Kommentar, 7. Aufl., Abschn. 7, Rn. 272; BERENTZEN, C., Finanzielle Vermögenswerte nach IAS 39 und IFRS 9, S. 91-92.

669 Vgl. BEINE, F./MEYER, C., in: Wiley-Kommentar, 7. Aufl., Abschn. 7, Rn. 272.

670 Vgl. KUHN, S., Neuregelung der Bilanzierung von Finanzinstrumenten, S. 104. Finanzinstrumente können auch freiwillig als erfolgswirksam zum Fair Value designiert werden, wenn dadurch Inkongruenzen bei Ansatz und Bewertung beseitigt oder erheblich verringert werden können (IFRS 9.4.1.5). Vgl. dazu auch ausführlicher OLBRICH, A., Fortgeführte Anschaffungskosten nach IFRS 9, S. 54-55.

671 Vgl. LÜDENBACH, N., in: Haufe IFRS, 10. Aufl., § 28, Rn. 338 und 340.

672 Vgl. zu Forderungen aus Lieferungen und Leistungen, die i. d. R. ausschließlich aus Zins- und Tilgungszahlungen bestehen MÄRKL, H./SCHABER, M., IFRS 9, S. 69. Im Wesentlichen sind mit dem Kriterium der festen Zins- und Tilgungszahlungen einfache Darlehenscharakteristika („Basic Loan Features") gemeint (IFRS 9.BC4.22-25). In IFRS 9.B4.1.14 wird an Instrument G beispielhaft erläutert, dass ein Finanzinstrument das Kriterium „nur Zins- und Tilgungszahlungen" nicht erfüllt, wenn eine Tilgung „kostenlos", d. h. ohne Zinsen, gestundet wird: Eine Option enthält eine Hebelwirkung und die durch Hebelwirkung erhöhte Variabilität der Cashflows hat nicht mehr den wirtschaftlichen Gehalt von Zinsen (IFRS 9.B4.1.9).

673 Vgl. zur Erfüllung der Kriterien durch Forderungen aus Lieferungen und Leistungen MÄRKL, H./SCHABER, M., IFRS 9, S. 69.

Folgebewertungskategorie im Zugangszeitpunkt zum **Fair Value zuzüglich Transaktionskosten** zu bewerten.

Der **Fair Value** ist nach IFRS 13 zu bestimmen (IFRS 13.5). Die finanzielle Zusage wird dabei i. d. R. nicht durch Bewertungsansätze des Cost Approach oder Market Approach bewertet werden können, da weder die Wiederbeschaffungskosten zu verwenden sind noch ein unmittelbarer oder mittelbarer Preisvergleich möglich sein wird.[674] Dann sind die barwertorientierten Verfahren des Income Approach anzuwenden, und ein Fair Value wird maximal auf Level 2 zu bestimmen sein.[675] Der *Fair Value* ist im Zugangszeitpunkt normalerweise der Transaktionspreis (IFRS 9.B5.1.1).[676] Ist dies nicht der Fall, so werden in IFRS 9.B5.1.1 und IFRS 9.B5.1.2A die Fälle geregelt, bei denen der Fair Value vom Transaktionspreis abweicht. In IFRS 9.B5.1.1 wird das Beispiel eines zinslosen oder eindeutig unterverzinslichen Darlehens genannt.[677] Die *Differenz* zwischen Fair Value und Transaktionspreis ist im Gewinn oder Verlust zu erfassen, wenn der Fair Value durch einen beobachtbaren und nicht modifizierten Preis auf einem aktiven Markt für einen identischen Vermögenswert nachgewiesen (Input-Level 1 von IFRS 13) oder auf Basis einer Bewertungstechnik berechnet werden kann, die ausschließlich Daten von beobachtbaren Märkten verwendet (IFRS 9.B5.1.2A (a)).[678] Kann der Fair Value nicht auf die genannten Arten nachgewiesen werden, so ist gemäß IFRS 9.B5.1.2A (b) die bestehende Differenz abzugrenzen.[679] Bei beiden Varianten

674 Vgl. zum Ausschluss des Market Approach und einer Level 1-Bewertung für Forderungen SCHWAMBORN, M.-A./GEHRER, J./PFEIL, A., IFRS 9/IFRS 13, S. 428.

675 Vgl. SCHWAMBORN, M.-A./GEHRER, J./PFEIL, A., IFRS 9/IFRS 13, S. 428. Siehe zur Fair-Value-Bewertung nach IFRS 13 Abschn. 312.22. Für die Bestimmung des Fair Value mittels eines barwertorientierten Verfahrens ist ein Zinssatz zu bestimmen, mit dem die Cashflows diskontiert werden. Gemäß IFRS 9.B5.1.1 ist hierzu der Marktzinssatz für ein zu diskontierendes unverzinsliches Darlehen heranzuziehen. Siehe dazu Fn. 719. Der risikolose Nominalzins ist dafür um die Laufzeit sowie das Ausfallrisiko des Schuldners zu adjustieren. Somit ist der Marktzins für laufzeitadäquate Forderungen gegenüber Schuldnern mit vergleichbarer Bonität zur Berechnung des Barwertes der Forderung zu verwenden.

676 Vgl. OLBRICH, A., Fortgeführte Anschaffungskosten nach IFRS 9, S. 59; BEINE, F./MEYER, C., in: Wiley-Kommentar, 7. Aufl., Abschn. 7, Rn. 273; MÄRKL, H./SCHABER, M., IFRS 9, S. 72.

677 Vgl. BEINE, F./MEYER, C., in: Wiley-Kommentar, 7. Aufl., Abschn. 7, Rn. 273. Vgl. zu den alten Vorschriften IAS 36.AG76-AG76A, deren Inhalt im Wesentlichen nun in IFRS 9.B5.1.2A zu finden ist LÜDENBACH, N., in: Haufe IFRS, 10. Aufl., § 28, Rn. 104. Vgl. für ein Beispiel zum unverzinslichen Darlehen THEILE, C., IFRS, S. 112-113.

678 Vgl. KIRSCH, H.-J./KÖHLING, K./DETTENRIEDER, D., in: Baetge u. a., Rechnungslegung nach IFRS, 2. Aufl., IFRS 13, Rn. 72. Für die Inputparameter nach IFRS siehe auch Abschn. 312.22.

679 Liegt der Fair Value unterhalb des Transaktionspreises, ist die Differenz nicht sofort aufwandswirksam. Obwohl der Differenzbetrag nicht Bestandteil des Fair Value ist, kann er in einem solchen Fall mit diesem zusammen aktiviert werden. Vgl. FLICK, P./GEHRER, J./MEYER, S., IFRS 13, S. 389-390. Somit wäre der Transaktionspreis im Zugangszeitpunkt zu aktivieren. Vgl. KPMG INTERNATIONAL FINANCIAL REPORTING GROUP, Insights into IFRS, 8. Aufl., Rn. 7.6.268.10-20; FLICK, P./GEHRER, J./MEYER, S., IFRS 13, S. 390. Die abgegrenzte Differenz ist gemäß IFRS 9.B5.1.2A (b) in der Folgebewertung nur in der Höhe erfolgswirksam zu erfassen, wie sie aus einer Veränderung eines Faktors (inkl. Zeit) resultiert, den Marktteilnehmer bei der Bewertung des Vermögenswertes oder der Schuld berücksichtigen würden. Dabei geht es darum, die im Zugangszeitpunkt noch nicht erfolgswirksamen Teile der Differenz in den Folgeperioden erfolgwirksam werden zu lassen. Das IDW sieht z. B. eine Verteilung der Differenz nach der Effektivzinsmethode als möglich an. Vgl. HFA DES IDW, IDW RS HFA 24, Tz. 45.

wird auf eine vorliegende Leistungs-Gegenleistungsbeziehung abgestellt.[680] Wie im Fall einer einfachen finanziellen Zuwendung wird indes kein Gewinn durch einen geringeren Ressourceneinsatz (Transaktionspreis) als Ressourcenerhalt (Fair Value des erhaltenen Vermögenswertes) erzielt und es fehlt an einer Leistungs-Gegenleistungsbeziehung. Daher besteht für die Regelungen des gesamten IFRS 9.B5.1.2A im Zugangszeitpunkt eine Regelungslücke. Die konkrete Bilanzierung wird im Rahmen der Ertragsrealisation im Zusammenhang mit der Abbildung in der Bilanz eingehender erläutert.[681]

Zusätzlich zum ermittelten Fair Value sind **Transaktionskosten** zu aktivieren. Transaktionskosten i. S. d. IAS 39.9 i. V. m. IAS 39.AG13 sind die zusätzlichen Kosten, die dem Erwerb des finanziellen Vermögenswertes unmittelbar zuzurechnen sind. Im Fall der einfachen finanziellen Zuwendungszusage kann es sich dabei u. a. um die Kosten der notariellen Beurkundung handeln.[682]

Der Wert der einfachen finanziellen Zuwendungszusage im Zeitpunkt des Erstansatzes ist somit der Barwert i. S. e. Fair Value der Zuwendungszusage plus Transaktionskosten. Die Zuwendung sollte des Weiteren im Zugangszeitpunkt noch nicht erfolgswirksam erfasst werden.

513.111.3 Folgebewertung der Zusagen

Die zu fortgeführten Anschaffungskosten bilanzierten, einfachen finanziellen Zuwendungszusagen sind grundsätzlich mithilfe der Effektivzinsmethode zu bewerten (IFRS 9.5.2.1, IAS 39.9, IAS 39.AG5-8).[683]

Die Effektivzinsmethode ist eine Methode, um die fortgeführten Anschaffungskosten zu berechnen und die Zinserträge und -aufwendungen auf die jeweiligen Perioden zu verteilen (IFRS 9.5.2.1, IAS 39.9).[684] Der Effektivzinssatz ist in einem solchen Fall der Kalkulationszinssatz, mit dem die geschätzten künftigen Ein- und Auszahlungen über die erwartete Laufzeit des Finanzinstrumentes exakt auf den Nettobuchwert des finanziellen Vermögenswertes diskontiert werden (IFRS 9.5.2.1, IAS 39.9).[685] Neben der geschilderten Definition der **Effektivzinsmethode** sowie des Effektivzinssatzes sind keine weiteren Informationen bzgl. der Effektivzinsmethode in IAS 39 enthalten. Für die Realisation der Zinserträge aus der Effektivzinsmethode verweist IAS 39.9 auf IAS 18.[686] Dass die

680 Siehe dazu Abschn. 512.112.

681 Siehe Abschn. 513.141.

682 Vgl. für Notarkosten als Anschaffungsnebenkosten THEILE, C., in: Heuser/Theile IFRS, 5. Aufl., B.IV, Rn. 520. Zu den Transaktionskosten als Anschaffungsnebenkosten vgl. THEILE, C., in: Heuser/Theile IFRS, 5. Aufl., C.X, Rn. 2472.

683 Vgl. PELLENS, B./FÜLBIER, R. U./GASSEN, J./SELLHORN, T., Internationale Rechnungslegung, S. 578; ECKES, B./FLICK, P./SIERLEJA, L., Kategorisierung und Bewertung von Finanzinstrumenten nach IFRS 9, S. 632; KUHN, S./SCHARPF, P., Financial Instruments, Rn. 1360.

684 Vgl. LÖW, E., Rechnungslegung für Banken nach IFRS, S. 501; KUHN, S./SCHARPF, P., Financial Instruments, Rn. 530.

685 Vgl. KUHN, S./SCHARPF, P., Financial Instruments, Rn. 530.

686 Vgl. KUHN, S./SCHARPF, P., Financial Instruments, Rn. 590.

Transaktionskosten gemäß IAS 39.9 effektivzinsmäßig zu verteilen sind, gilt indes unabhängig von den Bestimmungen zur Realisation der entsprechenden Erträge gemäß IAS 18.[687] Des Weiteren sind gemäß IFRS 9.5.7.2 die Wertänderungen aus der Effektivzinsmethode pflichtmäßig erfolgswirksam zu erfassen.[688] Die Auswirkungen der erfolgswirksam zu erfassenden Wertänderungen werden anschließend im Rahmen der Ertragsrealisation im Zusammenhang mit der Abbildung in der Bilanz analysiert.[689]

Der **Effektivzins** resultiert aus der Differenz zwischen dem Barwert plus Transaktionskosten im Zugangszeitpunkt und dem Nominalbetrag der Forderung. Der Buchwert der Forderung im Zugangszeitpunkt ist periodisch mit dem Effektivzins aufzuzinsen. Die Transaktionskosten werden derweil über die Laufzeit der Forderung effektivzinskonform verteilt.[690] Somit mindern die Transaktionskosten die Aufzinsungsbeträge der Forderung (vor Einbezug der Transaktionskosten).[691]

Zu jedem Bilanzstichtag ist der finanzielle Vermögenswert außerdem auf **Werthaltigkeit** zu prüfen (IAS 39.58) und ggf. abzuschreiben (IAS 39.63) bzw. zuzuschreiben (IAS 39.65).[692] Die Wertberichtigungen sind erfolgswirksam zu erfassen (IAS 36.63, IAS 36.65). Dazu hat ein objektiver Hinweis für die (Einzel-)Wertberichtigung vorzuliegen (IAS 39.58).[693] Auf Basis von belegbaren Ausfallraten, die auf Vergangenheitswerten basieren (IAS 39.64, IAS 39.AG87), kann pauschaliert einzelwertberichtigt werden.[694] Die Erfolgswirksamkeit solcher Wertminderungen und Wertsteigerungen wird im Rahmen der Ertragsrealisation im Zusammenhang mit der Abbildung in der Bilanz analysiert.[695]

Die Forderung aus der Zuwendungszusage ist dann **auszubuchen**, wenn das vertragliche Recht auf die Cashflows aus der Zuwendung ausläuft oder der finanzielle Vermögenswert übertragen wird

687 Vgl. KUHN, S./SCHARPF, P., Financial Instruments, Rn. 601.

688 Vgl. BEINE, F./MEYER, C., in: Wiley-Kommentar, 7. Aufl., Abschn. 7, Rn. 282.

689 Siehe Abschn. 513.141.

690 Vgl. BARCKOW, A., in: Baetge u. a., Rechnungslegung nach IFRS, 2. Aufl., IAS 39, Rn. 170.

691 Zum Ausweis der Zinserträge vgl. ADLER, H./DÜRING, W./SCHMALTZ, K., International, Abschn. 7, Rn. 178.

692 Zuschreibungen sind maximal bis zum Buchwert, der sich ergeben hätte, wenn nicht im Wert gemindert worden wäre, zulässig (IAS 39.65).

693 Vgl. ABÉE, S., in: Reuther/Hard IFRS, Finanzielle Forderungen, Rn. 10. Der Wertminderungstest nach IAS 39 basiert auf einem Incurred-Loss-Modell, da auf einen tatsächlichen Verlust nach der erstmaligen Erfassung abgestellt wird, der Einfluss auf die künftigen Cashflows des finanziellen Vermögenswertes hat. Vgl. HFA DES IDW, IDW RS HFA 9, Tz. 241. Für eine Abgrenzung zum Expected-Loss-Modell vgl. PELLENS, B./FÜLBIER, R. U./GASSEN, J./SELLHORN, T., Internationale Rechnungslegung, S. 583. Vgl. ausführlicher zum Exposure Draft aus 2009 zu Wertminderungen im künftig vollständigen IFRS 9 OLBRICH, A., Fortgeführte Anschaffungskosten nach IFRS 9.

694 Die Annahmen und Methoden bzgl. der Schätzungen werden regelmäßig kontrolliert und angepasst. Vgl. VON OERTZEN, C., in: Beck'sches IFRS HB, 3. Aufl., § 10, Rn. 34.

695 Siehe Abschn. 513.141.

(IFRS 9.3.2.3). Im Regelfall wird die Forderung durch die Zuwendung der zugesagten Mittel erfüllt. Damit endet das Recht; die Forderung ist aus- und Zahlungsmittel sind einzubuchen.[696]

513.112 Bilanzierung der Aktiva aus einfachen materiellen Zusagen

513.112.1 Ansatz der Zusagen

Für die Analyse einer **einfachen materiellen Zuwendungszusage** soll von den gleichen Annahmen wie für eine einfache finanzielle Zuwendungszusage ausgegangen werden (siehe Abbildung 5-6).

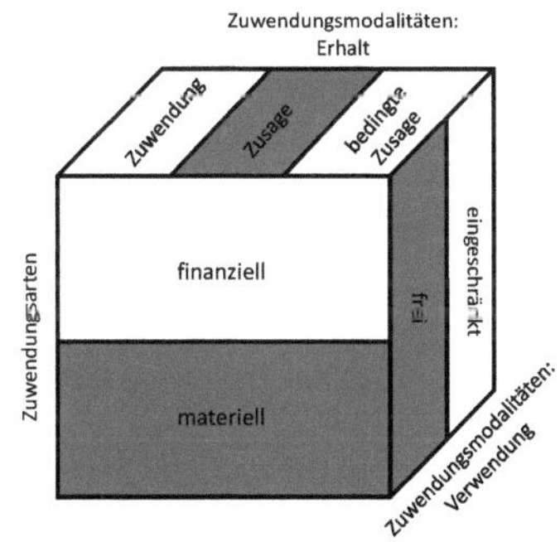

Abbildung 5-6: Einfache materielle Zuwendungszusagen

Zunächst wird für den Sachverhalt „einfache materielle Zuwendungszusage“, wie die Zusage einer Immobilie, die Bilanzierung der Aktiva untersucht.

Im Fall der einfachen materiellen Zuwendungszusage könnte, ebenso wie bei einer einfachen finanziellen Zuwendungszusage, eine zu aktivierende Forderung bestehen, da sich nur die Art des Vermögenswertes ändert auf die sich die Zusage bezieht. Da **Forderungen**, sofern sie auf einem Vertrag basieren, in IFRS 9 i. V. m. IAS 39 als Finanzinstrumente geregelt sind,[697] wird zunächst geprüft, ob sich IFRS 9 i. V. m. IAS 39 auch ausdrücklich auf den Sachverhalt einer einfachen materiellen Zuwendungszusage bezieht.

696 Vgl. ERNST & YOUNG, International GAAP, S. 3221. Zur Behandlung von Differenzen bei der Ausbuchung der Forderung und der Einbuchung der Zahlungsmittel siehe Abschn. 513.221.11.

697 Vgl. BEINE, F./MEYER, C., in: Wiley-Kommentar, 7. Aufl., Abschn. 7, Rn. 22.

Ob im Fall einer einfachen materiellen Zuwendungszusage konkret ein **Finanzinstrument** i. S. d. IFRS 9 i. V. m. IAS 39 vorliegt, soll im Folgenden geprüft werden.[698] Dass ein rechtlich wirksamer *Vertrag* im Fall einer notariellen Beurkundung des Schenkungsvertrages vorliegt, wurde bereits gezeigt.[699] Weiterhin müsste ein *finanzieller Vermögenswert* vorliegen. Das Recht auf eine materielle Zuwendung umfasst jedoch weder flüssige Mittel, gehaltene Eigenkapitalinstrumente noch ein Recht auf flüssige Mittel oder finanzielle Vermögenswerte o. ä. gemäß der Definition von finanziellen Vermögenswerten in IAS 32.11. Gemäß IAS 32.AG11 sind Vermögenswerte, bei denen der künftige Nutzen im Empfang von Waren und nicht im Erhalt von finanziellen Vermögenswerten besteht, keine finanziellen Vermögenswerte. Kann der Vertrag bzgl. einer Lieferung eines nicht finanziellen Postens indes i. d. R. in bar oder durch andere Finanzinstrumente ausgeglichen werden, so ist der Vertrag dennoch bereits bei Vertragsschluss als derivatives Finanzinstrument bilanziell nach IFRS 9 zu erfassen (IFRS 9.3.1.1, IAS 36.5-7).[700] Im Regelfall wird bei der Zusage von konkreten materiellen Vermögenswerten ein möglicher Barausgleich der Leistungen nicht vertraglich vereinbart und es wird der materielle Vermögenswert geschuldet. Somit kann der Vertrag im Regelfall nicht in bar ausgeglichen werden. Daher liegt bei einer einfachen materiellen Zuwendungszusage in solchen Fällen kein Finanzinstrument vor.

Da es sich um ein Recht handelt und IAS 38 einen Auffangcharakter für immaterielle Vermögenswerte hat, könnte das Recht aus einer einfachen materiellen Zuwendungszusage alternativ zu IFRS 9 i. V. m. IAS 39 in den Anwendungsbereich des **IAS 38** fallen. Die Zielsetzung des IAS 38 ist es, die Bilanzierung derjenigen immateriellen Vermögenswerte zu regeln, die in keinem anderen Standard explizit behandelt werden (IAS 38.1). Finanzielle Vermögenswerte gemäß der Definition in IAS 32.11 und immaterielle Vermögenswerte nach IFRS 5 sind u. a. aus dem Anwendungsbereich von IAS 38 ausgenommen (IAS 38.2). IAS 38.7 umfasst weitere Ausnahmen aus dem Anwendungsbereich des IAS 38. Gemäß IAS 38.7 können weitere Geschäftsvorfälle oder Aktivitäten so speziell sein, dass sie aus dem Anwendungsbereich herausfallen können, da eine andere Bilanzierung als in IAS 38 verlangt erforderlich ist. Unter die Ausnahmeregelung des IAS 38.7 fallen vor allem branchentypische Sachverhalte, wie z. B. Vermögenswerte bei der Erschließung von Rohstoffvorkommen.[701] Damit beurteilt werden kann, ob IAS 38.7 auf den Sachverhalt „einfache materielle Zuwendungszusage“ zutrifft, muss zunächst eine Bilanzierung nach den Regelungen des IAS 38 untersucht werden. Die Ergebnisse können dann zu dem Urteil führen, ob u. U. eine andere Bilanzierung als nach IAS 38 erforderlich ist und aus diesem Grund gemäß IAS 38.7 die Regelungen des IAS 38 nicht verpflichtend anzuwenden sind.

698 Dass die Definitionen von finanziellen Vermögenswerten sowie Finanzinstrumenten nach IFRS 9 i. V. m. IAS 39 grundsätzlich auch auf Sachverhalte bei NPOs angewendet werden können, wurde bereits bestätigt. Siehe Abschn. 512.111.

699 Siehe Abschn. 513.111.

700 Vgl. BARCKOW, A., in: Baetge u. a., Rechnungslegung nach IFRS, 2. Aufl., IAS 39, Rn. 113.

701 Vgl. SCHEINPFLUG, P., in: Beck'sches IFRS HB, 3. Aufl., § 4, Rn. 15.

Zu diesem Zweck werden die **Definitionskriterien** eines immateriellen Vermögenswertes nach IAS 38.8 geprüft. Ein immaterieller *Vermögenswert* ist definiert als ein *identifizierbarer* und *nicht monetärer* Vermögenswert *ohne physische Substanz* (IAS 38.8). Die Kriterien werden im Folgenden einzeln untersucht. Es muss demnach ein *Vermögenswert* i. S. d. CF.4.4 (a) vorliegen. Die NPO hat Verfügungsmacht über die vertraglich gesicherten Rechte aus dem Schenkungsvertrag.[702] Da aus den Rechten wirtschaftlicher Nutzen erwartet wird, liegt ein Vermögenswert vor.[703] Ein Vermögenswert ist *identifizierbar*, wenn er aus vertraglichen Rechten entsteht (IAS 38.12).[704] Die vertraglichen Rechte machen den Vermögenswert demnach im Fall einer einfachen materiellen Zuwendungszusage identifizierbar. Monetäre Vermögenswerte sind definiert als Geldmittel oder Vermögenswerte, für die das Unternehmen einen festen oder bestimmbaren Geldbetrag erhält (IAS 38.8).[705] Da die NPO ein Recht auf einen materiellen Wert durch den Schenkungsvertrag hat, handelt es sich um einen *nicht monetären Wert*. Diese Kriterien sind, ebenso wie die *fehlende physische Substanz*, erfüllt.[706] Somit liegt gemäß den Definitionskriterien des IAS 38.8 ein immaterieller Vermögenswert vor.

Ein solcher immaterieller Vermögenswert ist nur in der Bilanz zu aktivieren, wenn er die **Ansatzkriterien** des IAS 38, die denen des Conceptual Framework gleichen,[707] erfüllt (IAS 38.21). Im Regelfall wird aufgrund des unbedingten Rechtsanspruchs auf die Zuwendung der Nutzenzufluss wahrscheinlich und aufgrund des sicheren Zuwendungsbetrages verlässlich bewertbar sein. Die Bewertung der Zusagen wird im folgenden Abschnitt 513.112.2 analysiert.

513.112.2 Bewertung der Zusagen

Ausgehend vom Anwendungsbereich des IAS 38 und den entsprechenden Definitionskriterien sind die Rechte einer zugesagten einfachen materiellen Zuwendung nach den Vorschriften des IAS 38 zu bilanzieren.

Gemäß IAS 38.24 ist ein immaterieller Vermögenswert im **Zugangszeitpunkt** mit seinen Anschaffungs- oder Herstellungskosten zu bewerten. Die Anschaffungskostendefinition des IAS 38.8 entspricht der in IAS 16.16. Auch die Regelungen, die die Definition konkretisieren, sind weitestgehend identisch.[708] Entsprechend IAS 16 liegt demnach für die Zugangsbewertung zu Anschaffungs-

---

702 Die Verfügungsmacht bei immateriellen Vermögenswerten beruht normalerweise auf juristisch durchsetzbaren Ansprüchen (IAS 38.13). Vgl. dazu auch ausführlicher BAETGE, J./VON KEITZ, I., in: Baetge u. a., Rechnungslegung nach IFRS, 2. Aufl., IAS 38, Rn. 21; SCHEINPFLUG, P., in: Beck'sches IFRS HB, 3. Aufl., § 4, Rn. 12.

703 Siehe dazu auch Abschn. 421.11.

704 Vgl. dazu auch ausführlicher BAETGE, J./VON KEITZ, I., in: Baetge u. a., Rechnungslegung nach IFRS, 2. Aufl., IAS 38, Rn. 18; SCHEINPFLUG, P., in: Beck'sches IFRS HB, 3. Aufl., § 4, Rn. 6-7.

705 Vgl. dazu auch ausführlicher BAETGE, J./VON KEITZ, I., in: Baetge u. a., Rechnungslegung nach IFRS, 2. Aufl., IAS 38, Rn. 19.

706 Vgl. zu den Definitions- und Ansatzkriterien von immateriellen Vermögenswerten auch BAETGE, J./KIRSCH, H.-J./THIELE, S., Bilanzen, S. 285-287.

707 Vgl. BAETGE, J./VON KEITZ, I., in: Baetge u. a., Rechnungslegung nach IFRS, 2. Aufl., IAS 38, Rn. 39.

708 Vgl. HOFFMANN, W.-D., in: Haufe IFRS, 10. Aufl., § 13, Rn. 62.

kosten einer einfachen materiellen Zuwendungszusage die bereits festgestellte Regelungslücke aufgrund der fehlenden Leistungs-Gegenleistungsbeziehung vor. Das Recht sollte demnach, entsprechend der Argumentation für IAS 16 erfolgsneutral mit dem Fair Value angesetzt werden.[709] Vor dem Hintergrund der zu untersuchenden Ausnahme des IAS 38.7 ist hier festzustellen, dass die Vorschriften des IAS 38 zur Zugangsbewertung nicht auf einfache materielle Zuwendungszusagen angewendet werden können.

In der **Folgebewertung** von immateriellen Vermögenswerten besteht ein Wahlrecht zwischen dem Anschaffungskosten- und dem Neubewertungsmodell (IAS 38.72). Das Neubewertungsmodell darf jedoch nur angewendet werden, wenn ein aktiver Markt für die jeweilige Art des Vermögenswertes existiert (IAS 38.72). Ein aktiver Markt ist ein Markt, in dem Transaktionen mit ausreichender Frequenz und Volumen durchgeführt werden und so Preisinformationen auf einer fortwährenden Basis bereitgestellt werden (IFRS 13.Appendix A). Einfache materielle Zuwendungszusagen werden indes i. d. R. nicht veräußert. Ein aktiver Markt wird daher i. d. R. für sie nicht bestehen.[710] Die Voraussetzungen zur Anwendung des Neubewertungsmodells sind dann nicht gegeben. Aus diesem Grund wird im Folgenden nur auf das Anschaffungskostenmodell eingegangen. Das Anschaffungskostenmodell in IAS 38 entspricht dem in IAS 16,[711] sodass an dieser Stelle auf die ausführlicheren Erläuterungen in Abschnitt 512.214.1 verwiesen wird.

Bei dem zu bilanzierenden Recht handelt es sich nicht um ein Recht, aus dem während der Haltung des Rechts direkt Nutzen gezogen werden kann und es dadurch verbraucht wird. Es ist ein Recht auf den Erhalt der Zuwendung zu einem bestimmten Zeitpunkt. Der tatsächliche und direkte Nutzen kann daher erst ab einem bestimmten Zeitpunkt gezogen werden. Zu untersuchen ist, ob bzw. wie dies nach IAS 38 abzubilden ist. In IAS 38 wird die Folgebewertung für immaterielle Vermögenswerte mit unbegrenzter und begrenzter Nutzungsdauer unterschieden (IAS 38.88).

Im Fall einer **unbegrenzten** Nutzungsdauer ist die Nutzungsdauer nicht endlos (IAS 38.91), sondern es besteht keine vorhersehbare Begrenzung der Periode, in der der Vermögenswert erwartungsgemäß Netto-Cashflows erzeugen wird (IAS 38.88).[712] Das Recht auf die materielle Zusage hat indes eine vorhersehbare Begrenzung: Im Zeitpunkt der Zuwendung wird die Zuwendungszusage erfüllt. Daher hat das Recht keine unbegrenzte Nutzungsdauer.

---

709 Siehe dazu Abschn. 512.213.1.

710 Ein solcher aktiver Markt liegt allgemein für immaterielle Vermögenswerte selten vor. Vgl. BAETGE, J./VON KEITZ, I., in: Baetge u. a., Rechnungslegung nach IFRS, 2. Aufl., IAS 38, Rn. 111.

711 Vgl. HOFFMANN, W.-D., in: Haufe IFRS, 10. Aufl., § 13, Rn. 62.

712 Vgl. BAETGE, J./KIRSCH, H.-J./THIELE, S., Bilanzen, S. 290. Immaterielle Vermögenswerte mit einer unbegrenzten Nutzungsdauer sind nicht planmäßig abzuschreiben, sondern werden mindestens jährlich einem Impairment-Test unterzogen (IAS 38.107-108). Vgl. BAETGE, J./KIRSCH, H.-J./THIELE, S., Bilanzen, S. 291.

Hat ein immaterieller Vermögenswert eine **begrenzte** Nutzungsdauer, so ist er über die *Perioden der Nutzung* auf den *Restwert* abzuschreiben (IAS 38.89).[713] Bei vertraglichen Rechten beginnt die *Nutzungsdauer* bei Beginn der rechtlichen Nutzungsmöglichkeit.[714] Im Fall der einfachen Zuwendungszusage bestehen keine Hindernisse, die die Nutzungsmöglichkeiten des Rechts aus der Zusage faktisch verhindern,[715] daher beginnt die Nutzungsdauer des Rechts bei Zugang der Zuwendungszusage.[716] Da die NPO das Recht auf den materiellen Vermögenswert bis zur Fälligkeit halten wird, entspricht die Nutzungsdauer des immateriellen Vermögenswertes dem des Rechts.

Da es sich um ein Recht auf den Erhalt der Zuwendung zu einem bestimmten Zeitpunkt handelt und der tatsächliche und direkte Nutzen erst ab einem bestimmten Zeitpunkt gezogen werden kann, nimmt der wirtschaftliche Wert des Rechts mit der zeitlichen Nähe zu dem Zeitpunkt zu, an dem die Zuwendung erhalten werden soll. Eine Abschreibung des Rechts bis zu diesem Zeitpunkt würde daher gegensätzlich zum wirtschaftlichen Gehalt stehen. Daher ist zu prüfen, ob über die Regelungen zum *Restwert* u. U. eine Abschreibung nicht erforderlich ist. Die Höhe des Restwertes ist von Bedeutung, um bestimmen zu können, in welcher Höhe ein Vermögenswert abzuschreiben ist. Grundsätzlich wird in IAS 38.100 ein Restwert von null angenommen. *Ausnahmsweise* ist ein Restwert größer als null dann zu verwenden, wenn eine dritte Partei die Verpflichtung hat, den Vermögenswert am Ende seiner Nutzungsdauer zu erwerben oder ein aktiver Markt für den Vermögenswert besteht und der Restwert unter Bezugnahme auf den aktiven Markt ermittelt werden kann. Dabei muss es jedoch wahrscheinlich sein, dass der aktive Markt am Ende der Nutzungsdauer des Vermögenswertes noch bestehen wird (IAS 38.100).[717] Da bereits die Bilanzierung nach dem Neubewertungsmodell aufgrund eines i. d. R. fehlenden aktiven Marktes abgelehnt wurde, ist auch nicht

---

713 Die Nutzungsdauer ist gemäß IAS 38.8 der Zeitraum, über den ein Vermögenswert voraussichtlich nutzbar ist oder die voraussichtlich durch den Vermögenswert im Unternehmen erzielbare Zahl an Produktionseinheiten oder ähnlichen Maßeinheiten. Die Nutzungsdauer eines immateriellen Vermögenswertes, der aus vertraglichen Rechten resultiert, darf maximal dem Zeitraum der vertraglichen Rechte entsprechen (IAS 38.94). Wird der Vermögenswert hingegen über einen kürzeren Zeitraum eingesetzt, kann die Nutzungsdauer des immateriellen Vermögenswertes auch kürzer als die des vertraglichen Rechts sein (IAS 38.94). Vgl. auch ausführlicher zur Bestimmung der Nutzungsdauer BAETGE, J./VON KEITZ, I., in: Baetge u. a., Rechnungslegung nach IFRS, 2. Aufl., IAS 38, Rn. 128-136.

714 Vgl. ADLER, H./DÜRING, W./SCHMALTZ, K., International, Abschn. 8, Rn. 208.

715 Vgl. KURZ, L., Klimaschutzprojekte nach IFRS, S. 211; BAETGE, J./VON KEITZ, I., in: Baetge u. a., Rechnungslegung nach IFRS, 2. Aufl., IAS 38, Rn. 134; ADLER, H./DÜRING, W./SCHMALTZ, K., International, Abschn. 8, Rn. 208.

716 Die Abschreibungen beginnen erst, wenn der Vermögenswert verwendet werden kann, d. h. sich in dem vom Management beabsichtigen betriebsbereiten Zustand befindet (IAS 38.97). Vgl. BAETGE, J./VON KEITZ, I., in: Baetge u. a., Rechnungslegung nach IFRS, 2. Aufl., IAS 38, Rn. 134. Kann der Vermögenswert noch nicht in der geplanten Verwendungsrichtung verwendet werden, so beginnt die Nutzungsdauer noch nicht. Vgl. ERNST & YOUNG, International GAAP, S. 1235-1236; BAETGE, J./VON KEITZ, I., in: Baetge u. a., Rechnungslegung nach IFRS, 2. Aufl., IAS 38, Rn. 134. Ein Beispiel dafür sind Lizenzen, deren Nutzungsdauer erst mit Beginn der Lizenzperiode beginnt. Vgl. ADLER, H./DÜRING, W./SCHMALTZ, K., International, Abschn. 8, Rn. 208. Die tatsächliche Nutzung ist für den Beginn des Abschreibungszeitraumes nicht erforderlich, nur die Möglichkeit der Nutzung. Vgl. BAETGE, J./VON KEITZ, I., in: Baetge u. a., Rechnungslegung nach IFRS, 2. Aufl., IAS 38, Rn. 134; ADLER, H./DÜRING, W./SCHMALTZ, K., International, Abschn. 8, Rn. 208.

717 Vgl. BAETGE, J./KIRSCH, H.-J./THIELE, S., Bilanzen, S. 290-291.

von einem aktiven Markt für die einfache materielle Zuwendungszusage am Ende der Nutzungsdauer auszugehen. Auch hat keine dritte Partei die Verpflichtung, den Vermögenswert am Ende der Nutzungsdauer zu erwerben. Der Vermögenswert soll nicht veräußert werden, sondern wird gehalten, um die Zuwendung zu erhalten. Somit ist gemäß IAS 38.100 von einem Restwert für das zu bilanzierende Recht i. H. v. null auszugehen.

Zusammenfassend ist nach den Vorschriften des IAS 38 eine einfache materielle Zuwendungszusage bis zum Zeitpunkt der Fälligkeit auf einen Restwert i. H. v. null abzuschreiben. Eine Abschreibung des Rechts bis zu diesem Zeitpunkt würde allerdings gegensätzlich zum wirtschaftlichen Gehalt stehen und die Vermögenslage nicht den tatsächlichen wirtschaftlichen Verhältnissen entsprechend darstellen. Aus diesem Grund liegen die Voraussetzungen für die Ausnahmeregelung des IAS 38.7 bzgl. des Anwendungsbereiches des IAS 38 vor: Der Geschäftsvorfall „einfache materielle Zuwendungszusage“ ist so speziell, dass eine andere Bilanzierung als in IAS 38 vorgeschrieben erforderlich ist. Es liegt demnach eine Regelungslücke in dem Sinne vor, dass der Sachverhalt nicht von einem Anwendungsbereich eines IFRS-Standards abgedeckt ist. Diese Regelungslücke ist vor dem Hintergrund auszufüllen, dass ähnliche Sachverhalte auch ähnlich zu bilanzieren sind. Hinter der Bilanzierung des Rechts auf eine materielle Zuwendung steht wirtschaftlich gesehen ein ähnlicher Sachverhalt wie das Versprechen auf eine finanzielle Zuwendung. In beiden Fällen wird ein Recht gehalten, welches mit zeitlich kürzer werdendem Zeitraum zur Fälligkeit des Rechts an Wert gewinnt. Somit wäre eine unterschiedliche Folgebewertung nicht sachgerecht. Wird die Zuwendung auf ihren Wert im Fälligkeitszeitpunkt aufgezinst, so wird auch ein den tatsächlichen Verhältnissen entsprechendes Bild des Wertes des Rechts gezeigt.

Im Ergebnis sollte das im Zugangszeitpunkt zum Fair Value bewertete Recht auf eine materielle Zuwendung in der Folgebewertung aufgezinst werden.

513.12 Bilanzierung der Passiva

Auf die Bilanzierung der Passiva wird für einfache finanzielle und materielle Zuwendungszusagen zusammen eingegangen. Im Zeitpunkt des Vertragsschlusses entstehen neben den Rechten auch Pflichten für die NPO. Eine *vertragliche* Verpflichtung zur Mittelverwendung liegt nicht vor und aufgrund einer fehlenden vertraglichen Nebenabrede ist auch IFRS 9 i. V. m. IAS 39 nicht anzuwenden.[718] Im Fall einer einfachen Zuwendungszusage entsteht aus der rechtlich verbindlichen Zuwendungszusage eine gegenwärtige *faktische* Verpflichtung, Mittel, die aus der Zuwendung voraussichtlich erhalten werden, für die Zwecke der NPO zu verwenden. Wie auch im Fall einer einfachen Zuwendung ist es wahrscheinlich, dass die mit der Zuwendung verbundenen Ressourcen durch die Tätigkeiten der NPO abfließen werden. Die Bewertung wird im Anschluss erläutert; ist sie verlässlich, so ist gemäß den Definitions- und Ansatzkriterien eine Schuld zu passivieren. Es handelt sich

[718] Im Fall der einfachen Zuwendungszusage wird zunächst von Verwendungsbeschränkungen und Rückforderungsmöglichkeiten abgesehen.

dann um eine Rückstellung, weil der konkrete Fälligkeitszeitpunkt für die Verwendung der Mittel unsicher ist.

Der **Ausgangsbetrag** der Rückstellung, bevor sie abgezinst oder risikoadjustiert wird, ist der Nominalwert der Zuwendungszusage, da die Rückstellung aus ihr resultiert. Ist ein **Zinseffekt** wesentlich, so entspricht eine Bewertung der Rückstellung zum diskontierten Nennwert der Zuwendungszusage dem wirtschaftlichen Gehalt der Verpflichtung im Zeitpunkt der Zuwendungszusage.[719] Der Barwert der Rückstellung aus einer Forderungszusage, die ebenfalls mit dem Barwert bewertet wurde, entspricht dem wirtschaftlichen Gehalt der Verpflichtung im Zeitpunkt der Zuwendungszusage.[720] Die für die Rückstellung spezifischen **Risiken** ergeben sich aus den Risiken bezogen auf die Höhe und das Bestehen der Verpflichtung.[721] Das Risiko bezogen auf die Rückstellung korreliert direkt mit der entsprechenden Forderung: Steigt das Ausfallrisiko der Forderung, so sinkt das zu berücksichtigende Risiko, die Mittel für die Zwecke der Rückstellung aufzuwenden. **Künftige Ereignisse**, die den Betrag der Rückstellung wesentlich beeinflussen können, sind – sofern ausreichend substanzielle Hinweise für sie vorliegen – zu berücksichtigen (IAS 37.48). Solche Ereignisse sind von der Forderung abhängig.[722] Fließen in die Forderungsbewertung entsprechende Ereignisse ein, so treffen sie auch auf die Rückstellung zu. Künftige Ereignisse, wie z. B. Preisänderungen,[723] können aus der Verpflichtung zur Mittelverwendung selbst nicht resultieren. Bezüglich der **Laufzeit** ist von derjenigen der entsprechenden Forderung auszugehen. Somit entspricht der Wert der Rückstellung im Zugangszeitpunkt dem Fair Value der einfachen Zuwendungszusage (ohne Transaktionskosten). Die Rückstellung kann aussagekräftig als „Rückstellung aus freien Zuwendungszusagen" ausgewiesen werden.[724]

---

719 Vgl. ausführlicher zur Bewertung langfristiger Rückstellungen KIRCHMANN, U./SIKORA, K./BLUMBER, M., Bewertung langfristiger sonstiger Rückstellungen. Siehe zur Diskussion der Verwendung des Barwert-Konzeptes bei Zuwendungszusagen ohne Gegenleistungen bei NPOs Abschn. 423.4. Bei der Einführung von IFRS 13 wurde IFRS 9.B5.4.12 gestrichen. Dadurch sollte aber das bisherige Vorgehen, dass kurzfristige finanzielle Vermögenswerte aufgrund unwesentlicher Zinseffekte nicht abgezinst werden brauchen, nicht geändert werden. Vgl. IASB, Update IFRS 13.

720 Siehe zur Diskussion der Verwendung des Barwert-Konzeptes bei Zuwendungszusagen ohne Gegenleistungen bei NPOs Abschn. 423.4. Bei der Einführung von IFRS 13 wurde IFRS 9.B5.4.12 gestrichen. Dadurch sollte aber das bisherige Vorgehen, dass kurzfristige finanzielle Vermögenswerte aufgrund unwesentlicher Zinseffekte nicht abgezinst werden brauchen, nicht geändert werden. Vgl. IASB, Update IFRS 13.

721 Zur strittigen Diskussion bzgl. der Erfassung der Bonität des eigenen Unternehmens vgl. HOFFMANN, W.-D., in: Haufe IFRS, 10. Aufl., § 21, Rn. 130-131; HEBESTREIT, G./SCHRIMPF-DÖRGES, C. E., in: Beck'sches IFRS HB, 3. Aufl., § 13, Rn. 53 und 75-78. Für NPOs soll hier von einer Beachtung der Bonität einer NPO abgesehen werden.

722 Vgl. VON KEITZ, I./WOLLMERT, P./OSER, P./WADER, D., in: Baetge u. a., Rechnungslegung nach IFRS, 2. Aufl., IAS 37, Rn. 110.

723 Vgl. HEBESTREIT, G./SCHRIMPF-DÖRGES, C. E., in: Beck'sches IFRS HB, 3. Aufl., § 13, Rn. 66.

724 Die Rückstellung ist direkt zum Barwert zu passivieren (Nettomethode) und braucht nicht zunächst zum Ausgangsbetrag angesetzt und anschließend auf den Barwert vermindert zu werden. Vgl. HAAS, S./DAVID, K./SKOWRONEK, T., Abzinsung von sonstigen Rückstellungen, S. 955-956.

Im Rahmen der **Folgebilanzierung** ist der Rückstellungswert **aufzuzinsen**. Die periodische Buchwerterhöhung der Rückstellung durch Aufzinsung ist gemäß IAS 37.60 in den Fremdkapitalkosten zu erfassen.[725] Wird die entsprechende Forderung im **Wert gemindert**, weil z. B. Bedenken bzgl. der Einbringlichkeit der Forderung bestehen, so verliert auch die Rückstellung an Wert: Werden z. B. nur 80 % des Forderungsbetrages erwartet, so sind auch nur 80 % auszugeben. Wie mit der Aufzinsung und den anderen Wertänderungen umzugehen ist, wird im Rahmen der Ertragsrealisation im Zusammenhang mit der Abbildung in der Bilanz analysiert.[726]

Zusammenfassend ist im Zugangszeitpunkt eine Rückstellung aus freien Zuwendungszusagen in Höhe des Fair Value der Forderungszusage (ohne Transaktionskosten) zu bilanzieren. In der Folgebewertung ist dieser Betrag aufzuzinsen und ggf. an sich verändernde Gegebenheiten anzupassen.

513.13 Angaben zu Aktiva und Passiva

Da es sich bei einfachen finanziellen Zuwendungszusagen um Finanzinstrumente handelt, gelten die Angabepflichten des **IFRS 7**. Mithilfe der Angaben durch IFRS 7 sollen die Adressaten die *Bedeutung* sowie Art und Umfang der *Risiken* durch die bilanzierten Finanzinstrumente der Organisation einschätzen können (IFRS 7.1).[727] Die *Bedeutung* der Finanzinstrumente für die Vermögens-, Finanz- und Ertragslage ist durch Angaben zur Bilanz, Gesamtergebnisrechnung und weitere Angaben zu erläutern. Die Bedeutung ist vor allem anhand der Bilanzierungs- und Bewertungsmethoden, Überleitung der Bewertungskategorien auf die Bilanz- und Gesamtergebnisrechnungsposten sowie der Höhe der Fair Values nach Klassen anzugeben.[728] Der Buchwert für die Zusagen wird bereits in der Bilanz angegeben, da zu fortgeführten Anschaffungskosten bewertet wird (IFRS 7.8). Daher ist gemäß IFRS 7.25 der Fair Value für die Klasse von Forderungen anzugeben.[729] Der Fair Value muss dagegen nicht angegeben werden, wenn der Buchwert ein angemessener Näherungswert für den Fair Value ist (IFRS 7.29 (a)).[730] Dies kann z. B. bei kurzfristigen Forderungen der Fall sein (IFRS 7.29 (a)). Eine einfache finanzielle Zuwendungszusage wird zwar nicht immer kurzfristig sein, allerdings wird die im Zugangszeitpunkt zunächst zum Fair Value plus Transaktionskosten bewertete und anschließend periodisch aufgezinste Zusage häufig nicht wesentlich vom Fair Value abweichen.[731] Dies kann indes nur für geringe Transaktionskosten, die mithilfe der Effektivzinsmethode verteilt werden, gelten. Dann genügt die Angabe, dass der Buchwert im Wesentlichen dem

---

725 Zum Stichtag sind der Wert der Rückstellung und die getroffenen Annahmen erneut auf Angemessenheit zu prüfen.

726 Siehe Abschn. 513.14.

727 Vgl. LÜDENBACH, N., in: Haufe IFRS, 10. Aufl., § 28, Rn. 287; KUHN, S./SCHARPF, P., Financial Instruments, Rn. 4010.

728 Vgl. LÜDENBACH, N., in: Haufe IFRS, 10. Aufl., § 28, Rn. 289. Vgl. ausführlicher BEINE, F./MEYER, C., in: Wiley-Kommentar, 7. Aufl., Abschn. 7, Rn. 323-339 und 245-350; LÜDENBACH, N., in: Haufe IFRS, 10. Aufl., § 28, Rn. 294-309.

729 Vgl. LÜDENBACH, N., in: Haufe IFRS, 10. Aufl., § 28, Rn. 306.

730 Vgl. VON OERTZEN, C., in: Beck'sches IFRS HB, 3. Aufl., § 3, Rn. 218.

731 Vgl. für entbehrliche Angaben bei kurzfristigen Forderungen BEINE, F./MEYER, C., in: Wiley-Kommentar, 7. Aufl., Abschn. 7, Rn. 350.

Fair Value entspricht (IFRS 7.29 (a)).[732] Informationen gemäß IFRS 7.28 dazu, dass der Fair Value vom Transaktionspreis im Zugangszeitpunkt abweicht, sind nicht anzugeben, da die Regelungen in IFRS 9.5.1.1A aufgrund einer Regelungslücke nicht anzuwenden sind.[733] Zu den *Risiken* sind qualitative Informationen zum Ausmaß, den Ursachen sowie zum Risikomanagementprozess anzugeben.[734] Quantitative Angaben sind zu Ausfallrisiken, Liquiditätsrisiken und Marktrisiken zu machen.[735] Ausfallrisiken umfassen das Risiko, dass Vertragspartner ihre Verpflichtungen nicht erfüllen; Liquiditätsrisiken stellen auf eine nicht termingerechte Erfüllung ab und Marktrisiken resultieren aus Wertänderungen des Finanzinstrumentes infolge von Parameteränderungen (IFRS 7.Anhang A), wie u. a. das Zinsänderungsrisiko.[736]

Bezüglich der Fair-Value-Bewertung im Zugangszeitpunkt sind auch Angaben durch **IFRS 13** und **IAS 37** erforderlich, die bereits erläutert wurden.[737]

513.14 Ertragsrealisation im Zusammenhang mit der Abbildung in der Bilanz

513.141 Einfache finanzielle Zusage

Die Forderung einer einfachen Zusage ist zum Fair Value plus Transaktionskosten zu aktivieren. Der Forderungsbetrag ist dazu als Barwert über die Laufzeit der Forderung zu ermitteln. Der Bewertung der „Rückstellung aus freien Zuwendungszusagen" liegen die gleichen Parameter zugrunde. Somit sollten der Barwert der „Forderung aus freien Zuwendungszusagen" und der Barwert der „Rückstellung aus freien Zuwendungszusagen" in gleicher Höhe erfolgsneutral, ähnlich der einfachen finanziellen Zuwendung, bilanziert werden. Der beispielhaft zu bilanzierende Sachverhalt ist, dass einer NPO am 01.01.20X0 eine finanzielle Zuwendung i. H. v. 100 GE mit einer Fälligkeit am 31.12.20X2 zugesagt wird. Der Buchwert (91,51 GE) entspricht dem mit dem Marktzins (3 % p. a.) über die Laufzeit (3 Jahre) diskontierten Nennbetrag der Forderung aus der einfachen finanziellen Zuwendungszusage.[738]

Forderungen aus freien Zuwendungszusagen	91,51	an	Rückstellungen aus freien Zuwendungszusagen	91,51

[732] Vgl. LÜDENBACH, N., in: Haufe IFRS, 10. Aufl., § 28, Rn. 306.
[733] Siehe Abschn. 513.111.
[734] Vgl. BEINE, F./MEYER, C., in: Wiley-Kommentar, 7. Aufl., Abschn. 7, Rn. 353; LÜDENBACH, N., in: Haufe IFRS, 10. Aufl., § 28, Rn. 311.
[735] Vgl. BEINE, F./MEYER, C., in: Wiley-Kommentar, 7. Aufl., Abschn. 7, Rn. 354-373; LÜDENBACH, N., in: Haufe IFRS, 10. Aufl., § 28, Rn. 290; VON OERTZEN, C., in: Beck'sches IFRS HB, 3. Aufl., § 3, Rn. 241-262.
[736] Vgl. BEINE, F./MEYER, C., in: Wiley-Kommentar, 7. Aufl., Abschn. 7, Rn. 326; LÜDENBACH, N., in: Haufe IFRS, 10. Aufl., § 28, Rn. 314.
[737] Siehe Abschn. 512.13.
[738] Von Rückforderungsmöglichkeiten, die den Wert der Forderung mindern könnten, wird hier abgesehen. Siehe zu Rückforderungsmöglichkeiten vor Übergabe einer Zuwendung Abschn. 514.1.

Die Transaktionskosten der Forderung aus einer Zuwendungszusage sind zusätzlich zu aktivieren und damit im **Zugangszeitpunkt** nicht erfolgswirksam.[739] Für die Transaktionskosten sind keine „Rückstellungen aus freien Zuwendungszusagen" zu bilden, weil es sich bei ihnen nicht um noch für die Zwecke der NPO zu verwendende Mittel handelt. Die Transaktionskosten sind eine Verwendung von anderen noch für die Mittelverwendung ausstehenden Mitteln. Wie diese Mittelverwendung den Beschaffungsperioden der Zuwendung zugeordnet werden sollte, wird im Rahmen der Folgebewertung erläutert. Die Transaktionskosten werden zunächst erfolgsneutral gegen den Einsatz der Zahlungsmittel aktiviert. Annahmegemäß entstehen der NPO sofort fällige Kosten i. H. v. 2 GE für die notarielle Beurkundung des Schenkungsversprechens.

Forderungen aus freien Zuwendungszusagen	2	an	Zahlungsmittel	2

Der Unterschied zwischen dem aktivierten Wert der Forderung (93,51 GE) und dem Wert der Rückstellung (91,51 GE) resultiert aus den aktivierten Transaktionskosten (2 GE).

Die fortgeführten Anschaffungskosten der Forderung sind mithilfe der Effektivzinsmethode zu ermitteln. Die Forderung ist in der **Folgebewertung** auf den Nominalbetrag der Zuwendungszusage (hier: 100 GE) aufzuzinsen. Auch die Rückstellung ist aufzuzinsen. Sowohl die Regelungen des IFRS 9 als auch des IAS 37 schreiben vor, dass die entsprechenden Wertänderungen erfolgswirksam zu erfassen sind.[740] Wenn die Zuwendungszusage durch den Zeitwert des Geldes an Wert gewinnt, sind die Wertsteigerungen Bestandteil der zu erwartenden Zuwendung und keine Zinserträge für überlassenes Kapital. Die Wertsteigerungen der Rückstellung resultieren aus der Zuwendung heraus und sind ebenfalls keine Finanzierungskosten.[741] Eine erfolgswirksame Aufzinsung beruht, wie bereits erläutert,[742] auf der Annahme einer Leistungs-Gegenleistungsbeziehung. Da eine solche hier nicht besteht, liegen für diese Normen Regelungslücken vor. Der Wert der Zuwendung steigt ebenso wie der beste Schätzer für die noch zu verwendenden Mittel. Da Forderung und Rückstellung in gleicher Höhe periodisch steigen, sollten sie erfolgsneutral aufgezinst werden.[743] Die erfolgsneutrale Aufzinsung der Forderung und Rückstellung mithilfe der Effektivzinsmethode soll im Folgenden erläutert werden.

Der Aufzinsungsbetrag der Forderung mit dem rechnerischen Effektivzins i. H. v. 2,26 % p. a ergibt für die erste Periode 2,12 GE. Dieser sich durch die zu verwendende Effektivzinsmethode bei **gewinnorientierten Unternehmen** ergebende Zinsertrag wird in der Spalte (d) „Summe aus Effektivverzinsung" in Tabelle 5-1 gezeigt. Der Forderungsbetrag wird demnach bei gewinnorientierten

739 Siehe Abschn. 513.111.2.
740 Siehe dazu Abschn. 513.111.3 und 513.12.
741 Siehe dazu Abschn. 423.4.
742 Siehe Abschn. 423.4.
743 Siehe Abschn. 423.4.

Unternehmen in der ersten Periode erfolgswirksam mit der Buchung „Forderung 2,12 GE an Zinsertrag 2,12 GE“ aufgezinst.

Periode	Buchwert Forderung 01.01.20XX	"Aufzinsung" (3 %)	Verteilung Transaktionskosten (Summe 2 GE)	Summe aus Effektivverzinsung	Buchwert Forderung 31.12.20XX
	(a)	(b)	(c)	(d) = (b) + (c)	(e) = (a) + (d)
20X0	**93,51** (91,51+2)	2,77	–0,65	2,12	95,63
20X1	95,63	2,83	–0,67	2,16	97,79
20X2	97,79	2,89	–0,68	2,21	**100,00**
Summe		8,49	–2	6,49	

Tabelle 5-1: Anwendung der Effektivzinsmethode (absolute Summe der Transaktionskosten (c) < absolute Summe Aufzinsung (b))

Der reine **Aufzinsungsbetrag** der Forderung (**Spalte (b)**) umfasst nicht, wie der Betrag der Effektivzinsmethode (Spalte (d)), die verteilten Transaktionskosten. Allein die Wertsteigerung der Zuwendungszusage durch den Zeitwert des Geldes sollte erfolgsneutral gegen die entsprechende Rückstellung zum Periodenende als Bestandteil der Zuwendung gebucht werden. Der Wert der Zuwendung erhöht sich in diesem Fall in X0 um 2,77 GE.

Forderungen aus freien Zuwendungszusagen	2,77	an	Rückstellungen aus freien Zuwendungszusagen	2,77

Gemäß der Effektivzinsmethode sind des Weiteren die **Transaktionskosten** effektivzinskonform über die Laufzeit zu verteilen. Werden die Transaktionskosten erfolgswirksam verteilt, so entspricht dies einer Zuordnung der Aufwendungen aus der Beschaffung der Zuwendung auf die drei Jahre des „Anschaffungsvorgangs“. Nun werden die Mittel für die Zwecke der NPO verbraucht und daher sind entsprechend die „Rückstellungen aus freien Zuwendungen“ zu vermindern. Es ist zu beachten, dass es sich dabei um die „Rückstellungen aus freien Zuwendungen“ und nicht um die „Rückstellungen aus freien Zuwendungszusagen“ handelt, da im Zugangszeitpunkt für die aktivierten Transaktionskosten keine Rückstellung gebildet wurde. Somit verbrauchen die Transaktionskosten, wie auch im sofort aufwandswirksamen Fall z. B. bei einer einfachen finanziellen Zuwendung,[744] die „Rückstellungen aus freien Zuwendungen“. Die zu verteilenden Transaktionskosten in Periode X0 betragen 0,65 GE (**Spalte (c)**):

744 Siehe Abschn. 512.14.

Aufwand	0,65	an	Forderungen aus freien Zuwendungszusagen	0,65

Rückstellungen aus freien Zuwendungen	0,65	an	Ertrag aus Verwendung freier Zuwendungen	0,65

Wie sich eine solche Bilanzierung auf die Posten in der Bilanz (Forderungen und Rückstellungen) sowie auf die Gesamtergebnisrechnung auswirkt, wird in Tabelle 5-2 gezeigt:

Datum	Buchwert Forderung aus freien Zuwendungs-zusagen	Buchwert Rückstellung aus freien Zuwendungs-zusagen	"Aufzinsung" Forderung & Rückstellung der vergangenen Periode	Gesamtergebnis-rechnung: Verteilung Trans-aktionskosten der vergangenen Periode	Entwicklung Unterschied zwi-schen Forderung & Rückstellung
01.01.20X0	93,51	91,51			2
31.01.20X0	95,63	94,28	2,77	–0,65	1,35
31.12.20X1	97,79	97,11	2,83	–0,67	0,68
31.12.20X2	(100) 0	(100) 0	2,89	–0,68	0
Summe			8,49	–2	

Tabelle 5-2: Entwicklung der angepassten Posten in der Bilanz und Gesamtergebnisrechnung

Haben sich zu den Stichtagen keine Hinweise ergeben, dass die Forderung im Wert zu mindern ist, so ergeben sich für die Folgeperiode X1 die folgenden Buchungen:

Forderungen aus freien Zuwendungszusagen	2,83	an	Rückstellungen aus freien Zuwendungszusagen	2,83

Aufwand	0,67	an	Forderungen aus freien Zuwendungszusagen	0,67

Rückstellungen aus freien Zuwendungen	0,67	an	Ertrag aus Verwendung freier Zuwendungen	0,67

Für Periode X2 ergeben sich dann die folgenden Buchungen:

Forderungen aus freien Zuwendungszusagen	2,89	an	Rückstellungen aus freien Zuwendungszusagen	2,89

Aufwand	0,68	an	Forderungen aus freien Zuwendungszusagen	0,68

Rückstellungen aus freien Zuwendungen	0,68	an	Ertrag aus Verwendung freier Zuwendungen	0,68

Im Zeitpunkt der Fälligkeit der Forderung entsprechen dann der Buchwert der Forderung und der Buchwert der Rückstellung dem Nominalbetrag der Zuwendungszusage. In diesem Fall stehen sich vor Erfüllung der Forderung am 31.12.20X2 Forderung und Rückstellung in gleicher Höhe i. H. v. 100 GE (siehe Tabelle 5-2) gegenüber. Die Transaktionskosten sind dann bereits vollständig erfolgswirksam ausgebucht. Zum einen ist die Forderung bei Geldeingang auszubuchen.

Zahlungsmittel	100	an	Forderungen aus freien Zuwendungszusagen	100

Zum anderen wurde bis zum Eingang der Zahlungsmittel eine „Rückstellung aus freien *Zuwendungszusagen*“ ausgewiesen. Diese sollte nach dem Geldeingang als „Rückstellung aus freien *Zuwendungen*“ ausgewiesen werden. Wie bereits erläutert,[745] handelt es sich dabei weiterhin um eine Verpflichtung zur Mittelverwendung aus den zunächst versprochenen und nun zugewendeten Mitteln. Es liegt keine Schätzungsänderung i. S. d. IAS 8.5 vor, da weder der Buchwert einer Schuld noch der erwartete betragsmäßige Verbrauch eines Vermögenswertes berichtigt wird.[746] Die konkrete Situation wird vielmehr sachgerechter widergespiegelt: eine Rückstellung aus einer *Zuwendung* im Gegensatz zu einer Rückstellung aus einer *Zuwendungszusage*.

Rückstellungen aus freien Zuwendungszusagen	100	an	Rückstellungen aus freien Zuwendungen	100

Werden die Mittel aus der Zuwendung dann aufwandswirksam verwendet, ist, ebenso wie im Fall der einfachen Zuwendung, die entsprechende Rückstellung zu verbrauchen, und ein Ertrag sollte realisiert werden.

Aufwand	100	an	Zahlungsmittel	100

Rückstellungen aus freien Zuwendungen	100	an	Ertrag aus Verwendung freier Zuwendungen	100

In dem Fall, dass die zu aktivierenden Transaktionskosten (2 GE) niedriger sind als die Summe des Abzinsungsbetrages im Zugangszeitpunkt (8,49 GE), ergibt die verwendete Effektivzinsmethode ein klassisches Aufzinsungsbild (wie in Tabelle 5-1). Liegen dagegen die Transaktionskosten (10 GE) über dem gesamten Abzinsungsbetrag (8,49 GE), so entsteht eine negative Effektivverzinsung (-0,5 %) p. a. (siehe Tabelle 5-3).[747]

745 Siehe Abschn. 423.4.

746 Siehe Abschn. 423.2.

747 Vgl. für ein Beispiel, in dem die Transaktionskosten zunächst aufgeschlagen und dann effektivzinskonform über die Laufzeit abgeschrieben werden KUHN, S./SCHARPF, P., Financial Instruments, Rn. 1282.

Periode	Buchwert Forderung 01.01.20XX	"Aufzinsung" (3 %)	Verteilung Transaktions-kosten (Summe 10 GE)	Summe aus Effektivverzinsung	Buchwert Forderung 31.12.20XX
	(a)	(b)	(c)	(d) = (b) + (c)	(e) = (a) + (d)
20X0	**101,51** (91,51+10)	2,84	–3,35	–0,51	101,00
20X1	101,00	2,83	–3,33	–0,50	100,50
20X2	100,50	2,82	–3,32	–0,50	**100**
Summe		8,49	–10	–1,51	

Tabelle 5-3: Anwendung der Effektivzinsmethode (absolute Summe der Transaktionskosten (c) > absolute Summe Aufzinsung (b))

Dies resultiert daraus, dass die zu verteilenden Transaktionskosten betragsmäßig größer sind als der entsprechende Aufzinsungsbetrag. Der negative Effektivzins spiegelt aus investitionstheoretischer Sicht wider, dass der theoretische Kapitaleinsatz (101,51 GE) größer ist als der Kapitalrückfluss (100 GE). Es würde sich daher investitionstheoretisch um ein nachteiliges Geschäft handeln. Da die Forderung (91,51 GE) aus einer Zuwendungszusage ohne Gegenleistung resultiert, erforderte sie allerdings im investitionstheoretischen Sinne keinen Kapitaleinsatz, und es ist für die NPO kein nachteiliges Geschäft. In der Gesamtergebnisrechnung spiegelt sich dies nach der entwickelten Bilanzierung in der Form wider, dass keine negative Verzinsung (wie in Spalte (d)) erfasst wird, sondern die (positive) Aufzinsung der Forderung (Spalte (b)) erfolgsneutral gegen die entsprechende Rückstellung gebucht wird. Nur die Transaktionskosten werden aufwandswirksam in der Gesamtergebnisrechnung über die Perioden des „Anschaffungsvorgangs" der Zuwendung verteilt.

Im Regelfall wird die Forderung durch die zugesagte Zuwendung erfüllt. Damit erlischt das Recht, die Forderung ist aus- und Zahlungsmittel sind einzubuchen.[748]

Vor allem die Zugangsbewertung zum Fair Value und die daraus resultierenden Angabepflichten nach IFRS 7 und IFRS 13 können die **Angaben** für den Sachverhalt einfache finanzielle Zuwendungszusage umfangreich werden lassen.

513.142 Einfache materielle Zusage

Da eine einfache materielle Zuwendungszusage aus dem Anwendungsbereich der Standards, auch aus IFRS 9 und IAS 38, herausfällt, ist der gesamte Sachverhalt aufgrund einer Regelungslücke ähnlich einer finanziellen Zuwendungszusage zu bilanzieren.[749] Im Zugangszeitpunkt sollte die einfache materielle Zuwendungszusage zum Fair Value bewertet werden.[750] Für die weitere Bewertung

[748] Vgl. ERNST & YOUNG, International GAAP, S. 3221.
[749] Siehe Abschn. 513.112.2.
[750] Siehe Abschn. 422. So ist auch das Detailergebnis bei Anwendung des IAS 38, siehe dazu Abschn. 513.111.2.

und Ertragsrealisation sollte die Bilanzierung ähnlich der einer einfachen finanziellen Zuwendungszusage sein, da es sich wirtschaftlich betrachtet um einen ähnlichen Sachverhalt handelt.[751]

Für die Ertragsrealisation im Zusammenhang mit der Abbildung in der Bilanz einer einfachen materiellen Zuwendungszusage wird im Folgenden vom gleichen Beispiel wie für die finanzielle Zuwendungszusage des vorangegangenen Abschnitts 513.141 ausgegangen. Hier handelt es sich hingegen um den Fair Value einer Immobilie, die im Zeitpunkt der Fälligkeit der Zusage einen Wert i. H. v. 100 GE hat. Der Fair Value der Immobilie beträgt als Barwert 91,51 GE (3 Jahre, 3 % p. a.) und sollte im **Zugangszeitpunkt** erfolgsneutral gegen eine entsprechende Rückstellung aktiviert werden.

Forderungen aus freien Zuwendungszusagen	91,51	an	Rückstellungen aus freien Zuwendungszusagen	91,51

Die Transaktionskosten sind aufwandswirksam zu erfassen, da sie nicht mit dem Recht zusammen zu aktivieren sind.[752]

Aufwand	2	an	Zahlungsmittel	2
Rückstellungen aus freien Zuwendungen	2	an	Ertrag aus Verwendung freier Zuwendungen	2

In den drei Folgeperioden sollten die Forderung sowie die entsprechende Rückstellung erfolgsneutral aufgezinst werden, unter der Prämisse, dass die Annahmen gleich geblieben sind.[753]

Forderungen aus freien Zuwendungszusagen	2,77	an	Rückstellungen aus freien Zuwendungszusagen	2,77
Forderungen aus freien Zuwendungszusagen	2,83	an	Rückstellungen aus freien Zuwendungszusagen	2,83
Forderungen aus freien Zuwendungszusagen	2,89	an	Rückstellungen aus freien Zuwendungszusagen	2,89

Die Forderung ist bei Zugang der entsprechenden materiellen Zuwendung auszubuchen. Hier soll die Immobilie annahmegemäß durch die NPO selbst genutzt werden. Die Rückstellung sollte wie

751 Siehe Abschn. 513.112.2.
752 Siehe Abschn. 513.112.2.
753 Ausführlicher zur Herleitung der Buchungen siehe den vorangehenden Abschn. 513.141.

bei finanziellen Zusagen als Rückstellung, die die langfristige Gebundenheit der Mittel kennzeichnet, ausgewiesen werden.[754]

Immobilien	100	an	Forderungen aus freien Zuwendungszusagen	100

Rückstellungen aus freien Zuwendungszusagen	100	an	Rückstellungen für Zuwendungen in der langfristigen Eigennutzung	100

Wenn im Zuwendungszeitpunkt der Wert der Zuwendung *über* dem Wert der Zuwendungszusage liegt, so ist zu untersuchen, ob es sich für die **Aktiva** um eine Schätzungsänderung i. S. d. IAS 8 handelt. Es besteht dann eine Schätzungsänderung i. S. d. IAS 8.5, wenn sich der Wert des Vermögenswertes oder der Schuld aufgrund neuer Informationen und Ereignisse verändert hat. Im Fall der Zuwendung der Immobilie handelt es sich um einen Aktivtausch zwischen Forderung und Immobilie und daher nicht um eine Schätzungsänderung ein und desselben Vermögenswertes. Zu untersuchen ist des Weiteren, ob es sich bei der **passivierten** Verpflichtung im Fall eines höheren Wertes der Zuwendung als der Zuwendungszusage, um eine Schätzungsänderung i. S. d. IAS 8 handelt. Bei der Verpflichtung handelt es sich weiterhin um eine Verpflichtung, die Mittel für die Zwecke der NPO zu verwenden. Durch den Zugang der Zuwendung und einer neuen Einschätzung des Wertes der Zuwendung, im Gegensatz zum geschätzten Wert der Zusage der Zuwendung, liegt eine Schätzungsänderung i. S. d. IAS 8 vor. Die Schätzung kann, wenn keine Auswirkungen auf das Eigenkapital bestehen, erfolgsneutral revidiert werden (IAS 8.36-37).[755]

Immobilien	120	an	Forderungen aus freien Zuwendungszusagen	100
			Rückstellungen für Zuwendungen in der langfristigen Eigennutzung	20

Rückstellungen aus freien Zuwendungszusagen	100	an	Rückstellungen für Zuwendungen in der langfristigen Eigennutzung	100

Aufgrund der Zugangsbewertung zum Fair Value können die **Angaben** vor allem aufgrund von IFRS 13 umfangreich werden. Für Änderungen des Wertes der Rückstellungen aufgrund einer Schätzungsänderung sind Art und Betrag nur anzugeben, sofern sie wesentlich sind (IAS 8.39).[756]

Zusammenfassend sollte eine einfache **finanzielle** Zuwendungszusage im Zugangszeitpunkt erfolgsneutral bilanziert werden. Auch die Aufzinsung der Forderung und der Rückstellung sollte zugunsten einer konsistent ausgefüllten Regelungslücke erfolgsneutral erfasst werden. Wertminde-

754 Siehe den vorangehenden Abschn. 513.141.

755 Vgl. Lüdenbach, N., in: Haufe IFRS, 10. Aufl., § 24, Rn. 50.

756 Vgl. Pawelzik, K. U./Theile, C., in: Heuser/Theile IFRS, 5. Aufl., B.VIII, Rn. 992.

rungen und Wertsteigerungen vor und aus der Ausbuchung sollten ebenfalls entsprechend erfolgsneutral bilanziert werden. Die Regelungen zur Ertragswirksamkeit im Zugangszeitpunkt und wesentliche Teile der nach IFRS 9 und IAS 37 vorgesehenen erfolgswirksamen Folgebewertung beziehen sich nicht ausdrücklich auf den zu bilanzierenden NPO-spezifischen Sachverhalt. Auch hier sollte der besondere, erfolgswirksame „Verbrauch" der durch die Zuwendung erfolgsneutral entstandenen Rückstellungen berücksichtigt werden.

Die einfache **materielle** Zuwendungszusage fällt zwar zunächst in den Anwendungsbereich und erfüllt die Definitionskriterien des IAS 38. Bei genauerer Analyse hingegen erfüllt sie den Ausnahmetatbestand des IAS 38.7 und wird aus dem Anwendungsbereich des IAS 38 aufgrund fehlender wirtschaftlicher Anwendbarkeit ausgeschlossen. Daher sollte die Regelungslücke zur einfachen materiellen Zuwendungszusage angelehnt an die entwickelte Bilanzierung einer einfachen finanziellen Zuwendungszusage ausgefüllt werden. Demnach sollte die einfache materielle Zuwendungszusage im Zugangszeitpunkt mit dem Fair Value aktiviert und bis zur Fälligkeit der Zuwendung erfolgsneutral aufgezinst werden.

513.2 Bilanzierung bedingter Zusagen sowie Verfügungen von Todes wegen

513.21 Überblick

Eine Zuwendung kann unter **Bedingungen** zugewendet oder versprochen werden.[757] Im Folgenden sollen aufschiebend bedingte Schenkungsversprechen analysiert werden.[758] Dazu wird ein aufschiebend bedingtes Schenkungsversprechen (im Folgenden: aufschiebend bedingte Zuwendungszusage) als finanzielle und als materielle Zusage untersucht. Des Weiteren können NPOs in **Verfügungen von Todes wegen** berücksichtigt werden (Analyse in Abschnitt 513.221.3).[759] Bedingten Schenkungsversprechen und Verfügungen von Todes wegen ist gemeinsam, dass sie von künftigen Ereignissen abhängen.

Hierauf folgend werden nur Variationen der bereits behandelten Zuwendungen bzw. Zuwendungszusagen analysiert. Aus diesem Grund wird die Beschreibung der Bilanzierung der entsprechenden Aktiva und Passiva auf die für die Diskussion der entsprechenden Variationen relevanten, neuen Informationen reduziert. Bezüglich der vorgeschriebenen Anhangangaben wird im Wesentlichen auf die vorangegangenen Abschnitte verwiesen. Von grundsätzlichen Rückforderungsrechten wird

757 Hier werden nur unentgeltliche Schenkungsversprechen behandelt und keine anderen Rechtsgeschäfte unter Bedingungen.

758 Bei Bedingungen kann das gleiche Ziel durch Anpassung der Formulierung aufschiebend oder auflösend bedingt erreicht werden. Vgl. ADLER, H./DÜRING, W./SCHMALTZ, K., HGB, 6. Aufl., § 246, Rn. 55. Eine auflösend bedingte Zusage kann sprachlich eine Negation einer aufschiebend bedingten Zusage sein, wenn z. B. der Bedingungseintritt bei Beiden zur Übergabe eines Vermögenswertes führt. Vgl. UHLIG, A., Grundsätze ordnungsmäßiger Bilanzierung für Zuschüsse, S. 368-369. Siehe dazu auch ausführlicher Abschn. 421.12. Für die Bilanzierung von auflösend bedingten Zuwendungen siehe inhaltlich auch Abschn. 513.23 und 514 sowie ADLER, H./DÜRING, W./SCHMALTZ, K., HGB, 6. Aufl., § 246, Rn. 54.

759 Siehe ausführlicher dazu Abschn. 222, vor allem 222.3-222.4.

auch in diesem Abschnitt zunächst noch abgesehen. Eine detaillierte Untersuchung dazu folgt in Abschnitt 514.

513.22 Bilanzierung bei Vertragsschluss bzw. im Zeitpunkt der Erklärung

513.221 Bilanzierung der Aktiva

513.221.1 Finanzielle aufschiebend bedingte Zuwendungszusagen

513.221.11 Ansatz der Zusagen

Bei aufschiebend bedingten Zuwendungszusagen handelt es sich, wie bereits nachgewiesen,[760] um einen Vermögenswert i. S. d. CF.4.4 (a) ab dem Zeitpunkt des Vertragsschlusses. Zu prüfen ist nun, ab wann und ob aufschiebend bedingte Zuwendungszusagen nach den konkreten Standards zu aktivieren sind. Im Rahmen der Analyse der Bilanzierung einer einfachen Zuwendungszusage wurden des Weiteren bereits die Anwendungsbereiche sowie Definitionskriterien der entsprechenden Standards für finanzielle und materielle Zuwendungszusagen erarbeitet.[761] In diesem Abschnitt wird eine finanzielle aufschiebend bedingte Zuwendungszusage ohne Auflagen untersucht (siehe Abbildung 5-7), bei der Zahlungsmittel zugewendet werden sollen.

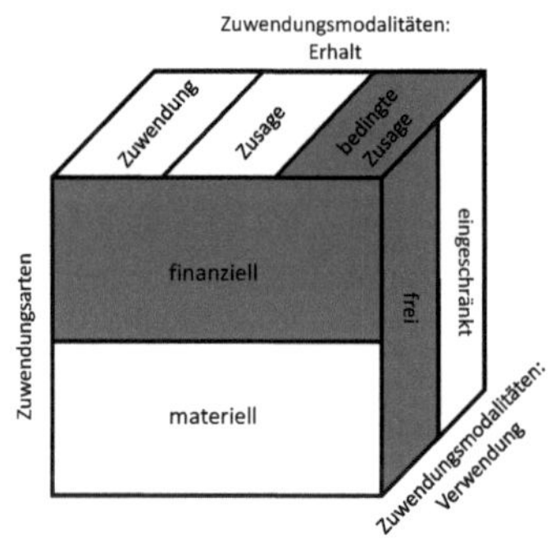

Abbildung 5-7: Finanzielle aufschiebend bedingte Zuwendungszusagen

Zunächst wird die Bilanzierung der Aktiva aus einer finanziellen aufschiebend bedingten Zuwendungszusage analysiert.

Da es sich bei finanziellen aufschiebend bedingten Zuwendungszusagen um den Erhalt von Zahlungsmitteln handelt, könnte IFRS 9 i. V. m. IAS 39 einschlägig sein. Zunächst sollen daher die

760 Siehe Abschn. 421.11.

761 Siehe für die einfache finanzielle Zuwendungszusage Abschn. 513.111.1 und für die einfache materielle Zuwendungszusage Abschn. 513.112.1 und 513.112.2.

Definitionskriterien eines **Finanzinstrumentes** für den konkreten Sachverhalt aus IAS 32.11 untersucht werden.

Ein Finanzinstrument setzt voraus, dass ein **Vertrag** i. S. d. IAS 32.11 vorliegt. Aus dem Vertrag müssen sich dann die Rechte und Pflichten ergeben, die zu einem Finanzinstrument führen.[762] Der Vertrag muss eindeutige wirtschaftliche Konsequenzen für die Vertragspartner haben, die nach Ermessen der Vertragsparteien nicht oder nur kaum vermeidbar sind, weil der Vertrag üblicherweise auf dem Rechtsweg durchsetzbar ist (IAS 32.13).[763] In dem hier analysierten Fall liegt annahmegemäß ein notariell beurkundeter Schenkungsvertrag zwischen dem Zuwendenden und der NPO vor, denn nur dann treten auch die Rechtsfolgen für die Vertragsparteien im Fall des Bedingungseintritts unvermeidlich ein. Ein Vertrag i. S. d. IAS 32.11 liegt dann vor.

Fraglich ist weiterhin, ob ein **finanzieller Vermögenswert** vorliegt. Wie bereits erläutert,[764] bestehen aus dem Schenkungsvertrag ab Vertragsschluss gegenwärtige Rechte. Die Fähigkeit, das Recht auf Einforderung der Zahlungsmittel wahrzunehmen, ist abhängig vom Eintreten der vertraglich vereinbarten Bedingung.[765] Daher liegt im Fall einer finanziellen aufschiebend bedingten Zuwendungszusage ein finanzieller Vermögenswert vor. Der Zuwender hat entsprechend zum Recht der NPO eine vertragliche Verpflichtung Zahlungsmittel zu liefern und damit eine **finanzielle Verbindlichkeit** gemäß IAS 32.11. Somit liegt ein Finanzinstrument vor.

Zu prüfen ist, wann das Finanzinstrument bei der NPO gemäß IFRS 9 zu aktivieren ist. Finanzinstrumente sind anzusetzen, wenn die NPO Vertragspartei wird (IFRS 9.3.1.1) oder am Erfüllungstag, wenn die Kriterien der Own Use Exemption erfüllt sind. Bis zum Erfüllungstag gelten im Fall der Own Use Exemption für die tatsächliche Lieferung eines *nicht finanziellen Vertragsgegenstandes* für den Eigenbedarf das Recht und die Verpflichtung des Geschäfts als ausgeglichen

---

762 Vgl. KUHN, S./SCHARPF, P., Financial Instruments, Rn. 850.

763 Vgl. KUHN, S./SCHARPF, P., Financial Instruments, Rn. 300.

764 Siehe Abschn. 421.11.

765 Ein finanzieller Vermögenswert aus einer finanziellen aufschiebend bedingten Zuwendungszusage ist einem asymmetrischen Derivat ähnlich. Ein Derivat stellt hingegen auf eine vorliegende Leistung-Gegenleistungsbeziehung ab: Ein Derivat ist ein Vertrag, der (a) seinen Wert aus der Veränderung eines Risikofaktors (underlying) ableitet, sofern die Wertentwicklung bei einer nicht finanziellen Basis nicht spezifisch für eine der Vertragsparteien ist, (b) der einer geringeren Anschaffungsauszahlung bedarf als andere Vertragsformen, von denen ähnliche Reaktionen auf Marktbedingungen erwartet werden, sowie (c) zu einem späteren Zeitpunkt beglichen wird (IFRS 9.Appendix A). Vgl. BARCKOW, A., in: Baetge u. a., Rechnungslegung nach IFRS, 2. Aufl., IAS 39, Rn. 27-28; HFA DES IDW, IDW RS HFA 25, Tz. 3. Bei Derivaten mit einem asymmetrischen Risikoprofil, wie z. B. Optionen, erwirbt der Käufer ein Recht und gibt dafür eine Gegenleistung (meist eine Prämie). Der Stillhalter geht eine entsprechende Verpflichtung ein. Kaufoptionen, die in den Anwendungsbereich von IAS 39.2-7 fallen, sind als Vermögenswerte zu erfassen, wenn der Optionsinhaber Vertragspartei wird. Siehe dazu auch Fn. 382. Ist das Erwerbsrecht auf den Erwerb eines finanziellen Vermögenswertes ausgerichtet, so ist es ein Recht auf ein Recht finanzielle Mittel zu erhalten und ist ein zu aktivierendes derivatives Finanzinstrument. Vgl. KUHN, S./SCHARPF, P., Financial Instruments, Rn. 1262. Derivate mit einem asymmetrischen Risikoprofil haben typischerweise einen Fair Value größer null im Zugangszeitpunkt. Wird das Erwerbsrecht ausgeübt, so ist es aus- und der erworbene Vermögenswert einzubuchen. Vgl. MATENA, S., Bilanzielle Vermögenszurechnung, S. 114-115.

(IFRS 9.B3.1.2 (b)).[766] Das Rechtsgeschäft ist schwebend.[767] Der aufschiebend bedingte Schenkungsvertrag ist zwar – in seinen Rechtsfolgen – schwebend, bis die Bedingung eintritt. Er ist aber von einem schwebenden Geschäft im bilanziellen Sinne abzugrenzen. Schwebende Geschäfte im bilanziellen Sinne meinen, dass Lieferung *und* Leistung noch ausstehen. Der Schwebezustand wird als beendet angesehen, wenn eine der Vertragsparteien leistet (IAS 37.1, IAS 37.3).[768] Die NPO und der Zuwender sind zwischen Vertragsschluss und Bedingungseintritt bereits Vertragspartner.[769] Das Rechtsgeschäft ist bereits wirksam, nur seine Rechtswirkung ist noch nicht eingetreten.[770] Zum einen handelt es sich bei finanziellen aufschiebend bedingten Zuwendungszusagen *nicht* um eine nicht finanzielle Basis. Zum anderen handelt es sich um eine einseitige Verpflichtung, bei der keine Gegenleistung noch aussteht. Die Ausnahme des Own Use (IFRS 9.B3.1.2 (b)) kann daher, wie für die einfache finanzielle Zuwendungszusage auch, für finanzielle aufschiebend bedingte Zuwendungszusagen nicht gelten.[771] Die finanzielle aufschiebend bedingte Zuwendungszusage ist demnach nach IFRS 9.3.1.1 bei Vertragsschluss zu aktivieren. Eine fehlende verlässliche Bewertbarkeit des Versprechens sowie die Wahrscheinlichkeit des künftigen Ereignisses sind nicht Bestandteil der Ansatzkriterien eines Finanzinstrumentes.[772] Die weitergehende Anwendung eines solchen Ansatzes wird im Rahmen der Ertragsrealisation im Zusammenhang mit der Abbildung in der Bilanz analysiert.[773]

Finanzielle Vermögenswerte sind dann **auszubuchen**, wenn das vertragliche Recht ausläuft oder der finanzielle Vermögenswert übertragen wird (IFRS 9.3.2.3). Im Regelfall wird die Zusage durch die Zuwendung der zugesagten Mittel erfüllt. Damit endet das Recht, es ist auszubuchen und Zahlungsmittel sind einzubuchen.[774] Jedoch können bei der Aus- und Einbuchung Differenzen zwischen dem Wert des Rechts und dem erhaltenen Geldbetrag bestehen. Diese Differenzen sind gemäß IFRS 9.3.2.12 im Gewinn oder Verlust zu erfassen. Wie solche Differenzen erfasst werden sollten, wird im Rahmen der Ertragsrealisation analysiert.[775]

---

766 Vgl. KUHN, S./SCHARPF, P., Financial Instruments, Rn. 852.

767 Vgl. STEGMANN, J., in: Reuther/Hard IFRS, Finanzinstrumente, Rn. 9; FRIEDHOFF, M./BERGER, J., in: Buschhüter/Striegel IFRS, IAS 39, Rn. 8 und 16.

768 Vgl. BAETGE, J./KIRSCH, H.-J./THIELE, S., Bilanzen, S. 438.

769 Ein Schenkungsversprechen muss notariell beurkundet sein, sonst ist es nichtig. Der Nutzenzufluss kann dennoch für die NPO wahrscheinlich sein. Allerdings handelt es sich bei einem nichtigen Schenkungsversprechen nicht um ein vertragliches Recht und ein Finanzinstrument ist nicht zu bilanzieren (IFRS 9.B3.1.2 (e)).

770 Vgl. ARMBRÜSTER, C., in: Erman u. a. BGB, 13. Aufl., § 158, Rn. 3.

771 Siehe dazu Abschn. 513.111.1.

772 Vgl. VON OERTZEN, C., in: Beck'sches IFRS HB, 3. Aufl., § 3, Rn. 87.

773 Siehe Abschn. 513.223.

774 Vgl. ERNST & YOUNG, International GAAP, S. 3221. Zur Behandlung von Differenzen bei der Ausbuchung der Forderung und der Einbuchung der Zahlungsmittel siehe Abschn. 513.221.11.

775 Siehe Abschn. 513.14.

513.221.12 Bewertung der Zusagen

Im **Zugangszeitpunkt** ist der finanzielle Vermögenswert mit dem Fair Value nach IFRS 13 zu bewerten (IFRS 9.5.1.1). Die finanzielle aufschiebend bedingte Zuwendungszusage wird im Regelfall nicht durch Bewertungsansätze des Market Approach oder Cost Approach bewertet werden können, da weder ein unmittelbarer oder mittelbarer Preisvergleich möglich noch die Wiederbeschaffungskosten ermittelbar sein werden. Dann sind die barwertorientierten Verfahren des Income Approach anzuwenden und ein Fair Value wird maximal auf Level 2 der Fair-Value-Hierarchie bestimmbar sein.[776] Im Gegensatz zur einfachen Zuwendungszusage sind bei der aufschiebend bedingten Zuwendungszusage umfangreichere Schätzungen vor allem bzgl. der Wahrscheinlichkeiten der Cashflows erforderlich. Wenn diese und andere Schätzungen auf internen Daten beruhen, kann ein Fair Value auf Level 3 der Fair-Value-Hierarchie einzuordnen sein.[777] Zum Beispiel kann ein Prozentsatz von einem bestimmten Vermögen bei Bedingungseintritt versprochen sein und das Vermögen selbst Schwankungen unterliegen. Es ist allerdings zu beachten, dass sowohl für die Anwendung der Effektivzinsmethode als auch für die Fair-Value-Ermittlung eine Laufzeit zu schätzen ist.[778]

Die **Transaktionskosten** sind dann zu aktivieren, wenn das Finanzinstrument nicht erfolgswirksam zum Fair Value folgebewertet wird (IFRS 9.5.1.1). Da es sich um kein Eigenkapitalinstrument handelt, ist zu prüfen, ob das Finanzinstrument mit den fortgeführten Anschaffungskosten folgezubewerten ist.[779] Es ist gemäß IFRS 9.4.1.2 (a) dann mit den fortgeführten Anschaffungskosten folgezubewerten, wenn die Vermögenswerte *zum einen* in einer Gruppe[780] von Vermögenswerten gehalten werden, für die das *Geschäftsmodell des Haltens* zur Vereinnahmung von vertraglich vereinbarten Cashflows verfolgt wird.[781] Das Recht aus der aufschiebend bedingten Zuwendungszusage soll durch die NPO gehalten werden, um die daraus resultierenden Cashflows zu vereinnahmen. *Zum anderen* müssen die finanziellen Vermögenswerte zu *vertraglich fest vereinbarten Zeitpunkten* zu Cashflows führen, die ausschließlich aus *Zins- und Tilgungszahlungen* bestehen (IFRS 9.4.1.2 (b)). Die vertraglich vereinbarten Zeitpunkte hängen mit der Abgrenzung von Zins- und Tilgungszahlungen eng zusammen. In IFRS 9.B4.1.14 wird an Instrument G beispielhaft erläutert, dass ein Finanzinstrument das Kriterium „nur Zins- und Tilgungszahlungen" nicht erfüllt, wenn eine Tilgung „kostenlos", d. h. ohne Zinsen, gestundet wird: Eine Option enthält eine Hebelwirkung und die durch Hebelwirkung erhöhte Variabilität der Cashflows hat nicht mehr den wirtschaftlichen Gehalt

776 Siehe zur Fair-Value-Bewertung nach IFRS 13 Abschn. 312.22.

777 Vgl. zur Verwendung des Income Approach bei fehlenden beobachtbaren Daten HITZ, J.-M./ZACHOW, J., Fair Value Measurement, S. 970.

778 Einen weiteren Hinweis könnte der inzwischen durch IFRS 9 ersetzte IAS 39.AG16 liefern, wo bestimmt ist, dass ein „nicht fester Zeitraum" ein nicht definierter Zeitraum ist.

779 Siehe dazu ausführlicher Abschn. 513.111.2.

780 Vgl. LÜDENBACH, N., in: Haufe IFRS, 10. Aufl., § 28, Rn. 338 und 340.

781 Finanzinstrumente können auch freiwillig als erfolgswirksam zum Fair Value designiert werden, wenn dadurch Inkongruenzen bei Ansatz und Bewertung beseitigt oder erheblich verringert werden können (Fair-Value-Option) (IFRS 9.4.1.5). Vgl. OLBRICH, A., Fortgeführte Anschaffungskosten nach IFRS 9, S. 54-55; DERENTZEN, C., Finanzielle Vermögenswerte nach IAS 39 und IFRS 9, S. 91-92.

von Zinsen (IFRS 9.B4.1.9).[782] Im Wesentlichen sind mit dem Kriterium der festen Zins- und Tilgungszahlungen einfache Darlehenscharakteristika („Basic Loan Features“) gemeint (IFRS 9.BC4.22-25). Steht der konkrete Zeitpunkt des Bedingungseintritts bei einer finanziellen aufschiebend bedingten Zuwendungszusage nicht fest, so verändert sich nicht in allen Fällen der versprochene Zuwendungsbetrag. Daher tritt dann der Fall des Instruments G ein, dass eine „Tilgung“ „kostenlos“ gestundet wird.[783] Im Ergebnis werden bei zeitlich nicht sicherem Bedingungseintritt nicht zu vertraglich fest vereinbarten Zeitpunkten Cashflows, die ausschließlich aus Zins- und Tilgungszahlungen bestehen, resultieren.[784] Nur wenn dieses Kriterium auch erfüllt ist, kann eine aufschiebend bedingte Zuwendungszusage zu fortgeführten Anschaffungskosten bewertet werden. In den anderen Fällen ist die Zusage zum Fair Value folgezubewerten.[785] Somit kann nicht allgemein eine Aussage dazu getroffen werden, ob die Kriterien für eine Bewertung zu fortgeführten Anschaffungskosten erfüllt sind und daher, ob im Zeitpunkt des Zugangs die Transaktionskosten zusätzlich zum Fair Value zu aktivieren sind. Steht der Bedingungseintritt nicht fest, werden die Transaktionskosten i. d. R. nicht zu aktivieren sein.

Weicht im Zugangszeitpunkt der Fair Value vom Transaktionspreis ab, so ist die erfolgswirksam zu erfassende **Differenz**, wie bereits für die einfache finanzielle Zuwendung und die einfache finanzielle Zuwendungszusage festgestellt,[786] als Regelungslücke durch einen erfolgsneutralen Ansatz zu ersetzen. Auch im Rahmen der **Folgebewertung** zu **fortgeführten Anschaffungskosten** sollte daher die Aufzinsung einer entsprechenden Forderung erfolgsneutral erfasst und das differenzierte Vorgehen bei Wertminderungen und -steigerungen beachtet werden.[787] Wird ein Finanzinstrument zum **Fair Value folgebewertet,** sind die Wertänderungen grundsätzlich gemäß IFRS 9.5.7.1 erfolgswirksam zu erfassen. Die Auswirkungen einer solchen Bilanzierung werden im Rahmen der Ertragsrealisation im Zusammenhang mit der Abbildung in der Bilanz analysiert.[788]

513.221.2 Materielle aufschiebend bedingte Zuwendungszusagen

Im Folgenden soll eine materielle aufschiebend bedingte Zuwendungszusage untersucht werden (siehe Abbildung 5-8).

---

782 Vgl. Olbrich, A., Fortgeführte Anschaffungskosten nach IFRS 9, S. 50.

783 Weiterhin ist zu beachten, dass eine „Tilgung“ hier nicht gestundet werden kann, da das Rechtsgeschäft seine Wirkung erst bei Bedingungseintritt voll entfaltet. Daher kann erst nach Bedingungseintritt tatsächlich eine „Tilgung“ gestundet werden.

784 Abgesehen von zusätzlich zu vereinbarenden Bestimmungen. Siehe dazu Abschn. 222.3.

785 Vgl. Märkl, H./Schaber, M., IFRS 9, S. 65; Berentzen, C., Finanzielle Vermögenswerte nach IAS 39 und IFRS 9, S. 91-92.

786 Siehe Abschn. 513.111.2.

787 Siehe Abschn. 513.141.

788 Siehe Abschn. 513.223.

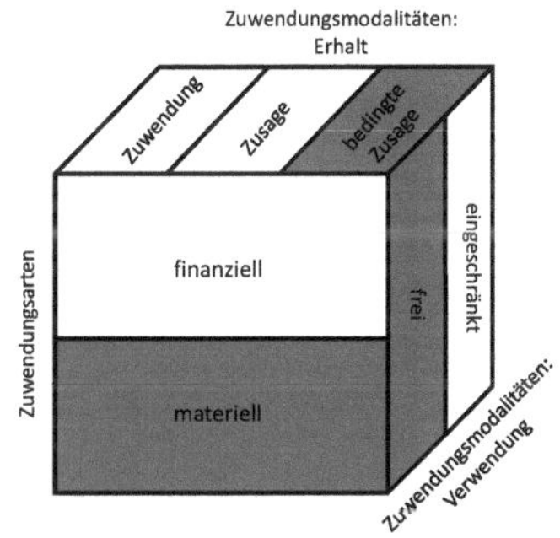

Abbildung 5-8: Materielle aufschiebend bedingte Zuwendungszusagen

Wie soeben für finanzielle aufschiebend bedingte Zuwendungszusagen erläutert, besteht hier im Fall einer notariellen Beurkundung ebenfalls ein gegenwärtiges vertragliches Recht auf den Erhalt der versprochenen Zuwendung bei Bedingungseintritt. Das tatsächliche Recht, die Zuwendung einzufordern, ist bedingt und entsteht erst bei Bedingungseintritt.[789]

Wie bei der einfachen materiellen Zuwendungszusage liegt gemäß den Definitionskriterien des IAS 38.8 ein immaterieller Vermögenswert vor.[790] Da die bedingte materielle Zusage sich im Wesentlichen durch die Wahrscheinlichkeit des Nutzenzuflusses von der einfachen materiellen Zusage unterscheidet, fällt auch die bedingte Zusage aus dem Anwendungsbereich des **IAS 38** aufgrund der Ausnahmeregelung in IAS 38.7 heraus. Denn der Sachverhalt ist so speziell, dass er eine andere Bilanzierung als in IAS 38 vorgesehen erfordert (IAS 38.7).[791] Da der Sachverhalt aus den Anwendungsbereichen der Standards herausfällt, besteht eine Regelungslücke. Diese Regelungslücke sollte angelehnt an die Bewertung einer finanziellen Zuwendungszusage ausgefüllt werden.

Erfüllt eine materielle aufschiebend bedingte Zuwendungszusage nicht die allgemeinen Ansatzkriterien, so könnte ausgehend vom wirtschaftlichen Gehalt des Sachverhaltes eine Eventualforderung bestehen. **Eventualforderungen** sind in IAS 37 geregelt, solange diese nicht von einem anderen Standard, vor allem IFRS 9 i. V. m. IAS 39, abgedeckt sind (IAS 37.1-2, IAS 37.5). Eine Eventual-

789 Da es sich bei einem nicht notariell beurkundeten Schenkungsversprechen nicht um ein vertragliches Recht handelt, kann auch kein gegenwärtiges vertragliches Recht zu einer Bilanzierung als Vermögenswert führen. Somit kann es sich lediglich um einen möglichen Vermögenswert handeln und daher um eine Eventualforderung gemäß IAS 37.10. Siehe dazu ausführlicher Abschn. 421.11.

790 Für das Ergebnis, dass ein unbedingtes Erwerbsrecht selbst – in Abgrenzung zu dem mit dem Erwerbsrecht erwerbbaren Vermögenswert – ein immaterieller Vermögenswert ist, vgl. MATENA, S., Bilanzielle Vermögenszurechnung, S. 114-115.

791 Siehe ausführlicher dazu Abschn. 513.112.2.

forderung ist ein aus vergangenen Ereignissen resultierender, möglicher Vermögenswert, dessen Existenz durch das Ein- oder Nichteintreten unsicherer künftiger Ereignisse erst noch bestätigt wird, die nicht gänzlich unter der Kontrolle des Unternehmens stehen (IAS 37.10). Das Ein- oder Nichteintreten eines künftigen Ereignisses beschreibt die Bedingung der Schenkung. Die Bestätigung der Existenz beschreibt die aufschiebende Wirkung des Rechtsgeschäftes. Das *bedingte* Recht ist ein möglicher Vermögenswert, da die NPO im Zeitpunkt des Vertragsschlusses noch keine Verfügungsmacht über das (unbedingte) Recht hat, die Zuwendung einzufordern. Somit handelt es sich bei dem bedingten Recht um eine Eventualforderung i. S. d. IAS 37. Aufschiebende Bedingungen sind ein klassischer Anwendungsfall von Eventualforderungen.[792] Eventualforderungen sind grundsätzlich nicht anzusetzen (IAS 37.31). Wenn der Nutzenzufluss mindestens wahrscheinlich ist, dann sind Angaben im Anhang entsprechend IAS 37.89 zu machen. Ist hingegen die Realisation von Erträgen aus der Eventualforderung so gut wie sicher,[793] handelt es sich gemäß IAS 37.33 nicht mehr um eine Eventualforderung, sondern um einen Vermögenswert,[794] der bei erfüllten Ansatzkriterien zu aktivieren ist. Im Ergebnis ist jedoch zu beachten, dass es sich bei Eventualforderungen i. S. d. IAS 37 um nicht gegenwärtige Rechte i. S. v. möglichen Vermögenswerten handelt. Im Fall der aufschiebend bedingten Zuwendungszusage bedeutet dies, dass sich die Regelungen nur auf die durch eine Bedingung möglichen unbedingten Rechte auf die Zuwendung beziehen. Die Abbildung bereits gegenwärtiger Rechte ab Vertragsschluss, die nur in ihrer Fälligkeit sie auszuüben bedingt und daher bereits Vermögenswerte i. S. d. CF.4.4(a) sind, werden indes in IAS 37 nicht geregelt.

Wie zusammenfassend eine materielle aufschiebend bedingte Zuwendungszusage angelehnt an die Bilanzierung einer finanziellen Zuwendungszusage bilanziert werden sollte und wann bzw. ob Informationen zu Eventualforderungen angegeben werden sollten, wird im Zusammenhang mit der Abbildung der Passiva in der Bilanz untersucht.[795]

513.221.3 Verfügungen von Todes wegen

Aus (z. B. Testamenten können als) Verfügungen von Todes wegen keine Rechte und Pflichten vor Eintritt des Todesfalls abgeleitet werden.[796] Somit ist auch noch kein vertragliches Recht auf künftigen Nutzenzufluss entstanden und es liegt damit noch kein finanzieller Vermögenswert vor (IAS 32.AG8). Da die NPO noch keine Verfügungsmacht über künftigen Nutzenzufluss i. S. d. Definitionskriterien eines Vermögenswertes (CF.4.4 (a)) erhalten hat, ist auch nach den allgemeinen Definitionskriterien kein (immaterieller) Vermögenswert entstanden.

---

792 Vgl. HOFFMANN, W.-D., in: Haufe IFRS, 10. Aufl., § 21, Rn. 113.

793 Zur Einordnung des Wahrscheinlichkeitsbegriffs vgl. HOFFMANN, W.-D., in: Haufe IFRS, 10. Aufl., § 21, Rn. 113.

794 Vgl. VON OERTZEN, C., in: Beck'sches IFRS HB, 3. Aufl., § 10, Rn. 74.

795 Siehe Abschn. 513.223.

796 Siehe dazu ausführlicher Abschn. 222.3-222.4.

Aus Verfügungen von Todes wegen können mögliche Vermögenswerte resultieren, die bei zumindest wahrscheinlichem Nutzenzufluss als Eventualforderungen Angabepflichten auslösen (IAS 37.89).

513.222 Bilanzierung der Passiva

Zunächst ist zu untersuchen, ob mit der Zuwendungszusage nach den allgemeinen Definitionskriterien bereits eine **Schuld** zugeht. Eine gegenwärtige Verpflichtung zur *Mittelverwendung* kann aus der Vereinbarung der aufschiebend bedingten Zuwendungszusage resultieren. Die NPO ist gegenwärtig der Vereinbarung, die als Zuwendungszusage getroffen wurde, unterworfen. Aus den gegenwärtigen Rechten der aufschiebend bedingten Zuwendung resultiert ebenfalls bereits eine gegenwärtige Verpflichtung. Die Zuwendung wird der NPO mit einer Erwartung zur Mittelverwendung durch den Zuwender versprochen. Mit einer Zusage geht, wie auch mit einer direkten Zuwendung, eine faktische Verpflichtung aufgrund der Erwartung des Zuwenders zu, dass die Zuwendung für die Zwecke der NPO verwendet wird.[797] Somit liegt eine faktische Verpflichtung nach den allgemeinen Definitionskriterien vor.[798]

Die Verpflichtung ist anzusetzen, wenn sie verlässlich bewertbar sowie der Nutzenabfluss wahrscheinlich ist (IAS 37.14). Die *verlässliche* Bewertbarkeit ist abhängig von der Bewertung der korrespondierenden Aktiva. Wird der Nutzenzufluss bezogen auf die versprochene Zuwendung als *wahrscheinlich* eingeschätzt, so ist auch das Ansatzkriterium für eine Verpflichtung erfüllt. Ist der Nutzenabfluss nicht wahrscheinlich, aber auch mindestens nicht unwahrscheinlich und/oder der Ressourcenabfluss nicht verlässlich schätzbar liegt keine anzusetzende Rückstellung, sondern eine Eventualverbindlichkeit vor (IAS 37.10 (b)). Eine Eventualverbindlichkeit liegt ebenfalls vor, wenn es sich um eine mögliche Verpflichtung handelt, die gegenwärtig noch nicht besteht (IAS 37.10 (a)).

Die Bewertung der Rückstellungen nach IAS 37 und die enge Korrelation zur Bewertung der entsprechenden Zuwendungszusagen wurden bereits erläutert.[799] Bei aufschiebend bedingten Zuwendungszusagen kommen im Rahmen der Rückstellungs- ebenso wie bei der Zuwendungsbewertung weitere Unsicherheiten bzgl. dem zeitlichen Anfall sowie der Höhe des Nutzenab- bzw. -zuflusses hinzu. Daher ist der Fair Value der Zuwendung das Maß für die Rückstellungsbewertung.[800]

797 Siehe dazu ausführlicher Abschn. 421.212.3.

798 Eine Verpflichtung aus Rückforderungsmöglichkeiten ist nicht eigenständig zu passivieren, weil die Möglichkeit, dass die Mittel der NPO nicht zugehen, in die Bewertung der Zuwendung und daher auch der entsprechenden Mittelverwendungsverpflichtung mit einfließen.

799 Siehe Abschn. 512.122 und 513.12.

800 Siehe dazu ausführlicher Abschn. 421.212.3.

513.223 Ertragsrealisation im Zusammenhang mit der Abbildung in der Bilanz

Im Folgenden werden die Konsequenzen aus den gleichzeitig auf den Sachverhalt anzuwendenden Standards für eine **finanzielle aufschiebend bedingte Zuwendungszusage** untersucht.

Ein Finanzinstrument ist auf der Aktivseite nach IFRS 9.3.1.1 anzusetzen, auch wenn der erwartete Nutzenzufluss aus einer **finanziellen** aufschiebend bedingten Zuwendungszusage ***nicht* wahrscheinlich** ist. Rückstellungen können hingegen gemäß IAS 37.14 aus der Zuwendung heraus noch nicht passiviert werden, da ein Nutzenabfluss ebenfalls *nicht wahrscheinlich* sein kann. So entstünde eine einseitige Vermögensmehrung bei der NPO, die ertragswirksam zu erfassen wäre. Eine solch unterschiedliche Ansatzkonzeption resultiert aus den unterschiedlichen konzeptionellen Grundlagen der Standards bzgl. der Trennung von gegenwärtigen sowie nicht gegenwärtigen bedingten Rechten und Verpflichtungen. Der Ansatz von Vermögenswerten und Schulden bzgl. dieser Problematik wird zurzeit im Rahmen des Liabilities-Projektes behandelt.[801] Da hier Standards für einen besonderen Geschäftsvorfall von NPOs zusammen anzuwenden sind, die auf unterschiedlichen konzeptionellen Grundlagen basieren, entsteht aus der Anwendung der verschiedenen IFRS heraus ein Accounting Mismatch. Dieser Accounting Mismatch führt zu einer Regelungslücke, da Regelungen parallel anzuwenden sind, die gewinnorientierte Unternehmen üblicherweise nicht zusammen anwenden und daher die Besonderheiten des Sachverhaltes bei der Erstellung der konkreten IFRS-Normen nicht ausdrücklich mitgeregelt wurden. Da im Conceptual Framework die allgemeinen Ansatzkriterien einen Ansatz ab einem wahrscheinlichen Nutzenzufluss vorsehen (CF.4.38), sollte eine solche **Aktivierungsgrenze** auch im Fall aufschiebend bedingter Zuwendungszusagen verwendet werden.[802] Da IFRS 9 auch einen Ansatz eines nicht wahrscheinlichen Nutzenzuflusses zulässt, werden die Ansatzanforderungen von finanziellen aufschiebend bedingten Zuwendungszusagen durch die allgemeinen Ansatzkriterien erhöht. Die Ansatzkriterien des IAS 37 entsprechen bereits den allgemeinen Ansatzkriterien des Conceptual Framework und für die Passivseite resultieren daher keine Veränderungen.

Bei einem **wahrscheinlichen** Nutzenzufluss sind die finanziellen Zusagen entsprechend IFRS 9 i. V. m. IAS 39 anzusetzen und zu bewerten. Auch Verpflichtungen aus den bedingt versprochenen Zuwendungen sind ab einem wahrscheinlichen Nutzenabfluss nach IAS 37 zu passivieren. Die Folgebewertung zu *fortgeführten Anschaffungskosten* ist wie bei einfachen finanziellen Zuwendungszusagen durchzuführen. Wird die finanzielle aufschiebend bedingte Zuwendungszusage hingegen mit dem *Fair Value folgebewertet*, so sind die Wertänderungen gemäß IFRS 9.5.7.1 erfolgswirksam zu erfassen. Wertsteigerungen sind auch hier wirtschaftlich betrachtet Bestandteil der Zuwendungszusage. Wie auch bei der Effektivzinsmethode können hier keine Erträge aus der Überlas-

---

801 Vgl. IASB, ED IAS 37, Rn. BC7-BC18 und BC48; BAETGE, J./KIRSCH, H.-J./THIELE, S., Bilanzen, S. 457; WÜNSCHE, B., Verbindlichkeitsrückstellungen, S. 126; ERDMANN, M.-K./WÜNSCH, M./ULF, M., Auswirkungen ED IAS 37, S. 393; FLADT, G./FEIGE, P., Änderungsvorschläge zu IAS 37, S. 276.

802 Siehe Abschn. 421.12 und 421.22.

sung von Kapital realisiert werden.[803] Es liegt keine Leistungs-Gegenleistungsbeziehung vor, auf die diese Regelungen aber abstellen. Daher besteht für die Ertragsrealisation eine Regelungslücke. Wurde eine entsprechende Rückstellung erfolgsneutral passiviert, so resultieren die Werterhöhungen der Rückstellung aus den Werterhöhungen der Zuwendung. Wie im Zugangszeitpunkt erhöhen sich demnach Zuwendungen und Rückstellungen in gleicher Höhe. Wertsteigerungen sollten daher erfolgsneutral erfasst werden. Wertminderungen auf die bedingten Zuwendungszusagen sind dann eine Art Stornierung der Zusage in der Höhe der Wertminderungsdifferenz. Die Zusage und die Rückstellung vermindern sich in gleicher Höhe. Die Wertminderungen sollten ebenfalls erfolgsneutral erfasst werden.[804]

Im Regelfall wird die finanzielle aufschiebend bedingte Zuwendungszusage durch die konkrete Zuwendung erfüllt. Damit erlischt das Recht, die Zusage ist aus- und Zahlungsmittel sind einzubuchen.[805] Jedoch können bei der Aus- und Einbuchung Differenzen zwischen dem Wert des Rechts, der z. B. Schätzungen bzgl. der Zuwendungshöhe enthalten kann, und dem erhaltenen Geldbetrag bestehen. Diese Differenzen sind gemäß IFRS 9.3.2.12 im Gewinn oder Verlust zu erfassen. Die finanzielle aufschiebend bedingte Zuwendungszusage wurde indes nicht erfolgswirksam aufgrund der fehlenden Leistungs-Gegenleistungsbeziehung erfasst. Die Konsequenzen dieser Regelungslücke im Zugangszeitpunkt führen auch zu einer Regelungslücke für entsprechende Regelungen im Rahmen der Ausbuchung. Daher sollte eine „Wertsteigerung" von der finanziellen aufschiebend bedingten Zuwendungszusage auf die Zuwendung erfolgsneutral gebucht werden. Die Differenz zwischen Zusage und Zuwendung ist dann eine Wertminderung der Zusage auf den geringeren Zuwendungswert und daher erfolgsneutral gegen die entsprechenden Rückstellungen auszubuchen.[806]

Materielle aufschiebend bedingte Zuwendungszusagen fallen in keinen Anwendungsbereich eines Standards und eine Regelungslücke liegt für den gesamten Sachverhalt vor.[807] Diese Regelungslücke sollte angelehnt an die Bilanzierung von finanziellen aufschiebend bedingten Zuwendungszusagen ausgefüllt werden, wie auch schon im Fall einer einfachen materiellen Zuwendungszusage, da ähnliche Sachverhalte auch ähnlich bilanziert werden sollten.[808] Somit sind materielle aufschiebend bedingte Zuwendungszusagen ab einem wahrscheinlichen Nutzenzufluss anzusetzen und wie finanzielle aufschiebend bedingte Zuwendungszusagen an veränderte Schätzungen an den Stichtagen anzupassen sowie aufzuzinsen.

Angaben zu Eventualforderungen aus materiellen aufschiebend bedingten Zuwendungszusagen sind zwar gemäß IAS 37.89 erforderlich, indes sind sie inhaltlich in den Angaben, die zur Bewertung von aktivierten materiellen aufschiebend bedingten Zuwendungszusagen anzugeben sind, enthalten.

---

803 Siehe dazu Abschn. 513.141.
804 Siehe dazu Abschn. 423.4.
805 Vgl. Ernst & Young, International GAAP, S. 3221.
806 Siehe dazu auch Abschn. 423.2.
807 Siehe Abschn. 513.221.2.
808 Siehe Abschn. 513.221.2.

Dies resultiert daraus, dass die unbedingten Rechte aus einer solchen bedingten Zusage ab einem wahrscheinlichen Nutzenzufluss aktiviert werden sollten und Angaben zu Eventualforderungen (also den bedingten Rechten) ebenfalls ab einem wahrscheinlichen Nutzenzufluss nach IAS 37.89 gefordert sind. Da die Bewertung der unbedingten Rechte auf dem Nutzenzufluss aus den bedingten Rechten beruht und Informationen zu dieser Bewertung im Anhang anzugeben sind, bestehen wesentliche Überschneidungen der Angaben.

Zusammenfassend basiert die Bilanzierung von aufschiebend bedingten Zuwendungszusagen auf vielfältigen Regelungslücken von Ansatz bis Ertragsrealisation. Aufschiebend bedingte Zuwendungszusagen sollten, unabhängig davon, ob sie finanzieller oder materieller Natur sind, erst ab einem wahrscheinlichen Nutzenabfluss angesetzt werden. Der Zugang sowie die Folgebewertung sollten im Wesentlichen erfolgsneutral abgebildet werden. Des Weiteren vereinen die aufschiebend bedingten Zuwendungszusagen auch die Problembereiche der zuvor erläuterten einfacheren Zusagen.

Aus Verfügungen von Todes wegen können hingegen keine Rechte und Pflichten vor Eintritt des Todesfalls abgleitet werden, und sie sind bis dahin nicht anzusetzen.

513.23 Bilanzierung vor Bedingungseintritt übergebener Zuwendungen

Eine versprochene Zuwendung kann bei oder nach dem Vertragsschluss, aber bereits vor Eintritt des der Bedingung zugrunde liegenden Ereignisses, zugewendet werden.[809] Die Zuwendung kann auch in einem solchen Fall finanzieller oder materieller Natur sein und durch die noch eintretende Bedingung in ihrer Verwendung frei oder eingeschränkt sein (siehe Abbildung 5-9). Zum Beispiel kann ein Gebäude der NPO unter der Bedingung zugesagt werden, dass die NPO eine Zulassung für einen Schulbetrieb in dem Gebäude durch die zuständige Behörde bekommt. Das Schulgebäude wird dann bereits vor der Zulassung der NPO übergeben, damit diese z. B. bereits Vorbereitungen treffen kann. Wird eine Zuwendung bereits vor Bedingungseintritt übergeben, so kann sie bei einem Bedingungseintritt zuungunsten der NPO zurückzugewähren sein. Fälle, bei denen ein solches Szenario wahrscheinlich ist, werden in Abschnitt 514 im Rahmen der Rückforderungsmöglichkeiten der Zuwender ausführlicher analysiert. In diesem Abschnitt wird daher nur in eingeschränktem Maße auf eine mögliche Rückgabe bei negativem Bedingungseintritt eingegangen.

[809] Siehe dazu auch Abschn. 222.

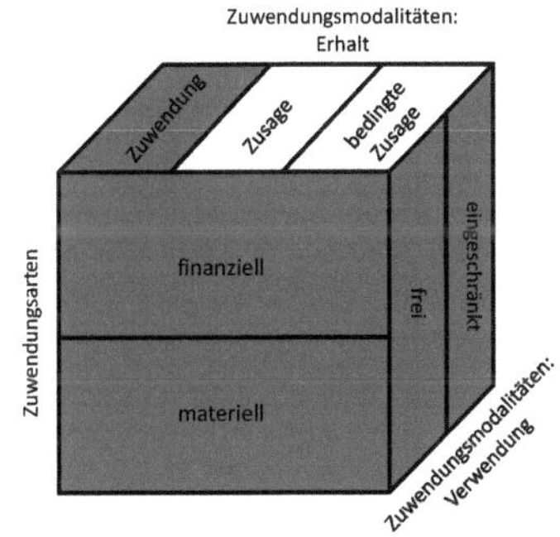

Abbildung 5-9: Vor Bedingungseintritt übergebene finanzielle und materielle Zuwendungen

Zunächst wird die Bilanzierung der Aktiva aus einer vor Bedingungseintritt übergebenen Zuwendung analysiert.

Fraglich ist, ob der NPO im Fall einer bedingten Übergabe bereits ein **Vermögenswert** i. S. d. CF.4.4 (a) zugegangen ist. Im Fall der Übergabe von finanziellen und materiellen Mitteln handelt es sich um Ressourcen, die aufgrund von *Ereignissen der Vergangenheit* (dem Vertragsschluss) der NPO übergeben wurden. Es ist auch davon auszugehen, dass die NPO erwartet aus den übergebenen Ressourcen *Nutzenzufluss* zu erhalten.

Entscheidend ist hier allerdings, ob die NPO bereits *Verfügungsmacht* über die Ressource erhalten hat.[810] Rechtlicher Eigentümer bleibt bis zum Bedingungseintritt der Zuwender.[811] Zwischenverfügungen über den der aufschiebenden Bedingung unterliegenden Gegenstand durch den Zuwender sind gemäß § 161 Abs. 1 BGB im Fall des Bedingungseintritts zugunsten der NPO unwirksam. Verfügungen sind Übertragungen, Inhaltsänderungen, Belastungen sowie Aufhebung des Rechts am Gegenstand.[812] Wenn der Zuwender während der Schwebezeit das von der Bedingung abhängige Recht durch sein Verschulden vereitelt oder beeinträchtigt, ist die NPO zu Schadensersatz berechtigt (§ 160 Abs. 1 BGB). Die NPO darf ihr Recht auf den Gegenstand bei Bedingungseintritt bereits veräußern, wenn z. B. das Gebäude bereits vor Bedingungseintritt übergeben wurde. Der aus der

---

810 Ausführlicher zur bilanziellen Zurechnung aufgrund des Control-Prinzips und des Risk-and-Reward-Ansatzes vgl. KLAHOLZ, E., Dienstleistungskonzessionsvereinbarungen, S. 41-53. Die Kriterien für Leasinggegenstände sind hier nicht anzuwenden, da kein Leasinggegenstand i. S. d. IAS 17 vorliegt. Gemäß IAS 17.4 ist ein Leasingverhältnis eine Vereinbarung, bei der der Leasinggeber dem Leasingnehmer gegen ein- oder mehrmalige Zahlungen das Recht auf Nutzung eines Vermögenswertes für einen bestimmten Zeitraum überträgt.

811 Vgl. RÖVEKAMP, K., in: Bamberger/Roth BGB, 2. Aufl., § 161, Rn. 1.

812 Vgl. RÖVEKAMP, K., in: Bamberger/Roth BGB, 2. Aufl., § 161, Rn. 3.

Bedingung Berechtigte ist aber noch in der Verfügung beschränkt.[813] Darüber hinaus kann die NPO z. B. das Gebäude nutzen und aus ihm Nutzen ziehen, wie z. B. vermieten. Inwiefern die NPO die übergebene Ressource verändern darf, ist, wie bei den anderen Vertragsinhalten auch, vom konkreten Vertrag abhängig. Das Gebäude ist zurückzugewähren, wenn die Bedingung zuungunsten der NPO eintritt, deshalb sind die Rechte der NPO an der Ressource eingeschränkt. Fällt die vereinbarte Bedingung aus, so ist die Übergabe rückzuabwickeln. Ist der übergebene Gegenstand zwischenzeitlich untergegangen, so hat der Zuwender einen Schadens- oder Wertersatzanspruch gegen die NPO.[814] Die NPO ist Trägerin des wesentlichen Nutzenpotenzials und hat bei Bedingungseintritt zu ihren Ungunsten das Gebäude zurückzugewähren. Die NPO ist somit wirtschaftliche Eigentümerin.[815] Zusammenfassend geht der NPO durch die bedingte Übergabe im Regelfall ein Vermögenswert zu.[816]

Für die Bilanzierung des Vermögenswertes sind die entsprechenden Definitionskriterien zu prüfen. Ansatz und Bewertung entsprechen im Wesentlichen der in den Abschnitten zur einfachen finanziellen und materiellen Zuwendung entwickelten Bilanzierung. Der Vermögenswert sollte demnach zum Fair Value aktiviert und erfolgsneutral im Zugangszeitpunkt erfasst werden.[817] Bei der **Bewertung** des zugewendeten Vermögenswertes ist indes im Einzelfall zu beachten, inwiefern eine mögliche Rückgabeverpflichtung bei negativem Bedingungseintritt eine wertbestimmende Eigenschaft aus Sicht der Marktteilnehmer ist und daher den Wert der zugewendeten Ressourcen mindert (IFRS 13.11 (b)): Verbleibt das Risiko des negativen Bedingungseintritts bei einer potenziellen Veräußerung bei der NPO, wäre es nicht wertbestimmend und der Wert der Ressource entspricht dem im Fall einer Übergabe ohne noch ausstehenden Bedingungseintritt.[818]

---

813 Vgl. WESTERMANN, H. P., in: Münchener Komm. BGB, Bd. 1, 5. Aufl., § 161, Rn. 7.

814 Vgl. ausführlicher zu den Ansprüchen im Fall des Eigentumsvorbehaltes SCHULTE-NÖLKE, H., in: Schulze u. a. BGB, 7. Aufl., § 929, Rn. 33-69. Klassisches Beispiel für eine bedingte Übergabe bei einem entgeltlichen Rechtsgeschäft ist der Eigentumsvorbehaltskauf (§ 449 BGB): Der Verkäufer hat die Sache bereits unter der Bedingung der vollständige Kaufpreiszahlung an den Käufer übergeben. Die Rechtsposition des Käufers ist gegen Zwischenverfügungen des Verkäufers gegenüber dem Käufer gesichert (§ 161 BGB). Vgl. BORK, R., in: Staudingers BGB-Komm., Buch 1, Vorbemerkungen zu §§ 158-163, Rn. 58. Sachenrechtlich befindet sich das Kaufgeschäft in der Schwebe, da die vollständige Eigentumsübergabe an die aufschiebende Bedingung der vollständigen Kaufpreiszahlung gebunden ist. Vgl. UNKELBACH, P., Wirtschaftliches Eigentum, S. 61. Die IFRS stellen nicht auf die rechtliche Gestaltung des Sachverhaltes ab, sondern auf die wirtschaftliche. Für die Umsatzrealisation wird auf den Übergang der maßgeblichen Risiken und Chancen abgestellt. Rückgabe- und Rückforderungsrechte hindern nach IFRS nicht die Umsatzrealisation, wenn die wesentlichen Chancen und Risiken übergegangen sind. IAS 18.17 beschreibt in diesem Zusammenhang das Zurückbehalten des rechtlichen Eigentums als unwesentliches Risiko. Die Immobilie ist im Fall des Eigentumsvorbehalts beim Käufer zu aktivieren. Vgl. ADLER, H./DÜRING, W./SCHMALTZ, K., HGB, 6. Aufl., § 246, Rn. 267.

815 Vgl. zur Aktivierung beim Käufer im Fall des Eigentumsvorbehalts ADLER, H./DÜRING, W./SCHMALTZ, K., HGB, 6. Aufl., § 246, Rn. 267.

816 Vgl. FASB, SFAS 116, Tz. 22.

817 Siehe Abschn. 512.

818 Wie im Beispiel des zweckgebundenen Grundstücks, bei dem die Zweckbindung bei einer Veräußerung nicht mit übergehen würde (IFRS 13.IE29 (a)). Siehe dazu ausführlicher Abschn. 312.22.

Auf die Analyse der Bilanzierung der Aktiva aus einer vor Bedingungseintritt übergebenen Zuwendung folgend, wird die Bilanzierung der entsprechenden **Passiva** untersucht. Die Rückstellung ist mit dem wahrscheinlichsten Wert als bestmöglichem Schätzer zu bewerten (IAS 37.40). Ist das wahrscheinlichste Szenario, dass die Ressourcen bei der NPO verbleiben, so besteht ein wahrscheinlicher Nutzenabfluss für die bereits erläuterte gegenwärtige *faktische Verpflichtung*, die Mittel für die Zwecke der NPO aufzuwenden.[819] Die faktische Verpflichtung gemäß IAS 37 besteht unabhängig davon, ob die zugewendeten Mittel finanzieller oder materieller Natur sind.[820]

In dem besonderen Fall, dass die NPO Einfluss auf den Bedingungseintritt hat, bindet die Bedingung wirtschaftlich betrachtet die NPO an ein bestimmtes Verhalten. In einem solchen Fall gleicht sich die Bilanzierung einer bereits vor Bedingungseintritt und einer unter Auflage übergebenen Zuwendung. Zuwendungen unter Auflagen werden im hierauf folgenden Abschnitt 513.3 analysiert.

Zusammenfassend gehen auch bei einer vor Bedingungseintritt übergebenen Zuwendung mit einem wahrscheinlichen Bedingungseintritt Vermögenswerte und Schulden in gleicher Höhe zu. Ein Ertrag sollte im Zugangszeitpunkt, wie bei den anderen Sachverhalten bisher auch, nicht realisiert werden. Fraglich ist allerdings, ob Erträge aus der Zuwendung bereits *vor* Bedingungseintritt realisiert werden können bzw. sollten.

Der Wertverlust eines Gebäudes für die NPO **zwischen Übergabe und Bedingungseintritt** wird anhand der Abschreibungen sichtbar. Handelt es sich also um einen abnutzbaren Vermögenswert, so führt dieser bereits vor Bedingungseintritt zu aufwandswirksamen Abschreibungen. Durch eine solche Mittelverwendung werden Verpflichtungen zur Mittelverwendung erfüllt und in Höhe der Abschreibungen Erträge realisiert. Zahlungsmittel hingegen verursachen z. B. keinen vergleichbaren Aufwand durch Wertverlust, stiften indes trotzdem Nutzen während ihrer Überlassung, da sie in der Zwischenzeit verzinst werden. Diese, zur Zuwendung zusätzlichen Zinsen können für die Zwecke der NPO genutzt werden. Eine solche Mittelverwendung des vereinnahmten Zinsbetrages ist dann ebenfalls aufwandswirksam. In Höhe der Mittelverwendung werden ebenfalls Verpflichtungen erfüllt und die entsprechenden Rückstellungen werden ertragswirksam verbraucht. Somit ist letztlich in beiden Fällen der Nutzen aus der zwischenzeitlichen Überlassung der Ressourcen aufwands- und in gleicher Höhe ertragswirksam. Die Mittel sollen der NPO bereits vor Bedingungseintritt Nutzen stiften. Der Verbrauch dieser Mittel wird z. B. durch die Abschreibungen somit sachgerecht widergespiegelt.

Die Aktiva und Passiva sind **zusammenfassend** wie bei einer einfachen Zuwendung zu bilanzieren. Bezüglich der Anwendung spezieller IFRS-Normen sind demnach auch die gleichen Problemstellungen wie bei den einfachen Zuwendungen zu beachten.

[819] Siehe Abschn. 513.223.

[820] Siehe dazu Abschn. 512.12 und 512.22.

513.3 Bilanzierung von Zuwendungen mit Auflagen

513.31 Finanzielle Zuwendungen mit Auflagen

Wird eine **Zuwendung mit Auflagen** (Verwendungsbeschränkungen) zugewendet (siehe Abbildung 5-10), so geht, ebenso wie bei Zuwendungen unter Bedingungen, ein **Vermögenswert** zu.[821] Ein Beispiel für eine **finanzielle** Zuwendung mit einer Auflage ist, dass Zahlungsmittel unter der Auflage damit eine Schule zu bauen zugewendet werden.

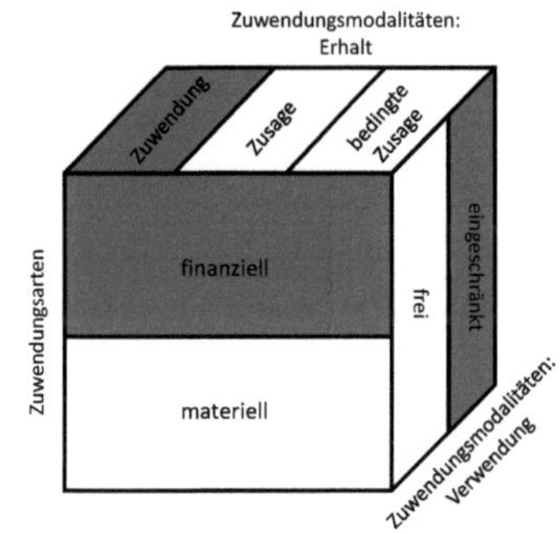

Abbildung 5-10: Finanzielle Zuwendungen mit Auflagen

Fraglich ist hier, ob die Verwendungsbeschränkungen der Auflage sich auf den **Wert** der zugewendeten Ressource auswirken. Dies ist dann der Fall, wenn die Einschränkungen Eigenschaften des Vermögenswertes sind und daher Einfluss auf den Nutzenzufluss aus Sicht eines Marktteilnehmers haben (IFRS 13.11 (b)). Es handelt sich dann um spezifische Eigenschaften des Vermögenswertes, wenn sämtliche Marktteilnehmer den Einschränkungen bzgl. der Nutzung oder Veräußerung unterliegen und sie diese Einschränkungen bei der Preisfindung für den Vermögenswert berücksichtigen würden (IFRS 13.12). Die Auflage auf Zahlungsmittel, wie z. B. der Bau einer Schule, wird bei Ausgabe der Zahlungsmittel nicht mit an andere Marktteilnehmer übergehen. Daher sind die Zahlungsmittel zum Nominalwert anzusetzen.

Zu prüfen ist ferner, wie sich die Verwendungsbeschränkungen auf die Bilanzierung der **Passiva** auswirken. Im Fall einer Schenkung unter Auflage kann die Auflagenerfüllung eingeklagt werden.[822] Von einer möglichen Rückforderung soll hier zunächst abgesehen werden.[823]

821 Siehe zur Prüfung der Verfügungsmacht im Fall einer Zuwendung unter Auflage Abschn. 513.3.
822 Siehe Abschn. 222.2.
823 Siehe dazu Abschn. 514.

Die Auflage bestimmt die Mittel aus der Zuwendung für einen konkreten Zweck zu verwenden. Fraglich ist hier, ob es sich dabei um einen anders zu bilanzierenden Fall als den einer einfachen Zuwendung handelt. Bei einer einfachen Zuwendung besteht eine faktische Verpflichtung, die Mittel für die Zwecke der NPO zu verwenden. Bei einer Schenkung unter Auflage könnte dagegen eine rechtliche Verpflichtung entstanden sein. Eine **rechtliche Verpflichtung** kann gemäß IAS 37.10 aus einem Vertrag entstehen. Der Vertrag könnte hier der Schenkungsvertrag sein. Der Schenkungsvertrag hat die Nebenabrede der Auflage und die Auflage ist damit Vertragsbestandteil geworden.[824] Somit liegt eine rechtliche Verpflichtung zur Mittelverwendung vor. Die Verpflichtung resultiert aus dem vergangenen Ereignis des Schenkungsvertrages und ist aufgrund der rechtlichen Wirksamkeit gegenwärtig. Es liegt demnach entsprechend den Definitionskriterien eine Schuld vor.

Da es sich bei Zahlungsmitteln um finanzielle Vermögenswerte handelt und ein Vertrag im Rahmen der Schenkung geschlossen wurde, könnte IFRS 9 i. V. m. IAS 39 für finanzielle Verbindlichkeiten einschlägig sein.[825] Eine finanzielle Verbindlichkeit umfasst gemäß IAS 32.11 vertragliche Verpflichtungen einer anderen Partei finanzielle Vermögenswerte zu liefern. Es handelt sich bei der finanziellen Zuwendung unter Auflage zwar um eine vertragliche Vereinbarung, jedoch ist die NPO nicht konkret zur Lieferung finanzieller Vermögenswerte verpflichtet. Vielmehr wird sie zur Aufwendung der Mittel in einer bestimmten Verwendungsrichtung verpflichtet. Zwar impliziert eine Mittelverwendung die Ausgabe und damit die Lieferung der finanziellen Mittel an eine andere Partei. Aber nicht die finanziellen Mittel, sondern der damit zu erfüllende Zweck ist Kern der vertraglichen Vereinbarung. Aus diesem Grund greift auch nicht die Ausnahme für Verträge über nicht finanzielle Vermögenswerte des IFRS 9, die gilt, wenn der Vertrag i. d. R. in bar oder durch andere Finanzinstrumente ausgeglichen werden kann (IAS 36.5-7, IFRS 9.3.1.1).[826] Eine Haftungsklage wird z. B. auch in finanziellen Mitteln zu begleichen sein,[827] aber nach IAS 37 als Rückstellung und nicht nach IFRS 9 bilanziert. Somit fällt die vertragliche Verpflichtung zur Mittelaufwendung nicht in den Anwendungsbereich des IFRS 9 i. V. m. IAS 39 und daher ist IAS 37 einschlägig (IAS 37.1).

Die entsprechende Rückstellung sollte, um sie von den freien Zuwendungen zu unterscheiden, aussagekräftig als „Rückstellung aus gebundenen Zuwendungen" ausgewiesen werden, sofern von einer wahrscheinlichen Erfüllung der Auflage ausgegangen wird. Beispielhaft wird im Folgenden eine Zuwendung von Zahlungsmitteln unter Auflagen (z. B. damit eine Schule zu bauen) i. H. v. 100 GE abgebildet:

Zahlungsmittel	100	an	Rückstellungen aus gebundenen Zuwendungen	100

824 Siehe dazu Abschn. 421.212.1.
825 Siehe dazu Abschn. 513.23.
826 Vgl. BARCKOW, A., in: Baetge u. a., Rechnungslegung nach IFRS, 2. Aufl., IAS 39, Rn. 113.
827 Wie in IAS 37.IG Beispiel 10.

513.32 Materielle Zuwendungen mit Auflagen

Auch **materielle Zuwendungen** können mit **Auflagen** (Verwendungsbeschränkungen) versehen werden (siehe Abbildung 5-11). Ein Beispiel für eine materielle Zuwendung mit einer Auflag ist, dass ein der NPO zugewendetes Grundstück dauerhaft als Spielplatz zu verwenden ist.

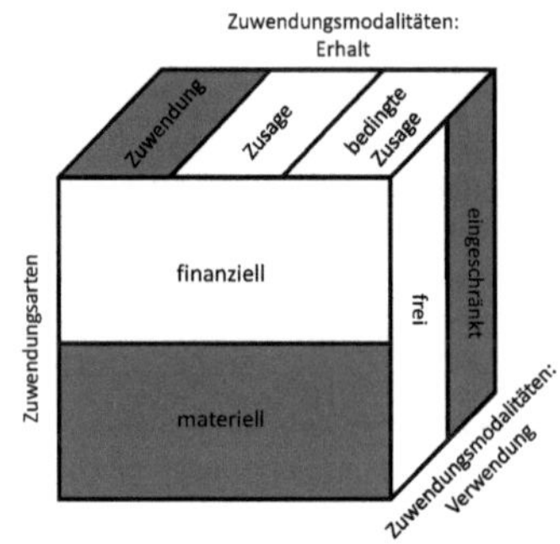

Abbildung 5-11: Materielle Zuwendungen mit Auflagen

Auch im Fall einer Zuwendung unter Auflage geht der NPO ein **Vermögenswert** zu,[828] der mit dem Fair Value bewertet werden sollte. Fraglich ist hier, ob die Verwendungsbeschränkungen der Auflage sich auf den Wert der zugewendeten materiellen Ressource auswirken. In IFRS 13.IE29 (a) ist ein Beispiel zu materiellen Vermögenswerten mit Einschränkungen enthalten, das sich auf den Fall einer NPO bezieht: Wenn ein Spender ein Grundstück einer NPO mit der Verwendungsbeschränkung zuwendet, dass das Grundstück durch die NPO dauerhaft als Spielplatz zu verwenden ist, die Verwendungsbeschränkung rechtlich aber nur auf die NPO selbst zutrifft sowie keine Verkaufsbeschränkungen bestehen, dann würden die Verwendungsbeschränkungen bei einem Verkauf nicht mit dem Grundstück auf einen Käufer übergehen.[829] Im Regelfall wird bei Auflagen auf Zuwendungen nicht davon auszugehen sein, dass sie bei einer Veräußerung mit auf den Käufer übergehen. Daher wird die Zuwendung dann wie eine einfache Zuwendung zu bewerten sein.

Die Verwendungsbeschränkungen der Zuwendung führen, wie bereits für finanzielle Zuwendungen unter Auflagen festgestellt, zu einer rechtlichen Mittelverwendungsverpflichtung. Auch im Fall einer materiellen Zuwendung unter Auflage sollte die entsprechende Rückstellung als „Rückstellung aus gebundenen Zuwendungen“ ausgewiesen werden, sofern von einer wahrscheinlichen Er-

[828] Siehe zur Prüfung der Verfügungsmacht im Fall einer Zuwendung unter Auflage Abschn. 513.3.

[829] Siehe Abschn. 312.22. Vgl. dazu auch KIRSCH, H.-J./KÖHLING, K./DETTENRIEDER, D., in: Baetge u. a., Rechnungslegung nach IFRS, 2. Aufl., IFRS 13, Rn. 19.

füllung der Auflage ausgegangen wird. Beispielhaft wird im Folgenden ein unter Auflagen zugewendetes Gebäude mit einem Fair Value i. H. v. 100 GE gezeigt.

Gebäude	100	an	Rückstellungen aus gebundenen Zuwendungen	100

Bei der anschließenden Auflagenerfüllung sind verschiedene Fälle zu unterscheiden. Zum einen kann die Auflagenerfüllung der Mittelverwendung für die Zwecke der NPO entsprechen und zum anderen kann eine Auflage „schneller" erfüllt werden als die Mittelverwendung für die Zwecke der NPO.

Wird es längerfristig dauern, die Auflage zu erfüllen und **stimmt** die Nutzungsdauer des Vermögenswertes mit der Dauer der Auflagenerfüllung **überein** (z. B. bei einer Auflage, ein Gebäude durch die NPO selbst zu nutzen), so sollten die entsprechenden Rückstellungen, ebenfalls wie aufschiebend bedingt übergebene Vermögenswerte, zum Wert der Zuwendung bilanziert werden. Die Vermögenswerte werden durch die Auflagenerfüllung verbraucht und in gleicher Höhe wird die Verpflichtung aus der Auflage zur Mittelverwendung erfüllt. Die Nutzungsdauer des beispielhaft zugewendeten Gebäudes beträgt annahmegemäß 50 Jahre (Abschreibungen: 100 GE / 50 Jahre = 2 GE). Die Auflage ist, das Gebäude für die Zwecke der NPO zu verwenden.

Abschreibungen	2	an	Gebäude	2
Rückstellungen aus gebundenen Zuwendungen	2	an	Ertrag aus Verwendung gebundener Zuwendungen	2

Wird eine Auflage **schneller** erfüllt, als die Mittel verwendet werden, so ist zum einen die „Rückstellung aus gebundenen Zuwendungen" entsprechend der Auflagenerfüllung zu vermindern. Zum anderen sind die noch bei der NPO verbliebenen Mittel als Verpflichtung aus freien Zuwendungen auszuweisen. Dies wird im Folgenden anhand eines Beispiels erläutert. Ein Gebäude (100 GE) wird zugewendet und ist fünf Jahre für die Zwecke der NPO zu nutzen. Anschließend kann es nach dem freien Ermessen der NPO verwendet werden. Es wird eine Nutzungsdauer des Gebäudes von 50 Jahren angenommen. In einem solchen Fall vermindert sich die Verpflichtung das Gebäude für die Zwecke der NPO zu verwenden schneller, als die Immobilie sich abnutzt (Tabelle 5-4).

Auflagenerfüllung: 100 GE / 5 Jahre		20 GE
Abschreibung des Gebäudes / Verwendung für die Zwecke der NPO: 100 GE / 50 Jahre	–	2 GE
Mittel, die von ihren Auflagen befreit und noch für die Zwecke der NPO zu verwenden sind	=	18 GE

Tabelle 5-4: Nach der Auflagenerfüllung noch für die Zwecke der NPO zu verwendende Mittel

Die „Rückstellung aus gebundenen Zuwendungen" ist entsprechend der Auflagenerfüllung zu vermindern (20 GE). Im Anschluss an die zeitliche Auflage sind die Mittel frei für die Zwecke der

NPO zu verwenden. Das Gebäude könnte dann verkauft und die Mittel für die Zwecke der NPO verbraucht werden. Das Gebäude kann hingegen auch im Besitz der NPO verbleiben, dann wären die Mittel noch nicht vollständig für die Zwecke der NPO verbraucht. Sie wären noch im Gebäude gebunden und daher, wie die anderen Zuwendungen ohne Auflagen, in den „Rückstellungen für Zuwendungen in der langfristigen Eigennutzung“ auszuweisen.[830] Das Beispiel wird in Tabelle 5-5 gezeigt.

Stichtag	Buchwert Gebäude	Abschreibungen Gebäude	Erfüllung der Verpflichtung aus der Auflage	Rückstellung aus gebundenen Zuwendungen	nach der Auflagenerfüllung noch für die Zwecke der NPO zu verwenden	Rückstellung für Zuwendungen in der langfristigen Eigennutzung	Summe der zwei Rückstellungen
	(a)	(b)	(c)	(d)	(e) = (c) – (b)	(f)	(g) = (d) + (f)
01.01.20X0	100			100			100
31.12.20X0	98	2	20	80	18	18	98
31.12.20X1	96	2	20	60	18	36	96
31.12.20X2	94	2	20	40	18	54	94
31.12.20X3	92	2	20	20	18	72	92
31.12.20X4	90	2	20	0	18	90	90
Summe		10	100				

Tabelle 5-5: Erfüllung der Auflage im Gegensatz zur Erfüllung der Verpflichtung zur Mittelverwendung

Abschreibungen	2	an	Gebäude	2
Rückstellungen aus gebundenen Zuwendungen	20	an	Ertrag aus Verwendung gebundener Rückstellungen	2
			Rückstellungen für Zuwendungen in der langfristigen Eigennutzung	18

Fordert ein Zuwender rechtlich die **Erfüllung der Auflage** ein, so ändert sich nichts an der „Rückstellung aus gebundenen Zuwendungen“. Der aufzuwendende Betrag ist bereits zurückgestellt und die Erfüllung der Auflage wäre eine Mittelverwendung. Gegebenenfalls sind noch Rückstellungen für eine Prozessführung, die u. U. zu weiteren Aufwendungen führen, zu passivieren. Diese Rückstellungen würden Aufwendungen verursachen, die über die eigentliche Zuwendung hinausgehen. Daher sollten solche Rückstellungen „neu“ erfolgswirksam gebildet werden.[831]

830 Siehe Abschn. 423.3.
831 Siehe Abschn. 423.2.

514. Bilanzierung von Rückforderungsmöglichkeiten von Zuwendungen

514.1 Bilanzierung von Möglichkeiten der Nicht-Erfüllung einer Zuwendungszusage durch den Zuwender

In diesem Abschnitt wird auf die Bilanzierung von Möglichkeiten des Zuwenders eine Zusage nicht erfüllen zu müssen oder sie nach der Übergabe zurückzufordern eingegangen. Im ersten Fall sind die Auswirkungen auf den Wert der Vermögenswerte aus den *Zusagen*, im zweiten Fall sind die bilanziellen Auswirkungen auf die *Passivseite* zu untersuchen. Es soll für die Analyse auf die Bilanzierung aus den vorangegangenen Abschnitten zurückgegriffen werden, da Rückforderungsmöglichkeiten alle Dimensionen des Würfels aus Abbildung 1-1 betreffen.

Nach der **Zusage** eines Schenkungsversprechens und vor dessen Erfüllung kann ein Schenkungsversprechen bereits für die NPO nicht mehr durchsetzbar sein. Gemäß BGB kann dies z. B. aufgrund der Verarmung des Schenkers (§ 519 BGB) eintreten.[832]

Wurde bereits eine Forderung aufgrund einer Zuwendungszusage aktiviert, so wurde ebenfalls eine entsprechende Verpflichtung zur Mittelverwendung passiviert. Das „Ausfallrisiko" der Zusage ist eine wertbestimmende Eigenschaft der Forderung und aufgrund dessen in die Bewertung einzubeziehen.[833] Daher wurde ein mögliches Risiko bereits bei der Bewertung der Zuwendungszusage und damit bei der entsprechenden Rückstellung berücksichtigt.[834] In dem Fall, dass ein hohes „Ausfallrisiko" der Forderung besteht, ist der Nutzenzufluss aus der entsprechenden Forderung ggf. nicht mehr wahrscheinlich und sie ist auszubuchen. Wurden ein Vermögenswert und eine Schuld bilanziert, sollten sie erfolgsneutral gegeneinander ausgebucht werden.[835]

Wurde noch kein Vermögenswert aus dem Schenkungsversprechen aktiviert, so ergeben sich keinerlei bilanzielle Auswirkungen, da in diesem Fall auch noch keine Rückstellung passiviert wurde.

514.2 Bilanzierung von Rückforderungsmöglichkeiten des Zuwenders im Zugangszeitpunkt der Zuwendung

514.21 Gesetzliche Rückforderungsmöglichkeiten

514.211 Kurzfristige Rückgabe

Unter bereits zugegangene Zuwendungen fallen einfache Zuwendungen sowie Zuwendungen mit Auflagen und Übergaben vor Bedingungseintritt. Die Fälle von zugegangenen Zuwendungen sollen

[832] Einwendungen gegen die Rechtsverbindlichkeit von Zuwendungsverpflichtungen sowie Widerrufe und Rücktritte können auch auf Basis anderer Rechtsgrundlagen geltend gemacht werden. Mehr dazu in Abschn. 222.2.

[833] Siehe zur Bewertung Abschn. 312.2.

[834] Vgl. für den Einbezug des Risikos bei der Forderungsbewertung nach IFRS 13 SCHWAMBORN, M.-A./GEHRER, J./PFEIL, A., IFRS 9/IFRS 13, S. 428-430.

[835] Siehe dazu Abschn. 423.2.

zusammen untersucht werden, da Rückforderungsmöglichkeiten auf verschiedene Zuwendungsmodalitäten zutreffen können.

Rückforderungsmöglichkeiten der Zuwender können auf gesetzlichen oder vertraglichen Rechten basieren. Hier sollen zunächst mögliche **gesetzliche Rückgabeverpflichtungen** der NPO untersucht werden. Eingangs werden **kurzfristige** Rückgabeverpflichtungen der NPO analysiert. In der folgenden Analyse wird aufgrund der Unsicherheit von Rückforderungen, wie bei Prozessrisiken auch, zunächst von Rückstellungen ausgegangen. Ist dagegen sowohl die Fälligkeit als auch die Höhe der Verpflichtung sicher, so handelt es sich um Verbindlichkeiten, die als solche auch in der Bilanz auszuweisen sind (IAS 37.11).[836]

Fraglich ist zunächst, ob ein möglicher Rückgewährungszeitpunkt immer geschätzt werden kann. Sofern ein bestimmter **Zeitpunkt** nicht feststeht, ist er auf Basis von Erfahrungswerten aus der Vergangenheit zu schätzen. Liegt darüber hinaus auch kein Mindestzeitraum vor, in dem eine Inanspruchnahme aus der Rückstellung zunächst unwahrscheinlich ist, so muss das Unternehmen jederzeit mit einer Inanspruchnahme rechnen. Die Rückstellung ist dann als kurzfristig einzustufen.[837]

Nach IAS 37 muss der Nutzenabfluss mindestens **wahrscheinlich** sein, damit eine Rückstellung in der Bilanz zu passivieren ist. Liegt eine solche Mindestwahrscheinlichkeit für eine Rückforderung der Zuwendung vor, so ist eine „Rückstellung für zurückzugewährende Zuwendungen" anzusetzen. Dies gilt aufgrund der gesetzlichen Basis und daher des Anwendungsbereiches des IAS 37 sowohl für finanzielle als auch für materielle Zuwendungen.

Die Rückstellung ist mit der bestmöglichen Schätzung zu **bewerten** (IAS 37.36), wobei das wahrscheinlichste Ergebnis heranzuziehen ist (IAS 37.40). Die Rückstellung resultiert aus der Zuwendung. Ist mit hoher Wahrscheinlichkeit davon auszugehen, dass die Mittel zurückzugewähren sind, so ist dieses Ereignis als wahrscheinlichstes Ereignis zur Bewertung heranzuziehen.

Bei einem mindestens wahrscheinlichen und kurzfristigen Nutzenabfluss aus einer Rückgewährung der Mittel ist die Rückstellung demnach mit dem Wert der Zuwendung zu bewerten, wenn die vollständige Zuwendung zurückgefordert wird. Ist z. B. die Rückforderung knapp überwiegend wahrscheinlich (60 %) und des Weiteren die Verpflichtung zur Mittelaufwendung nicht unwahrscheinlich (40 %), so sind Anhangangaben für Eventualverbindlichkeiten für die Verpflichtung zur Mittelaufwendung gemäß IAS 37.28 erforderlich.[838]

---

836 Sofern es sich nicht um eine vertragliche finanzielle Verpflichtung des Anwendungsbereiches von IFRS 9 i. V. m. IAS 39 handelt, sind solche gesetzlichen Verbindlichkeiten nach IAS 37 zu bilanzieren. Vgl. BAETGE, J./KIRSCH, H.-J./THIELE, S., Bilanzen, S. 229.

837 Vgl. HAAS, S./DAVID, K./SKOWRONEK, T., Abzinsung von sonstigen Rückstellungen, S. 484-485.

838 Siehe zum Verhältnis der verschiedenen Verpflichtungen zueinander Abschn. 421.22.

Eine Unterscheidung in abnutzbare und nicht abnutzbare Zuwendungen ist hier nicht erforderlich, da eine kurzfristig zurückzugewährende Zuwendung keine wesentlichen aufwandswirksamen Abschreibungen verursacht. Die Abnutzung der zugewendeten Mittel vor Rückgewährung wird im nächsten Abschnitt im Zusammenhang mit langfristig zurückzugewährenden Zuwendungen behandelt.

Der Buchungssatz für den Ansatz einer wahrscheinlich zurückzugewährenden Zuwendung gleicht **bei Zugang** der Zuwendung dem Buchungssatz, bei dem die Zuwendung für die Zwecke der NPO verwendet werden soll (bis auf die Bezeichnung der Rückstellung). Beispielhaft wird der Zugang von Zahlungsmitteln i. H. v. 100 GE gezeigt.

Zahlungsmittel	100	an	Rückstellungen für zurückzugewährende Zuwendungen	100

Wurden die zugewendeten Ressourcen bereits **vorher als Forderung** inkl. entsprechender Rückstellung bilanziert, so sind die Forderung aus- und die Zahlungsmittel einzubuchen. Die Rückstellungen sind entsprechend Abschnitt 514.3 (Rückforderungen nach Übergabe der Zuwendung) zu buchen.

514.212 Langfristige Rückgabe

514.212.1 Finanzielle Zuwendungen

Anschließend an wahrscheinlich kurzfristig durch die NPO zurückzugewährende Zuwendungen, werden nun Rückforderungsmöglichkeiten der Zuwender mit einem **langfristigen** Zeithorizont untersucht. Zunächst wird auf finanzielle Zuwendungen in Form von Zahlungsmitteln eingegangen.

Bei einer wahrscheinlichen Rückgabeverpflichtung mit wesentlichem Zeithorizont sind verschiedene Fälle zu unterscheiden. Zum einen kann eine Zuwendung mit zwischenzeitlichen Wertsteigerungen wie Zinsen zurückzugewähren sein, dann ist der *künftige Wert* der Zuwendung für die Rückgabe entscheidend. Zum anderen können die zwischenzeitlichen Erträge auch zur freien Verfügung der NPO stehen, dann ist der *Zugangswert* der Zuwendung für die Rückgabe bestimmend.

Ist der **künftige Wert** der Zuwendung für die Rückgabe ausschlaggebend, sind die Zahlungsmittel zunächst zum Nominalwert anzusetzen. Die Verpflichtung zur Rückgabe ist mit dem diskontierten *Rückgabewert* der Zahlungsmittel zu passivieren. Der diskontierte Rückgabewert entspricht dem Wert der Zahlungsmittel im Zugangszeitpunkt als bestem Schätzer der Verpflichtung. Die Entwicklung der Zahlungsmittel und der entsprechenden Rückstellung wird in Tabelle 5-6 anhand eines Beispiels gezeigt. Grundlage des Beispiels ist eine Zuwendung i. H. v. 100 GE, die mit 3 % p. a. verzinst wird. Die Rückgabe wird in 3 Jahren erwartet.

Periode	Zahlungsmittel 01.01.20XX	Rückstellung für zurückzugewährende Zuwendungen 01.01.20XX	Aufzinsungsbetrag	Rückstellung für zurückzugewährende Zuwendungen 31.12.20XX	Zahlungsmittel 31.12.20XX
20X0	100	100	3	103	103
20X1	103	103	3	106	106
20X2	106	106	3	(–109) 0	(–109) 0

Tabelle 5-6: Entwicklung einer seit Übergabe inkl. Zinsen wahrscheinlich zurückzugewährenden finanziellen Zuwendung

Ist hingegen der **Zugangswert** für die Rückgabe entscheidend, können die Erträge zwischen Zugang und Rückgabe frei für die Zwecke der NPO verwendet werden. Auch hier ist die Rückgabeverpflichtung gemäß IAS 37.45 abzuzinsen. Es ist allerdings zu beachten, dass der Ausgangsbetrag für die Abzinsung verschieden ist. Unterscheiden sich dann der aktivierte Wert der Zahlungsmittel (100 GE) und der Wert der „Rückstellung für zurückzugewährende Zuwendungen" (100 GE diskontiert) im Zugangszeitpunkt der Zuwendung, so ist dies der Wert, den die NPO durch den Zuwender dadurch zur Verfügung gestellt bekommt, dass sie zwischenzeitlich bis zur Rückgabe mit den Mitteln wirtschaften kann.[839] Der Betrag, um den die zugewendete Ressource den Wert der „Rückstellung für zurückzugewährende Zuwendungen" überschreitet, steht der NPO zur freien Verfügung. Daher ist der Unterschiedsbetrag als „Rückstellung aus freien Zuwendungen" zu buchen. Wird in einem Beispiel der Ausgangsbetrag der Rückstellung, die zur Zuwendung i. H. v. 100 GE zu passivieren ist, mit einem Zinssatz i. H. v. 3 % p. a. abgezinst, ist der Barwert 91,51 GE. Die Differenz zwischen 100 GE und 91,51 GE ist i. H. v. 8,49 GE der Zeitwert des Geldes zwischen Zusage und Fälligkeit. Dieser Betrag (8,49 GE) sollte in die „Rückstellung aus freien Zuwendungen" gebucht werden.

Zahlungsmittel	100	an	Rückstellungen für zurückzugewährende Zuwendungen	91,51
			Rückstellungen aus freien Zuwendungen	8,49

In dem Fall, dass die NPO die Zuwendung nach 3 Jahren zurückgewähren muss, ergibt sich im Fall einer finanziellen Zuwendung der folgende bilanzielle Verlauf:

839 Siehe Abschn. 423.4.

Periode	Zahlungsmittel 01.01.20XX	Rückstellung für zurückzugewährende Zuwendungen 01.01.20XX	Rückstellung aus freien Zuwendungen 01.01.20XX	Aufzinsungsbetrag	Ertrag und Aufwand	Rückstellung aus freien Zuwendungen 31.12.20XX	Rückstellung für zurückzugewährende Zuwendungen 31.12.20XX	Zahlungsmittel 31.12.20XX
20X0	**100**	**91,51**	**8,49**	2,75	0	5,74	94,26	100
20X1	100	94,26	5,74	2,83	0	2,91	97,09	100
20X2	100	97,09	2,91	2,91	0	0	(–100) 0	(–100) 0

Tabelle 5-7: Entwicklung einer seit Übergabe ohne Zinsen wahrscheinlich zurückzugewährenden finanziellen Zuwendung

Die „Rückstellungen für zurückzugewährende Zuwendungen" sollten aus den „Rückstellungen aus freien Zuwendungen" heraus aufgezinst werden, da sich die Summe der Verpflichtungen, bezogen auf die (100 GE der) Zuwendung, im Zeitablauf nicht verändert. Daher sollte die „Rückstellung für zurückzugewährende Zuwendungen" auch nicht aufwandswirksam aufgezinst werden.[840] Die folgende Buchung ist beispielhaft für die erste Periode:

Rückstellungen aus freien Zuwendungen	2,75	an	Rückstellungen für zurückzugewährende Zuwendungen	2,75

Die Zahlungsmittel sollten bei Rückgewährung am 31.12.20X2 erfolgsneutral gegen die entsprechende Rückstellung ausgebucht werden, denn die Zwecke der NPO brauchen nicht mehr erfüllt werden.[841]

Rückstellungen für zurückzugewährenden Zuwendungen	100	an	Zahlungsmittel	100

Wurde hingegen der Bedingungseintritt auf einen zu frühen oder späten Zeitpunkt geschätzt, so handelt es sich um eine Schätzungsänderung i. S. d. IAS 8.5, da sich der Wert der entsprechenden Rückstellung aufgrund neuer Informationen und Ereignisse verändert hat. Die Schätzungsänderungen sind „am Buchwert" in der Periode zu erfassen, die die Änderung der Schätzung betreffen (IAS 8.36-37).[842] Die Schätzungsänderung betrifft die Reduzierung der einen und die Erhöhung der anderen Rückstellung. IAS 8.37 schreibt keine zwingende Erfolgswirksamkeit der Buchung vor. Tritt die Rückforderung, z. B. durch einen plötzlichen Bedingungseintritt, *früher* als erwartet ein, so sollte der entsprechende Vermögenswert in diesem Fall gegen die „Rückstellung für zurückzugewährende Zuwendungen" und die „Rückstellungen aus freien Zuwendungen" ausgebucht werden.[843] Die folgende beispielhafte Buchung basiert auf den Werten am 01.01.20X2 der Tabelle 5-7.

[840] Siehe Abschn. 423.2 Fall 1b.

[841] Siehe dazu Abschn. 423.22.

[842] Vgl. LÜDENBACH, N., in: Haufe IFRS, 10. Aufl., § 24, Rn. 50.

[843] Siehe Abschn. 423.1.

Rückstellungen für zurückzugewährende Zuwendungen	97,09	an	Zahlungsmittel	100
Rückstellungen aus freien Zuwendungen	2,91			

Konsequenzen dadurch, dass die Änderungen als Schätzungsänderungen i. S. d. IAS 8.37 einzuordnen sind, ergeben sich nur insofern, dass IAS 8.39 Angaben bzgl. *wesentlicher* Schätzungsänderungen verlangt. Es sind dann Art und Betrag der Schätzungsänderung anzugeben.

Im Fall eines *späteren* Bedingungseintritts kann die „Rückstellung für zurückzugewährende Zuwendungen" gegen die „Rückstellung aus freien Zuwendungen" wieder vermindert werden. Beträgt die Veränderung z. B. 2 GE, sieht der Buchungssatz wie folgt aus:

Rückstellungen für zurückzugewährende Zuwendungen	2	an	Rückstellungen aus freien Zuwendungen	2

514.212.2 Materielle Zuwendungen

Auch bei einer wahrscheinlichen Rückgabeverpflichtung von *materiellen* Zuwendungen mit wesentlichem Zeithorizont sind verschiedene Fälle zu unterscheiden. Zum einen kann der *Zugangswert* der materiellen Zuwendung, zum anderen der *künftige Wert* der Zuwendung für die Rückgabe entscheidend sein.

Ist der **Zugangswert** der materiellen Zuwendung entscheidend für die Rückgabe, so ist eine seit dem *Zugangszeitpunkt* wahrscheinlich zurückzugewährende Zuwendung im materiellen Fall ebenso wie im finanziellen Fall einzubuchen. Das Gebäude ist zum Fair Value und die „Rückstellung für zurückzugewährende Zuwendungen" zum über den Zeitraum bis zur Rückgabe diskontierten Zugangswert des Gebäudes anzusetzen. Die Differenz ist in die „Rückstellungen aus freien Zuwendungen" einzustellen: Bei einer selbst genutzten Immobilie werden z. B. durch die frühere Zuwendung Mietkosten gespart. Die gesparten Mittel können für andere Zwecke eingesetzt werden und sind nicht an die Immobilie selbst gebunden. Im folgenden Beispiel wird von einer Zuwendung an die NPO eines anschließend selbst genutzten Gebäudes i. H. v. 100 GE ausgegangen. Dafür wird angenommen, dass das Gebäude eine Nutzungsdauer von 50 Jahren hat und wahrscheinlich nach 3 Jahren zurückzugewähren ist. Der Zinssatz beträgt 3 % p. a. (Barwert der 100 GE ist 91,51 GE).

Gebäude	100	an	Rückstellungen für zurückzugewährende Zuwendungen	91,51
			Rückstellungen aus freien Zuwendungen	8,49

Es liegt indes eine abweichende *Folgebilanzierung* von der finanziellen Zuwendung vor. Dies resultiert daraus, dass das Gebäude zwischenzeitlich an Wert verliert. Der Wertverlust des Gebäudes im Zeitablauf kann (im Rückgabezeitpunkt) durch Zahlungsmittel oder eine Wertsteigerung der Immobilie, wie Renovierung, ausgeglichen werden. Ein solcher Mitteleinsatz wird aus anderen freien Mitteln getragen und daher werden „Rückstellungen aus freien Zuwendungen" verbraucht. Die sich ergebende Folgebilanzierung wird in Tabelle 5-8 gezeigt.

Periode	Gebäude 01.01.20XX	Rückstellung für zurückzugewährende Zuwendungen 01.01.20XX	*Zinsanteil* in Rückstellung aus freien Zuwendungen 01.01.20XX	Aufzinsung	Rückstellung für zurückzugewährende Zuwendungen 31.12.20XX	*Zinsanteil* in Rückstellung aus freien Zuwendungen 31.12.20XX	Gebäude 31.12.20XX	Abschreibung	*Gesamt-entwicklung* Rückstellung aus freien Zuwendungen 31.12.20XX
	(a)	(b)	(c)	(d)	(e) = (b) + (d)	(f) = (c) – (d)	(g)	(h)	(i)
20X0	**100**	**91,51**	**8,49**	2,75	94,26	5,74	98	2	(8,49 – 2,75 – 2 =) 3,74
20X1	98	94,26	5,74	2,83	97,09	2,91	96	2	(3,74 – 2,83 – 2 =) –1,09
20X2	96	97,09	2,91	2,91	(–100) 0	0	(–94) 0	2	(–1,09 – 2,91 – 2 =) –6

Tabelle 5-8: Entwicklung eines seit Übergabe zum Zugangswert wahrscheinlich zurückzugewährenden Gebäudes

An der Gesamtentwicklung der Rückstellungen aus freien Zuwendungen (Spalte (i)) ist zu erkennen, dass die NPO den Verbrauch des Gebäudes tragen muss. Daher entsteht in Summe in den 3 Jahren, in denen das Gebäude bei der NPO ist, ein Verbrauch der „Rückstellungen aus freien Zuwendungen" i. H. v. 6 GE. Dies entspricht der Summe der Abschreibungen während der 3 Jahre. Die periodisch zu wiederholenden Abschreibungen (Spalte (h)) sollten wie folgt gebucht werden:

Abschreibungen	2	an	Gebäude	2

Rückstellungen aus freien Zuwendungen	2	an	Ertrag aus Verwendung freier Zuwendungen	2

Die Aufzinsung (Spalte (d)) sollte wie folgt gebucht werden:

Rückstellungen aus freien Zuwendungen	2,75	an	Rückstellungen für zurückzugewährende Zuwendungen	2,75

In den Folgeperioden sind die gleichen Aufzinsungen wie für die finanzielle Zuwendung erforderlich.

Im (erwarteten) Zeitpunkt der Rückgewährung entspricht der Wert der „Rückstellung für zurückzugewährende Zuwendungen" dem Zugangswert der Immobilie. Die Immobilie ist zum verminderten Wert auszubuchen. Für die gezeigte Beispielbuchung wird von einem Ausgleich des Wertverlustes in Zahlungsmitteln ausgegangen.

Rückstellung für zurückzugewährende Zuwendungen	100	an	Gebäude	94
			Zahlungsmittel	6

In dem Fall, dass der **künftige Wert** der Immobilie für die Rückgabe entscheidend ist, unterscheidet sich der Verlauf der Rückstellungen zu denen bei der Rückgabe zum *Zugangswert.* Dabei ist zu beachten, dass der Rückgabewert des Gebäudes (94 GE) zu diskontieren ist. Der Betrag im Zugangszeitpunkt in den „Rückstellungen aus *freien* Zuwendungen" ist in diesem Fall größer als bei einer Rückgabe zum Zugangswert, da dieser nicht nur den Zinsanteil, sondern auch den Verbrauch bis zur Rückgabe (die Abschreibungen) enthält. Die Mittelverwendung der NPO geht daher bei Rückgabe nicht über den zugewendeten Wert hinaus. Ein entsprechendes Beispiel wird in Tabelle 5-9 gezeigt.

Periode	Gebäude 01.01.20XX	Rückstellung für zurück-zugewährende Zuwendungen 01.01.20XX	Rückstellung aus freien Zuwendungen 01.01.20XX	Aufzin-sung	Ab-schreibung	Rückstellung für zurück-zugewährende Zuwendungen 31.12.20XX	Rückstellung aus freien Zuwen-dungen 31.12.20XX	Gebäude 31.12.20XX
	(a)	(b)	(c)	(d)	(e)	(f) = (b) + (d)	(g) = (c) – (d) – (e)	(h)
20X0	**100**	**86,02**	**13,98**	2,75	2	88,60	9,40	98
20X1	98	88,60	9,40	2,83	2	91,26	4,74	96
20X2	96	91,26	4,74	2,91	2	(–94) 0	0	(–94) 0

Tabelle 5-9: Entwicklung eines seit Übergabe zum künftigen Wert wahrscheinlich zurückzugewährenden Gebäudes

Im Zeitpunkt der Rückgewährung steht dann die Immobilie mit ihrem um Abschreibungen verminderten Wert der „Rückstellung für zurückzugewährende Zuwendungen" in gleicher Höhe gegenüber. Tritt dann der Zeitpunkt ein, zu dem die Immobilie zurückzugewähren ist, sind die Immobilie und die inzwischen mit dem gleichen Wert bewertete Rückstellung auszubuchen.

Rückstellungen für zurückzugewährende Zuwendungen	94	an	Gebäude	94

Wurde bei einer Immobilie der Bedingungseintritt zeitlich zunächst anders geschätzt, so ergeben sich bzgl. der Ausbuchung die gleichen Konsequenzen wie für die finanzielle Zuwendung.

514.22 Vertragliche Rückforderungsmöglichkeiten

Wurde ein Rückforderungsrecht *ausdrücklich* vertraglich vereinbart, so bestehen vertragliche Rückforderungsrechte. Die Rückforderungen können auf materielle oder finanzielle Erfüllung abstellen.

Kann eine **materielle Zuwendung materiell zurückgefordert** werden, so kann eine Verpflichtung aus vertraglichen Rechten resultieren (IAS 37.10).[844] *Vertragliche* Rechte können zwar in den Anwendungsbereich des IFRS 9 fallen, indes behandelt IFRS 9 nur Verpflichtungen, die durch finanzielle Vermögenswerte zu erfüllen sind. Nicht finanzielle Verpflichtungen fallen nur dann unter IFRS 9, wenn sie i. d. R. in bar oder anderen Finanzinstrumenten ausgeglichen werden können und sie gleichzeitig nicht i. d. R. durch tatsächliche Lieferung für den Eigenbedarf erfüllt werden (IAS 39.5). Ist dies nicht der Fall, so sind die vertraglichen Verpflichtungen ebenfalls nach IAS 37 zu bilanzieren. Werden indes ausnahmsweise die Kriterien des IFRS 9 durch vertragliche Spezifika erfüllt, so gelten die Ausführungen des nachfolgenden Absatzes.

Können auf *vertraglicher* Basis *finanzielle Vermögenswerte* aus der bereits übergebenen **materiellen oder finanziellen Zuwendung** zurückgefordert werden, so ist zu prüfen, ob eine **finanzielle Verbindlichkeit** vorliegt, die nach IFRS 9 i. V. m. IAS 39 zu bilanzieren ist. Eine finanzielle Verbindlichkeit liegt u. a. vor, wenn eine vertragliche Verpflichtung besteht, einem anderen Unternehmen flüssige Mittel zu liefern (IAS 32.11 (a) (i)). Die vertraglich vereinbarten Rückforderungsrechte des Zuwenders sind das Ereignis der Vergangenheit. Entsprechend eines Rechts auf ein Recht finanzielle Mittel zu erhalten, besteht hier bereits seit Übergabe eine vertragliche Verpflichtung finanzielle Mittel (potenzieller Nutzenabfluss) zu liefern. Somit liegt eine finanzielle Verbindlichkeit vor.[845] Eine finanzielle Verbindlichkeit ist, wie ein finanzieller Vermögenswert, im Zeitpunkt des Vertragsschlusses zum Fair Value nach IFRS 13 zu bewerten (IFRS 9.3.1.1, IFRS 9.5.1.1).[846]

Sofern eine finanzielle Verbindlichkeit nach IFRS 9 vorliegt, ist diese stets zu passivieren, da die Wahrscheinlichkeit des Nutzenabflusses kein Ansatzkriterium ist (IFRS 9.3.1.1). Ähnlich wie bei der Bilanzierung aufschiebend bedingter Zuwendungszusagen, konfligieren auch hier die unter-

---

844 Gesetzliche Verpflichtungen können nicht nach IFRS 9 bilanziert werden, da IFRS 9 nur vertragliche Rechte umfasst. Auf sie sind die Vorschriften des IAS 37 anzuwenden.

845 Siehe dazu auch ausführlicher Abschn. 421.213.1.

846 Der Ansatz einer Finanzgarantie ist einem Rückforderungsrecht ähnlich und könnte u. U. für Bilanzierungsfragen herangezogen werden. Eine Finanzgarantie ist wie folgt zu bilanzieren: Eine Finanzgarantie ist nach IFRS 9.Appendix A ein Vertrag, welcher den Garantiegeber zu spezifischen Zahlungen an den Garantienehmer verpflichtet für einen Verlust zu entschädigen, der aufgrund des Zahlungsausfalls eines bestimmten Schuldners gemäß der Bedingungen eines Schuldinstruments entstanden ist. Vgl. KUHN, S./SCHARPF, P., Financial Instruments, S. 64. Das Recht und die Verpflichtung sind gegenwärtig, auch wenn der Garantienehmer sein Recht nur bei Eintritt des künftigen Ereignisses – Verzug des Schuldners – ausüben kann. In einem solchen Fall liegt eine finanzielle Verpflichtung vor (IAS 32.AG8). Vgl. KUHN, S./SCHARPF, P., Financial Instruments, Rn. 302. Die Finanzgarantie ist im Zugangszeitpunkt zum Fair Value zu bewerten. Wurde die Finanzgarantie unentgeltlich gewährt, so ist sie auf Basis des Bürgschaftsbetrages und der Ausfallwahrscheinlichkeit zu schätzen. Vgl. LÜDENBACH, N., in: Haufe IFRS, 10. Aufl., § 28, Rn. 210 211. Gemäß IFRS 9.4.2.1 (c) ist eine Finanzgarantie nach der Erstbewertung zum höheren Wert ermittelt nach IAS 37 oder dem Wert aus der Erstbewertung abzüglich kumulierter Abschreibungen nach IAS 18 zu bewerten. Da es hier vor allem am Dreiecksverhältnis der Verpflichtung und einer Leistungs-Gegenleistungsbeziehung fehlt, erfüllt die Rückforderungsmöglichkeit des Zuwenders nicht die spezifischen Definitionskriterien einer Finanzgarantie. Wenn der Schuldnerausfall als Ereignis der Bedingung interpretiert wird, ist der Sachverhalt indes ähnlich. Siehe auch zum Vorliegen einer bedingten Erfüllungsvereinbarung IAS 32.25 und vgl. dazu HFA DES IDW, IDW RS HFA 45, vor allem Tz. 10 und 18.

schiedlichen Ansatzkriterien des IFRS 9 und des IAS 37 bzw. des Conceptual Framework. So können gleichzeitig aus einer Zuwendung zwei Verpflichtungen zu passivieren sein, da nach IFRS 9, im Gegensatz zu IAS 37, der Ansatz unabhängig von der Wahrscheinlichkeit des Nutzenzuflusses ist. Des Weiteren würden Rückforderungsmöglichkeiten aufgrund ihrer unterschiedlichen rechtlichen Basis verschieden nach IAS 37 und IFRS 9 bilanziert. Wie auch für aufschiebend bedingte Zuwendungszusagen liegt demnach ein Accounting Mismatch bzgl. des Ansatzes, resultierend aus den Besonderheiten von Zuwendungen ohne Gegenleistungen, vor. Diese Regelungslücke sollte durch die allgemeinen Ansatzkriterien des Conceptual Framework ausgefüllt werden. So kann sichergestellt werden, dass in Summe nicht mehr Verpflichtungen aus der Zuwendung als der Wert der Zuwendung passiviert werden. Dadurch, dass dementsprechend die allgemeinen Ansatzkriterien auch auf finanzielle vertragliche Rückforderungsmöglichkeiten angewendet werden sollten, können die Verpflichtungen aus finanziellen und materiellen Zuwendungen, sofern der Nutzenabfluss wahrscheinlich ist, zusammen in einem Posten als „Rückstellungen für zurückzugewährende Zuwendungen" ausgewiesen werden. Erst wenn Fälligkeit und Höhe sicher feststehen, ist eine Verbindlichkeit zu passivieren.

Zahlungsmittel	100	an	Rückstellungen für zurückzugewährende Zuwendungen	100

514.3 Rückforderungsmöglichkeiten nach Übergabe der Zuwendung

Aufgrund neuer Erkenntnisse oder Ereignisse kann sich die Einschätzung, ob zugewendete Mittel zurückgewährt werden müssen, ändern. Die Beispiele in diesem Abschnitt beziehen sich auf kurzfristig zurückzugewährende Zuwendungen. Im langfristigen Fall ist, wie im vorangegangenen Abschnitt 514.212 erläutert, entsprechend abzuzinsen und Unsicherheiten sind einzubeziehen.

Handelt es sich um noch nicht verwendete und noch nicht abgenutzte Mittel, sollten die zuvor für die freie Verwendung ausgewiesenen Rückstellungen (100 GE) nun als zurückzugewährende (100 GE) ausgewiesen werden.[847]

Rückstellungen aus freien Zuwendungen	100	an	Rückstellungen für zurückzugewährende Zuwendungen	100

Wurde ein Teil der Mittel bereits für die Zwecke der NPO verwendet (6 GE), so ist zwischen Rückforderungen, die lediglich den verbleibenden Teil betreffen und denjenigen, die über die Rückforderung des noch vorhandenen Teils hinausgehen, zu unterscheiden. Ist ein Gebäude lediglich im aktuellen Zustand bzw. Wert zurückzugeben (94 GE) und muss z. B. nicht saniert werden, so sollten die entsprechenden „Rückstellungen für Zuwendungen in der langfristigen Eigennutzung" anschließend

[847] Siehe Abschn. 423.21.

als „Rückstellungen für zurückzugewährende Zuwendungen“ ausgewiesen werden. Die Rückstellungen entsprechen dann dem bei der NPO verbliebenen Wert zum Umbuchungszeitpunkt (94 GE).

Soll	Betrag		Haben	Betrag
Rückstellungen für Zuwendungen in der langfristigen Eigennutzung	94	an	Rückstellungen für zurückzugewährende Zuwendungen	94

Wurden z. B. finanzielle Mittel bereits vollständig i. H. v. 100 GE verwendet, so wurden die entsprechenden Erträge aus der Zuwendung bereits ebenfalls i. H. v. 100 GE realisiert.[848] Daher sind die Rückstellungen in einem solchen Fall „neu“ aufwandswirksam zu bilden. Für eine Rückforderung i. H. v. 100 GE sind dann *andere*, noch nicht verwendete Zuwendungen i. H. v. 100 GE zu verbrauchen. Da es sich auch für diese anderen Mittel um eine Mittelverwendung handelt, ist auch für sie ein Ertrag i. H. v. 100 GE zu realisieren. In Summe wurden daher 100 GE für die Zwecke der NPO verwendet und 100 GE für eine Rückgabe an einen Zuwender zurückgestellt.[849]

Soll	Betrag		Haben	Betrag
Aufwand	100	an	Rückstellungen für zurückzugewährende Zuwendungen	100
Rückstellungen aus freien Zuwendungen	100	an	Ertrag aus Verwendung freier Zuwendungen	100

Sofern noch kein konkreter Rückgewährungszeitpunkt feststeht, ist auch diese Schuld bzgl. ihrer Fälligkeit unsicher und daher als Rückstellung zu klassifizieren. Ist die Fälligkeit und Höhe sicher, ist eine Verbindlichkeit auszuweisen. Gegebenenfalls sind auch hier noch Rückstellungen für einen Prozess zu passivieren. Dabei handelt es sich um einen neuen Sachverhalt, der zu einer erfolgswirksamen Rückstellungsbildung führt.[850]

514.4 Angaben

In den letzten Abschnitten wurden Verpflichtungen aus Rückforderungsmöglichkeiten untersucht. Wie bereits erläutert, können, wenn gleichzeitig Verpflichtungen zur Rückgabe und Mittelverwendung bestehen, Angaben zu Eventualverbindlichkeiten erforderlich sein. Aus diesem Grund soll hier ergänzend zu den Angabepflichten bei einfachen Zuwendungen und einfachen Zuwendungszusagen, bei denen die zwei Verpflichtungsarten noch nicht zusammen behandelt wurden, auf mögliche Angabepflichten für Eventualverbindlichkeiten eingegangen werden.

Eventualverbindlichkeiten sind in IAS 37 geregelt. Ist der Nutzenabfluss aus Rückzahlungsverpflichtungen mindestens nicht unwahrscheinlich bis wahrscheinlich, so liegt noch keine zu passivierende Rückstellung vor und Angaben bzgl. einer solchen Eventualverbindlichkeit sind erforderlich.

[848] Siehe ausführlicher dazu, wann von einer vollständigen Verwendung auszugehen ist Abschn. 423.2.
[849] Siehe Abschn. 423.22.
[850] Siehe Abschn. 423.5.

Für jede Gruppe von Eventualverbindlichkeiten ist eine kurze Beschreibung zu machen. Des Weiteren sind, sofern praktikabel, Schätzungen der finanziellen Auswirkungen, Informationen zu den Unsicherheiten sowie die Möglichkeiten von Erstattungen anzugeben (IAS 37.86). Wenn aus denselben Umständen eine Rückstellung und eine Eventualverbindlichkeit entstehen, so sind die Angaben in der Weise zu machen, dass der Zusammenhang zwischen den beiden erkennbar wird (IAS 37.88). Die Tatsache, dass Angaben zu Eventualverbindlichkeiten aus Praktikabilitätsgründen nicht gemacht werden, ist anzugeben (IAS 37.91). So können Informationen über die Mittel vermittelt werden, die die NPO u. U. nicht für die Zwecke der NPO verwenden kann bzw. wird.

515. Vergleich der Bilanzierung von Zuwendungen ohne Gegenleistungen mit der Bilanzierung von Zuwendungen der öffentlichen Hand

„Zuwendungen der öffentlichen Hand“ werden, trotz ihrer problematischen konzeptionellen Fundierung sowie anderen Charakters,[851] z. T. für die Bilanzierung von „Zuwendungen ohne Gegenleistungen“ als Fallanalogie herangezogen.[852] Aus diesem Grund soll an dieser Stelle untersucht werden, inwiefern die entwickelte Bilanzierung für „Zuwendungen ohne Gegenleistungen“ von den aktuellen Bilanzierungsvorschriften für „Zuwendungen der öffentlichen Hand“ nach IAS 20 und IAS 41 abweicht.

„Zuwendungen der öffentlichen“ Hand sind gemäß IAS 20.3 Beihilfen[853] der öffentlichen Hand, die zum Ausgleich für die vergangene oder künftige Erfüllung bestimmter Bedingungen gewährt werden. Es ist zu beachten, dass es sich bei den in IAS 20 genannten Bedingungen um Voraussetzungen für die Gewährung der Zulagen (z. B. Zugehörigkeit zu einer bestimmen Branche) oder Auflagen im Nachhinein, die mit den Zuwendungen eingehalten werden müssen (z. B. Verwendung der Zuwendung für den Bau einer CO2-reduzierten Produktionsanlage) handeln kann.[854] Gemäß IAS 20.7 ist eine „Zuwendung der öffentlichen Hand“ dann zu erfassen, wenn eine angemessene Sicherheit dafür besteht, dass die Organisation die mit der Zuwendung verbundenen Bedingungen erfüllen wird *und*, dass die Zuwendung gewährt wird. Eine angemessene Sicherheit besteht dann, wenn für die Beurteilung Nachweise in einem Umfang zur Verfügung stehen, die unter normalen Umständen erwarten lassen, dass der erwartete Nutzen zufließen wird.[855] Das **Ansatzkonzept** nach

---

851 Siehe dazu Abschn. 323.2.

852 Vgl. für den Vorschlag der Bilanzierung von Zuwendungen ohne Gegenleistungen in Analogie zu Zuwendungen der öffentlichen Hand KPMG INTERNATIONAL FINANCIAL REPORTING GROUP, Insights into IFRS, 8. Aufl., Rn. 5.7.70.30.

853 Beihilfen der öffentlichen Hand sind Maßnahmen der öffentlichen Hand, die dazu dienen, Unternehmen, die bestimmte Kriterien erfüllen, einen besonderen wirtschaftlichen Vorteil zu gewähren (IAS 20.3).

854 Vgl. STAß, A./PIESBERGEN, C./PRASSE, S., in: Baetge u. a., Rechnungslegung nach IFRS, 2. Aufl., IAS 20, Rn. 9.

855 Vgl. STAß, A./PIESBERGEN, C./PRASSE, S., in: Baetge u. a., Rechnungslegung nach IFRS, 2. Aufl., IAS 20, Rn. 19-20 und 22. Die Voraussetzung der „angemessenen Sicherheit“ ist dabei weniger streng auszulegen als das Kriterium „so gut wie sicher“ für die Abgrenzung von Eventualforderungen und Vermögenswerten (IAS 37.33). Vgl. STAß, A./PIESBERGEN, C./PRASSE, S., in: Baetge u. a., Rechnungslegung nach IFRS, 2. Aufl., IAS 20, Rn. 23. Vgl. zu einer ausführlichen Diskussion dieses Ansatzkriteriums KÜTING, K./KOCH, C., Öffentliche Zuwendungen; ADLER, H./DÜRING, W./SCHMALTZ, K., International, Abschn. 11, Rn. 20.

IAS 20 für „Zuwendungen der öffentlichen Hand" unterscheidet sich von der erarbeiteten Bilanzierung von „Zuwendungen ohne Gegenleistungen".[856] Der Ansatz bedingter (privater) „Zuwendungszusagen ohne Gegenleistungen" wird konsequent davon abhängig gemacht, ob im Zeitpunkt der Zusage der NPO gegenwärtige Rechte entstehen. Dann sollte entsprechend dem Conceptual Framework ab einem wahrscheinlichen Nutzenzufluss aus dem Recht ein Vermögenswert angesetzt.

Die Zuwendung ist gemäß IAS 20.23 („üblicherweise")[857] zum Fair Value zu erfassen. Dies stimmt mit der ermittelten **Zugangsbewertung** von „Zuwendungen ohne Gegenleistungen" überein.[858] Die **Folgebewertung** der Zuwendungen ist sowohl für „Zuwendungen ohne Gegenleistungen" als auch für „Zuwendungen der öffentlichen Hand" abhängig von den jeweiligen Standards, die die entsprechenden Aktiva regeln, wie z. B. IAS 16 für selbst genutzte Immobilien.

Werden mit der „Zuwendung der öffentlichen Hand" künftige Perioden bezuschusst, so sind die zugeflossenen Zuwendungen passivisch abzugrenzen (IAS 20.12).[859] Zuwendungen für Vermögenswerte können alternativ dazu auch von den entsprechenden Aktiva abgesetzt werden (IAS 20.24). Der **Zugang** der „Zuwendung der öffentlichen Hand" ist in solchen Fällen erfolgsneutral zu buchen.[860] Der Zugang von „Zuwendungen ohne Gegenleistungen" ist (ebenfalls) erfolgsneutral zu erfassen. Der wesentliche Unterschied zu „Zuwendungen der öffentlichen Hand" ist allerdings, dass nach IAS 20 die **Erfolgsneutralität** auf einer Abgrenzung der Zuwendungserträge beruht und nicht darauf, dass eine zu passivierende Verpflichtung identifiziert wurde. Das dem IAS 20 entgegengehaltene Problem, dass es sich bei den Passivposten aus IAS 20 nicht immer um Schulden i. S. d. Conceptual Framework handele,[861] besteht daher für die Bilanzierung von „Zuwendungen ohne Gegenleistungen" nicht.

---

856 Siehe Abschn. 421.1 und 513.22.

857 Alternativ darf die Zuwendung, wenn sie nicht monetär ist, auch mit einem Merkposten oder symbolischen Wert angesetzt werden. Allerdings kann dann der Fair Value für Finanzinstrumente gemäß IFRS 7.25 im Anhang anzugeben sein. Vgl. STAß, A./PIESBERGEN, C./PRASSE, S., in: Baetge u. a., Rechnungslegung nach IFRS, 2. Aufl., IAS 20, Rn. 47-48. Der Ansatz zu einem vom Fair Value abweichenden Wert ist zwar in IAS 20 zulässig, wird indes an anderer Stelle abgelehnt: Im neueren Abschnitt des Conceptual Framework wird die Zuwendung von Sachanlagen und deren Bewertung nach IAS 20 mit „null" als Beispiel für glaubwürdige, aber nicht entscheidungsnützliche Informationen angeführt (CF.QC16).

858 Siehe dazu Abschn. 422.

859 Die *grundsätzliche* Abgrenzung der Zuwendungen für Vermögenswerte als passiver Abgrenzungsposten ist allerdings nicht mit dem Conceptual Framework vereinbar. Vgl. HOFFMANN, W.-D., in: Haufe IFRS, 10. Aufl., § 12, Tz. 26; SCHRUFF, L./PAARZ, M., in: Wiley-Kommentar, 7. Aufl., Abschn. 28, Tz. 6. Unter anderem aus diesem Grund ist der IAS 20 in Überarbeitung, wurde allerdings noch nicht zurückgenommen. Vgl. IASB, Project Summary IAS 20; SCHRUFF, L./PAARZ, M., in: Wiley-Kommentar, 7. Aufl., Abschn. 28, Tz. 6. Siehe auch Abschn. 323.2.

860 Vgl. STAß, A./PIESBERGEN, C./PRASSE, S., in: Baetge u. a., Rechnungslegung nach IFRS, 2. Aufl., IAS 20, Rn. 33.

861 Vgl. IASB, Project Summary IAS 20, Rn. 1 und 4.

„Zuwendungen der öffentlichen Hand" werden gemäß IAS 20.12 und IAS 20.16 in den Perioden **ertragswirksam**, in denen die entsprechenden Aufwendungen, die durch die Zuwendungen kompensiert werden sollen, angesetzt werden. Die Zuwendungen werden demnach korrespondierend zu den aus der Erfüllung der Bedingungen resultierenden Aufwendungen ertragswirksam.[862] Bei NPOs werden die Erträge nicht den Aufwendungen zugeordnet. Vielmehr ist der Zuwendungszugang aufgrund in gleicher Höhe aus einem Sachverhalt resultierender Vermögenswerte und Schulden erfolgsneutral. Die Zuwendungen werden dann ertragswirksam, wenn die entsprechenden Verpflichtungen aus der Zuwendung erfüllt werden. Es liegt demnach kein *„umgekehrtes" Matching Principle* vor. Aus der Verteilung der abgegrenzten Erträge in den Folgeperioden nach IAS 20 resultiert auch, dass z. B. Wertsteigerungen im Zusammenhang mit der Zuwendung in IAS 20 nicht behandelt werden. „Zuwendungen ohne Gegenleistungen" können hingegen nicht vollumfänglich ertragswirksam werden, bevor die Zuwendung nicht vollständig verwendet wurde, auch wenn Bedingungen aus der Zuwendung bereits vorher erfüllt wurden. Werden indes die Mittelverwendungsverpflichtungen i. S. e. Bedingung des IAS 20 interpretiert, so ist die Bilanzierung im Ergebnis ähnlich, d. h. erfolgsneutraler Zugang und erfolgswirksam in den Folgeperioden.

Nach IAS 41 sind „Zuwendungen der öffentlichen Hand" ertragswirksam zu erfassen, wenn sie rechtlich einforderbar werden (IAS 41.34) *und* wenn die mit der Zuwendung verbundenen Bedingungen erfüllt werden (IAS 41.35).[863] Auch nach IAS 41 ist der Zugang einer „Zuwendung der öffentlichen Hand" erfolgsneutral zu buchen, wenn bereits ein Vermögenswert zugegangen ist und die Bedingungen noch nicht erfüllt wurden. Eine unbedingte Zuwendung ist direkt bei rechtlicher Einforderbarkeit, eine bedingte erst erfolgswirksam zu erfassen, wenn die Bedingung erfüllt wurde.[864] Daher ist nach IAS 41 bei bereits übergebener Zuwendung solange eine Schuld zu passivieren, bis die (nicht erforderlicherweise spezifische) Bedingung erfüllt ist (IAS 41.BC72-BC73).[865] Werden die Mittelverwendungsverpflichtungen als Bedingungen verstanden, so ist auch hier die Bilanzierung im Ergebnis ähnlich, bzgl. eines erfolgsneutralen Zugangs und einer Erfolgswirksamkeit in der Folge.

---

862 Vgl. TJADEN, W., Bilanzierungsfragen bei Zuwendungen der öffentlichen Hand, S. 35. Die Zuschüsse dürfen dann, müssen aber nicht, direkt mit den bezuschussten Aufwendungen verrechnet werden (IAS 20.30-31). Vgl. zur Kopplung des Ausweiswahlrechts in der Bilanz an das in der Gesamtergebnisrechnung STAß, A./PIESBERGEN, C./PRASSE, S., in: Baetge u. a., Rechnungslegung nach IFRS, 2. Aufl., IAS 20, Rn. 62.

863 Vgl. KÜTING, K./KOCH, C., Neukonzeption der Bilanzierung von Zuwendungen der öffentlichen Hand, S. 742-743. Die Anforderung der angemessenen Sicherheit der Bedingungserfüllung in IAS 20 besteht daher in IAS 41 nicht. Wenn nur eine angemessene Sicherheit besteht, dass die Bedingungen erfüllt werden und ein Ertrag in Höhe der Zuwendung realisiert werden würde, wäre eine solche Bilanzierung laut IAS 41.BC69 inkonsistent mit dem Conceptual Framework, wenn mit der Zuwendung auch eine Verpflichtung zur Erfüllung der Bedingung entsteht. Die subjektive Entscheidung, wann es angemessen sicher ist, dass eine Bedingung erfüllt wird, könnte gemäß IAS 41.BC69 zu weiteren Inkonsistenzen bei der Ertragsrealisation führen.

864 Vgl. FREIBERG, J., Öffentliche Zuwendungen, S. 95.

865 Vgl. SCHARPENBERG, R./SCHREIBER, S., in: Baetge u. a., Rechnungslegung nach IFRS, 2. Aufl., IAS 41, Rn. 61.

Zusammenfassend bestehen die konzeptionellen Unterschiede der Bilanzierung von „Zuwendungen der öffentlichen Hand" zu der entwickelten Bilanzierung von „Zuwendungen ohne Gegenleistungen" zum einen aus der Ertragsrealisation basierend auf einem „umgekehrten" Matching Principle nach IAS 20 im Gegensatz zur Ertragsrealisation i. S. d. Conceptual Framework nach Veränderungen von Vermögenswerten und Schulden. Des Weiteren wird der Ansatz bedingter Rechte konzeptionell weder in IAS 41 noch IAS 20 eindeutig abhängig von gegenwärtigen Rechten i. S. d. Conceptual Framework geregelt. Die Ertragsrealisation ist hingegen nicht wesentlich verschieden.[866]

52 Bilanzierung einer Finanzierung über nicht ideelle Betätigungsbereiche in Verbindung mit Zuwendungen ohne Gegenleistungen

521. Überblick über die nicht ideellen Betätigungsbereiche

Im vorangegangenen Abschnitt 51 wurden Zuwendungen ohne Gegenleistungen an eine NPO untersucht, die die erhaltenen Mittel nur im ideellen Bereich, d. h. direkt für die Zweckerfüllung, einsetzt. Eine NPO kann hingegen ihre Mittel auch so einsetzen, dass aus der Anlage ihrer Mittel oder durch wirtschaftliche Tätigkeiten, Gewinne erwirtschaftet werden, die dann wiederum für die ideellen Zwecke verwendet werden können. Wie die Bereiche Vermögensverwaltung und wirtschaftlicher Betrieb mit der Bilanzierung im vorangegangenen Abschnitt vereinbar sind, soll im Folgenden untersucht werden.

Beispielhaft soll die Bilanzierung von Immobilien analysiert werden, weil sie nicht nur im ideellen Bereich, sondern auch in der Vermögensverwaltung und im wirtschaftlichen Bereich von Bedeutung sein können. Auch finanzielle Mittel spielen in allen Sphären eine Rolle, allerdings sind die Konsequenzen der verschiedenen Bereiche auf die Bilanzierung anhand der Folgebewertung finanzieller Mittel weniger deutlich.

522. Finanzierung durch eine Vermögensverwaltung

522.1 Bilanzierung von Renditeimmobilien

In der Vermögensverwaltung werden Mittel der NPO angelegt, um mit ihnen zusätzliche Mittel für die NPO zu erwirtschaften. Mit einer Vermögensverwaltung sollen klassischerweise Gewinne erzielt werden.[867] In der Vermögensverwaltung werden üblicherweise neben Finanzinstrumenten auch Immobilien verwendet.[868] Immobilien können zum einen dazu gehalten werden, um von ihren Wertsteigerungen zu profitieren, zum anderen, um mit ihnen laufende Cashflows zu vereinnahmen. Wie mit Wertsteigerungen und zusätzlichen Einnahmen aus der Vermögensverwaltung bilanziell verfahren werden sollte, wird in den folgenden Abschnitten erläutert.

---

866 Daher ist es angemessen, dass für die Überarbeitung des IAS 20 und IAS 41 auf die Beendigung des Liabilities-Projektes gewartet wird. Vgl. IASB, Project Summary IAS 20, Rn. 17.

867 Siehe zur Vermögensverwaltung Abschn. 222.52.

868 Vgl. SCHAUHOFF, S., in: HB Gemeinnützigkeit, 3. Aufl., § 7, Rn. 62-65.

Werden Immobilien in der Vermögensverwaltung gehalten, so könnte ausgehend vom wirtschaftlichen Gehalt der Immobiliennutzung IAS 40 (Als Finanzinvestition gehaltene Immobilien) einschlägig sein. Als spezieller Standard regelt IAS 40 die Bilanzierung solcher **Renditeimmobilien** (IAS 40.2). Renditeimmobilien sind definiert als Immobilien, die zur Erzielung von Mieteinnahmen und/oder zur Wertsteigerung gehalten und nicht im Rahmen der gewöhnlichen Geschäftstätigkeit des Unternehmens verkauft werden sowie nicht zur Herstellung/Lieferung von Gütern oder zur Erbringung von Dienstleistungen oder Verwaltungszwecken dienen (IAS 40.5).[869] Werden einer NPO Immobilien zugewendet, so hat die NPO demnach bereits im Zugangszeitpunkt eine Entscheidung bzgl. der weiteren Verwendung der Immobilie zu treffen. Soll die Immobilie z. B. als Renditeobjekt für zu erzielende Mieteinnahmen gehalten werden, so ist folglich IAS 40 einschlägig.[870] Gleiches gilt für den Fall, dass die künftige Nutzung noch unbestimmt ist (IAS 40.8 (b)).[871]

Nach IAS 40 sind als Finanzinvestition gehaltene Immobilien entsprechend den allgemeinen **Ansatzkriterien** wahrscheinlicher Nutzenzufluss und verlässliche Bewertbarkeit anzusetzen (IAS 40.16). Nach deutschem Recht ist zum Erwerb eine notarielle Beurkundung des Vertrages und der darin enthaltenen Bestimmungen für den Übergang von Nutzen und Lasten, Gefahr und Besitz erforderlich. Der Ansatz richtet sich nach dem wirtschaftlichen Eigentum an der Immobilie,[872] auf die rechtliche Übertragung des Eigentums, Auflassung und Grundbucheintrag kommt es also nicht an.[873]

Gemäß IAS 40.20 sind Renditeimmobilien, ebenso wie Sachanlagen, im **Zugangszeitpunkt** mit ihren Anschaffungs- oder Herstellungskosten anzusetzen. Sowohl die Anschaffungs- oder Herstellungskostendefinition in IAS 40.5 als auch die Erfolgswirksamkeit im Zugangszeitpunkt nach IFRS 13.60 sind identisch zu derjenigen nach IAS 16.[874] Daher sollte die Immobilie, aufgrund der im Rahmen des IAS 16 erläuterten Regelungslücken, erfolgsneutral zum Fair Value im Zugangszeitpunkt angesetzt werden.[875]

---

869 Vgl. zur Bewertung von Renditeimmobilien ausführlich KÖHLING, K., Renditeimmobilien.

870 Vgl. KLINGER, F./MÜLLER, M., IFRS & Immobilien, S. 77. Werden Immobilien teilweise zur Renditeerzielung und teilweise für z. B. Verwaltungszwecke gehalten, sind diese Teile getrennt zu bilanzieren, sofern sie gesondert verkauft werden könnten (IAS 16.10). Ist dies nicht der Fall, so handelt es sich nur um Renditeimmobilien, wenn der Anteil, der für Verwaltungszwecke gehalten wird, unbedeutend ist (IAS 16.10).

871 Das Beispiel in IAS 40.8 (b) zählt nur Grundstücke auf, ist allerdings ebenso auf Gebäude zu übertragen. Vgl. FREIBERG, J., in: Haufe IFRS, 10. Aufl., § 16, Rn. 6. Siehe auch Abschn. 512.213.

872 Vgl. KÖHLING, K., Renditeimmobilien, S. 20.

873 Vgl. FREIBERG, J., in: Haufe IFRS, 10. Aufl., § 16, Rn. 21.

874 Soll eine Immobilie in ihrer Nutzung vom Verwaltungsgebäude als Renditeimmobilie umgewidmet werden, so ist ein entstehender Unterschiedsbetrag wie eine Neubewertung gemäß IAS 16 zu behandeln (IAS 16.61). Vgl. FREIBERG, J., in: Haufe IFRS, 10. Aufl., § 16, Rn. 109. Soll eine Immobilie von einer Nutzung als Renditeimmobilie in eine Nutzung als Verwaltungsgebäude umgewidmet werden, so entsprechen die Anschaffungskosten für die Folgebewertung dem Fair Value im Zeitpunkt der Nutzungsänderung (IAS 16.60).

875 Siehe dazu Abschn. 422 und 512.213.1. Da der IFRS 13 standardübergreifend die Bewertung zum Fair Value regelt, sollten bzgl. der Fair-Value-Bewertung keine Unterschiede zwischen IAS 40 und IFRS 13 auftreten. Da IAS 40 allerdings für die Folgebewertung ein Fair-Value-Modell vorsieht, enthält IAS 40 noch zahlreiche Vor-

In der **Folgebewertung** besteht für die Bewertung von Renditeimmobilien das Wahlrecht zwischen dem Anschaffungskosten- und dem Fair-Value-Modell (IAS 40.30).[876] Die gewählte Methode ist auf alle Renditeimmobilien anzuwenden (IAS 40.30) und im Zeitablauf beizubehalten (IAS 40.55).[877] Es ist jedoch zu beachten, dass der Fair Value gemäß IAS 40.32 für alle Renditeimmobilien zu ermitteln ist, entweder im Anschaffungskostenmodell für die Angabe im Anhang oder zur Bewertung im Fair-Value-Modell.[878] In IAS 40.32 wird empfohlen, den Fair Value durch einen unabhängigen und professionellen Gutachter bestimmen zu lassen. Theoretisch ergeben sich daher keine Kostenvorteile, wenn das Anschaffungskostenmodell angewendet wird.[879]

Im **Anschaffungskostenmodell** des IAS 40 sind die Immobilien entsprechend dem Anschaffungskostenmodell des IAS 16 zu bewerten, es sei denn, IFRS 5 ist anzuwenden.[880] Für das **Fair-Value-Modell** des IAS 40 ist der Fair Value nach IFRS 13 zu ermitteln.[881] Die Änderungen des Fair Value sind erfolgswirksam zu erfassen (IAS 40.35). Planmäßige und außerplanmäßige Abschreibungen auf Gebäude sind nicht vorgesehen.[882] Das **Bilanzierungswahlrecht** des IAS 40 sollte entsprechend der Nutzung der Immobilien innerhalb der Organisation ausgeübt werden: Die unterschiedliche Bilanzierung von selbst genutzten Immobilien nach dem Anschaffungskostenmodell und von Renditeimmobilien nach dem Fair-Value-Modell spiegeln die verschiedenen Rollen, die die jeweiligen Immobilien für die Organisation haben, wider. Die Sachanlagen werden in der gewöhnlichen

---

schriften bzgl. der Fair-Value-Ermittlung, die nicht durch die Einführung von IFRS 13 gestrichen wurden. Siehe auch Fn. 881.

876 Vgl. ausführlicher zur Interpretation der Wahlmöglichkeiten der Folgebewertung nach IAS 40 ZÜLCH, H., Investment Properties nach IAS 40, S. 170-174.

877 Vgl. BALLWIESER, W., in: Baetge u. a., Rechnungslegung nach IFRS, 2. Aufl., IAS 40, Rn. 37-38. Vgl. auch ausführlicher zur Ausübung des Wahlrechts KÖHLING, K., Renditeimmobilien, S. 22.

878 Siehe dazu Abschn. 522.2.

879 Vgl. PROMPER, N., Zeitwertbilanzierung bei Immobilienunternehmen, S. 440.

880 Vgl. BAETGE, J./KIRSCH, H.-J./THIELE, S., Bilanzen, S. 291. Siehe für das Anschaffungskostenmodell nach IAS 16 Abschn. 512.214.1.

881 Vgl. ausführlicher zur Fair-Value-Bewertung nach IFRS 13 für Renditeimmobilien KÖHLING, K., Renditeimmobilien, S. 28-35. In Ausnahmefällen können im Fair-Value-Modell gemäß IAS 40.48 eindeutige substanzielle Hinweise vorliegen, dass der Fair Value nicht fortlaufend verlässlich ermittelt werden kann, weil die Bandbreite vernünftiger Bewertungen für den Fair Value so groß und die Eintrittswahrscheinlichkeiten der verschiedenen Ereignisse so schwierig zu ermitteln sind, dass die Zweckmäßigkeit der Verwendung eines einzelnen Schätzwertes für den Fair Value bezweifelt werden muss (IAS 40.48). Der Fair Value kann gemäß IAS 40.53 nur dann nicht verlässlich ermittelt werden, wenn der Markt für vergleichbare Immobilien inaktiv ist und anderweitig zuverlässige Bewertungen für den Fair Value nicht verfügbar sind. Vgl. KÖHLING, K., Renditeimmobilien, S. 22. Liegt ein solcher Fall vor, so ist im Anhang eine Erklärung abzugeben, warum der Fair Value nicht verlässlich ermittelt werden kann (IAS 40.79 (e) (iii)) und wenn möglich, die Schätzungsbandbreite, innerhalb derer der Fair Value höchstwahrscheinlich liegt (IAS 40.79 (e)). Wenn aus den Gründen des IAS 40.53 eine Immobilie nach dem Anschaffungskostenmodell zu bewerten ist, sind trotzdem die anderen Immobilien weiter zum Fair Value (im Fall des Fair-Value-Modells) zu bewerten (IAS 40.54). Vgl. KÖHLING, K., Renditeimmobilien nach IFRS 13 und IAS 40, S. 22.

882 Vgl. BALLWIESER, W., in: Baetge u. a., Rechnungslegung nach IFRS, 2. Aufl., IAS 40, Rn. 57; FREIBERG, J., in: Haufe IFRS, 10. Aufl., § 16, Rn. 56. Da gemäß IAS 40.38 der Fair Value die aktuellen Marktbedingungen widerspiegeln soll und keine planmäßigen Abschreibungen vorgesehen sind, ist davon auszugehen, dass die Werte jährlich neu zu ermitteln sind. Vgl. PELLENS, B./FÜLBIER, R. U./GASSEN, J./SELLHORN, T., Internationale Rechnungslegung, S. 374.

Geschäftstätigkeit der Organisation genutzt und verbraucht. Die Renditeimmobilien werden hingegen dazu gehalten, zusätzliche Werte zu generieren.[883] Des Weiteren muss sich die Bilanzierung von Renditeimmobilien an der Bilanzierung von Finanzinstrumenten messen lassen. Die Finanzinstrumente bilden mit den Renditeimmobilien zusammen den Bestand der Vermögensverwaltung und sollten daher auch ähnlich bilanziert werden. Daher sollte für die Renditeimmobilien nach IAS 40 das Fair-Value-Modell gewählt werden.[884]

Eine Immobilie ist nach IAS 40.66 **auszubuchen**, wenn sie abgeht oder dauerhaft nicht mehr genutzt werden soll und aus dem Abgang ein künftiger wirtschaftlicher Nutzen nicht mehr erwartet wird. Differenzen bei der Ausbuchung sind im Gewinn oder Verlust zu erfassen (IAS 40.69).

522.2 Angaben zu Renditeimmobilien

Für zugewendete Immobilien, die als **Renditeimmobilien** genutzt werden sollen, sind, unabhängig vom verwendeten Folgebewertungsmodell, Informationen zur Bewertung, zur Wahl des Folgebewertungsmodells, zur Verwendung eines unabhängigen Gutachters, zum Ausmaß der Ertragsrealisation sowie zu Verwendungsbeschränkungen und zu aus Immobilien resultierenden Verpflichtungen anzugeben (IAS 40.75).[885]

Wird das **Fair-Value-Modell** im Rahmen der Folgebewertung verwendet, so ist eine Überleitungsrechnung des Buchwertes am Beginn des Geschäftsjahres auf den Buchwert am Ende des Geschäftsjahres zu erstellen (IAS 40.76).[886] Auch in dem Fall, dass das Anschaffungskostenmodell verwendet wird, ist der Fair Value im Anhang, neben weiteren Angaben (IAS 40.79), gemäß IAS 40.79 (e) anzugeben.[887]

Bezüglich der Fair-Value-Ermittlung sind die Angabepflichten des **IFRS 13** zu beachten. Im Fall periodisch wiederkehrender Fair-Value-Bewertungen sind, zusätzlich zu den in Abschnitt 512.215 erläuterten Aspekten, pro Klasse von Vermögenswerten vor allem Informationen zur Fair-Value-Bewertung am Ende der Periode sowie für Level 3 eine Überleitungsrechnung vom Anfang bis zum

---

883 Vgl. WEBER, C.-P., in: Wiley-Kommentar, 7. Aufl., Abschn. 12, Rn. 296.

884 Siehe dazu Abschn. 423.6.

885 Vgl. auch ausführlicher zu den Angabepflichten FREIBERG, J., in: Haufe IFRS, 10. Aufl., § 16, Rn. 119-126.

886 Vgl. KÖHLING, K., Renditeimmobilien, S. 36. Ist ausnahmsweise ein Fair Value fortdauernd nicht verlässlich ermittelbar und wird für die anderen Immobilien das Fair-Value-Modell angewendet, so sind die Beträge der entsprechenden Immobilie getrennt von denen der anderen Immobilien in der geschilderten Überleitungsrechnung abzubilden. Zusätzlich sind weitere umfangreiche Angaben zur konkreten Immobilie, den Gründen, Schätzungsbandbreiten für den Fair Value sowie Informationen zum Abgang nicht zum Fair Value bewerteter Immobilien anzugeben (IAS 40.78).

887 In Ausnahmefällen (IAS 40.53), in denen für den Anhang der Fair Value nicht fortlaufend verlässlich ermittelt werden kann, sind eine Beschreibung der entsprechenden Renditeimmobilien, eine Erklärung, warum der Fair Value nicht verlässlich ermittelt werden kann sowie, wenn möglich, die Schätzungsbandbreite innerhalb derer der Fair Value höchstwahrscheinlich liegt, anzugeben (IAS 40.79 (e)).

Ende der Periode und Erläuterungen zur Sensitivität der Fair-Value-Bewertung anzugeben (IFRS 13.93).[888]

522.3 Ertragsrealisation im Zusammenhang mit der Abbildung in der Bilanz

522.31 Bilanzierung der Renditeimmobilien im Zugangszeitpunkt

522.311 Zuwendungen von Immobilien ohne Gegenleistungen

Zunächst soll die **Zuwendung einer Immobilie ohne Gegenleistung** und ihre Einordnung als Renditeimmobilie untersucht werden. Im Anschluss wird dann im Unterschied zur Zuwendung ohne Gegenleistung eine Investition in eine Renditeimmobilie untersucht.

Wird direkt bei *Zuwendung*[889] einer Immobilie beschlossen, sie in der Vermögensverwaltung zu nutzen, so ist sie nach IAS 40 zu bilanzieren. Renditeimmobilien sollten, ebenso wie selbst genutzte Immobilien, erfolgsneutral mit ihrem Fair Value aktiviert werden.[890] Transaktionskosten sind kein charakteristisches Merkmal der Immobilie und daher sind sie sofort aufwandswirksam zu erfassen.[891] Die Transaktionskosten fallen zunächst im ideellen Bereich an, in den die zwischenzeitlich in der Vermögensverwaltung angelegten Mittel am Ende auch wieder zurückfließen. Daher entstehen Kosten, um eine Zuwendung ohne Gegenleistung zu erhalten, ebenfalls im ideellen Bereich. Im Ergebnis sollten die Transaktionskosten aus einer Zuwendung ohne Gegenleistung daher als Mittelverwendung wie im Fall von selbst genutzten Immobilien im ideellen Bereich gebucht werden. Hier soll von einem Fair Value eines Gebäudes i. H. v. 100 GE und von durch die NPO gezahlte Transaktionskosten i. H. v. 2 GE ausgegangen werden.

Aufwand	2	an	Zahlungsmittel	2

Rückstellungen aus freien Zuwendungen	2	an	Ertrag aus Verwendung freier Zuwendungen	2

Da die Mittel in der Vermögensverwaltung temporär gebunden und nicht zeitnah für die Zwecke der NPO verwendet werden können, sollten die daraus resultierenden Rückstellungen gesondert gekennzeichnet werden als „Rückstellungen für Zuwendungen gebunden in der Vermögensverwaltung“:[892]

888 Vgl. ausführlicher zu den Angabepflichten für Renditeimmobilien nach IFRS 13 KÖHLING, K., Renditeimmobilien, S. 36-38.

889 Im Fall von Zuwendungszusagen ist noch nicht entscheidend, dass es sich bei der Zuwendung um eine Renditeimmobilie handelt. Dies resultiert daraus, dass vor Übergabe der Zuwendung ein Recht zu bilanzieren ist, auf das IAS 40 nicht anzuwenden ist.

890 Siehe Abschn. 522.1.

891 Vgl. FREIBERG, J., in: Haufe IFRS, 10. Aufl., § 16, Rn. 52.

892 Siehe dazu Abschn. 423.6.

Immobilien	100	an	Rückstellungen für Zuwendungen gebunden in Vermögensverwaltung	100

522.312 Investitionen in Immobilien

In diesem Abschnitt wird erläutert, wie eine Immobilie, die aus bereits bei der NPO vorhandenen Mitteln erworben wird, zu bilanzieren ist.

Die Renditeimmobilie ist gemäß IAS 40.20 mit den Anschaffungs- oder Herstellungskosten zu bewerten. Die Transaktionskosten sind in diesem Fall nicht im Zugangszeitpunkt erfolgswirksam, sondern als Anschaffungsnebenkosten zu aktivieren. Das im Beispiel gekaufte Gebäude hat einen Kaufpreis i. H. v. 100 GE und die NPO zahlt 2 GE Transaktionskosten. Der Kauf der Immobilie ist dann wie folgt zu buchen:

Immobilien	100	an	Zahlungsmittel	100

Immobilien	2	an	Zahlungsmittel	2

Für den Kauf der Immobilie werden freie Mittel verwendet, denn die Immobilie wird gekauft und nicht ohne Gegenleistung zugewendet. Daher sind die in der Immobilie gebundenen Mittel nicht mehr aussagekräftig in den „Rückstellungen aus freien Zuwendungen" ausgewiesen. Der veränderte Charakter sollte erkennbar sein und die Rückstellungen daher anders ausgewiesen werden als „Rückstellungen für Zuwendungen gebunden in der Vermögensverwaltung".[893]

Rückstellungen aus freien Zuwendungen	102	an	Rückstellungen für Zuwendungen gebunden in Vermögensverwaltung	102

522.32 Folgebilanzierung der Renditeimmobilien

Unabhängig davon, wie die Immobilie in den Verfügungsbereich der NPO gelangte, sollte in der Vermögensverwaltung, wie bereits erläutert,[894] das Bilanzierungswahlrecht für die Folgebewertung zugunsten des Fair-Value-Modells ausgeübt werden. Das Fair-Value-Modell sieht keine planmäßigen Abschreibungen vor, sondern bildet durch Wertminderungen den u. U. entstehenden „Verbrauch" der Immobilie ab. Die Wertminderungen und Wertsteigerungen (auch über die historischen Anschaffungskosten hinaus) sind, wie bei gewinnorientierten Unternehmen auch, erfolgswirksam zu erfassen. Beim Ausweis dieser Wertänderungen ist allerdings der verschiedene Charakter der

[893] Siehe dazu Abschn. 423.6.
[894] Siehe Abschn. 522.1.

Immobilien in der Vermögensverwaltung im Vergleich zu selbst genutzten Immobilen zu berücksichtigen. Sie sollten nicht zusammen in der Gesamtergebnisrechnung ausgewiesen werden, weil so die Rendite der Vermögensverwaltung für den Adressaten nicht ersichtlich ist.[895] Vielmehr sollte ein separates (Zwischen-)Ergebnis der Vermögensverwaltung ausgewiesen werden.

Beim Zugang einer Immobilie durch eine *Investition* ist besonders, dass die Transaktionskosten im Zugangszeitpunkt aktiviert werden. Die Transaktionskosten sind in der Folgebewertung anschließend erfolgswirksam, da die Folgebewertung nur auf den Fair Value abstellt und die Transaktionskosten kein werthaltiger Bestandteil der Immobilie sind.[896] Wenn sich der Fair Value annahmegemäß noch nicht geändert hat, ist eine Wertminderung in Höhe der Transaktionskosten aufwandswirksam zu erfassen. Die Unterscheidung von Gebäuden und Grundstücken ist dabei aufgrund der fehlenden planmäßigen Abschreibungen für die Behandlung in der Folgebewertung nicht erheblich:

Aufwand aus Wertminderung	2	an	Immobilien	2

Entsprechend dem in Kapitel 4 entwickelten Konzept ist eine Rückstellungsbuchung im laufenden Vermögensverwaltungsgeschäft nicht erforderlich. Wenn eine Periode abgeschlossen ist, kann ein Ergebnis für die Vermögensverwaltung aus den entsprechenden Aufwendungen und Erträgen ermittelt werden.[897] Damit der Wert der in der Vermögensverwaltung gebundenen Mittel erkennbar ist, sollte das entsprechende Ergebnis den „Rückstellungen für Zuwendungen gebunden in der Vermögensverwaltung" entweder zugeführt oder abgezogen werden. Der Betrag der Zuwendungen, die in der Vermögensverwaltung gebunden sind, ist der beste Schätzer für die Mittel, die die NPO noch zu verwenden hat. In dem Fall, in dem ein negatives Ergebnis entsteht, handelt es sich um Mittelverwendung. Im erläuterten Beispiel, wenn es keine anderen Vermögenswerte in der Vermögensverwaltung gibt, ist das Ergebnis der Vermögensverwaltung –2 GE. Die Rückstellungen sollten dann wie folgt ausgebucht werden:

Rückstellungen für Zuwendungen gebunden in Vermögensverwaltung	2	an	Ergebnis Vermögensverwaltung	2

Würde es sich um ein positives Ergebnis handeln, wäre die Buchung umgekehrt.

Wenn die Renditeimmobilie c. p. in der *nächsten* Periode für 110 GE verkauft wird, ist Folgendes zu buchen:

[895] Siehe Abschn. 423.6.
[896] Vgl. FREIBERG, J., in: Haufe IFRS, 10. Aufl., § 16, Rn. 52.
[897] Siehe Abschn. 423.6.

Zahlungsmittel	110	an	Ertrag aus Verkauf von Immobilien	110

Aufwand aus Abgang von Immobilien	100	an	Immobilien	100

Das gesondert in der Gewinn- und Verlustrechnung ausgewiesene Ergebnis der Vermögensverwaltung in der Periode ist dann 10 GE (siehe Tabelle 5-10).

Vermögens-verwaltung	Ertrag aus Verkauf von Immobilien	110
	– Aufwand aus Abgang von Immobilien	– 100
	= Ergebnis Vermögensverwaltung	**= 10**
	– Ergebnis noch für Zwecke der NPO zu verwenden	– 10
	= 0	= 0

Tabelle 5-10: Ergebnis der Vermögensverwaltung

Das Ergebnis der Vermögensverwaltung aus der Gewinn- und Verlustrechnung sollte den Rückstellungen zugeführt werden.

Ergebnis Vermögensverwaltung	10	an	Rückstellungen für Zuwendungen gebunden in Vermögensverwaltung	10

Auch die entsprechende „Rückstellung für Zuwendungen gebunden in der Vermögensverwaltung" verändert sich. Da nun keine Mittel mehr in der Vermögensverwaltung gebunden sind, sollten die Mittel wieder im ideellen Bereich ausgewiesen werden. Die „Rückstellungen aus freien Zuwendungen" sollten in Höhe des Wertes der Zahlungsmittel, die durch den Verkauf eingenommen wurden, also dem Wert der noch zu verwendenden Mittel, erhöht werden. Die Differenz zwischen dem Wert der „Rückstellung für Zuwendungen gebunden in der Vermögensverwaltung" vor dem Verkauf (100 GE) und den Zahlungsmitteln bzw. den (neuen) „Rückstellungen aus freien Zuwendungen" (110 GE) entspricht dem Ergebnis aus dem Verkauf (10 GE). Durch die Zuführung des Überschusses der Vermögensverwaltung in die „Rückstellung für Zuwendungen gebunden in der Vermögensverwaltung" am Abschlussstichtag entsprechen die „Rückstellungen für Zuwendungen gebunden in der Vermögensverwaltung" dann dem Wert der noch in der Vermögensverwaltung gebundenen Mittel. Aus diesem Grund ist auch bei Verkauf die „Rückstellung für Zuwendungen gebunden in der Vermögensverwaltung" in derselben Höhe auszubuchen.

Rückstellungen für Zuwendungen gebunden in Vermögensverwaltung	110	an	Rückstellungen aus freien Zuwendungen	110

523. Finanzierung durch wirtschaftliche Geschäftstätigkeit

Nicht nur im ideellen Bereich, sondern auch im wirtschaftlichen Bereich können Immobilien durch die NPO selbst genutzt werden.

Da der wirtschaftliche Bereich grundsätzlich der Vermögensverwaltung ähnlich ist, zieht ein Zu- und Abgang aus dem ideellen Bereich in den wirtschaftlichen Bereich die gleichen Folgen wie in der Vermögensverwaltung nach sich.

In der Folgebewertung von Immobilien im wirtschaftlichen Bereich ist ebenfalls IAS 16 einschlägig und die Wahl zwischen dem Anschaffungskosten- und Neubewertungsmodell zu treffen. Da der wirtschaftliche Bereich lediglich ein Teilbereich der NPO ist, gelten die gleichen Argumente für die Verwendung des Anschaffungskostenmodells im wirtschaftlichen Bereich wie bereits für den ideellen Bereich angeführt:[898] Das Bilanzierungswahlrecht zwischen Anschaffungskosten- und Neubewertungsmodell sollte vor dem Hintergrund der Interessen der Zuwender der NPO ausgeübt werden. Hier ist von Bedeutung, zu welchem Zweck die Immobilie gehalten wird. Die Sachanlage soll bei der NPO selbst genutzt werden. Daher sollte das Anschaffungskostenmodell gewählt werden.[899]

Das Ergebnis des wirtschaftlichen Bereiches ist, wie das der Vermögensverwaltung, noch für die Zwecke der NPO zu verwenden oder stellt eine Mittelverwendung dar. Im Folgenden wird beispielhaft ein positives Ergebnis gezeigt, welches zu einer Rückstellungserhöhung i. H. v. 10 GE führen sollte (siehe Tabelle 5-11).

Wirtschaftlicher Bereich	Umsatz	110
	– Aufwand	– 100
	= Ergebnis wirtschaftlicher Bereich	**= 10**
	– Ergebnis noch für Zwecke der NPO zu verwenden	– 10
	= 0	= 0

Tabelle 5-11: Ergebnis des wirtschaftlichen Bereiches

Ergebnis wirtschaftlicher Bereich	10	an	Rückstellungen für im wirtschaftlichen Bereich gebundene Zuwendungen	10

898 Siehe dazu Abschn. 512.214.1.

899 Außerdem ist das Neubewertungsmodell auch in seiner Umsetzung teurer als das Anschaffungskostenmodell. Vgl. PEEMÖLLER, V. H., in: Wiley-Kommentar, 7. Aufl., Abschn. 10, Rn. 64; SCHÄFER, H.-J., in: Reuther/Hard IFRS, Sachanlagevermögen, Rn. 29.

6 Anwendung der konkreten IFRS-Normen zur Darstellung des Abschlusses durch NPOs

61 Bilanz

Ein Abschluss nach IFRS muss folgende Bestandteile enthalten: Bilanz, Gesamtergebnisrechnung[900], Eigenkapitalveränderungsrechnung, Kapitalflussrechnung, Anhang, ggf. Segmentberichterstattung (IAS 1.10).[901]

Die Ergebnisse der vorangegangenen Kapitel 4 und 5 haben zu besonderen Posten in der Bilanz und Gesamtergebnisrechnung geführt. Aus diesem Grund wird im Folgenden untersucht, inwiefern sich mit den Vorschriften zur Darstellung des Abschlusses vor allem für Bilanz, Gesamtergebnisrechnung und Anhang die bilanziellen Besonderheiten darstellen lassen. Im Zusammenhang mit der Analyse der Normen des Anhangs wird auch auf die Frage der Übereinstimmungserklärung mit den IFRS eingegangen.

Zunächst werden die Vorschriften zur Bilanz analysiert. Die Darstellung des Abschlusses ist im Wesentlichen in IAS 1 (Darstellung des Abschlusses) geregelt. Andere Bezeichnungen für die Berichtsinstrumente sind ausdrücklich erlaubt (IAS 1.10). Die **Bezeichnung** „Bilanz" kann auch für NPOs beibehalten werden. Es besteht inhaltlich keine Notwendigkeit, einen anderen Begriff zu wählen.

Vermögenswerte und Schulden sind in **kurz- und langfristige Posten** in der Bilanz zu gliedern, sofern nicht eine Gliederung nach Liquiditätsnähe glaubwürdigere und relevantere Informationen vermittelt (Ausnahme)[902] (IAS 1.60).[903] Kundenforderungen sind stets als kurzfristig auszuweisen, da sie innerhalb des normalen Geschäftszyklus realisiert werden (IAS 1.68).[904] Für jeden Posten, der Beträge angibt, die unter und über zwölf Monate nach dem Abschlussstichtag realisiert oder erfüllt werden, ist die Summe des Betrages (im Anhang) anzugeben, der sich auf über zwölf Monate bezieht (IAS 1.61). Die Unterscheidung in kurz- und langfristige Vermögenswerte und Schulden ist gemäß IAS 1.63 besonders für Unternehmen mit eindeutig identifizierbarem Geschäftszyklus, dagegen die Darstellung nach Liquidität vor allem für Finanzinstitute relevant. Indes darf eine Organisation auch die Darstellung nach Fristigkeit in Kombination mit der nach Liquidität wählen, wenn eine solche Darstellung zu relevanteren und glaubwürdigeren Informationen führt (IAS 1.64).[905]

---

900 Siehe zur Bezeichnung der Bestandteile der Gesamtergebnisrechnung Abschn. 62.

901 Vgl. LÜDENBACH, N., in: Haufe IFRS, 10. Aufl., § 5, Rn. 1.

902 Vgl. LÜDENBACH, N./HOFFMANN, W.-D., Verbindliches Mindestgliederungsschema, S. 90.

903 Vgl. ausführlicher zur Unterteilung in kurz- und langfristige Posten ADLER, H./DÜRING, W./SCHMALTZ, K., International, Abschn. 7, Rn. 90-109.

904 Sie sind nicht als kurzfristig auszuweisen, wenn sie von Anfang an als langfristig gelten oder gestundet sind. Vgl. LÜDENBACH, N., in: Haufe IFRS, 10. Aufl., § 2, Rn. 34; WAWRZINEK, W., in: Beck'sches IFRS HB, 3. Aufl., § 2, Rn. 152. Vgl. ausführlich zur Bilanzgliederung nach Fristigkeit DRSC, RIC 1.

905 Vgl. LÜDENBACH, N., in: Haufe IFRS, 10. Aufl., § 2, Rn. 29-30.

NPOs haben zwar keinen Geschäftszyklus i. S. e. Produktions- und Verkaufszyklus, jedoch nehmen sie ebenfalls mit einer bestimmten Regelmäßigkeit Mittel ein und verwenden sie innerhalb eines bestimmten Zeitraumes. Der Zusammenhang ist dagegen nicht so direkt wie bei einem Produktions- und Verkaufszyklus. Eine Aufteilung nach Fristigkeit vermittelt daher relevante Informationen. Eine Einteilung der Vermögenswerte in der Bilanz in die verschiedenen Tätigkeitsbereiche einer NPO würde hingegen wenig zusätzliche Informationen bereitstellen,[906] denn die verschiedenen Rückstellungsarten auf der Passivseite weisen bereits die jeweiligen (wertmäßigen) Anteile der verschiedenen Finanzierungssphären der NPO aus.

Gemäß IAS 1.57 enthält IAS 1.54 eine **Liste mit Posten**, deren Art und/oder Funktion so unterschiedlich ist, dass sie einen getrennten Ausweis in der Bilanz erforderlich machen.[907] Die Mindestgliederung ist demnach, sofern die Posten wesentlich sind, für Industrie-, Handels- und Dienstleistungsunternehmen verbindlich.[908] **Leerposten**, also das Fehlen von Werten für die genannten Posten, sind nicht anzugeben.[909] Die Bezeichnungen der Posten können gemäß IAS 1.5 angepasst werden. Die *Mindestgliederungsvorschriften* des IAS 1.54 können auch auf NPOs angewendet werden. Posten wie Sachanlagen oder Renditeimmobilien haben auch NPOs und sind daher ebenfalls in der Bilanz auszuweisen. Posten wie Forderungen aus Lieferungen und Leistungen werden bei einer rein ideell tätigen Organisation i. d. R. nicht vorkommen und sind dann als *Leerposten* nicht auszuweisen.

Gemäß IAS 1.55 dürfen in der Bilanz **zusätzliche Posten**, Überschriften oder Zwischensummen eingefügt werden, wenn dies für ein Verständnis der Vermögens- und Finanzlage der Organisation relevant ist. Die verwendeten Bezeichnungen und die Reihenfolge von Posten sowie deren Zusammenfassung können je nach Art der Organisation verändert werden, um relevante Informationen zu liefern (IAS 1.57). Art und Liquidität sowie Funktionen von Vermögenswerten sowie Beträge, Art und Fälligkeiten von Schulden sind bei der Einschätzung, ob zusätzliche Posten auszuweisen sind, zu berücksichtigen (IAS 1.58).[910] Vor allem unterschiedliche Bewertungsgrundlagen können ein Indiz für eine verschiedene Art oder Funktionen sein und zu einem gesonderten Posten führen (IAS 1.59). Durch Zuwendungen ohne Gegenleistungen ergibt sich die Anforderung, zusätzliche Posten in der Bilanz auszuweisen. Vor allem für die *Passivseite* entstehen durch die besondere Bilanzierung von Zuwendungen ohne Gegenleistungen bei NPOs neue Schuldposten. Die verschiede-

---

906 Zur Einteilung der Vermögenswerte und Schulden in eine operative, investive oder finanzielle Kategorie nach dem sog. Management Approach vgl. IASB, ED Financial Statement Presentation, vor allem Rn. 62; KIRSCH, H., Gliederung des IFRS-Abschlusses, S. 340; IASB, DP Financial Statement Presentation, vor allem Rn. 2.27; KIRSCH, H., DP Financial Statement Presentation, vor allem S. 151.

907 Vgl. LÜDENBACH, N., in: Haufe IFRS, 10. Aufl., § 2, Rn. 41 und 48; WAWRZINEK, W., in: Beck'sches IFRS HB, 3. Aufl., § 2, Rn. 159; BRÜCKS, M./EHRCKE, H., in: Internationales Bilanzrecht, IAS 1, Rn. 203.

908 Vgl. LÜDENBACH, N., in: Haufe IFRS, 10. Aufl., § 2, Rn. 40-42; LÜDENBACH, N./HOFFMANN, W.-D., Verbindliches Mindestgliederungsschema, S. 91.

909 Vgl. LÜDENBACH, N., in: Haufe IFRS, 10. Aufl., § 2, Rn. 42.

910 Vgl. dazu auch LÜDENBACH, N., in: Haufe IFRS, 10. Aufl., § 2, Rn. 49.

nen Verpflichtungen sollten nicht alle zusammen ausgewiesen werden, da sie zum einen auf unterschiedlichen Bewertungsgrundlagen basieren, zum anderen Verpflichtungen gegenüber verschiedenen Parteien (Mittelzuwender, Mittelverwendung) widerspiegeln sowie unterschiedlichen Wahrscheinlichkeiten bezogen auf den Nutzenzufluss durch die Zuwendung unterliegen. Auch die verschiedenen Fristigkeiten sind zu berücksichtigen.

Inwiefern aktivierte Zuwendungen Beschränkungen unterliegen, sollte anhand der entsprechenden Rückstellungen ausgewiesen werden. Mittel aus *Zuwendungszusagen* sind z. B. nur beschränkt verwendbar, da sie der NPO noch nicht zugeflossen sind.[911] Ihre Beschränkung ist hingegen von Beschränkungen auf aktuell bei der NPO befindliche Vermögenswerte (z. B. Auflagen) zu unterscheiden. Daher sollten sie separat auf der Passivseite ausgewiesen werden.

Die Nutzung der Mittel kann z. B. auch durch *Auflagen* eingeschränkt sein. Solche spezifisch beschränkt verwendbaren Zuwendungen können z. T. zusammen als gebundene Zuwendungen ausgewiesen werden, sofern nicht eine der Gruppen eine wesentliche, alleinstehende Bedeutung hat.[912] Auch ein „Davon“ Vermerk ist möglich.

Werden langfristige Vermögenswerte zugewendet oder mit zugewendeten Mitteln erworben, so werden die Mittel i. d. R. über die Nutzungsdauer des Vermögenswertes verbraucht und sind damit zeitlich gebunden.[913]

Mittel, die in der Vermögensverwaltung oder im wirtschaftlichen Bereich gebunden sind, sollten ebenfalls separat ausgewiesen werden, da ihre bilanzielle Entwicklung mit dem Gewinn oder Verlust des jeweiligen Bereiches übereinstimmen sollte. Sie sind den langfristigen Schulden zuzuordnen, da sie sozusagen das investierte Nettovermögen in die Bereiche zeigen.

Zurückzugewährende Zuwendungen haben ebenfalls eine eigene Verwendungsrichtung und daher sollten die entsprechenden Rückstellungen, sofern wesentlich, separat ausgewiesen werden.

62 Gesamtergebnisrechnung

Die Gesamtergebnisrechnung[914] hat den *Gewinn oder Verlust*, das *sonstige Ergebnis* sowie das Gesamtergebnis der Periode als Summe des *Gewinns oder Verlusts* sowie *des sonstigen Ergebnisses* auszuweisen (IAS 1.81A). Alternativ können *Gewinn und Verlust* sowie das *sonstige Ergebnis* ge-

---

911 Ähnlich vgl. FASB, SFAS 116, Tz. 15.

912 Vgl. ähnlich SIEGEL, T., Transparenzdefizite, S. 184.

913 Vgl. FASB, SFAS 116, Tz. 16.

914 In 2011 wurde der Begriff Gesamtergebnisrechnung (*Statement of Comprehensive Income*) durch *Statement of Profit or Loss and Other Comprehensive Income* sowie der Begriff *Income Statement* durch *Statement of Profit or Loss* geändert (IAS 1.BC20B). Vgl. AMSHOFF, H./JUNGIUS, T., Änderungen an IAS 1, S. 247. Der Begriff Gesamtergebnisrechnung ist aber weiterhin zulässig (IAS 1.82A) (vgl. SELLHORN, T./HAHN, S./MÜLLER, M., Other Comprehensive Income, S. 1014) und wird im Folgenden verwendet.

trennt dargestellt werden (IAS 1.81A). Sie sind dann direkt aufeinander folgend im Abschluss darzustellen (IAS 1.10A).

IAS 1.82 enthält eine Liste mit **Posten**, die die Gesamtergebnisrechnung mindestens zu enthalten hat.[915] Für NPOs können diese Posten hingegen als Leerposten ggf. nicht anzugeben sein. Gemäß IAS 1.85 dürfen zusätzliche Posten, Überschriften oder Zwischensummen, wenn es für das Verständnis der Ertragslage relevant ist, in die Gesamtergebnisrechnung eingeführt werden. Es sind alle Aufwands- und Ertragsposten in der Gewinn- und Verlustrechnung zu erfassen, es sei denn, ein IFRS gestattet eine andere Vorgehensweise (IAS 1.88). Wesentliche Posten sind gesondert anzugeben (IAS 1.97).

Die zunächst getrennt auszuweisenden Ergebnisse der verschiedenen **Betätigungsbereiche** der NPO sollten anschließend wieder zusammengeführt werden (siehe Tabelle 6-1 nach dem Umsatzkostenverfahren). Die Ergebnisse der Vermögensverwaltung sowie des wirtschaftlichen Bereiches sind dem ideellen Bereich über die entsprechenden Rückstellungen zuzuführen, da sie diesem Bereich dienen.[916] Der Gewinn und Verlust im wirtschaftlichen Bereich enthält die gleichen Komponenten wie ein gewinnorientiertes Unternehmen.[917] Auch die Posten im Rahmen der Vermögensverwaltung unterscheiden sich nicht wesentlich von denen gewinnorientierter Unternehmen.

Aufgrund der besonderen Ertragsrealisation sind die verschiedenen Einnahmenbereiche, wie Spenden und Mitgliedsbeiträge, der NPO nicht ersichtlich. Sie können im Anhang separat ausgewiesen werden. Ausführlichere Angaben dazu werden in Abschnitt 632 erläutert.

Der Aufwand ist gemäß IAS 1.99 entweder nach Art (Gesamtkostenverfahren) oder Funktion innerhalb der Organisation (Umsatzkostenverfahren) aufzugliedern, je nachdem, welche Form glaubwürdigere und relevantere Informationen ermöglicht. Das Gesamtkostenverfahren ist einfach anzuwenden, da die Aufwendungen nicht den einzelnen Funktionsbereichen der Organisation zuzuteilen sind, wie z. B. Abschreibungen (IAS 1.102). Das Umsatzkostenverfahren kann relevantere Informationen z. B. aufgrund der Umsatzkosten liefern, aber die Zuordnung der Aufwendungen zu den Funktionen kann „willkürlich" sein und auf „erheblichen Ermessensentscheidungen" beruhen (IAS 1.103). Neben den Umsatzkosten werden auch Vertriebskosten und Verwaltungsaufwendungen ausgewiesen (IAS 1.103). Wird das Umsatzkostenverfahren angewendet, so sind zusätzliche Informationen über die Art der Aufwendungen, einschließlich der Abschreibungen sowie Leistun-

---

915 Die Posten des *sonstigen Ergebnisses* sind nach Art zu klassifizieren sowie danach, ob sie reklassifiziert werden oder nicht (IAS 1.82A). Entweder im Anhang oder in der *Gewinn- und Verlust-* sowie *sonstigen Gesamtergebnisrechnung* sind die Beträge der Ertragssteuern anzugeben, die auf die einzelnen Bestandteile des sonstigen Ergebnisses entfallen (IAS 1.90).

916 Siehe Abschn. 522 und 523. Die Frage nach der Reihenfolge der Verwendung der verschiedenen Einnahmearten zur Deckung der Aufwendungen des ideellen Bereiches stellt sich daher nicht. Vgl. zu der Frage, aber bezogen auf das HGB, BUSSE, J. S., Rechnungslegung spendensammelnder Organisationen, S. 179.

917 Hier wird von einem Zweckbetrieb abgesehen.

gen an Arbeitnehmer, anzugeben (IAS 1.104). Die Aufwendungen können in der Gewinn- und Verlustrechnung oder im Anhang aufgegliedert werden; die Aufgliederung in der Gewinn- und Verlustrechnung wird indes empfohlen (IAS 1.100).

NPO		
	Wirtschaftlicher Bereich	Ertrag - Aufwand
		= Ergebnis wirtschaftlicher Bereich - Ergebnis noch für Zwecke der NPO zu verwenden
		= 0
	Vermögens-verwaltung	Ertrag - Aufwand
		= Ergebnis Vermögensverwaltung - Ergebnis noch für Zwecke der NPO zu verwenden
		= 0
	Ideeller Bereich	Ertrag aus Verw endung freier Zuwendungen + Ertrag aus Verwendung gebundener Zuwendungen + Ertrag aus Wertsteigerungen + ... - Aufwendungen zur Erfüllung der Zwecke der NPO - Verwaltungsaufwendungen - Werbeaufwendungen - sonstige Aufwendungen des ideellen Bereiches
		= Ergebnis des ideellen Bereiches (0)
		= Ergebnis der NPO (0)

Tabelle 6-1: Kombination der Ergebnisse der verschiedenen Bereiche einer NPO

Die Mittelverwendung ist im ideellen Bereich sowohl für die Rechenschaft als auch für die Bewertungsnützlichkeit von Bedeutung. Das **Umsatzkostenverfahren** kann **relevante** Informationen über den Anteil der Werbe- und Verwaltungsaufwendungen sowie der Aufwendungen, die für die Zwecke der NPO verwendet wurden, vermitteln.[918] Die Zuordnung der Aufwendungen zu den Funktionen kann jedoch sowohl bei gewinnorientierten Unternehmen als auch bei NPOs gemäß IAS 1.103 auf erheblichen Ermessensentscheidungen beruhen. Eine exakte Trennung von Projekt- und Verwaltungskosten ist nicht immer eindeutig für eine glaubwürdige Darstellung möglich: Wenn z. B. Teil des Organisationsziels Information und Kommunikation über ein bestimmtes Thema sind, kann die Information und Kommunikation auch gleichzeitig Werbeaufwand sein.[919] Wird indessen das *Gesamtkostenverfahren* angewendet, so ist eine Matrix mit einer Überleitung vom Gesamtkosten-

918 Vgl. für den Vorzug des Umsatzkostenverfahrens vor das Gesamtkostenverfahren BUSSE, J. S., Rechnungslegung spendensammelnder Organisationen, S. 205; HFA DES IDW, IDW RS HFA 21, Tz. 15.

919 Vgl. URSELMANN, M., Erfolgsfaktoren, S. 149. Vgl. ausführlicher zur Definition von und zu Problemen bei der Abgrenzung der Verwaltungskosten SPRENGEL, R./STRACHWITZ, R./RINDT, S./WALKER, S., Verwaltungskosten von NPOs.

verfahren zum Umsatzkostenverfahren im Anhang zu empfehlen (wie z. B. in Tabelle 6-2), vor allem vor dem Hintergrund, dass NPOs einen Anreiz haben ihre Verwaltungskosten so niedrig wie möglich auszuweisen.[920]

	Aufwand für Zwecke der NPO	Verwaltungsaufwand	Werbeaufwand
Personalaufwand			
Abschreibungen			
Transport			
Kommunikation			
…			

Tabelle 6-2: Beispiel für eine Überleitung vom Gesamtkostenverfahren zum Umsatzkostenverfahren[921]

63 Anhang

631. Allgemeine Angaben

Im Folgenden sollen, zusätzlich zu den bei den einzelnen Geschäftsvorfällen geschilderten Anhangangaben der entsprechenden IFRS, die allgemeinen Vorschriften des IAS 1 erläutert werden. Die Ausführungen beziehen sich dabei auf den Einzelabschluss einer NPO und die im Regelfall relevanten Angaben.

Im Anhang sollen die Rechnungslegungsmethoden, die dem aufgestellten Abschluss zugrunde liegen, sowie die nach IFRS erforderlichen Angaben, die nicht in anderen Abschlussbestandteilen ausgewiesen wurden, und weitere Informationen, die für das Verständnis des Abschlusses relevant sind, angegeben werden (IAS 1.112). Jeder Posten der Bilanz, Gesamtergebnisrechnung, Eigenkapitalveränderungsrechnung und Kapitalflussrechnung ist per Querverweis mit den zugehörigen Informationen im Anhang zu verbinden (IAS 1.13). Von der Reihenfolge der Erläuterungen zu den einzelnen Posten der Berichtsinstrumente kann dann abgewichen werden, wenn eine Erläuterung mehrerer Abschlussposten zusammen dazu führt, dass der Sachverhalt verständlicher vermittelt wird.[922]

Normalerweise werden die Anhangangaben in der folgenden Reihenfolge dargestellt, die den Adressaten hilft, den Abschluss zu verstehen und ihn mit denen anderen Organisationen vergleichen zu können (IAS 1.114):

---

920 Vgl. SPRENGEL, R./STRACHWITZ, R./RINDT, S./WALKER, S., Verwaltungskosten von NPOs, S. 10. Vgl. zur Aufgliederung der Aufwendungen und Erträge nach Funktion *und* Art IASB, ED Financial Statement Presentation, Rn. 142; KIRSCH, H., Gliederung des IFRS-Abschlusses, S. 342-343; IASB, DP Financial Statement Presentation, Rn. 3.42; KIRSCH, H., DP Financial Statement Presentation, S. 15-154.

921 Eine umfangreiche Zuordnung von Aufwendungen wird in der Ausgabenmatrix des DZI vorgenommen. Vgl. dazu DZI, Werbe- und Verwaltungsausgaben, S. 8-17.

922 Vgl. BISCHOF, S./KLEEKÄMPER, H./KNORR, L./WENDLANDT, K., in: Baetge u. a., Rechnungslegung nach IFRS, 2. Aufl., IAS 1, Rn. 183.

<u>Allgemeine Angaben</u>

- ausdrückliche Bestätigung der Übereinstimmung mit den IFRS (IAS 1.16),
- zusammenfassende Darstellung der wesentlichen angewandten Rechnungslegungsmethoden,

<u>Erläuterungen der Abschlussposten</u>

- ergänzende Informationen zu den in den anderen Berichtsinstrumenten dargestellten Posten in der Reihenfolge, in der jeder Abschlussbestandteil und jeder Posten dargestellt wird (sofern adäquat),

<u>Sonstige Angaben</u>

andere Angaben wie u. a.

- Eventualverbindlichkeiten gemäß IAS 37 sowie nicht bilanzierte vertragliche Verpflichtungen und nicht finanzielle Angaben (siehe z. B. IFRS 7),
- Beziehungen zu nahestehenden Personen,
- ggf. Segmentbericht,
- Sitz und Rechtsform der Organisation, Land in dem die Organisation als juristische Person registriert ist, Adresse des Sitzes sowie Beschreibung der Art der Geschäftstätigkeit (IAS 1.138).[923]

Im allgemeinen Teil des Anhangs ist eine ausdrückliche **Übereinstimmung** mit den IFRS anzugeben (IFRS 1.114).[924] Ein Abschluss darf allerdings nur dann als mit den IFRS übereinstimmend bezeichnet werden, wenn er sämtliche Anforderungen erfüllt. Solange von konkreten IFRS-Normen aufgrund von Regelungslücken (IAS 8.10-12) abgewichen wird, handelt es sich um zulässige Abweichungen innerhalb der IFRS. Ein Abschluss kann daher unter Einhaltung der IAS 8.10-12 weiterhin als übereinstimmend mit den IFRS bezeichnet werden. Wird also die in den vorangegangenen Kapiteln entwickelte Bilanzierung angewendet, so steht sie einer solchen Bestätigung nicht entgegen.

Der allgemeine Teil erhält Erläuterungen bzgl. der maßgeblichen **Rechnungslegungsmethoden**. Es sind die Bewertungsgrundlagen des Abschlusses (wie z. B. Fair Value) sowie sonstige angewandte Rechnungslegungsmethoden anzugeben, die für das Verständnis des Abschlusses relevant sind (IAS 1.117). Es ist weiterhin anzugeben, welche Ermessensentscheidungen (außer Schätzungen) bei der Anwendung der Rechnungslegungsmethoden getroffen wurden und welche Ermessensentscheidungen die Beträge im Abschluss am wesentlichsten beeinflussen (IAS 1.122). In IAS 40 ist z. B. vorgeschrieben, dass Kriterien zur Abgrenzung von selbst genutzten Immobilien und Renditeimmobilien anzugeben sind, sofern Schwierigkeiten bei der Abgrenzung bestehen (IAS 1.124). Bei NPOs werden die Angaben bzgl. der Rechnungslegungsmethoden diejenigen von gewinnorientier-

[923] Dass auf eine juristische Person für die Beschreibung der Organisation abgestellt wird, ist für NPOs nicht problematisch. Denn eine juristische Person ist eine Vereinigung von Personen oder Vermögen zu einer rechtlich geregelten Organisation, der die Rechtsordnung Rechtsfähigkeit verleiht und sie daher selbst Trägerin von Rechten und Pflichten sein kann. Vgl. ELLENBERGER, J., in: Palandt, 71. Aufl., Einführung vor § 21, Rn. 1.

[924] Vgl. LÜDENBACH, N., in: Haufe IFRS, 10. Aufl., § 2, Rn. 7.

ten Unternehmen überschreiten, da die ausgefüllten Regelungslücken ausführlicher Beschreibungen bedürfen.[925]

Weiterhin hat eine Organisation im allgemeinen Teil umfassende Angaben zu den wichtigsten zukunftsbezogenen Annahmen sowie wesentliche Quellen von **Schätzungsunsicherheiten** anzugeben, durch die ein beträchtliches Risiko bzgl. wesentlicher Anpassungen der Buchwerte in der Bilanz innerhalb des nächsten Geschäftsjahres entstehen können (IAS 1.125-131).[926]

Die Angaben zu den **einzelnen Abschlussposten** sowie den sonstigen Angaben sind primär in den spezifischen Standards und nicht in IAS 1 geregelt und wurden daher bereits in den entsprechenden Analyseabschnitten der Sachverhalte erläutert.[927]

632. Angaben zu Abschlussposten

Wie bereits im Zusammenhang mit den einzelnen Sachverhalten erläutert wurde, enthalten die IFRS umfangreiche Angabeanforderungen. Vor allem vor dem Hintergrund der Angabeanforderungen des IFRS 13 und IFRS 7 können die Angabeanforderungen für NPOs sehr umfangreich werden. Sie sind allerdings erforderlich, damit eine Übereinstimmung mit den IFRS bestätigt werden kann.

Durch die besonderen Posten, die bei NPOs zusätzlich entstehen, sind entsprechende Angaben zu deren Verständnis erforderlich. Zum einen sind, wie bereits erläutert, die angewendeten Rechnungslegungsmethoden auf allgemeiner Ebene zu beschreiben. Auf Postenebene sind indes ebenfalls zusätzliche Angaben erforderlich. Die Anhangangaben können Posten detaillierter als z. B. die Bilanz aufschlüsseln (IAS 1.30). Von hervorgehobener Bedeutung sind dabei die aus dem Sachverhalt „Zuwendung ohne Gegenleistung“ resultierenden Rückstellungen. Diese besonderen Rückstellungen sollten, aufgrund ihres Charakters, separat von den übrigen Rückstellungen ausgewiesen und erläutert werden.

Der im Folgenden gezeigte Rückstellungsspiegel enthält die NPO-spezifischen Rückstellungen aus den in den vorangegangen Abschnitten untersuchten Sachverhalten (siehe Tabelle 6-3). In dem Rückstellungsspiegel sind nicht nur die Entwicklungen der einzelnen Rückstellungen zu erkennen, sondern auch die verschiedenen Einnahmenarten der Periode. Die besonderen Rückstellungen und die Einnahmenarten können zusammen erläutert werden. Die einzelnen Elemente des Rückstellungs- und Einnahmenspiegels einer Periode sollten mithilfe der Zeilen- und Spaltennummerierungen erklärt werden.

[925] Vgl. zu Angaben bei vorliegenden Regelungslücken im Rahmen der Angaben zu den Rechnungslegungsmethoden LÜDENBACH, N., in: Haufe IFRS, 10. Aufl., § 5, Rn. 49.

[926] Vgl. dazu ausführlicher LÜDENBACH, N., in: Haufe IFRS, 10. Aufl., § 5, Rn. 50-60.

[927] Vgl. LÜDENBACH, N., in: Haufe IFRS, 10. Aufl., § 5, Rn. 81.

Der Rückstellungsspiegel bezieht sich begrifflich nicht auf Verbindlichkeiten für bzw. aus Zuwendungen. Indes können einige der Sachverhalte zu den aufgelisteten Rückstellungen aufgrund sicherer Fälligkeit und Höhe auch zu entsprechenden Verbindlichkeiten führen. Diese können, je nach Umfang, mit in den Spiegel aufgenommen oder in einem separaten Spiegel im Zusammenhang mit den Rückstellungen erläutert werden.

In Spalte I sind die in der Bilanz ausgewiesenen Rückstellungen, aufgeteilt in lang- und kurzfristig aufgeführt. Sind in der Bilanz einige dieser Posten aufgrund des Wesentlichkeitsgrundsatzes zusammengefasst, kann es für die Adressaten relevant sein, die Posten im Rückstellungsspiegel weiter aufzugliedern. Durch Zwischensummen sollten stets für die in der Bilanz ausgewiesenen Posten der Buchwert zu Beginn und Ende der Periode (Spalte II und Spalte XIII) nachvollziehbar sein. So kann eine Überleitung von der Bilanz in den Anhang gewährleistet werden.

Zunächst sind zum Buchwert die Zuführungen zu den entsprechenden Rückstellungen aufgegliedert. In den Spalten III-VI ist das Ergebnis der Einwerbebemühungen bezogen auf Zuwendungen durch die NPO ersichtlich. Hier können je nach Art der NPO die wesentlichen Einnahmenkategorien aufgegliedert werden (Spalte III-V). Zu beachten ist, dass Zuwendungszusagen von den Einnahmen und anderen Zuwendungen zu trennen sind (Spalte VI). Die Zusagen sind nicht mit ihrem Nominalwert, sondern mit ihrem Fair Value, mit dem sie im Zugangszeitpunkt bzw. nach Aufzinsung am Stichtag bewertet wurden, anzugeben. Aufzinsungsbeträge für Zusagen sollten ebenfalls in der Spalte ausgewiesen werden. Erläuterungen zu den in die Spalten einfließenden Werten sind für das Verständnis der Übersicht daher von Bedeutung.

Der Ausweis der Einnahmen (auch nicht finanziell) und Zusagen ist nicht in der Gewinn- und Verlustrechnung ersichtlich. Daher ist es von Bedeutung, diese zur Prognose künftiger Einnahmen der NPO im Anhang anzugeben. Die in der folgenden Tabelle 6-4 enthaltenen Einnahmenarten (inkl. nicht finanziell) können bereits aggregiert auf wenige Kategorien im Rückstellungsspiegel in Tabelle 6-3 enthalten sein. Durch die ausführlichere Einnahmenübersicht in Tabelle 6-4 kann der Rückstellungsspiegel übersichtlich gehalten werden. Dies kann für NPOs, die sehr viele Einnahmenarten haben, deren unterschiedlicher Charakter für die Adressaten aber relevant ist, angemessen sein, zudem ist ein Vergleich zur Vorperiode möglich.

	Rückstellungen für/ aus Zuwendungen	Buchwert 01.01.20X1	Zuführung Finanzielle Spenden	Sach-spenden	...	Zusagen	neu zu bildene Rückstellung	Um-buchungen	Verbrauch der Zuwendungen	Auflösung	Ergebnis Vermögens-verwaltung	Ergebnis wirtschaf-tlicher Bereich	Buchwert 31.12.20X1
	I	II	III	IV	V	VI	VII	VIII	IX	X	XI	XII	XIII
1	LANGFRISTIG												
1B	Freie Zuwendungszusagen												
...	...												
1H	Zuwendungen in der Vermögensverwaltung												
1I	Zuwendungen im wirtschaftlichen Bereich												
1J	Zurückzugewährende Zuwendungen												
	SUMME												
2	KURZFRISTIG												
2A	Freie Zuwendungen												
...	...												
2J	Zurückzugewährende Zuwendungen												
2K	Zur Veräußerung gehaltene Zuwendungen												
	SUMME												
	GESAMT												

Tabelle 6-3: Beispiel für einen Rückstellungsspiegel inkl. Einnahmearten

Einnahmen und andere Zuwendungen im ideellen Bereich aus:	20X1 TEUR	20X0 TEUR
Privaten Spenden		
Unternehmensspenden		
Weitergeleitete Spenden		
Mitgliedsbeiträge		
Sachspenden		
...		

Tabelle 6-4: **Einnahmen und andere Zuwendungen der Berichtsperiode**

Zuführungen zu den Rückstellungen in **Spalte VII** spiegeln aufwandswirksam gebildete Rückstellungen wider. Aufwandswirksam gebildete Rückstellungen können z. B. aus bereits verwendeten Mitteln, die zurückgefordert werden, resultieren.[928]

Die Umbuchungen in **Spalte VIII** sind die erfolgsneutralen Bewegungen zwischen den Rückstellungskategorien. Dabei kann es sich u. a. um Aufzinsungen von einfachen Zuwendungszusagen oder die neue Nutzung von Vermögenswerten in der Vermögensverwaltung handeln.

Die **Spalten IX** und **X** umfassen den Verbrauch und die Auflösung der Rückstellungen. In der Spalte IX sind die Erträge aus der Mittelverwendung der gesamten Periode aufgeschlüsselt.

Durch die (Ergebnis-)**Spalten XI** und **XII** kann die Wertentwicklung der Rückstellungen für die nicht ideellen Bereiche nachvollzogen werden.

Der Zusammenhang von **Eventualverbindlichkeiten** und Rückstellungen, die aus denselben Umständen entstehen, ist in den Anhangangaben zu verdeutlichen (IAS 37.88). Für die Adressaten können die Informationen dazu relevant sein, welche Mittel potenziell wahrscheinlich rückgabepflichtig werden können. So können die Adressaten das mögliche Risiko einer anderen Verwendungsrichtung der Mittel einschätzen. Auch im komplementären Fall, dass von einer Rückgabe ausgegangen wird, aber die Mittel nahezu wahrscheinlich für die Zwecke der NPO aufzuwenden sind, sind entsprechende Angaben von Interesse für die Adressaten.

Zusammenfassend für dieses Kapitel können bezogen auf die Darstellung des Abschlusses vor allem die Möglichkeiten des Einfügens zusätzlicher Posten, einer Bezeichnungsfreiheit für die Berichtsinstrumente sowie zusätzlicher Anhangangaben relevante und glaubwürdig dargestellte Informationen eines IFRS-Abschlusses durch NPOs fördern. Die Anhangangaben können jedoch einen hohen Umfang einnehmen. Zum einen resultiert der hohe Umfang aus den umfassenden Angabepflichten der einzelnen Standards, zum anderen aus zusätzlichen Erläuterungspflichten bzgl. der besonderen Rechnungslegungsmethoden im Rahmen einer IFRS-Anwendung durch NPOs.

[928] Siehe Abschn. 513.14 und 514.

7 Zusammenfassung und Ausblick

Mit der zunehmenden Professionalität von NPOs steigt die Bedeutung veröffentlichter Abschlüsse nach bekannten Rechnungslegungsstandards.[929] Wollen internationale NPOs freiwillig nach internationalen Standards Rechnung legen, so gibt es zurzeit weder verbindlich noch freiwillig anzuwendende internationale Rechnungslegungsstandards. Einige NPOs greifen daher auf die IFRS zurück.[930] Die IFRS wurden hingegen nicht für die Anwendung durch NPOs, sondern für gewinnorientierte Unternehmen entwickelt (Preface IFRS.9). Aus diesem Aspekt heraus ergeben sich vermeintliche Anwendungsprobleme der IFRS für NPOs. Die Ergebnisse dieser Arbeit sollen (internationalen) NPOs, die auf freiwilliger Basis Informationen nach IFRS bereitstellen wollen, dabei helfen, die Möglichkeiten einer internationalen Rechnungslegung nach IFRS zu evaluieren bzw. bei einer konkreten IFRS-Anwendung unterstützen.

Ausgangspunkt der Analysen der Arbeit war der Sachverhalt „Zuwendung ohne Gegenleistung", da es sich bei ihm um ein wesentliches, von gewinnorientierten Unternehmen verschiedenes Charakteristikum der Finanzierung von NPOs handelt. Eine erste Analyse der Anwendung der IFRS auf aggregierter Ebene in **Kapitel 3** hat ergeben, dass sich kein IFRS ausdrücklich auf den Geschäftsvorfall „Zuwendung ohne Gegenleistung" bezieht. Auch kann bzw. sollte keine gesamte Fallanalogie zur Bilanzierung anderer, vermeintlich ähnlicher Sachverhalte, wie „Zuwendungen der öffentlichen Hand", gezogen werden. NPOs können dennoch grundsätzlich die IFRS anwenden, da die IFRS Regelungen für Fälle vorsehen, bei denen sich kein IFRS ausdrücklich auf einen Sachverhalt bezieht. So **können NPOs** auch bei nicht explizit in den IFRS geregelten Sachverhalten einen **IFRS-konformen Abschluss aufstellen**. Des Weiteren wurden in Kapitel 3 mögliche Problembereiche identifiziert, die im Rahmen einer Anwendung der konkreten IFRS-Normen auftreten können: fehlende konkrete Leistungs-Gegenleistungsbeziehung, kein Einbezug in den Anwendungsbereich konkreter IFRS-Standards sowie Accounting Mismatches aufgrund des ungewöhnlichen Zusammenspiels von Normen für die besonderen Geschäftsvorfälle bei NPOs. Treten solche Regelungslücken im Rahmen der konkreten IFRS-Anwendung durch NPOs auf, so sind sie unter Bezug auf das Conceptual Framework und ähnlicher Regelungen in den IFRS sowie den Bedürfnissen der Adressaten auszufüllen.

In **Kapitel 4** wurde auf konzeptioneller Ebene untersucht, wie Zuwendungen ohne Gegenleistungen vor dem Hintergrund des Conceptual Framework der IFRS abgebildet werden sollten. Auf Basis der allgemeinen Kriterien für Ansatz, Bewertung und Ertragsrealisation des Conceptual Framework sowie den Bedürfnissen der Adressaten wurde eine konzeptionelle Bilanzierung von „Zuwendungen ohne Gegenleistungen" innerhalb der IFRS entwickelt. *Kern* des Konzeptes ist, dass „Zuwendungen

---

929 Vgl. HORAK, C./MATUL, C./SCHEUCH, F., Ziele und Strategien von NPOs, S. 1.

930 Vgl. für IFRS z. B. Ärzte ohne Grenzen International, Schweiz: MSF, Financial Report 2010; Plan International, England: PLAN INTERNATIONAL, Worldwide Annual Review and Combined Financial Statements 2011. Vgl. für IFRS for SMEs z. B. Greenpeace International, Niederlande: GREENPEACE, Annual Report 2010.

ohne Gegenleistungen" aufgrund gleichzeitig mit ihnen entstehender Verpflichtungen erfolgsneutral im Zugangszeitpunkt zum Fair Value erfasst werden sollten. Werden die Verpflichtungen aus den Zuwendungen erfüllt, sollte der Verbrauch ertragswirksam abgebildet werden. Die Verpflichtungen sollten hingegen erfolgsneutral aufgelöst werden. Mithilfe der so entwickelten Rechnungslegungsmethoden konnte in der anschließenden Untersuchung der detaillierten IFRS-Normen sichergestellt werden, dass Regelungslücken, die im Detail an verschiedenen Stellen der Bilanzierungsschritte auftreten können, konsistent untereinander und zum Conceptual Framework gefüllt werden.

Im Rahmen der Abbildung von Zuwendungen ohne Gegenleistungen bei NPOs nach IFRS in **Kapitel 5** und **Kapitel 6** wurde die Bilanzierung beispielhafter Sachverhalte nach den konkreten IFRS-Normen sowie die Darstellung des Abschlusses untersucht. Die untersuchten Sachverhalte konnten in unterschiedlichem Umfang durch bestehende konkrete IFRS-Normen bilanziert werden. Allerdings konnte keiner der Sachverhalte vollständig durch bestehende IFRS-Normen abgebildet werden. Für die verschiedenen, untersuchten Sachverhalte wurden die folgenden Ergebnisse erarbeitet.

Eine *(einfache) Zuwendung von Zahlungsmitteln* ohne Verwendungsbeschränkungen und Bedingungen kann weitestgehend durch konkrete, bestehende IFRS-Normen bilanziert werden. Die Zuwendung ohne Gegenleistung sollte allerdings erfolgsneutral erfasst und erfolgswirksam verbraucht werden. Entgegen den Regelungen des IFRS 9 sollte daher kein Ertrag im Zugangszeitpunkt realisiert werden und die durch die Zuwendung ausgelösten Rückstellungen sollten aus dem gleichen Grund nicht erfolgsneutral verbraucht werden. Der Umfang der Anhangangaben ist für diesen Sachverhalt gering.

Auch die *(einfache) Zuwendung einer Immobilie* kann weitestgehend auf Basis der konkreten IFRS-Normen bilanziert werden. Die Immobilie sollte erfolgsneutral zum Fair Value und Wertminderungen der Immobilie sollten erfolgswirksam erfasst werden. Zusätzlich zu den Regelungslücken bei der Bilanzierung einer finanziellen Zuwendung kommt an dieser Stelle als Regelungslücke die Zugangsbewertung einer ohne Gegenleistung zugewendeten Immobilie hinzu. Die Anhangangaben können im Zeitpunkt des Erstansatzes jedoch aufgrund der Anwendung des IFRS 13 umfangreicher als bei gewinnorientierten Unternehmen sein.

Eine *(einfache) Zusage von Zahlungsmitteln* ohne Verwendungsbeschränkungen und Bedingungen sollte im Zugangszeitpunkt erfolgsneutral bilanziert werden. Auch die erfolgswirksame Aufzinsung der Forderung und der Rückstellung sollte zugunsten einer konsistent ausgefüllten Regelungslücke erfolgsneutral erfasst werden. Wertminderungen und Wertsteigerungen vor und aus der Ausbuchung sollten ebenfalls entsprechend erfolgsneutral abgebildet werden. Die Regelungen zur Ertragswirksamkeit im Zugangszeitpunkt und wesentliche Teile der nach IFRS 9 und IAS 37 vorgesehenen erfolgswirksamen Folgebilanzierung beziehen sich nicht ausdrücklich auf den zu bilanzierenden NPO-spezifischen Sachverhalt.

Die *(einfache) Zusage einer materiellen Zuwendung* fällt in keinen Anwendungsbereich eines konkreten Standards. Die Zusage einer materiellen Zuwendung sollte deshalb im Wesentlichen angelehnt an die Bilanzierung einer Zusage einer finanziellen Zuwendung bilanziert werden.

Die Bilanzierung von *aufschiebend bedingten Zuwendungszusagen* basiert auf vielfältigen Regelungslücken vom Ansatz bis zur Ertragsrealisation. Aufschiebend bedingte Zuwendungszusagen sollten, unabhängig davon, ob sie finanzieller oder materieller Natur sind, erst ab einem wahrscheinlichen Nutzenabfluss angesetzt werden. Der Zugang sowie die Folgebewertung sollten im Wesentlichen erfolgsneutral abgebildet werden. Des Weiteren vereinen die aufschiebend bedingten Zuwendungszusagen auch die Problembereiche der zuvor erläuterten einfacheren Zusagen.

Verfügungen von Todes wegen sind vor Eintritt des Todesfalls nicht anzusetzen.

Die Bilanzierung von *vor Bedingungseintritt* übergebenen Zuwendungen und Zuwendungen unter *Auflagen* unterscheidet sich von der bisher erläuterten Bilanzierung im Wesentlichen lediglich durch die Art der zu passivierenden Verpflichtungen.

Rückforderungsmöglichkeiten der Zuwender sollten ab einem wahrscheinlichen Nutzenabfluss anstelle der Verpflichtungen zur Mittelverwendung passiviert werden. Für den Wert der entsprechenden Rückstellung ist dann von Bedeutung, zu welchem Wert die Zuwendung zurückzugewähren ist.

Die Finanzierung über eine *Vermögensverwaltung* oder andere *wirtschaftliche Betätigungen* kann im Wesentlichen wie bei gewinnorientierten Unternehmen abgebildet werden. Die in den nicht ideellen Bereichen gebundenen Mittel sind indes in entsprechenden Rückstellungen auszuweisen.

Die allgemeinen Vorschriften zur *Darstellung des Abschlusses* sind auch für NPOs ausdrücklich anzuwenden. Vor allem die Möglichkeiten zusätzliche Posten einzufügen und die Berichtsinstrumente frei zu bezeichnen, können sich NPOs für ihren Abschluss zunutze machen. Die Anhangangaben können indes einen hohen Umfang einnehmen. Zum einen resultiert der hohe Umfang aus den umfassenden Angabepflichten der einzelnen Standards, zum anderen aus zusätzlichen Erläuterungspflichten der besonderen Rechnungslegungsmethoden.

Die Ergebnisse der Arbeit sollen im Anschluss zusammenfassend vor dem Hintergrund einer konkreten Anwendung durch NPOs **beurteilt** werden.

Durch den konzeptionell anderen Charakter von NPOs im Gegensatz zu gewinnorientierten Unternehmen können die IFRS nicht problemlos durch NPOs angewendet werden. Es entstehen an unterschiedlichen Stellen Interpretationsspielräume bzgl. der Möglichkeit Regelungen ausdrücklich anzuwenden sowie Regelungslücken auszufüllen. Die in dieser Arbeit entwickelte Bilanzierung ist zwar kein zwingendes Ergebnis, bietet aber, unter Abwägung der Möglichkeiten innerhalb der IFRS, ein *optimiertes Ergebnis* vor dem Hintergrund des Conceptual Framework der IFRS.

Aufgrund der unterschiedlichen Möglichkeiten Regelungslücken zu schließen, können NPOs zu unterschiedlichen Abschlüssen gelangen. Die Regelungslücken reichen vom Ansatz über die Bewertung bis hinein in die Ertragsrealisation. Durch solche Spielräume im Rahmen der IFRS-Bilanzierung kann eine *Vergleichbarkeit* zwischen Organisationen erschwert werden. Wird hingegen das in Kapitel 4 entwickelte Konzept für die auszufüllenden Regelungslücken herangezogen, kann eine in sich konsistente und mit dem Conceptual Framework konforme Bilanzierung innerhalb der IFRS erreicht werden.

Des Weiteren hat die *Komplexität* der IFRS Auswirkungen auf die NPOs. Die Komplexität einer Rechnungslegung hängt zum einen von der Komplexität der Rechnungslegungsvorschriften und zum anderen von der Komplexität der in der Rechnungslegung abzubildenden Sachverhalte ab.[931] Damit NPOs unter den aktuellen Rahmenbedingungen einen IFRS-Abschluss aufstellen können, benötigen sie umfangreiche IFRS-Kenntnisse. Es ist erforderlich, an den richtigen Stellen eine ausdrückliche Anwendbarkeit der jeweiligen Detailregelung beurteilen zu können und anschließend eine konsistente und IFRS-konforme Bilanzierung zu entwickeln, um Regelungslücken zu schließen. Dabei ist zu beachten, dass die erforderlichen IFRS-Kenntnisse aufgrund der hohen Komplexität der IFRS bereits für gewinnorientierte Unternehmen umfassend erforderlich sind.[932] Vor allem im Zusammenhang mit der Bewertung zum Fair Value und der Anwendung der Regelungen für Finanzinstrumente kann ein erhöhter Aufwand im Rahmen der Bilanzierung entstehen.[933] Der Umfang und die Komplexität der Fair-Value-Bewertung sind indes von der Art und Zahl der Geschäftsvorfälle der jeweiligen NPO abhängig. Des Weiteren ist zu beachten, dass die Angabeanforderungen der IFRS einen hohen Umfang einnehmen können.[934] Für NPOs kommt im Gegensatz zu gewinnorientierten Unternehmen aufwandserhöhend hinzu, dass die Rechnungslegungsmethoden sowie die besonderen Posten zusätzlich zu den regulär geforderten Angaben zu erläutern sind. Ferner wurde in dieser Arbeit lediglich die finanzielle Berichterstattung untersucht. Im Regelfall werden hingegen weitere Angaben über die finanzielle Berichterstattung hinaus bzgl. der Zweckerfüllung erforderlich sein.[935]

Zusammenfassend bietet die in dieser Arbeit entwickelte Bilanzierung mit ihrem Konzept einen Ausgangspunkt für eine konsistente und konsequente IFRS-Anwendung, wenn eine internationale NPO freiwillig die IFRS anwenden möchte. Die Geschäftsvorfälle, die die jeweilige NPO über die in der Arbeit beispielhaft herangezogenen Geschäftsvorfälle hinaus hat, sollten dann entsprechend unter Rückgriff auf die entwickelte Bilanzierung für Zuwendungen ohne Gegenleistungen abgebildet werden.

Über die konkrete IFRS-Anwendung hinaus kann die Arbeit mit Ausblick auf die Phase G des Conceptual-Framework-Projektes des **IASB** einen Einblick in mögliche Problembereiche einer IFRS-Anwendung durch NPOs geben. Zudem können ggf. auch einige Argumente aus der Analyse bei der zu überarbeitenden Bilanzierung von „Zuwendungen der öffentlichen Hand“ nach IFRS dienlich sein.

---

931 Vgl. KÜTING, K., Komplexität der Rechnungslegung nach IFRS, S. 298.

932 Vgl. KÜTING, K., Komplexität der Rechnungslegung nach IFRS, S. 299-303.

933 Vgl. KÜTING, K., Komplexität der Rechnungslegung nach IFRS, S. 300.

934 Vgl. KÜTING, K., Komplexität der Rechnungslegung nach IFRS, S. 301.

935 Vgl. dazu ausführlicher LÖWE, M., Rechnungslegung von NPOs, S. 264-297; MEYER, B./BERGMANN, A./PASSARDI, M./ZÖBELI, D., Rechnungslegung sozialer Nonprofit-Organisationen, S. 71-72.

Da die betriebswirtschaftliche Forschung auf dem Gebiet der Nonprofit-Organisationen noch verhältnismäßig neu ist,[936] besteht noch umfassender, weiterer **Forschungsbedarf** bzgl. der internationalen Rechnungslegung von NPOs. Hier wären u. a. die Bilanzierung anderer Sachverhalte bei NPOs, aber auch die Konzernrechnungslegung zu nennen.[937]

936 Vgl. ANHEIER, H. K./PRILLER, E./SEIBEL, W./ZIMMER, A., Nonprofit Sektor, S. 18.

937 Vgl. zum Beispiel für die Überlegungen zu einer Konzernrechnungslegung für Stiftungen nach HGB OSER, P., Konzernrechnungslegungspflicht von Stiftungen.

Quellenverzeichnis

Verzeichnis der Gesetzeskommentare und Handbücher zur Bilanzierung

ADLER, HANS/DÜRING, WALTHER/SCHMALTZ, KURT, Rechnungslegung und Prüfung der Unternehmen, 6. Aufl., Stuttgart 1994/2001 (HGB, 6. Aufl.).

ADLER, HANS/DÜRING, WALTHER/SCHMALTZ, KURT, Rechnungslegung nach internationalen Standards, Stuttgart 2002 ff. (International).

BAETGE, JÖRG/WOLLMERT, PETER/KIRSCH, HANS-JÜRGEN/OSER, PETER/BISCHOF, STEFAN (Hrsg.), Rechnungslegung nach IFRS, 2. Aufl., Stuttgart 2003 ff. (zitiert: BEARBEITER, in: Baetge u. a., Rechnungslegung nach IFRS, 2. Aufl.).

BALLWIESER, WOLFGANG (Hrsg.), Handwörterbuch der Rechnungslegung und Prüfung, Band 8, 3. Aufl., Stuttgart 2002 (zitiert: BEARBEITER, in: Ballwieser Rechnungslegung, 3. Aufl.).

BALLWIESER, WOLFGANG/BEINE, FRANK/HAYN, SVEN/PEEMÖLLER, VOLKER H./SCHRUFF, LOTHAR/WEBER, CLAUS-PETER (Hrsg.), Handbuch International Financial Reporting Standards 2011, 7. Aufl., Weinheim 2011 (zitiert: BEARBEITER, in: Wiley-Kommentar, 7. Aufl.).

BAMBERGER, HEINZ GEORG/ROTH, HERBERT (Hrsg.), Beck'scher Online-Kommentar BGB – Kommentar zum Bürgerlichen Gesetzbuch, 2. Aufl., München 2007 ff. (zitiert: BEARBEITER, in: Bamberger/Roth BGB, 2. Aufl.).

BOHL, WERNER/RIESE, JOACHIM/SCHLÜTER, JÖRG (Hrsg.), Beck'sches IFRS-Handbuch – Kommentierung der IFRS/IAS, 3. Aufl., München 2009 (zitiert: BEARBEITER, in: Beck'sches IFRS HB, 3. Aufl.).

BUSCHHÜTER, MICHAEL/STRIEGEL, ANDREAS (Hrsg.), Kommentar Internationale Rechnungslegung IFRS, Wiesbaden 2011 (zitiert: BEARBEITER, in: Buschhüter/Striegel IFRS).

DAUNER-LIEB, BARBARA/LANGEN, WERNER (Hrsg.), BGB Schuldrecht, Band 2/1: §§ 241-610, 2. Aufl., Bonn 2012 (zitiert: BEARBEITER, in: Dauner-Lieb/Langen BGB, 2. Aufl.).

ERNST & YOUNG, International GAAP 2012 – Generally Accepted Accounting Practice under International Financial Reporting Standards, Chichester 2012 (International GAAP).

HEUSER, PAUL J./THEILE, CARSTEN (Hrsg.), IFRS-Handbuch – Einzel- und Konzernabschluss, 5. Aufl., Köln 2012 (zitiert: BEARBEITER, in: Heuser/Theile IFRS, 5. Aufl.).

HOFFMANN, WOLF-DIETER/LÜDENBACH, NORBERT, NWB Kommentar Bilanzierung – Handels- und Steuerrecht, 3. Aufl., Herne 2012 (NWB-Kommentar, 3. Aufl.).

KPMG INTERNATIONAL FINANCIAL REPORTING GROUP, Insights into IFRS, 8. Aufl., London 2011 (Insights into IFRS, 8. Aufl.).

LÜDENBACH, NORBERT/HOFFMANN, WOLF-DIETER (Hrsg.), Haufe IFRS-Kommentar, 10. Aufl., Freiburg im Breisgau 2012 (zitiert: BEARBEITER, in: Haufe IFRS, 10. Aufl.).

PALANDT, OTTO (Begr.), Kurzkommentar zum Bürgerlichen Gesetzbuch, 71. Aufl., München 2012 (zitiert: BEARBEITER, in: Palandt, 71. Aufl.).

PRÜTTING, HANNS/WEGEN, GERHARD/WEINREICH, GERD, BGB – Kommentar, 6. Aufl., Köln 2011 (zitiert: BEARBEITER, in: Prütting u. a. BGB, 6. Aufl.).

REBMANN, KURT/SÄCKER, FRANZ JÜRGEN/RIXECKER, ROLAND (Hrsg.), Münchener Kommentar zum Bürgerlichen Gesetzbuch – Band 3 - Schuldrecht - Besonderer Teil, 4. Aufl., München 2004 (zitiert: BEARBEITER, in: Münchener Komm. BGB, Bd. 3, 4. Aufl.).

REUTHER, FRANK/HARD, REINHARDT (Hrsg.), Praxishandbuch Full IFRS für Familienunternehmen und Mittelstand – Anwendung und Fallstudien, Berlin 2011, S. 135-158 (zitiert: BEARBEITER, in: Reuther/Hard IFRS).

SÄCKER, FRANZ JÜRGEN/RIXECKER, ROLAND (Hrsg.), Münchener Kommentar zum Bürgerlichen Gesetzbuch, Band 1, Allgemeiner Teil, 5. Aufl., München 2006 (zitiert: BEARBEITER, in: Münchener Komm. BGB, Bd. 1, 5. Aufl.).

SÄCKER, FRANZ JÜRGEN/RIXECKER, ROLAND (Hrsg.), Münchener Kommentar zum Bürgerlichen Gesetzbuch – Band 3 - Schuldrecht - Besonderer Teil, 6. Aufl., München 2012 (zitiert: BEARBEITER, in: Münchener Komm. BGB, Bd. 3, 6. Aufl.).

SCHAUHOFF, STEPHAN/BOTT, HARALD (Hrsg.), Handbuch der Gemeinnützigkeit, 3. Aufl., München 2010 (zitiert: BEARBEITER, in: HB Gemeinnützigkeit, 3. Aufl.).

SCHULZE, REINER U. A. (Hrsg.), Bürgerliches Gesetzbuch – Handkommentar, 7. Aufl., Baden-Baden 2012 (zitiert: BEARBEITER, in: Schulze u. a. BGB, 7. Aufl.).

SOERGEL, HANS THEODOR (Begr.), Bürgerliches Gesetzbuch, Band 4/1, Schuldrecht III/I (§§ 516-651), 12. Aufl., Stuttgart u. a. 1998 (zitiert: BEARBEITER, in: Soergel BGB, Bd. 4/1, 12. Aufl.).

SOERGEL, HANS THEODOR (Begr.), Bürgerliches Gesetzbuch, Band 2, Allgemeiner Teil 2 (§§ 104-240), 13. Aufl., Stuttgart u. a. 1999 (zitiert: BEARBEITER, in: Soergel BGB, Bd. 2, 13. Aufl.).

STAUDINGER, JULIUS VON (Begr.), Kommentar zum Bürgerlichen Gesetzbuch mit Einführungsgesetz und Nebengesetzen, Buch 2, Schuldrecht, Berlin 2005 (zitiert: BEARBEITER, in: Staudingers BGB-Komm., Buch 2).

STAUDINGER, JULIUS VON (Begr.), Kommentar zum Bürgerlichen Gesetzbuch mit Einführungsgesetz und Nebengesetzen, Buch 1, Allgemeiner Teil, Berlin 2010 (zitiert: BEARBEITER, in: Staudingers BGB-Komm., Buch 1).

THIELE, STEFAN/VON KEITZ, ISABEL/BRÜCKS, MICHAEL (Hrsg.), Internationales Bilanzrecht – Rechnungslegung nach IFRS, Bonn/Berlin 2008 ff. (zitiert: BEARBEITER, in: Internationales Bilanzrecht).

WESTERMANN, HARM PETER/GRUNEWALD, BARBARA/MAIER-REIMER, GEORG (Hrsg.), Bürgerliches Gesetzbuch – Handkommentar, Band 1, 13. Aufl., Köln 2011 (zitiert: BEARBEITER, in: Erman u. a. BGB, 13. Aufl.).

Verzeichnis der Aufsätze und Monografien

AMSHOFF, HOLGER/JUNGIUS, TOM, Kritische Würdigung der Änderungen an IAS 1, in: PiR 2011, S. 245-249 (Änderungen an IAS 1).

ANHEIER, HELMUT K./PRILLER, ECKHARD/SEIBEL, WOLFGANG/ZIMMER, ANNETTE, Der Nonprofit Sektor in Deutschland, in: Handbuch der Nonprofit Organisation – Strukturen und Management, hrsg. v. Badelt, Christoph/Meyer, Michael/Simsa, Ruth, 4. Aufl., Stuttgart 2007, S. 17-39 (Nonprofit Sektor).

ANHEIER, HELMUT K./TOEPLER, STEFAN, Definition und Phänomenologie der Nonprofit-Organisation, in: Nonprofit-Organisationen in Recht, Wirtschaft und Gesellschaft, hrsg. v. Hopt, Klaus J., Tübingen 2005, S. 17-34 (Definition der NPO).

BADELT, CHRISTOPH, Zwischen Marktversagen und Staatsversagen? – Nonprofit Organisationen aus sozioökonomischer Sicht, in: Handbuch der Nonprofit Organisation – Strukturen und Management, hrsg. v. Badelt, Christoph/Meyer, Michael/Simsa, Ruth, 4. Aufl., Stuttgart 2007, S. 98-119 (Zwischen Markt- und Staatsversagen).

BADELT, CHRISTOPH/HOLLERWEGER, EVA, Ehrenamtliche Arbeit im Nonprofit Sektor, in: Handbuch der Nonprofit Organisation – Strukturen und Management, hrsg. v. Badelt, Christoph/Meyer, Michael/Simsa, Ruth, 4. Aufl., Stuttgart 2007, S. 503-531 (Ehrenamtliche Arbeit).

BADELT, CHRISTOPH/MEYER, MICHAEL/SIMSA, RUTH, Die Wiener Schule der NPO-Forschung, in: Handbuch der Nonprofit Organisation – Strukturen und Management, hrsg. v. Badelt, Christoph/Meyer, Michael/Simsa, Ruth, 4. Aufl., Stuttgart 2007, S. 3-16 (NPO-Forschung).

BAETGE, JÖRG/KIRSCH, HANS-JÜRGEN/THIELE, STEFAN, Bilanzanalyse, 2. Aufl., Düsseldorf 2004 (Bilanzanalyse).

BAETGE, JÖRG/KIRSCH, HANS-JÜRGEN/THIELE, STEFAN, Bilanzen, 11. Aufl., Düsseldorf 2011 (Bilanzen).

BAETGE, JÖRG/ZÜLCH, HENNING/BRÜGGEMANN, BENEDIKT/NELLESSEN, THOMAS, Management's best estimate – Abbildung singulärer Risiken im HGB- und IFRS-Abschluss, in: PiR, S. 315-321 (Management's Best Estimate).

BALLWIESER, WOLFGANG, Informations-GoB - auch im Lichte von IAS und US-GAAP, in: KoR 2002, S. 115-121 (Informations-GoB).

BASLER, HERBERT, Gesetze der großen Zahlen, in: WiSt 1979, S. 73-79 (Gesetze der großen Zahlen).

BERENTZEN, CHRISTOPH, Die Bilanzierung von finanziellen Vermögenswerten im IFRS-Abschluss nach IAS 39 und nach IFRS 9: Eine vergleichende Untersuchung der Entscheidungsnützlichkeit unter besonderer Berücksichtigung des Komplexitätsgrads, Lohmar-Köln 2010 (Finanzielle Vermögenswerte nach IAS 39 und IFRS 9).

BIEKER, MARCUS, Ende des Bilanzierungschaos in Sicht? – Stellungnahme zum IASB-Diskussionspapier „Fair Value Measurements" (Teil II), in: PiR 2007, S. 132-138 (Fair Value Measurements).

BILLETER, HANSPETER/LIST-GESSLER, BRIGITTE, Bußgeldmarketing, in: Fundraising – Handbuch für Grundlagen, Strategien und Methoden, hrsg. v. Fundraising Akademie, 4. Aufl., Wiesbaden 2008, S. 410-420 (Bußgeldmarketing).

BOLOU, WASSILIKI, Schuldrechtliche Beurteilung des Spendenwesens – Zuwendungen an gemeinnützige und karitative Hilfsorganisationen als Kundenschutzproblematik, Berlin 2001 (Spendenwesen).

BRUHN, MANFRED, Sponsoring – Systematische Planung und integrativer Einsatz, 5. Aufl., Wiesbaden 2010 (Sponsoring).

BURLA, STEPHAN, Rationales Management in Nonprofit-Organisationen, Bern 1989 (Rationales Management).

BUSSE, JAN SIMON, Rechnungslegung spendensammelnder Organisationen in Deutschland, Göttingen 2010 (Rechnungslegung spendensammelnder Organisationen).

BUSSE, JAN SIMON/PAARZ, MICHAEL, Rechnungslegung von Nonprofit-Organisationen, Weinheim 2012 (Rechnungslegung von NPOs).

BUSSE COLBE, WALTHER VON, Die Entwicklung des Jahresabschlusses als Informationsinstrument, in: ZfbF 1993, Sonderheft 32, S. 11-30 (Informationsinstrument).

CANARIS, CLAUS-WILHELM, Der Zinsbegriff und seine rechtliche Bedeutung, in: NJW 1978, S. 1891-1898 (Zinsbegriff).

CARSTENSEN, CARSTEN, Vermögensverwaltung, Vermögenserhaltung und Rechnungslegung gemeinnütziger Stiftungen, Frankfurt am Main/Berlin 1994 (Vermögensverwaltung).

CASTEDELLO, MARC, Fair Value Measurement – Der neue Exposure Draft 2009/5, in: WPg 2009, S. 914-917 (Fair Value Measurement).

COENENBERG, ADOLF GERHARD/STRAUB, BARBARA, Rechenschaft versus Entscheidungsunterstützung: Harmonie oder Disharmonie der Rechnungszwecke?, in: KoR 2008, S. 17-26 (Rechenschaft).

CYERT, RICHARD MICHAEL/MARCH, JAMES G., A behavioral theory of the firm, Englewood Cliffs, NJ 1963 (The Firm).

DELOITTE TOUCHE TOHMATSU, A-IFRS vs IFRS – Differences between Australian equivalents to International Financial Reporting Standards (A-IFRS) and International Financial Reporting Standards (IFRS), Sydney 2005 (A-IFRS vs IFRS).

DEUTSCHES RECHNUNGSLEGUNGS STANDARDS COMMITTEE E. V. (DRSC), Rechnungslegungs Interpretation Nr. 1 (RIC 1) – Bilanzgliederung nach Fristigkeit gemäß IAS 1 Darstellung des Abschlusses, Berlin 2005 (RIC 1).

DEUTSCHES ZENTRALINSTITUT FÜR SOZIALE FRAGEN (DZI), Werbe- und Verwaltungsausgaben Spenden sammelnder Organisationen, Berlin 2010 (Werbe- und Verwaltungsausgaben).

DOLL, REINER-PETER, Die Finanzierung von Nonprofit-Organisationen im Hinblick auf Basel II – Eine theoretische und empirisch-explorative Analyse, Bayreuth 2006 (Finanzierung von NPOs).

ECKES, BURKHARD/FLICK, PETER/SIERLEJA, LUKAS, Kategorisierung und Bewertung von Finanzinstrumenten nach IFRS 9 bei Kreditinstituten, in: WPg 2010, S. 627-636 (Kategorisierung und Bewertung von Finanzinstrumenten nach IFRS 9).

EICHHORN, PETER, Konstitutive Merkmale von Non-Profit-Organisationen, in: Non-Profit-Management im Aufwind? – Festschrift für Karl Oettle zum 75. Geburtstag, hrsg. v. Witt, Dieter/Oettle, Karl, Wiesbaden 2001, S. 45-52 (Konstitutive Merkmale).

EIFLER, GÜNTER, Grundsätze ordnungsmäßiger Bilanzierung für Rückstellungen, Düsseldorf 1976 (GoB für Rückstellungen).

ENSTE, DOMINIK, Die Wohlfahrtsverbände in Deutschland – Eine ordnungspolitische Analyse und Reformagenda, Köln 2004 (Wohlfahrtsverbände).

ERDMANN, MARK-KEN/WÜNSCH, MARTIN/ULF, MEYER, Auswirkungen ausgewählter IFRS-Änderungen auf die Unternehmenssteuerung (Teil 2) – ED IFRS 3 (2007), ED IAS 27 (2007) und ED IAS 37 (2007), in: KoR 2006, S. 385-395 (Auswirkungen ED IAS 37).

ERNST, CARSTEN/DREIXLER, TOBIAS, Rechnungsabgrenzungsposten in der IFRS-Rechnungslegung, in: PiR 2011, S. 269-274 (Rechnungsabgrenzungsposten).

EWERT, RALF, Rechnungslegung, Gläubigerschutz und Agency-Probleme, Wiesbaden 1986 (Agency-Probleme).

EWERTOWSKI, THOMAS, Die Behandlung von erhaltenen Investitionszuschüssen in Handels- und Steuerbilanz, in: BB 1984, S. 1015-1024 (Erhaltene Investitionszuschüsse).

FEDERMANN, RUDOLF, Bilanzierung nach Handelsrecht, Steuerrecht und IAS/IFRS – Gemeinsamkeiten, Unterschiede und Abhängigkeiten, 12. Aufl., Berlin 2010 (Bilanzierung).

FISCHER, DANIEL T., IFRS 13 – Fair Value Measurement, in: PiR 2011, S. 235-238 (Fair Value Measurement).

FLADT, GUIDO/FEIGE, PETER, Die Änderungsvorschläge des IASB zu IAS 37 und IAS 19 – Analyse und kritische Würdigung, in: WPg 2005, S. 274-281 (Änderungsvorschläge zu IAS 37).

FLEßA, STEFFEN, Betriebswirtschaftlehre der Nonprofit-Organisationen – Proprium einer Speziellen BWL, in: BFuP 2009, S. 1-22 (Betriebswirtschaftlehre).

FLICK, PETER/GEHRER, JUDITH/MEYER, SVEN, Neue Vorschriften für die Fair Value-Ermittlung von Finanzinstrumenten durch IFRS 13, in: IRZ 2011, S. 387-393 (IFRS 13).

FÖRSCHLE, GERHARDT/KRONER, MATTHIAS/HEDDÄUS, BIRGIT, Ungewisse Verpflichtungen nach IAS 37 im Vergleich zum HGB, in: WPg 1999, S. 41-54 (Ungewisse Verpflichtungen).

FRANK, RAINER/HELMS, TOBIAS, Erbrecht, 5. Aufl., München 2010 (Erbrecht).

FREEMAN, R. EDWARD, Strategic management – A stakeholder approach, Cambridge 2010 (Strategic Management).

FREIBERG, JENS, Bilanzierung von öffentlichen Zuwendungen nach gegenwärtigem und zukünftigem Recht, in: PiR 2005, S. 94-95 (Öffentliche Zuwendungen).

FRITZ, THOMAS/WEISHEIT, MARTINA, Spendenbescheinigung: Kein Spendenabzug mehr ohne Verwendung der amtlichen Muster, in: Stiftungsbrief 2011, Nr. 7, S. 125-129 (Spendenbescheinigung).

GASSEN, JOACHIM, Are Stewardship and Valuation Usefulness Compatible or Alternative Objectives of Financial Accounting – SFB 649 Discussion Paper 2008-028, Berlin 2008, verfügbar unter: http://edoc.hu-berlin.de/series/sfb-649-papers/2008-28/PDF/28.pdf, Stand: 24.04.2012 (Stewardship and Valuation Usefulness).

GRANOF, MICHAEL H., Government and not-for-profit accounting – Concepts and practices, 5. Aufl., Hoboken, NJ 2011 (Not-For-Profit Accounting).

GREENPEACE, Annual Report 2010, Amsterdam 2011 (Annual Report 2010).

GROßE, JAN-VELTEN, IFRS 13 " Fair Value Measurement" - Was sich (nicht) ändert, in: KoR 2011, S. 286-296 (Fair Value Measurement).

GRÜNBERGER, DAVID, IFRS 2012 – Ein systematischer Praxis-Leitfaden, 10. Aufl., Herne 2011 (IFRS 2012).

HAAS, STEFAN/DAVID, KATRIN/SKOWRONEK, THOMAS, Aktuelle Anwendungsfragen bei der Abzinsung von sonstigen Rückstellungen nach BilMoG, in: KoR 2011, S. 483-492 (Abzinsung von sonstigen Rückstellungen).

HACHMEISTER, DIRK, Verbindlichkeiten nach IFRS – Bilanzierung von kurz- und langfristigen Verbindlichkeiten, Rückstellungen und Eventualschulden, München 2006 (Verbindlichkeiten).

HAHN, KLAUS, Die Bewertung von Rückstellungen mit Hilfe moderner Prognoseverfahren unter Berücksichtigung der Vorschriften des Bilanzrichtlinien-Gesetzes, in: BB 1986, S. 1325-1332 (Bewertung von Rückstellungen).

HANSMANN, HENRY B., The Role of Nonprofit Enterprise, in: The Yale Law Journal 1980, S. 835-899 (Nonprofit Enterprise).

HASENBURG, CHRISTOF, Zur Veräußerung gehaltene, langfristige Vermögenswerte und aufgegebene Geschäftsbereiche (IFRS 5), in: IFRS Immobilien, Praxiskommentar der wesentlichen immobilienrelevaten International Financial Reporting Standards, hrsg. v. Weber, Ernst/Baumunk, Henrik/Pelz, Jürgen, 2. Aufl., Köln 2009, S. 105-134 (IFRS 5).

HAUNERT, FRIEDRICH, Unternehmenskooperation: Firmenspenden, Corporate Volunteering, Sponsoring, in: Fundraising – Handbuch für Grundlagen, Strategien und Methoden, hrsg. v. Fundraising Akademie, 4. Aufl., Wiesbaden 2008, S. 442-456 (Sponsoring).

HAY, LEON EDWARDS, Accounting for governmental and nonprofit entities, 8. Aufl., Homewood, IL 1989 (Accounting for Nonprofit Entities).

HEINTGES, SEBASTIAN/BOGGEL, ANJA/WULBRAND, HANNO, Immobilienvermögen nach dem Fair Value-Modell des IAS 40 – Aspekte aus der Praxis, in: DB 2008, S. 2037-2042 (IAS 40).

HELMIG, BERND/MICHALSKI, SILKE, Wie viel Markt braucht eine Nonprofit-Organisation? – Bernd Helmig und Silke Michalski, in: Die Unternehmung 2007, S. 309-324 (Markt von NPOs).

HENKE, WILHELM/RICHTER, EVA/VOIGT, ROLAND, Das Recht der Wirtschaftssubventionen als öffentliches Vertragsrecht, Tübingen 1979 (Das Recht der Wirtschaftssubventionen).

HERRMANN, ELKE, Vollzug von Schenkungen nach § 518 II BGB, Hamburg 1978 (Vollzug von Schenkungen).

HFA DES IDW, IDW Stellungnahme zur Rechnungslegung: Rechnungslegung von Stiftungen (IDW RS HA 5), in: IDW FN 2000, S. 129-150 (IDW RS HFA 5).

HFA DES IDW, IDW Stellungsnahme zur Rechnungslegung: Rechnungslegung von politischen Parteien (IDW RS HFA 12), in: IDW FN 2005, S. 522-530 (IDW RS HFA 12).

HFA DES IDW, IDW Stellungsnahme zur Rechnungslegung: Einzelfragen zur Bilanzierung von Finanzinstrumenten nach IFRS (IDW RS HFA 9), in: WPg Supplement 2/2007, S. 83-156 (IDW RS HFA 9).

HFA DES IDW, IDW Stellungnahme zur Rechnungslegung: Einzelfragen zur Anwendung von IFRS (IDW RS HFA 2), in: IDW FN 2008, S. 483-489 (IDW RS HFA 2).

HFA DES IDW, IDW Stellungsnahme zur Rechnungslegung: Einzelfragen zur Bilanzierung von Verträgen über den Kauf oder Verkauf von nicht-finanziellen Posten nach IAS 39 (IDW RS HFA 25), in: IDW FN 2009, S. 255-262 (IDW RS HFA 25).

HFA DES IDW, IDW Stellungnahme zur Rechnungslegung: Besonderheiten der Rechnungslegung Spenden sammelnder Organisationen (IDW RS HFA 21), in: WPg 2010, S. 1007-1018 (IDW RS HFA 21).

HFA DES IDW, IDW Stellungnahme zur Rechnungslegung: Einzelfragen zu den Angabepflichten des IFRS 7 zu Finanzinstrumenten (IDW RS HFA 24), in: IDW FN 2010, S. 7-19 (IDW RS HFA 24).

HFA DES IDW, IDW Stellungnahme zur Rechnungslegung: Einzelfragen zur Darstellung von Finanzinstrumenten nach IAS 32 (IDW RS HFA 45), in: IDW FN 2011, S. 326-338 (IDW RS HFA 45).

HFA DES IDW, IDW Stellungsnahme zur Rechnungslegung: Rechnungslegung von Krankenhäusern (IDW RS KHFA 1), in: IDW FN 2011, S. 237-248 (IDW RS KHFA 1).

HFA DES IDW, IDW Stellungsnahme zur Rechnungslegung: Rechnungslegung von Vereinen (IDW RS HFA 14), in: IDW FN 2011, S. 365-373 (IDW RS HFA 14).

VON HIPPEL, THOMAS, Grundprobleme von Nonprofit-Organisationen – Eine zivilrechtsdogmatische, steuerrechtliche und rechtsvergleichende Untersuchung über Strukturen, Pflichten und Kontrollen und wirtschaftliche Tätigkeit von Vereinen und Stiftungen, Tübingen 2007 (Grundprobleme von NPOs).

HITZ, JÖRG-MARKUS/ZACHOW, JANNIS, Vereinheitlichung des Wertmaßstabs "beizulegender Zeitwert" durch IFRS 13 "Fair Value Measurement", in: WPg 2011, S. 964-972 (Fair Value Measurement).

HOFFMANN, SEBASTIAN/DETZEN, DOMINIC, Das Joint Conceptual Framework von IASB und FASB – Praktische Implikationen aus dem Abschluss der Phase A für kapitalmarktorientierte Unternehmen, in: KoR 2012, S. 53-55 (Conceptual Framework).

HORAK, CHRISTIAN, Controlling in Nonprofit-Organisationen – Erfolgsfaktoren und Instrumente, 2. Aufl., Wiesbaden 1995 (Controlling in NPOs).

HORAK, CHRISTIAN/MATUL, CHRISTIAN/SCHEUCH, FRITZ, Ziele und Strategien von NPOs, in: Handbuch der Nonprofit Organisation – Strukturen und Management, hrsg. v. Badelt, Christoph/Meyer, Michael/Simsa, Ruth, 4. Aufl., Stuttgart 2007, S. 178-201 (Ziele und Strategien von NPOs).

HYNDMAN, NOEL, Charity Accounting – An Empirical Study of the Information Need of Contributors to UK Fund Raising Charities, in: Financial Accountability & Management 1990, S. 295-307 (Charity Accounting).

HYNDMAN, NOEL, Contributors to Charities – A Comparison of Their Information Need and The Perceptions of Such by The Providers of Information, in: Financial Accountability & Management 1991, S. 69-82 (Charities).

JANISCH, MONIKA, Das strategische Anspruchsgruppenmanagement – Vom Shareholder Value zum Stakeholder Value, Bern 1993 (Das strategische Anspruchsgruppenmanagement).

KEMMER, MICHAEL, Schenkung unter Auflage, gemischte Schenkung und einkommensteuerliche Entgeltlichkeit, in: DStR 1987, S. 362-366 (Einkommensteuerliche Entgeltlichkeit).

KIESER, ALFRED/KUBICEK, HERBERT, Organisation, Berlin 1977 (Organisation).

KIESER, ALFRED/WALGENBACH, PETER, Organisation, 6. Aufl., Stuttgart 2010 (Organisation).

KINDLER, PETER, Grundkurs Handels- und Gesellschaftsrecht, 5. Aufl., München 2011 (Gesellschaftsrecht).

KIRCHMANN, ULRICH/SIKORA, KATHARINA/BLUMBER, MARK, Bewertung langfristiger sonstiger Rückstellungen nach HGB, Steuerrecht und IFRS: theoretische Anforderungen und praktische Umsetzungsmöglichkeiten, in: WPg 2011, S. 953-963 (Bewertung langfristiger sonstiger Rückstellungen).

KIRSCH, HANNO, Exposure Draft des Conceptual Frameworks Phase A – Zielsetzung der Finanzberichterstattung und qualitative Anforderungen an die Rechnungslegung, in: DStZ 2008, S. 511-517 (Conceptual Framework Phase A).

KIRSCH, HANNO, Geplante Änderungen der Gliederung des IFRS-Abschlusses: neue Anforderungen an internes und externes Rechnungswesen, in: BRZ 2009, S. 151-156 (DP Financial Statement Presentation).

KIRSCH, HANNO, Gliederung des IFRS-Abschlusses – Geplante Änderungen, neue Anforderungen an internes und externes Rechnungswesen, in: BC 2011, S. 340-343 (Gliederung des IFRS-Abschlusses).

KIRSCH, HANS-JÜRGEN, Vom Bilanzrichtlinien-Gesetz zum Transparenz- und Publizitätsgesetz – die Entwicklung der deutschen Bilanzierungsnormen in den vergangenen 20 Jahren, in: WPg 2002, S. 743-755 (BiRiLiG zu TransPuG).

KIRSCH, HANS-JÜRGEN, Die Objektivierung künftiger Zahlungsströme bei einer Bewertung nach IFRS, in: Rechnungslegung und Wirtschaftsprüfung – Festschrift zum 70. Geburtstag von Jörg Baetge, hrsg. v. Kirsch, Hans-Jürgen/Baetge, Jörg, Düsseldorf 2007, S. 361-380 (Objektivierung).

KIRSCH, HANS-JÜRGEN, Fair Value - quo vadis?, in: WPg 2009, Nr. 19, S. I (Fair Value).

KLAHOLZ, EVA, Bilanzierung von Dienstleistungskonzessionsvereinbarungen im IFRS-Abschluss – Eine Analyse von IFRIC 12 - Service Concession Arrangements, Düsseldorf 2009 (Dienstleistungskonzessionsvereinbarungen).

KLINGER, FRANZ/MÜLLER, MICHAEL, IFRS & Immobilien, 2. Aufl., Berlin 2009 (IFRS & Immobilien).

KLUNZINGER, EUGEN, Grundzüge des Gesellschaftsrechts, 15. Aufl., München 2009 (Gesellschaftsrecht).

KNOBLICH, HANS, Die typologische Methode in der Betriebswirtschaftslehre, in: WiSt 1972, S. 141-147 (Typologische Methode).

KOELEN, PETER, Investitionstheoretische Bewertungskalküle in der IFRS-Rechnungslegung – Möglichkeiten und Grenzen einer unternehmenswertorientierten Berichterstattung, Lohmar-Köln 2009 (Investitionstheoretische Bewertungskalküle in den IFRS).

KÖHLING, KATHRIN, Barwertorientierte Fair Value-Ermittlung für Renditeimmobilien in der IFRS-Rechnungslegung – Empfehlungen zur Konkretisierung eines Bewertungskalküls, Lohmar-Köln 2011 (Renditeimmobilien).

KÖHLING, KATHRIN, Die Fair Value-Bewertung für Renditeimmobilien gem. IFRS 13 – Eine kritische Gegenüberstellung der Regelungen des IFRS 13 mit denen des IAS 40, in: KoR 2011, S. 567-574 (Renditeimmobilien nach IFRS 13 und IAS 40).

KÖHRMANN, HANNES, Die Rechnungslegung kommunaler Gebietskörperschaften – Eine Analyse der Regelungen des NKF und der IPSAS, Lohmar-Köln 2009 (Rechnungslegung kommunaler Gebietskörperschaften).

KOSIOL, ERICH, Die Unternehmung als wirtschaftliches Aktionszentrum – Einführung in die Betriebswirtschaftslehre, 2 Aufl., Reinbek 1972 (Die Unternehmung).

KOSS, CLAUS, Rechnungslegung der Stiftung, Düsseldorf 2003 (Rechnungslegung der Stiftung).

KOSS, CLAUS, Prinzipal-Agenten-Konflikte in Nonprofit-Organisationen, in: Nonprofit-Organisationen in Recht, Wirtschaft und Gesellschaft, hrsg. v. Hopt, Klaus J., Tübingen 2005, S. 197-220 (Prinzipal-Agenten-Konflikte).

KUHN, STEFFEN, Neuregelung der Bilanzierung von Finanzinstrumenten: Welche Änderungen ergeben sich aus IFRS 9?, in: IRZ 2010, S. 103-111 (Neuregelung der Bilanzierung von Finanzinstrumenten).

KUHN, STEFFEN/SCHARPF, PAUL, Rechnungslegung von Financial Instruments nach IFRS – IAS 32, IAS 39 und IFRS 7, 3. Aufl., Stuttgart 2006 (Financial Instruments).

KÜMMEL, JENS, Grundsätze für die Fair Value-Ermittlung mit Barwertkalkülen – Eine Untersuchung auf der Grundlage des Statement of Financial Accounting Concepts No. 7, Düsseldorf 2002 (Fair Value-Ermittlung mit Barwertkalkülen).

KÜMPEL, THOMAS, Vorratsbewertung und Auftragsfertigung nach IFRS – Grundlagen, Bewertungsverfahren und Folgebewertung, München 2005 (Vorratsbewertung).

KURZ, LÜDER, Bilanzierung von Klimaschutzprojekten nach IFRS – Clean Development Mechanism und Joint Implementation unter dem Protokoll von Kyoto, Lohmar-Köln 2010 (Klimaschutzprojekte nach IFRS).

KÜTING, KARLHEINZ, Unbestimmte Rechtsbegriffe im HGB und in den IFRS: Konsequenzen für die Bilanzpolitik und Bilanzanalyse, in: BB 2011, S. 2091-2095 (Unbestimmte Rechtsbegriffe).

KÜTING, KARLHEINZ, Zur Komplexität der Rechnungslegung nach HGB und IFRS, in: DB 2012, S. 297-304 (Komplexität der Rechnungslegung nach IFRS).

KÜTING, KARLHEINZ/KESSLER, HARALD, Handels- und steuerbilanzielle Rückstellungsbildung: Fragen zur Abzinsung von Rückstellungen, in: DStR 1989, S. 723-729 (Abzinsung).

KÜTING, KARLHEINZ/KOCH, CHRISTIAN, Neukonzeption der Bilanzierung von Zuwendungen der öffentlichen Hand – Die Vorschläge des IASB, in: DB 2006, S. 742-743 (Neukonzeption der Bilanzierung von Zuwendungen der öffentlichen Hand).

KÜTING, KARLHEINZ/KOCH, CHRISTIAN, Öffentliche Zuwendungen im Jahresabschluss nach IFRS, in: DB 2006, S. 569-575 (Öffentliche Zuwendungen).

LANGENSCHEIDT-REDAKTION (HRSG.), Fachwörterbuch Kompakt Recht Englisch, 2. Aufl., Berlin 2009 (Fachwörterbuch).

LEFFSON, ULRICH, Die Grundsätze ordnungsmäßiger Buchführung, 7. Aufl., Düsseldorf 1987 (GoB).

LINDEMANN, MATHIAS, Tätigkeitsbereiche gemeinnütziger Körperschaften, in: Fundraising – Handbuch für Grundlagen, Strategien und Methoden, hrsg. v. Fundraising Akademie, 4. Aufl., Wiesbaden 2008, S. 691-693 (Tätigkeitsbereiche gemeinnütziger Körperschaften).

LINDENMAYER, PHILIPP, Nichtregierungsorganisationen als spezialisierte Kapitalmarktakteure – Ein finanzintermediationstheoretischer Erklärungsansatz, Wiesbaden 2008 (Nichtregierungsorganisationen).

LITTICH, EDITH, Finanzierung von NPOs, in: Handbuch der Nonprofit Organisation – Strukturen und Management, hrsg. v. Badelt, Christoph/Meyer, Michael/Simsa, Ruth, 4. Aufl., Stuttgart 2007, S. 322-339 (Finanzierung von NPOs).

VON LOESCH, ACHIM, Zur Diskussion um die Ziele und die Erfolge von Unternehmen, in: Zeitschrift für Strukturlehre der Einzelwirtschaften und für Einzelwirtschaftspolitik 1975, S. 213-226 (Ziele und die Erfolge von Unternehmen).

LÖW, EDGAR, Rechnungslegung für Banken nach IFRS – Praxisorientierte Einzeldarstellungen, 2. Aufl., Wiesbaden 2005 (Rechnungslegung für Banken nach IFRS).

LÖW, EDGAR/ANTONAKOPOULOS, NADINE/WEILAND, THOMAS, SFAS 157 und das IASB Discussion Paper "Fair Value Measurements", in: WPg 2007, S. 730-740 (Fair Value Measurements).

LÖWE, MARION, Rechnungslegung von Nonprofit-Organisationen – Anforderungen und Ausgestaltungsmöglichkeiten unter Berücksichtigung der Regelungen in Deutschland, USA und Großbritannien, Berlin 2003 (Rechnungslegung von NPOs).

LÜDENBACH, NORBERT, IFRS – Der Ratgeber zur erfolgreichen Anwendung von IFRS, 6. Aufl., Freiburg u. a. 2010 (IFRS).

LÜDENBACH, NORBERT/HOFFMANN, WOLF-DIETER, Imparitätische Wahrscheinlichkeit – Zukunftswerte im IAS-Regelwerk, in: KoR 2003, S. 5-14 (Imparitätische Wahrscheinlichkeit).

LÜDENBACH, NORBERT/HOFFMANN, WOLF-DIETER, Verbindliches Mindestgliederungsschema für die IFRS-Bilanz, in: KoR 2004, S. 89-93 (Verbindliches Mindestgliederungsschema).

LUMPLECKER, ELKE/MARIK, MONIKA/SCHMID, CHRISTIAN, Zusammenfassung der Diskussion, in: Nonprofit-Organisationen (NPO) - dritte Kraft zwischen Markt und Staat? – Ergebnisse einer Bestandsaufnahme über den Stand der NPO-Forschung im deutschsprachigen Raum; NPO-Forschungs-Colloquium an der Universität Fribourg, 29. - 30.9.1994, hrsg. v. Schauer, Reinbert/Anheier, Helmut K./Blümle, Ernst-Bernd, Linz 1995, S. 163-170 (Zusammenfassung der Diskussion).

LUTTER, MARCUS, Zur Rechnungslegung und Publizität gemeinnütziger Spenden-Vereine, in: BB 1988, S. 489-497 (Rechnungslegung und Publizität).

MÄRKL, HELMUT/SCHABER, MATHIAS, IFRS 9 Financial Instruments: neue Vorschriften zur Kategorisierung und Bewertung von finanziellen Vermögenswerten, in: KoR 2010, S. 65-74 (IFRS 9).

MATENA, SONJA, Bilanzielle Vermögenszurechnung nach IFRS – Konzept und Analyse der Zurechnung von Vermögenswerten zum bilanziellen Vermögen von Unternehmen, Düsseldorf 2004 (Bilanzielle Vermögenszurechnung).

MÉDECINS SANS FRONTIÈRES (MSF), MSF Financial Report 2010, Genf 2011 (Financial Report 2010).

MEYER, BEATRICE/BERGMANN, ANDREAS/PASSARDI, MARCO/ZÖBELI, DANIEL, Rechnungslegung sozialer Nonprofit-Organisationen – Grundlagen, Untersuchungsergebnisse, Empfehlungen, Zürich 2011 (Rechnungslegung sozialer Nonprofit-Organisationen).

MOXTER, ADOLF, Fundamentalgrundsätze ordnungsmäßiger Rechenschaft, in: Bilanzfragen – Festschrift zum 65. Geburtstag von Prof. Dr. Ulrich Leffson, hrsg. v. Baetge, Jörg/Moxter, Adolf/Schneider, Dieter, Düsseldorf 1976, S. 89-100 (Fundamentalgrundsätze).

MOXTER, ADOLF, Objektivierte Gewinnkonzeption nach International Accounting Standards?, in: Wertorientierte Unternehmenssteuerung – Festschrift für Helmut Laux, hrsg. v. Gillenkirch, Robert M./Schauenberg, Bernd/Schenk-Mathes, Heike Y./Velthuis, Louis John, Berlin, Heidelberg 2004, S. 181-192 (Objektivierte Gewinnkonzeption).

MÜHLENKAMP, HOLGER/SOSSONG, PETER, Geleistete Zuwendungen in der staatlichen Doppik – Handelsrechtliche Grundsätze ordnungsmäßiger Buchführung versus Standards staatlicher Doppik, in: Der Konzern 2011, S. 614-620 (Geleistete staatlich Zuwendungen).

MÜHLENKAMP, NORBERT, Externe Rechenschaftslegung und Berichterstattung spendenfinanzierter Organisationen – Eine Untersuchung der Informationsinteressen der Koalitionsteilnehmer an spendenfinanzierten Organisationen zum Stand der Informationsdarlegung und zu Möglichkeiten ihrer Verbesserung, Köln 2000 (Spendenfinanzierte Organisationen).

MÜLLER, INGO H., Matching principle – Rechnungstheoretische Fundierung und Verankerung im Systemgefüge der IFRS, Lohmar-Köln 2008 (Matching Principle).

NAUMANN, KLAUS-PETER, Die Bewertung von Rückstellungen in der Einzelbilanz nach Handels- und Ertragsteuerrecht, 2. Aufl., Düsseldorf 1993 (Rückstellungen).

NEU, MICHAEL, Gesellschaftsrecht, Berlin/Heidelberg 2004 (Gesellschaftsrecht).

OLBRICH, ALEXANDER, Wertminderung von finanziellen Vermögenswerten der Kategorie "Fortgeführte Anschaffungskosten" nach IFRS 9, Lohmar-Köln 2012 (Fortgeführte Anschaffungskosten nach IFRS 9).

OLBRICH, MICHAEL, IFRS 13 und finanzierungstheoretische Modelle zur Zeitwertbestimmung, in: KoR 2011, S. 393-394 (IFRS 13 und finanzierungstheoretische Modelle).

OSER, PETER, Droht eine Konzernrechnungslegungspflicht von Stiftungen?, in: StuB 2011, S. 16-19 (Konzernrechnungslegungspflicht von Stiftungen).

PAARZ, MICHAEL, Investororientierte Bankrechnungslegung nach IFRS – Eine Analyse des IFRS 7 unter Berücksichtigung des Konzepts der Marktdisziplin nach Basel II, Düsseldorf 2007 (Bankrechnungslegung nach IFRS).

PELGER, CHRISTOPH, Entscheidungsnützlichkeit im neuen Gewand: Der Exposure Draft zur Phase A des Conceptual Framework-Projekts, in: KoR 2009, S. 156-163 (Entscheidungsnützlichkeit).

PELGER, CHRISTOPH, Rechnungslegungszweck und qualitative Anforderungen im Conceptual Framework for Financial Reporting (2010) – Der erste Stein im neuen Fundament der internationalen Rechnungslegung, in: WPg 2011, S. 908-916 (Conceptual Framework).

PELLENS, BERNHARD/FÜLBIER, ROLF UWE/GASSEN, JOACHIM/SELLHORN, THORSTEN, Internationale Rechnungslegung, 8. Aufl., Stuttgart 2011 (Internationale Rechnungslegung).

PETERSON DRAKE, PAMELA/FABOZZI, FRANK J., Foundations and Applications of the Time Value of Money, Hoboken, NJ 2009 (Time Value of Money).

PFAFFENZELLER, HERWIG, Die Governance von Nonprofit-Organisationen – Ein institutionenökonomischer Ansatz, Wien 2003 (Governance von NPOs).

PLAN INTERNATIONAL, Worldwide Annual Review and Combined Financial Statements 2011, London 2011 (Worldwide Annual Review and Combined Financial Statements 2011).

PÖRSCHKE, ANDREAS, Die Behandlung von Transaktionskosten im Rahmen der Bilanzierung von als Finanzinvestitionen gehaltenen Immobilien nach IFRS, in: KoR 2010, S. 148-153 (Transaktionskosten).

PRECHTL, STEFAN/SCHUSTER, LARS, Die Bewertung von zur Veräußerung gehaltenen langfristigen Vermögenswerten oder Veräußerungsgruppen nach IFRS 5, in: IRZ 2011, S. 461-465 (Die Bewertung nach IFRS 5).

PROMPER, NICOLE, Zeitwertbilanzierung bei Immobilienunternehmen unter Berücksichtigung der EPRA-Kennzahl "Diluted EPRA net asset value" – Umsetzungsstand in der Praxis, in: IRZ 2011, S. 439-445 (Zeitwertbilanzierung bei Immobilienunternehmen).

RUHNKE, KLAUS/NERLICH, CHRISTOPH, Behandlung von Regelungslücken innerhalb der IFRS, in: DB 2004, S. 389-395 (Behandlung von Regelungslücken).

SALAMON, LESTER M./ANHEIER, HELMUT K., The International Classification of Nonprofit Organizations: ICNPO-Revision 1, 1996, Working Papers of the Johns Hopkins Comparative Nonprofit Sector Project No. 19, Baltimore, MD 1996 (ICNPO).

SCHAAD, MARTINA, Nonprofit-Organisationen in der ökonomischen Theorie – Eine Analyse der Entwicklung und der Handlungsmotivation der Freien Wohlfahrtspflege, Wiesbaden 1995 (Nonprofit-Organisationen in der ökonomischen Theorie).

SCHNEIDER, WILLY, Struktur und wirtschaftliche Bedeutung des Spendenmarktes in Deutschland, in: WiSt 1995, S. 623-628 (Spendenmarkt).

SCHULZE, MARION, Profit in der Nonprofit-Organisation – Ein betriebswirtschaftlicher Ansatz zur Klärung der Definitionsdiskussion, Wiesbaden 1997 (Profit in der NPO).

SCHWAMBORN, MARC-ALEXANDER/GEHRER, JUDITH/PFEIL, ANDREAS, IFRS 9/IFRS 13 – Praxisbeispiele der Forderungs- und Beteiligungsbewertung – Neue Vorschriften für die Ermittlung der Fair Values von Finanzinstrumenten, in: IRZ 2011, S. 427-432 (IFRS 9/IFRS 13).

SCHWARZ, PETER, Management in Nonprofit-Organisationen – Eine Führungs-, Organisations- und Planungslehre für Verbände, Sozialwerke, Vereine, Kirchen, Parteien usw., 2. Aufl., Bern 1996 (Management in NPOs).

SCHWARZ, PETER, Das Freiburger Management-Modell für Nonprofit-Organisationen (NPO), 6. Aufl., Bern 2009 (Freiburger Management-Modell).

SEGAL, LEWIS M./WEISBROD, BURTON ALLEN, Interdependence of commercial and donative revenues, in: To Profit or Not to Profit – The Commercial Transformation of the Nonprofit Sector, hrsg. v. Weisbrod, Burton Allen, Cambridge 1998, S. 105-128 (Interdependence of Commercial and Donative Revenues).

SELLHORN, THORSTEN/HAHN, STEFAN/MÜLLER, MAXIMILIAN, Zur Darstellung des Other Comprehensive Income nach IAS 1 (rev. 2011), in: WPg 2011, S. 1013-1016 (Other Comprehensive Income).

SEVILLE, MARY ALICE, Accounting and Information about Voluntary Health and Welfare Organizations, in: Financial Accountability & Management 1987, S. 367-380 (Accounting Welfare Organizations).

SIEBART, PATRICIA, Corporate Governance von Nonprofit-Organisationen – Ausgewählte Aspekte der Organisation und Führung, Bern 2006 (Corporate Governance).

SIEGEL, THEODOR, Rechnungslegung und Transparenzdefizite bei Vereinen und Stiftungen, in: Non Profit Law Yearbook 2006, hrsg. v. Kötz, Hein/Rawert, Peter/Schmidt, Karsten/Walz, Rainer, Köln 2007, S. 177-206 (Transparenzdefizite).

SIMSA, RUTH, Gesellschaftliche Funktionen und Einflussformen von Nonprofit-Organisationen – Eine systemtheoretische Analyse, Frankfurt am Main 2001 (Gesellschaftliche Funktionen von Nonprofit-Organisationen).

SPRENGEL, RAINER/STRACHWITZ, RUPERT/RINDT, SUSANNE/WALKER, SABINE, Die Verwaltungskosten von Nonprofit-Organisationen – Ein Problemaufriss anhand einer Analyse von Förderstiftungen, Berlin 2005 (Verwaltungskosten von NPOs).

STAEHLE, WOLFGANG H., Die Unternehmung als Koalition und die Notwendigkeit der Werbung um Koalitionsteilnehmer, in: ZfB 1969, S. 377-390 (Unternehmung als Koalition).

STOBER, ROLF, Allgemeines Wirtschaftsverwaltungsrecht: Grundlagen des deutschen, europäischen und internationalen öffentlichen Wirtschaftsrechts, Stuttgart 2011 (Wirtschaftsverwaltungsrecht).

STÖTZER, SANDRA, Stakeholder Performance Reporting von Nonprofit-Organisationen – Grundlagen und Empfehlungen für die Leistungsberichterstattung als stakeholderorientiertes Steuerungs- und Rechenschaftslegungsinstrument, Wiesbaden 2009 (Stakeholder Performance Reporting).

TAKE, INGO, NGOs im Wandel – Von der Graswurzel auf das diplomatische Parkett, Wiesbaden 2002 (NGOs im Wandel).

THE CANADIAN INSTITUTE OF CHARTERED ACCOUNTANTS, Joint Not-for-Profit Review, verfügbar unter: http://www.frascanada.ca/standards-for-not-for-profit-organizations/resources/faqs/item48527.pdf, Stand: 24.04.2012 (Joint Not-for-Profit Task Force).

THEILE, CARSTEN, Übungsbuch IFRS – Aufgaben und Lösungen zur internationalen Rechnungslegung, 3. Aufl., Wiesbaden 2011 (IFRS).

THIELE, STEFAN J., Rechnungslegung für schwebende Rechtsstreitigkeiten, Zürich 2003 (Rechnungslegung für schwebende Rechtsstreitigkeiten).

TINKELMAN, DANIEL, Factors Affecting the Relation Between Donations to Not-for-profit Organizations and an Efficiency Ratio, in: Research in governmental and nonprofit accounting 1999, Nr. 10, S. 135-161 (Relation Between Donations and Efficiency).

TJADEN, WILHELM, Bilanzierungsfragen bei Zuwendungen der öffentlichen Hand – Zur Einführung der Stellungnahme HFA 1/1984, in: WPg 1985, S. 33-44 (Bilanzierungsfragen bei Zuwendungen der öffentlichen Hand).

VAN TULDER, ROB/VAN DER ZWART, ALEX, International business-society management – Linking corporate responsibility and globalization, London 2006 (International Business-Society Management).

UHLIG, ANNEGRET, Grundsätze ordnungsmäßiger Bilanzierung für Zuschüsse – Zur Konkretisierung von Grundsätzen ordnungsmäßiger Buchführung für Zuschüsse, Zulagen, Prämien und Beihilfen des Bundes und der Länder, Düsseldorf 1989 (Grundsätze ordnungsmäßiger Bilanzierung für Zuschüsse).

UNKELBACH, PHILIPP, Wirtschaftliches Eigentum und Umsatzrealisation – Eine Analyse nach HGB/EStG, US-GAAP und IFRS, Herne 2009 (Wirtschaftliches Eigentum).

URSELMANN, MICHAEL, Erfolgsfaktoren im Fundraising von Nonprofit-Organisationen, 2. Aufl., Wiesbaden 2006 (Erfolgsfaktoren).

WAGENHOFER, ALFRED, Internationale Rechnungslegungsstandards IAS/IFRS, 6. Aufl., München 2009 (IAS/IFRS).

WEIDMANN, CHRISTINA/KOHLHEPP, RALF, Die gemeinnützige GmbH – Errichtung und Besteuerung einer gGmbH, 2. Aufl., Wiesbaden 2011 (gGmbH).

WEISBROD, BURTON A., The Nonprofit Economy, 3. Aufl., Cambridge, MA 1994 (Nonprofit Economy).

WEISBROD, BURTON ALLEN, Modeling the Nonprofit Organization as a Multiproduct Firm: A Framework for Choice, in: To Profit or Not to Profit – The Commercial Transformation of the Nonprofit Sector, hrsg. v. Weisbrod, Burton Allen, Cambridge 1998, S. 47-64 (NPO as a Multiproduct Firm).

WEISHEIT, MARTINA, Ausgestaltung des Rechtsverhältnisses zwischen Stiftung und Destinatär, in: Stiftungsbrief 2010, S. 92 (Rechtsverhältnis zwischen Stiftung und Destinatär).

WESTWOOD, MARK/MACKENZIE, APRIL, Accounting by recipients for non-reciprocal transfers, excluding contributions by owners – Their definition, recognition and measurement, Norwalk, CT 1999 (Non-Reciprocal Transfers).

WILSON, EARL R./KATTELUS, SUSAN C., Accounting for governmental and nonprofit entities, 15. Aufl., Boston, MA 2010 (Accounting for Nonprofit Entities).

WÖHE, GÜNTER/DÖRING, ULRICH, Einführung in die allgemeine Betriebswirtschaftslehre, 24. Aufl., München 2010 (Einführung in die BWL).

WOLFBAUER, JOHANNA MARIA, Die strategische Rolle von Governance-Organen in Nonprofit Organisationen – Eine empirische Untersuchung der Zusammenhänge zwischen Kontext, Governance, Strategie und Performance im österreichischen Gesundheitssektor, Rotterdam 2006 (Strategische Rolle von Governance-Organen).

WÜNSCHE, BENEDIKT, Verbindlichkeitsrückstellungen im IFRS-Abschluss – Eine Untersuchung der Entscheidungsnützlichkeit der Regelungen in ED IAS 37 und in IAS 37, Düsseldorf 2009 (Verbindlichkeitsrückstellungen).

ZIMMER, ANNETTE/PRILLER, ECKHARD/STRACHWITZ, RUPERT GRAF, Fundraising als Ressource für Nonprofit-Organisationen, in: Management in Nonprofit-Organisationen – Eine praxisorientierte Einführung, hrsg. v. Nährlich, Stefan, Opladen 2000, S. 85-104 (Fundraising).

ZÜLCH, HENNING, Die Bilanzierung von Investment Properties nach IAS 40, Düsseldorf 2003 (Investment Properties nach IAS 40).

Verzeichnis der Gesetze, Verordnungen und Standards sowie Materialien aus dem Standardsetzungsprozess

ABGABENORDNUNG (AO) vom 16.03.1976, BGBl. I 1976, S. 613-700, zuletzt geändert durch Gesetz vom 22.12.2011, BGBl. I 2010, S. 3044.

BÜRGERLICHES GESETZBUCH (BGB) in der Fassung der Bekanntmachung vom 02.01.2002, BGBl. I 2002, S. 43-44, zuletzt geändert durch Gesetz vom 27.07.2011, BGBl. I 2011, S. 1600.

EINKOMMENSTEUERGESETZ (EStG) in der Fassung der Bekanntmachung vom 8.10.2009, BGBl. I 2009, S. 3366, 3862, zuletzt geändert durch Gesetz vom 20.12.2011, BGBl. I 2011, S. 2854.

ERBSCHAFTSTEUER- UND SCHENKUNGSTEUERGESETZ (ErbStG) in der Fassung der Bekanntmachung vom 27.02.1997, BGBl. I 1997, S. 378, zuletzt geändert durch Gesetz vom 7.12.2011, BGBl. I 2011, S. 2592.

FINANCIAL ACCOUNTING STANDARDS BOARD (FASB), Statement of Financial Accounting Standards No. 116 (SFAS 116), Accounting for Contributions Received and Contributions Made, Norwalk 1993.

FINANCIAL ACCOUNTING STANDARDS BOARD (FASB), Statement of Financial Accounting Concepts No. 4 (SFAC 4), Objectives of Financial Reporting by Nonbusiness Organizations 2008, Norwalk 2008.

FINANCIAL ACCOUNTING STANDARDS BOARD (FASB), Statement of Financial Accounting Concepts No. 6 (SFAC 6), Elements of Financial Statements, Norwalk 2008.

GEWERBESTEUERGESETZ (GewStG) in der Fassung der Bekanntmachung vom 15.10.2002, BGBl. I 2002, S. 4167, zuletzt geändert durch Gesetz vom 7.12.2011, BGBl. I 2011, S. 2592.

GRUNDSTEUERGESETZ (GrStG) vom 7.08.1973, BGBl. I 1973, S. 965, zuletzt geändert durch Gesetz vom 19.12.2008, BGBl. I 2008, S. 2794.

HANDELSGESETZBUCH (HGB) vom 10.05.1897, RGBl. 1897, S. 219-436, zuletzt geändert durch Gesetz vom 22.12.2011, BGBl. I 2011, S. 3044.

INTERNATIONAL ACCOUNTING STANDARDS BOARD (IASB), Exposure Draft of Proposed Amendments to IAS 37 Provisions, Contingent Liabilities and Contingent Assets and IAS 19 Employee Benefits, London 2005 (ED IAS 37).

INTERNATIONAL ACCOUNTING STANDARDS BOARD (IASB), Discussion Paper: Preliminary Views on Financial Statement Presentation, London 2008 (DP Financial Statement Presentation).

INTERNATIONAL ACCOUNTING STANDARDS BOARD (IASB), Staff Draft of Exposure Draft IFRS X: Financial Statement Presentation, London 2010 (ED Financial Statement Presentation).

INTERNATIONAL ACCOUNTING STANDARDS BOARD (IASB), IFRS 13 Fair Value Measurement - Short-term receivables and payables, in: IASB Update October 2011, London 2011 (Update IFRS 13).

INTERNATIONAL ACCOUNTING STANDARDS BOARD (IASB), International Financial Accounting Standards, Red Book 2012, London 2012.

INTERNATIONAL ACCOUNTING STANDARDS BOARD (IASB), Full Project Summary – Amendments to IAS 20 Accounting for Government Grants and Disclosure of Government Assistance, verfügbar unter: http://www.ifrs.org/NR/rdonlyres/ 737DB691-99A5-41A3-B0F0-E937D9C9988B/0/GovernmentGrantSummary 0710.pdf, Stand: 24.04.2012 (Project Summary IAS 20).

INTERNATIONAL ACCOUNTING STANDARDS BOARD (IASB)/FINANCIAL ACCOUNTING STANDARDS BOARD (FASB), Project Update – Conceptual Framework Phase G: Applicability to the Not-For-Profit Sector, verfügbar unter: http://www. fasb.org/project/cf_phase-g.shtml, Stand: 24.04.2012 (Conceptual Framework Phase G).

INTERNATIONAL ACCOUNTING STANDARDS COMMITTEE (IASC), Vorschlag des IASC für eine Stellungnahme zur Bilanzierung von Regierungssubventionen und Offenlegung von Regierungsbeihilfen (IASC E 21), in: WPg 1981, S. 665-669 (IASC E 21).

INTERNATIONAL PUBLIC SECTOR ACCOUNTING STANDARDS BOARD (IPSASB), Preface to International Public Sector Accounting Standards, New York 2007.

KÖRPERSCHAFTSSTEUERGESETZ (KStG) in der Fassung der Bekanntmachung vom 15.10.2002, BGBl. I 2002, S. 4144-4166, zuletzt geändert durch Gesetz vom 7.12.2011, BGBl. I 2011, S. 2592.

UMSATZSTEUERGESETZ (UStG) in der Fassung der Bekanntmachung vom 21.02.2005, BGBl. I 2005, S. 386, zuletzt geändert durch Gesetz vom 7.12.2011, BGBl. I 2011, S. 2292.

Rechnungslegung und Wirtschaftsprüfung

Herausgegeben von Prof. (em.) Dr. Dr. h. c. Jörg Baetge, Münster, Prof. Dr. Hans-Jürgen Kirsch, Münster, und Prof. Dr. Stefan Thiele, Wuppertal

Band 36
Alexander Olbrich
Wertminderung von finanziellen Vermögenswerten der Kategorie „Fortgeführte Anschaffungskosten" nach IFRS 9
Lohmar – Köln 2012 • 272 S. • € 58,- (D) • ISBN 978-3-8441-0125-6

Band 37
Matthias Knabe
Die Berücksichtigung von Insolvenzrisiken in der Unternehmensbewertung
Lohmar – Köln 2012 • 292 S. • € 59,- (D) • ISBN 978-3-8441-0126-3

Band 38
Alexander Budzinski
Der Börsenkurs im Squeeze Out-Verfahren
Lohmar – Köln 2012 • 272 S. • € 58,- (D) • ISBN 978-3-8441-0155-3

Band 39
Gerrit Lütkeschümer
Die Berücksichtigung von Finanzierungsrisiken bei der Ermittlung von Eigenkapitalkosten in der Unternehmensbewertung
Lohmar – Köln 2012 • 280 S. • € 58,- (D) • ISBN 978-3-8441-0156-0

Band 40
Christian Weber
Rechnungslegung und Lizenzierung im deutschen Profifußball
Lohmar – Köln 2012 • 300 S. • € 59,- (D) • ISBN 978-3-8441-0164-5

Band 41
Yasmine Bassen
Internationale Rechnungslegung von Nonprofit-Organisationen
Lohmar – Köln 2012 • 276 S. • € 58,- (D) • ISBN 978-3-8441-0167-6

JOSEF EUL VERLAG